U0196725

龚俊波　天津大学，教授

贺高红　大连理工大学，教授

胡　杰　中国石油天然气股份有限公司石油化工研究院，教授级高工

胡迁林　中国石油和化学工业联合会，教授级高工

胡曙光　武汉理工大学，教授

华　炜　中国化工学会，教授级高工

黄玉东　哈尔滨工业大学，教授

蹇锡高　大连理工大学，中国工程院院士

金万勤　南京工业大学，教授

李春忠　华东理工大学，教授

李群生　北京化工大学，教授

李小年　浙江工业大学，教授

李仲平　中国运载火箭技术研究院，中国工程院院士

梁爱民　中国石油化工股份有限公司北京化工研究院，教授级高工

刘忠范　北京大学，中国科学院院士

路建美　苏州大学，教授

马　安　中国石油天然气股份有限公司石油化工研究院，教授级高工

马光辉　中国科学院过程工程研究所，中国科学院院士

马紫峰　上海交通大学，教授

聂　红　中国石油化工股份有限公司石油化工科学研究院，教授级高工

彭孝军　大连理工大学，中国科学院院士

钱　锋　华东理工大学，中国工程院院士

乔金樑　中国石油化工股份有限公司北京化工研究院，教授级高工

邱学青　华南理工大学／广东工业大学，教授

瞿金平　华南理工大学，中国工程院院士

沈晓冬　南京工业大学，教授

史玉升　华中科技大学，教授

孙克宁　北京理工大学，教授

谭天伟　北京化工大学，中国工程院院士

汪传生　青岛科技大学，教授

王海辉　清华大学，教授

王静康　天津大学，中国工程院院士

王　琪　四川大学，中国工程院院士

王献红　中国科学院长春应用化学研究所，研究员

国家出版基金项目
NATIONAL PUBLICATION FOUNDATION

中国化工学会成立100周年纪念精品专著
The 100th Anniversary of the Founding of CIESC

先进化工材料关键技术丛书

中国化工学会 组织编写

高技术混凝土材料

High-tech Concrete Materials

胡曙光 等 著

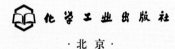

·北京·

内容简介

《高技术混凝土材料》是"先进化工材料关键技术丛书"的一个分册。

本书提出高技术混凝土概念，其目的是构建更为科学的研究体系和评价方法。高技术混凝土材料的范畴包括：高强混凝土、高性能混凝土、超高强混凝土和超高性能混凝土，以及高性能复合结构混凝土和新型功能混凝土。本书以著者团队30多年来围绕高技术混凝土材料所开展的研究与开发工作为基础，系统阐述高技术混凝土用关键原材料特性及其作用机理；全面介绍材料结构设计和性能提升的新方法；总结研发创新思路和技术特点，形成从混凝土原材料制备到应用全寿命周期过程的高性能化、多功能化、全生态化和新技术化体系。

《高技术混凝土材料》内容丰富、体系完整，具有系统的理论性，适合材料、化工领域，尤其是建筑材料领域科研和工程技术人员阅读，也可供高等学校无机非金属材料工程专业、功能材料专业及相关专业师生参考。

图书在版编目（CIP）数据

高技术混凝土材料/中国化工学会组织编写；胡曙光等著.—北京：化学工业出版社，2021.7（2025.5重印）
（先进化工材料关键技术丛书）
国家出版基金项目
ISBN 978-7-122-39042-4

Ⅰ.①高… Ⅱ.①中… ②胡… Ⅲ.①混凝土－建筑材料－研究 Ⅳ.①TU528

中国版本图书馆 CIP 数据核字（2021）第 075834 号

责任编辑：杜进祥　丁建华
责任校对：边　涛
装帧设计：关　飞

出版发行：化学工业出版社（北京市东城区青年湖南街13号　邮政编码100011）
印　　装：北京建宏印刷有限公司
710mm×1000mm　1/16　印张28½　字数570千字
2025年5月北京第1版第2次印刷

购书咨询：010-64518888　售后服务：010-64518899
网　　址：http://www.cip.com.cn
凡购买本书，如有缺损质量问题，本社销售中心负责调换。

定　　价：299.00元　　　　　　　　　　　版权所有　违者必究

作者简介

胡曙光，湖北武汉人，工学博士，武汉理工大学首席教授，博士生导师，硅酸盐建筑材料国家重点实验室副主任，国家新世纪百千万人才工程（第一层次）人选，享受国务院政府特殊津贴。

从事教学科研工作 40 年，主持和承担国家自然科学基金、"863 计划"、"973 计划"、国家科技攻关计划、国家科技支撑计划以及各类部省级科研 30 多项。主要研究领域和方向：先进水泥基复合材料设计理论与制备技术，高技术混凝土研究与工程应用，环境与生态建筑材料制备原理与应用技术，特种水泥与混凝土制品研究开发，数字与信息技术在水泥混凝土领域的研究应用。

参加各种国家重点工程混凝土材料研究与技术开发应用百余项，在钢管混凝土组合材料应用于大跨度拱桥工程、钢－混凝土／沥青复合材料应用于桥面铺装结构工程、混凝土结构／功能一体化材料应用于深水大断面盾构隧道工程、水泥－沥青复合砂浆材料应用于高速铁路轨道板工程、高强轻集料混凝土材料应用于混凝土结构工程、低温升抗裂混凝土材料应用于超大体积混凝土工程，以及水泥与混凝土高效生态化利用固废技术、新型功能混凝土材料研发和技术探索应用等方面取得了有影响的成果。获国家技术发明二等奖 1 项、国家科技进步二等奖 5 项，省部级科技进步和发明一等奖 12 项，授权国家发明专利 110 项，发表 SCI、EI 学术论文 180 余篇，出版著作 7 部，培养研究生 100 余名。

丛书序言

材料是人类生存与发展的基石，是经济建设、社会进步和国家安全的物质基础。新材料作为高新技术产业的先导，是"发明之母"和"产业食粮"，更是国家工业技术与科技水平的前瞻性指标。世界各国竞相将发展新材料产业列为国际战略竞争的重要组成部分。目前，我国新材料研发在国际上的重要地位日益凸显，但在产业规模、关键技术等方面与国外相比仍存在较大差距，新材料已经成为制约我国制造业转型升级的突出短板。

先进化工材料也称化工新材料，一般是指通过化学合成工艺生产的、具有优异性能或特殊功能的新型化工材料。包括高性能合成树脂、特种工程塑料、高性能合成橡胶、高性能纤维及其复合材料、先进化工建筑材料、先进膜材料、高性能涂料与黏合剂、高性能化工生物材料、电子化学品、石墨烯材料、3D打印化工材料、纳米材料、其他化工功能材料等。

我国化工产业对国家经济发展贡献巨大，但从产业结构上看，目前以基础和大宗化工原料及产品生产为主，处于全球价值链的中低端。"一代材料，一代装备，一代产业"，先进化工材料具有技术含量高、附加值高、与国民经济各部门配套性强等特点，是新一代信息技术、高端装备、新能源汽车以及新能源、节能环保、生物医药及医疗器械等战略性新兴产业发展的重要支撑，一个国家先进化工材料发展不上去，其高端制造能力与工业发展水平就会受到严重制约。因此，先进化工材料既是我国化工产业转型升级、实现由大到强跨越式发展的重要方向，同时也是我国制造业的"底盘技术"，是实施制造强国战略、推动制造业高质量发展的重要保障，将为新一轮科技革命和产业革命提供坚实的物质基础，具有广阔的发展前景。

"关键核心技术是要不来、买不来、讨不来的"。关键核心技术是国之重器，要靠我们自力更生，切实提高自主创新能力，才能把科技发展主动权牢牢掌握在自己手里。新材料是国家重点支持的战略性新兴产业之一，先进化工材料作为新材料的重要方向，是化工行业极具活力和发展潜力的领域，受到中央和行业的高度重视。面向国民经济和社会发展需求，我国先进化工材料领域科技人员在"973 计划"、"863 计划"、国家科技支撑计划等立项支持下，集中力量攻克了一批"卡脖子"技术、补短板技术、颠覆性技术和关键设备，取得了一系列具有自主知识产权的重大理论和工程化技术突破，部分科技成果已达到世界领先水平。中国化工学会组织编写的"先进化工材料关键技术丛书"正是由数十项国家重大课题以及数十项国家三大科技奖孕育，经过 200 多位杰出中青年专家深度分析提炼总结而成，丛书各分册主编大都由国家科学技术奖获得者、国家技术发明奖获得者、国家重点研发计划负责人等担任，代表了先进化工材料领域的最高水平。丛书系统阐述了纳米材料、新能源材料、生物材料、先进建筑材料、电子信息材料、先进复合材料及其他功能材料等一系列创新性强、关注度高、应用广泛的科技成果。丛书所述内容大都为专家多年潜心研究和工程实践的结晶，打破了化工材料领域对国外技术的依赖，具有自主知识产权，原创性突出，应用效果好，指导性强。

创新是引领发展的第一动力，科技是战胜困难的有力武器。无论是长期实现中国经济高质量发展，还是短期应对新冠疫情等重大突发事件和经济下行压力，先进化工材料都是最重要的抓手之一。丛书编写以党的十九大精神为指引，以服务创新型国家建设，增强我国科技实力、国防实力和综合国力为目标，按照《中国制造 2025》、《新材料产业发展指南》的要求，紧紧围绕支撑我国新能源汽车、新一代信息技术、航空航天、先进轨道交通、节能环保和"大健康"等对国民经济和民生有重大影响的产业发展，相信出版后将会大力促进我国化工行业补短板、强弱项、转型升级，为我国高端制造和战略性新兴产业发展提供强力保障，对彰显文化自信、培育高精尖产业发展新动能、加快经济高质量发展也具有积极意义。

中国工程院院士：薛群基

序言

混凝土是当今使用最广泛的建筑材料，目前全世界的混凝土年产量约 40 亿立方米，其中我国占到 55% 左右，混凝土材料为我国的经济快速发展做出了重要贡献。现代建筑工程对混凝土品质和性能要求越来越高，传统混凝土材料正面临着使用性能、工程技术应用和生态环境等方面的严峻挑战。因此，提升混凝土材料品质与性能，提高其利用效能，并使之成为环境友好型材料，对实现可持续发展具有极其重要的作用。

胡曙光教授所领导的武汉理工大学团队数十年坚持先进混凝土材料研究和技术开发工作，其学术成果在我国乃至世界混凝土领域具有一定的影响。他是在国际上较早开展先进水泥基复合材料研究的学者之一，在高性能复合结构混凝土研究及其工程应用和新型功能混凝土材料探索创新等方面取得了一系列引人关注的成果。该团队 30 多年来参加了国家"973 计划"、"863 计划"、国家科技攻关计划、国家科技支撑计划等各类有影响的重要研究工作，在此期间还承担了三十多项国家自然科学基金和数十项部、省、市级科研课题，并参与了众多的国家重点工程建设工作。

本书较全面介绍了团队以所获十多项国家和省部级科技奖项为主要内容的系列成果，详细介绍了著者的研究思路和技术方法。运用材料科学理论和设计原理，探明原材料性能特点和作用机制，创新材料制备方法，提升材料关键性能，优化材料生产和工程应用技术，形成了完整的高技术混凝土材料高性能化、多功能化、全生态化和新技术化创新体系。

该团队工作的突出特色是注重研究工作的系统性，善于在学科交叉与结合上寻求突破，并始终致力于科技成果的转化应用与技术推广，长期积极与工程设计、建设单位和工程业主合作，坚持不断将最新的研究理论和技术应用于各种工程和生产技术实践中。如此工作方法，既可成功解决工程技术实际需求，又能有效推进理论研究与技术创新发展，同时也获得了良好的经济与社会效益。

本书内容系统丰富，特色鲜明，注重理论与实际工程的结合。特别是著者在研究工作中一些独特的思维创见，对先进理论与技术的大胆引用和不遗余力地推进工程应用等宝贵经验，具有很高的参考价值。我欣喜获悉此书作为"先进化工材料关键技术丛书"出版，愿为作序，祝愿并相信其对推进混凝土材料技术的发展将会起到重要作用。

缪昌文

中国工程院院士　东南大学教授

2022 年 1 月

前言

混凝土是迄今为止世界上最大宗的人工制备材料，是现代社会文明和进步的重要基石。随着现代工程建设向更大规模、更长跨度、更深广空间和更严酷服役环境发展，对混凝土及其制品的强度、性能和耐久性的要求越来越高，材料的制备和工程施工的难度则越来越大，既有混凝土技术不断面临新的挑战。

实际上，从混凝土技术诞生之日起人类就没有停止过对其探索和创新，特别是20世纪末以来的三十多年间，随着相关科学技术的快速发展，混凝土领域的科技工作者更加注重学习和引入先进理论和技术方法，积极创新实践，不断取得材料性能和制备技术的新突破，为新时代各种创世工程和各类高标准基础设施建设提供了关键技术支撑。

与此同时，正是因为技术思想空前活跃、研究工作更为自由和广阔，混凝土材料也从来没有像今天这样产生科技成果的繁荣，并时常会引发一些技术概念、评价体系的纷争，在一定程度上影响了整体研究工作的效能。为此，我们应系统总结既往经验，遵循混凝土材料自身发展规律，形成科学研究方向和技术途径的共识，提高领域的整体研发水平，实现混凝土技术的更大发展。

本书提出的高技术混凝土概念，不是依据混凝土强度性能指标或材料组成特征来界定，而是以混凝土制备技术结合材料性能先进性而综合归类。其目的是为了建立更易形成共识的技术概念，有利于促进协作和交流，提高混凝土技术创新的整体效率。高技术混凝土的范畴包括：高强混凝土、高性能混凝土、超高强混凝土、超高性能混凝土，以及高性能复合结构混凝土和新型功能混凝土。

全书的逻辑线条是：以著者团队的研究工作为背景，围绕材料科学设计原理，系统阐明高技术混凝土用关键材料特性及其作用机理，全面介绍材料结构设计和性能提升的新方法，总结提炼材料研发的创新思路和技术特点；形成从材料制备到应用全寿命周期过程的高性能化、多功能化、全生态化和新技术化体系。在此基础上，重点介绍了高性能复合结构混凝土方面的技术开发和工程应用经验，以及近年来在功能混凝土新技术方面的探索创新成果。

本书是著者团队 30 多年来在高技术混凝土方面研究与应用成果的总结，内容包括：①国家科技进步二等奖"高性能水泥基复合材料的研究及其工程应用开发"、"混凝土耐久性关键技术研究及工程应用"、"钢管高强混凝土膨胀控制与制备技术及其在大跨度结构的应用"、"深水大断面盾构隧道结构／功能材料制备与工程应用成套技术"；②"功能性水泥基材料设计制备及其性能调控"、"高耐久性钢箱梁桥面铺装结构设计材料制备及施工技术开发"、"利用淤污泥生产环保型优质轻集料及其混凝土的应用技术"等各类省部级科技一等奖十多项；③国家重点基础研究发展计划（973 计划）专题"水泥水化机理及过程控制"、"现代混凝土胶凝浆体微结构形成机理"、"严酷环境下混凝土材料损伤演化与退化机理"；④国家高技术研究发展计划（863 计划）"高性能轻质结构混凝土用于大跨径桥梁的研究"、"高抗渗长寿命大管径隧道管片材料结构设计与工程应用"、"抗滑、阻燃、降噪多功能隧道路面结构设计与铺装技术"、"高速铁路无砟轨道用 CA 砂浆研究与应用"、"具有高抗震性能的钢筋高强轻质混凝土制备及强韧化技术"；⑤国家科技攻关（支撑）计划课题"混凝土安全性专家系统"、"高性能轻集料混凝土的研究与应用"、"高性能水泥绿色制造工艺和装备"、"长寿命混凝土制品关键材料及制备技术"；⑥国家自然科学基金"新型无机－有机复合水泥的研究"、"基于集料功能设计与界面结构优化的高技术混凝土研究"、"具有高抗裂吸振功能混凝土的材料设计与制备方法"、"高强轻集料混凝土的脆性特征与增韧技术研究"、"水泥－沥青－环氧树脂复合胶结硬化机理及其微结构与性能研究"、"可循环水泥混凝土材料设计、制备及其性能调控"、"基于应力诱导的水泥石微结构形成机理与调控技术"、"导电功能集料及其复相水泥基材料技术原理与制备研究"、"基于电磁防护的功能集料设计制备原理及其混凝土应用基础研究"等 30 多项；⑦百余篇研究生学位论文、百余项国家授权发明专利和数百篇研究论文；⑧各类重点工程应用案例。在此衷心感谢国家科技部、国家自然科学基金委、各省部级科技部门的资助，以及众多工程业主单位、设计单位和建设单位的大力支持。

本书著者团队丁庆军、王发洲、何永佳、吕林女、姜从盛、何真等教授参加了主要研究工作，刘志超、杨露、刘云鹏、何永佳、张云升、刘鹏、饶美娟、张文芹、胡传林、杨进、张运华等博士参加了相关研究和书稿撰写、编校工作。特别感谢中国化工学会、化学工业出版社的鼎力支持。此外，本书撰写过程中还得到了一些专家和同行的帮助及指导，在此一并表示衷心感谢。

由于著者学识水平所限，书中内容难免疏漏和不足，恳请业界专家、同仁及广大读者不吝赐教。

胡曙光

2022 年 1 月

目录

第三章
高技术混凝土用功能材料　　　　051

第四章
超高强混凝土　　099

第五章
超高性能混凝土　　119

第六章
高性能复合结构混凝土　175

第七章
新型功能混凝土 333

第一章

绪　论

第一节
概述

　　混凝土是当今世界上最大宗的人工制备材料和最主要的建筑结构材料，具有不可替代的作用。与其他常用的建筑材料，如金属和有机类材料相比，混凝土生产能耗低，原材料来源广泛，制备工艺简便，因而生产成本低；同时它还具有耐久、防火、对工程和环境的适应性强、应用便捷等特点[1,2]。

　　混凝土技术已经历了从最早期的使用原始天然胶凝材料，发展到今天采用人工生产胶凝材料；其材料组成已从简单的胶凝材料、集料（尺度从粗到细）和水三元组分，发展到广泛掺加各种外加剂和功能掺合料的多元组分体系；其材料性能设计已从最基本的单一力学强度，发展到超高强度、各种特性和高耐久性能阶段；其制备技术已从最简单的人工拌合，发展到运用各种高新技术和智能化的方式。简言之，当今的混凝土已全面进入到了称为高技术混凝土的新阶段[3-6]。

　　高技术混凝土是指在普通混凝土技术的基础上，运用先进材料科学理论和采用创新制造技术，使制备的混凝土具有更优异的材料性能、更丰富的使用功能和更独特的环境友好特征，以有效拓展传统混凝土的应用范围，赋予其更强大的生命力。高技术混凝土的范畴体系包括：高强（度）混凝土、高性能混凝土、超高强（度）混凝土和超高性能混凝土、高性能复合结构混凝土和新型功能混凝土（特种复合混凝土）。

　　高技术混凝土的发展始于 20 世纪中叶，它是伴随着现代社会进步、大规模基础设施建设、人类生活空间拓展，对建筑材料新的更高要求；同时，也是依赖于其他领域科学技术迅猛发展应运而生的，其本身具有强烈的时代逻辑。在此期间，世界各地的混凝土科技工作者们积极投身于这场科技创新的大潮中，抢抓机遇，积极探索，从混凝土的强度、各种性能、所使用的原材料和制备方法，到混凝土材料、制品和工程应用等各个方面都不断取得新突破，将混凝土在社会发展中的基础和关键作用推到一个新的更高的地位。如今，我们到处可以看到各种标志性的现代化混凝土工程：超长超深超大的水下隧道、超大跨径的各种类型桥梁、宏大规模的地下建筑设施、高耸入云的摩天大楼、穿山越水的交通路网、风疾浪涌的海洋工程、严酷极端环境和特殊重大工程等，这些都来自于高技术混凝土的贡献。

　　毫无疑问，这是混凝土发展史上一个值得骄傲的时代。正是因为技术思想的空前活跃、研究工作的自由和广阔，混凝土从来没有像今天这样产生科技成果的繁荣。但与此同时，也常易引起一些技术概念、评价体系的纷争，从而影响整体研究工作的效能。究其原因，一方面是当代科技工作者的思路更开阔、独立性更强、更富有创新性；另一方面是受广泛引入其他学科领域先进理论和技术方法的影响，派生出更多的研究方法和技术途径；再者是由于信息技术的发展，人们越来越多地习惯于网络信息的快餐式学习，而逐渐缺少了过去那些重要的以会议交流、有效思辨，形成共识的研究氛围。对此应理性辩证地看待，这应该是社会进步，它可以更为开阔我们的视野，广泛快速借鉴先进的理论和方法，能够帮助研究者有效突破传统方式的束缚，提高研究效率和水平，促进本学科领域的科技进步。当然，与此同时也应重视出现的新问题，加强学术交流和共性问题的协同研究，共享成果，少走弯路，推进本学科领域的整体研究水平和科学技术取得更大进步。

第二节
高技术混凝土发展简史

一、普通混凝土

普通混凝土的技术特点是材料组成相对简单，具有较高的水灰比（Water-cement ratio，w/c），采用较为简便的混合搅拌制备技术，混凝土的抗压强度一般小于 50MPa。普通混凝土包括基础混凝土和普通增强混凝土。

1．基础混凝土

基础混凝土也称为素混凝土，它是指除了混凝土的三元基本组成：水泥、集料和水之外，不添加任何其他辅助组分的混凝土。现代水泥混凝土始于 1824 年英国建筑工人 Joseph Aspdin 取得的世界上第一个波特兰（硅酸盐）水泥发明专利，由于这种具有水硬性胶凝材料的诞生，用其配制的混凝土赋予材料所需要的强度和耐久性，同时其原料易得，造价较低，特别是材料的能耗较低，因此大大拓展了混凝土的应用领域，从此奠定了混凝土材料不可替代的重要地位。基础混凝土的技术特点是，仅仅采用三元基本原料和简单的混合搅拌成型，硬化后的混凝土抗压强度一般在 20 ～ 30MPa。

在长达一个多世纪的时间里，现代混凝土技术经历了不断的发展和探索，但在其主要使用性能的强度上始终没有取得根本性的突破。1896 年，法国 Feret 最早提出了以孔隙含量为主要因素的强度公式。1919 年，美国 Duff Abrams 通过大量试验发现水灰比与混凝土强度之间存在相互关联，即混凝土强度与 w/c 呈反比关系。1930 年，瑞士科学家 Belomey 研究提出了著名的混凝土强度与水泥实际强度及 w/c 关系式，表明在一定条件下降低水的用量可以提高混凝土强度。20 世纪 60 年代，美国 T. C. Powers 做了更深入的研究，将水泥主要水化产物（凝胶）考虑进来，建立了著名的 T. C. Powers 模型，并提出了强度与胶空比（已知水化的水泥浆体体积和毛细孔体积之和的比值）的关系式，表明毛细孔体积对强度的影响。以上研究成果的基本结论是，较低的 w/c 可以减少混凝土材料中的空（孔）体积，而密实的材料会有更高的强度。但对于普通混凝土，为了满足制备工艺和保障混凝土新拌料的可施工性，就必须掺加远高于水泥完全水化的用水量，因此混凝土的强度就很难显著提高，其较高的 w/c 也使材料结构较为疏松，混凝土的其他性能亦受到影响 [7]。

2. 普通增强混凝土

为了提高混凝土的强度和改进其性能，在素混凝土的基础上，人们开始尝试在混凝土中引入其他一些原材料增强组分或改进混凝土制备方法，以期获得强度和性能更好的混凝土，这些工作为现代混凝土技术的发展提供了可循路径。其中具有里程碑意义的成果为：1849 年，法国园林师 Joseph Monier 发明了原始的钢筋混凝土，提高了混凝土结构的稳定性和耐久性。1879 年，奥地利人 Hatschek 造出了石棉纤维混凝土，开辟了纤维增强混凝土时代，在混凝土制品的抗裂性能上取得突破。1910 年，美国人 H. F. Porter 取得钢纤维混凝土专利，提高了混凝土的强度和整体性能。1928 年，法国的 Freyssinet 创造了预应力钢筋混凝土。1934 年，美国发明了混凝土振动器，在混凝土成型的过程中通过施加振动使其有效密实均匀，提高了混凝土的强度和抗渗性能。1937 年美国人 E. W. Scxiptrt 研究出世界上第一个减水剂 Pozzolitn 并取得专利，实现了以降低 w/c 来提高混凝土强度的技术途径。19 世纪末和 20 世纪初，早期高分子化合物在混凝土中出现，人们发现可以通过掺加有机材料复合的方法改进混凝土的脆性。20 世纪 60 年代，美国发明了聚合物浸渍混凝土。20 世纪 70 年代，中国研发了玻璃纤维混凝土。采用这些方法使得混凝土的强度有不同程度的提高，基本可以达到 40MPa 左右，有些已接近 50MPa。

二、高强混凝土

现代土木工程建设需要更高强度的混凝土，长达一个世纪的普通混凝土科技探索已为其奠定了基础，而现代化学工业和材料科学技术的发展为其提供了现实可能，高强混凝土（high strength concrete，HSC）技术应运而生。20 世纪 50 年代末至 60 年代初，减水率达 20% 以上的混凝土高效减水剂（超塑化剂）问世，它掀开了高强混凝土技术发展的序幕 [8]。在此期间，德国发明了三聚氰胺高效减水剂，日本发明了萘系高效减水剂。高效减水剂克服了减少用水量导致混凝土拌合料干硬难施工的重大技术难题，使混凝土在较低水灰比条件下材料密实，从而获得高的强度。由于高强混凝土的定义是随着时代科学技术进步在不断变化的，从技术分类的综合角度考虑，此处定义的高强混凝土的强度大于 50MPa。

高强混凝土组分的主要特征是掺有高效减水剂和矿物掺合料。高效减水剂的使用使混凝土技术发生了重大突破，从材料结构特性来看，用水量的减少，大大减少了硬化混凝土的空隙和内部缺陷，缺陷的减少一方面可提高混凝土强度，另一方面提高了材料的密实度，可有效阻碍外部有害介质通过孔隙进入到混凝土内部，提高了混凝土的耐久性能。掺加高效减水剂的高强混凝土，保持了良好的新拌混凝土流动性，可方便应用于现场施工，这也是各种大型混凝土工程采用高强混凝土的原因。

三、高性能混凝土

高性能混凝土（high performance concrete，HPC）是一种具有高强度、高耐久性与高工作性的混凝土。高性能混凝土与高强混凝土只强调力学性能不同，其必须在工作性能、力学性能和耐久性能上同时符合高的性能要求 [9]。高性能混凝土不仅要求高工作性能、高强度，还应具有抵抗化学腐蚀等其他重要性能，如高体积稳定性、高弹性模量、低干缩率、低徐变、低的温度形变和高抗渗性。高性能混凝土的技术特点是在高强混凝土的基础上使用了新型高效减水剂和矿物超细粉材料。所谓超细粉材料是粒度 <10μm 的粉体，其比表面积相当于 600m²/kg 及以上。在高性能水泥基复合材料中常用的超细粉一般以氧化硅、氧化铝等为主要化学成分，常用品种有粉煤灰、磨细水淬矿渣粉、硅灰和磨细沸石粉、偏高岭土、硅藻土、烧页岩、沸腾矿渣等矿物细粉材料。

矿物质超细粉是制备高性能混凝土的关键。其作用机理：一是填充胶凝材料的空隙，降低孔隙率，并且细化孔径；二是提高混合材料的诱增活性，参与胶凝材料的水化反应，提高混凝土的密实度，并可以降低水化热 [10]。孔隙率的降低，是提高混凝土强度和耐久性的直接原因，混合材料活性的提高则可以进一步改善混凝土的界面结构。孔隙率的降低、孔径的细化及界面结构的改善，也使混凝土抗渗性提高，进而提高其耐久性能。由于高性能混凝土综合性能优越，一经出现很快就在实际工程中得到应用和推广。当今，C60 的高性能混凝土已广泛应用于桥梁、高层建筑及机场建设等重要结构工程；强度为 80MPa、100MPa 以上的高性能混凝土，在工程中都获得了应用。

四、超高强混凝土

超高强混凝土（ultra-high strength concrete，UHSC）指的是抗压强度在100MPa以上的混凝土。UHSC是20世纪80年代初至21世纪初在世界范围内兴起的一次研究热潮。超高强混凝土设计的理论依据是最大堆积度理论，其组成材料由不同粒径颗粒以最佳比例形成最紧密堆积，即毫米级颗粒堆积的间隙由微米级颗粒填充，微米级颗粒堆积的间隙由亚微米级颗粒填充。为了达到最大的紧密堆积状态，UHSC混凝土均要采用特殊的制备技术成型。其中有代表性和影响的主要有以下几类。

1．无宏观缺陷水泥基材料

1981年英国Birchall等发明了一种具有独特性能的水泥-聚合物复合材料[11,12]，由于采取专门的制作技术和极低的水灰比（0.12～0.16），故该复合材料硬化体中不含有大孔隙和粗大晶体等较大型缺陷，因而取名为无宏观缺陷水泥基材料（macro-defect-free cement，MDF）。MDF材料的主要组成材料是水泥、水溶性聚合物、超塑化剂和水，所用水泥为硅酸盐水泥或铝酸盐水泥。MDF材料制备工艺要点：一是各种组分经混合后，再经专门的搅拌机制成均质的料浆；二是将拌合物进行热压或采用挤压、辊压、注射等工艺成型。

MDF材料硬化体的力学性能显著高于普通混凝土，其抗压强度为200～300MPa，抗拉强度为50～120MPa，弯拉强度为150～200MPa，弹性模量为25～50GPa，断裂韧性可达3MPa·m$^{1/2}$。MDF硬化体还具有良好的吸声性、抗静电性以及低温下的抗裂性等。其主要缺点为水稳定性较差，吸湿后强度明显下降，尤以使用了铝酸盐水泥为甚，主要是由MDF中的聚合物的吸水肿胀引起的。

20世纪80年代中期始，著者在MDF材料的增强机理以及材料设计与制备技术的实用性方面开展了深入系统的研究，揭示了MDF材料聚合物/水泥界面增强机理和聚合物在复合材料中的多重作用机理[13-21]，发现并证实材料中形成多相互穿网络结构的特征[22]，并依此提出聚合物的选择准则和材料结构优化设计方法。提出聚合物用量的精确计算控制方法，通过聚合物界面化学反应和减少多余用量，能有效提高抗水损性，增强体积稳定性；通过纤维增强提高材料的整体性能[23-25]，在提高MDF材料耐久性方面取得重要突破[26]。

2．均布超细粒致密体系

1982年，丹麦Bache等开发了均布超细粒致密体系（densified system containing homogenously arranged ultra-fine particles，DSP）[27]。其配制要点：一是使平均粒径为10μm左右的水泥与平均粒径为0.1μm左右的火山灰活性超细粉材料以适宜的掺量均匀混合，形成最紧密的堆积，不仅孔径极小，孔隙率极低，且孔隙相互间不连通；二是掺加高效减水剂，以极低的水灰比（0.16 或更低），进一步降低孔隙率、防止水泥粒子和超细粉材料的团聚并力求使它们均匀分布。

DSP 主要是利用致密填充原理或填充效应来降低孔隙率、提高密实度。根据颗粒堆积的理论模型，粗颗粒对堆积密度的影响极大，而仅仅更换细颗粒的尺寸和数量，对整体材料的堆积密度影响不大。因此可考虑将 DSP 中大部分未水化的水泥用其他混合材料进行替代，以减少水泥用量。研究表明用粉煤灰、矿渣粉等其他颗粒来替代或部分替代硅粉制得 DSP，可实现不降低其性能的同时降低成本。

用硅酸盐水泥与硅灰制作普通 DSP 的抗压强度可达 120MPa 以上，掺加高强度集料的 DPS 抗压强度达到 250MPa 以上。DSP 存在的不足是弹性模量与断裂能的增加幅度不大，故其脆性很大，极易在硬化与干缩过程中产生较多的微裂缝。可以在 DSP 中掺一定量的纤维，提高延性与韧性，同时还兼具低干缩率、低渗透性与高耐蚀性。

3．密实配筋复合材料

1986 年 Bache 等开发了一种含有大量纤维与配置密间距钢筋的复合材料（compact reinforced composite，CRC）[28]。CRC 的基材由高强度的 DSP 材料组成，其主筋与钢筋混凝土中的钢筋相同，但用量要大得多（按体积率为 10% ~ 20%）。通过有效的集料粒子（如石英粒子或 Al_2O_3 含量高的粒子）与合宜的纤维（如使用体积率为 5% ~ 10% 细直径、高强度的钢纤维），使得与钢筋紧密黏结的基材具有高抗拉强度、刚度与延性。

CRC 的抗压强度一般可达 200MPa，最高可达 300MPa 以上，其抗拉强度可与结构钢筋相近并具有相当高的延性。CRC 与 DSP 相比，不仅有更高的强度，并且还具有很大的变形能力。CRC 具有很高的耐久性，其耐久性优于通常的高性能混凝土，这主要是由于 CRC 的基材极为密实。CRC 具有很高的抗飞弹穿透力，可用于军事工程设施。CRC 非常适合于制作自重轻、细长型的受弯预制构件或现场制作的构件。实际应用中已用于制作隧道内衬砌块、悬臂式阳台的底板、楼梯的支承梁、井盖以及预制板 - 柱系统现场浇筑的接头等。

4．活性粉末混凝土

1993 年，法国学者 Richard 和 Cheyrezy 采用 DSP 模型，研制出活性粉末混凝土（reactive powder concrete，RPC）[29-31]。RPC 的主要工艺包括：一是根据最紧密堆积原理，通过剔除粗集料，用最大粒径为 400 ~ 600μm 石英砂为细集料，掺加高活性矿物掺合料硅灰，形成高均匀性和密实度的颗粒体系；二是采用大掺量的高效减水剂，大幅度减少用水量，降低空隙率；三是掺加微细钢纤维，减低材料脆性、提高韧性；四是在凝固前和凝固期间加压排气，进一步提高密实度；五是凝固后，通过热压养护，提高化学反应活性和内部结构的密实性。

RPC材料具有超高强度、超高耐久性、高韧性，同时还具有良好的体积稳定性能，其混凝土抗压强度大于150MPa，抗折强度可达50MPa，弹性模量达50GPa以上，断裂能达20000～40000J/mm^2。这些性能指标表明，活性粉末混凝土材料在力学性能上已达到了一个全新的高度，超越了之前的混凝土材料。活性粉末混凝土无论从配合比设计方法、原材料组成和制备技术都有了长足的进步。

虽然RPC具有超高的力学强度和优异的性能，但其存在以下问题：一是由于在材料组分上水泥和硅灰用量大，以及剔除粗集料，导致混凝土收缩大；二是材料的成型过程需要加压和高温养护，只适合于在工厂预制，无法应用于混凝土现场工程；三是材料的造价高、能耗大、制备工艺复杂，这严重制约了RPC的实际应用。

五、超高性能混凝土

为推进超高强混凝土技术的实际应用，研究者们在UHSC的基础上提出了超高性能混凝土（ultra-high performance concrete，UHPC）的概念[32,33]。"超高性能"包括两个方面：超高的耐久性和超高的力学性能，最重要的是还要有可实际应用性，材料处于新拌合状态时，应具备良好的流动性能，便于制备应用。因此著者认为，UHPC技术研发的重点在简化制备工艺和降低材料成本两个方面。虽然目前还没有形成统一的定义，但明确的是要求材料的物理力学性能优异，其抗压强度一般要达到或超过150MPa。

UHPC的技术特点：一是采用多元胶凝材料体系，在不降低优异性能的前提下，掺入工业废渣超细粉，最大限度地做到节能和降低成本；二是采用了一定规格的粗集料，其集料的尺寸为10～20mm，既可以提高材料的体积稳定性和耐久性，又可有效降低成本；三是采用超高性能减水剂，使混凝土材料具有现浇流动性，能进行工程的现场施工；四是采用常规技术进行制备，无需进行压力成型和高温养护。著者团队研究工作主要集中在材料组成优化以及材料结构形成的规律等方面[34-39]。UHPC堪称耐久性最好的工程材料，适当配筋的UHPC力学性能接近钢结构，同时其还有优良的耐磨、抗爆炸性能。因此，UHPC特别适合用于大跨径桥梁、抗爆炸结构和薄壁结构，以及用在高磨蚀、高腐蚀环境。

六、高性能复合结构混凝土和新型功能混凝土

高性能复合结构混凝土和新型功能混凝土是以普通混凝土为基础，在混凝土

材料中引入可显著增强和改进混凝土性能或赋予其特殊功能的组分，采用材料设计的复合技术方法，运用高新技术制备工艺等，通过优化材料的结构，使其具有更优异的性能和获得特殊功能。根据其应用特点可分为结构类和功能类，前者多用于各种结构工程。著者团队多年来致力于高性能复合结构混凝土和新型功能混凝土技术研究工作，取得以下几方面的成果：

① 采用各种纤维、颗粒和外加剂等增强功能材料提高混凝土材料的强度、抗冲击、抗裂性能，如高强、高抗侵彻、抗爆炸混凝土和注浆纤维混凝土等[40-51]；

② 采用各种特性集料赋予混凝土特种功能，如防辐射混凝土、轻集料混凝土、抗冲磨混凝土、储热混凝土[52-64]；

③ 采用辅助胶凝材料或复合胶凝材料体系改善混凝土基体的性能，如超高强和高性能混凝土、补偿收缩混凝土、高抗渗抗裂混凝土、大体积低热和高耐久性混凝土等[65-78]；

④ 采用材料复合与结构复合技术提高混凝土的结构性能，如钢管混凝土、桥面铺装混凝土、超高结构与大跨度混凝土、隧道结构混凝土、高耐久混凝土等[79-98]；

⑤ 采用各种有机组分提高混凝土材料的韧性，如高延性混凝土、聚合物改性混凝土、水泥沥青复合砂浆等[99-105]；

⑥ 采用外加组分改变材料结构的方式赋予混凝土新的用途，如透水混凝土、空气净化混凝土、转印混凝土等创新技术混凝土[106-117]。

第三节
混凝土材料面临的挑战与机遇

混凝土、钢材与高分子材料是无机非金属、金属和有机三大类材料最主要的代表。这三大类材料具有各自的特性。表1-1为其性能特点[6,118]。

表1-1　混凝土、钢材、高分子材料的性能比较

性能	钢材	高分子材料	普通混凝土	高技术混凝土
抗压强度/MPa	235～1600	105～400	10～50	100～300
抗弯（折）强度/MPa	约500	60～150	3～6	50～200
抗拉强度/MPa	400～1900	46～200	1.27～3.11	4.5～24
折（弯）/压比	0.23～2.13	0.25～1.10	0.15～0.31	0.20～0.50
弹性模量/GPa	190～210	0.10～2.00	22～38	37～55

性能	钢材	高分子材料	普通混凝土	高技术混凝土
韧性性能	优良	优良	差	普通混凝土250倍
泊松比	0.25~0.30	0.30~0.50	0.20	0.19~0.24
密度/（kg/m³）	约7800	900~1500	1900~2500	约2500
热膨胀系数/（10^{-6}/℃）	10~15	72~150	约10	约10
热导率/[W/（m·K）]	48~52	0.08~0.50	约3	1~30
体电阻率/Ω·cm	10~15	10^{16}~10^{18}	10^8~10^{15}	10^9~10^{11}
断裂能/（J/m²）	10^5~10^6	600~1500	110~160	10^4~$4×10^4$

注：表中高技术混凝土所列数据为代表性指标，而非取自于某一种特定材料。

如表 1-1 所示，三种材料的工程性能有较大差异。钢材具有很高的强度，其抗拉、抗弯及抗剪强度都高，钢材的塑性好，在常温下能接受较大的塑性变形和弯、拉、拔、冲压等各种冷加工；另外，钢材的品质均匀、性能可靠。钢材主要缺点是易腐蚀，耐久性差。高分子材料具有质轻、高弹性、低弹性模量、高绝缘性、低导热性的特性，其缺点为强度比钢材低、刚性差、高热膨胀性、耐热性差、易老化。

普通混凝土材料的强度相对较低，其强度在一定范围内可以实现由低到高的设计和控制，这样能比较方便地满足不同工程对强度性能的需求；混凝土拌合物具有可塑性，成型加工简单、方便，可以按照工程要求浇筑成不同形状和尺寸的整体结构或预制构件，比其他材料的加工要容易得多。但由于混凝土是一种抗拉强度很低的脆性材料，因此，通常混凝土不能承受拉应力，抗冲击强度低，强度与质量之比也较低。同时，混凝土的体积不稳定性也是其主要的缺点。

从以上的分析对比看，作为世界上最大宗的人工制备材料，混凝土为社会文明和科技进步做出了重要的贡献，但随着社会发展和科学技术进步，对各种混凝土制品的使用性能要求越来越高，特别是现代工程建设向着更大规模、更长跨度结构、更深地下空间和更复杂严酷的使役环境方面发展，这些重大工程施工难度大，强度和耐久性要求高，普通混凝土的材料性能已不能适应这种时代进步的要求。同时，其他材料技术的快速进步也对混凝土的传统应用领域形成了更多的竞争，既有混凝土技术正面临着新的挑战。

但可以高兴地看到，从混凝土技术的创新发展和所取得的成果（如表 1-1 所示）来看，采用先进技术制备的高技术混凝土材料已在许多性能方面有了很大的进步，有些性能和功能甚至取得巨大突破，这充分表明混凝土材料还有很大的发展潜力。另一方面，当今科学技术的进步，相关学科和交叉领域的技术发展，为混凝土材料技术突破提供了更广阔的视野和可以借鉴的经验。更重要的是在可以预见的未来相当长时期，中国经济的快速和高质量发展，大规模基础建设和城镇化，对混凝土材料的需求和技术应用提供了前所未有的机遇。为此，在已有工作的基础上，认真总结以往经验，分析理清发展思路，选择确立攻关目标，遵循科学有效的研究方法，进一步提高研发效率，实现混凝土技术的新突破，既是本领域科技工作者们的重要任务，又是混凝土材料创新发展的重大机遇。

第四节
高技术混凝土的技术特点与研究内容

著者提出的高技术混凝土（high technology concrete，HTC）概念，不同于以往依据混凝土性能指标或组成特征来定义，而是以混凝土制备技术和材料性能的先进性为标准，采用综合评价的方法进行界定。高技术混凝土是从混凝土技术特点的角度提出的概念，其目的是为了建立更为科学和易于形成共识的混凝土技术体系和评价标准，避免由于对某些混凝土技术定义不同而产生的争议，有利于形成共识，提高混凝土技术创新的效率和水平。高技术混凝土材料的范畴体系包括：高强混凝土、高性能混凝土、超高强混凝土和超高性能混凝土、特种复合混凝土。高技术混凝土的技术特点和研究内容包括：高性能化、多功能化、全生态化和新技术化。

（1）高性能化　通过综合技术创新，提高混凝土的各种化学、物理化学和力学性能，使其更便于生产制备、结构施工和具有更优异的材料与工程性能，进一步提升混凝土工程的安全性、耐久性，延长使用寿命。

（2）多功能化　通过材料设计创新，调整混凝土材料组成并形成相应的性能结构，扩展混凝土的特性功能，使其适应各种特殊用途的需要；通过复合技术创新，探索开发混凝土与其他材料的组合结构，形成材料复合效应，克服自身固有不足，在拓展应用领域方面实现新的突破。

（3）全生态化　通过材料化学创新，开发利用各种生产、生活废弃物替代普通混凝土的组分，实现混凝土生产节约自然资源、节能降耗和环境友好的目标；通过设计理念创新，开发混凝土从选料到制造、使用、再回收利用的材料全生命周期可循环设计与制备技术。

（4）新技术化　通过交叉学科创新，学习借鉴其他领域科技方法和经验，开发新设计、新原料、新制造方法，寻求混凝土材料性能与功能的变革性飞跃；通过智能化创新，开发具有自诊断、自修复、自组织、自调整功能的智慧混凝土；通过信息化创新，开发大数据、数字化、网络化技术，赋予混凝土新的时代品质。

参考文献

[1] (加) 西德尼·明德斯 (Sidney Mindess)，(美) J. 弗朗西斯·杨 (J.Francis Young)，(美) 戴维·达尔文 (David Darwin). 混凝土 [M]. 吴科如，张雄，姚武等译. 北京：化学工业出版社，2005: 1-13.

[2] Mehta P, Paulo M. Concrete: Microstructure, Properties, and Materials[M]. New York: The McGraw Hill Companies Inc, 2006: 633-646.

[3] (挪威) 珀·雅润 (Per Jahren)，(中国) 隋同波 (Tongbo Sui). Concrete and Sustainability(混凝土与可持续发展)[M]. 北京：化学工业出版社，CRC Press, Taylor & Francis(USA)，2013: 357-374.

[4] Li Z. Advanced Concrete Technology[M]. Hoboken, New Jersey: John Wiley & Sons, Inc, 2011: 476-488.

[5] Hu S, Yang D. Optimizing Design of High-Tech Concrete Composites[C]//Wu Z, Sun W, Morino K, et al. New Development in Concrete Science & Technology. Nanjing: Southeast University Press，1995:960-966.

[6] 胡曙光. 先进水泥基复合材料 [M]. 北京：科学出版社，2009: 1-8.

[7] (英)F.M. 李. 水泥和混凝土化学 [M]. 第 3 版. 唐明述等译. 北京：中国建筑工业出版社，1980: 336-346

[8] 缪昌文. 高性能混凝土外加剂 [M]. 北京：化学工业出版社，2008:15-143.

[9] 吴中伟，廉慧珍. 高性能混凝土 [M]. 北京：中国铁道出版社，1999:20-34.

[10] (美) 科斯马特卡 (Kosmatka Steven H)，(美) 柯克霍夫 (Kerkhoff Beatrix)，(美) 帕纳雷斯 (Panarese Willliam C). 混凝土设计与控制 [M]. 第 14 版. 钱觉时，唐祖全，卢忠远，王智译. 北京：科学出版社，2009: 201-223

[11] Birchall J, Howard A, Kendall K. Flexural Strength and Porosity of Cement[J]. Nature, 1981, 289(19): 388-389.

[12] Birchall J, Kendall K, Howard Anthony J. Cementitious Product[P]. EP 0021682. 1981-01-07.

[13] Hu S, Guan X, Ding Q. Research on Optimizing Components of Microfine High-Performance Composite Cementitious Materials[J]. Cement and Concrete Research, 2002, 32: 1871-1875.

[14] Peng Y, Hu S, Ding Q. Dense Packing Properties of Mineral Admixtures in Cementitious Material[J]. Particuology, 2009, 7(5): 399-402.

[15] 丁庆军，叶强，胡曙光，等. 一种利用湿花岗岩石粉制备的超高性能混凝土及其制备方法 [P]. CN 201711192782.3. 2019-11-26.

[16] Hu S G. The Increasing Strength Mechanism of the Role of Interfacial Bond in MDF Cement[C]// Proceedings of 9th International Congress on the Chemistry of Cement. New Delhi: 1992: 393-396.

[17] Hu S. XPS Nondestructive Depth Analysis Method and its Application in Cement Based Composite Materials[J]. Cement and Concrete Research, 1994, 24(8): 1509-1514.

[18] Hu S, Wang S. Study on the PAT Porosimetry and its Application in MDF Cement[C] //Wu Z, Jiang J, Huang S, et al. 3rd Beijing International Symposium on the Cement & Concrete. Beijing: International Beijing Academic Publishers，1993:1087-1092.

[19] Hu S. An Investigation of Bonding Behavior on the Interface of Polyacrylamide-Aluminous Composites[J]. Journal of Wuhan University of Technology (Materials Science Edition), 1993, 8(2): 19-24.

[20] 胡曙光. 聚合物—水泥界面粘结层的结构分析 [J]. 武汉工业大学学报 , 1993, 15(4): 12-15.

[21] Hu S, Chen D. Kinetic Analysis of the Hydration of $3CaO \cdot 3Al_2O_3 \cdot CaSO_4$ and the Effect of Adding $NaNO_2$[J]. Thermochemica Acta, 1994, 24(6): 129-140.

[22] Hu S, Yang D. IPCN Structure and its Formation Condition in MDF Cement[C] //Wu Z, Sun W, Morino K, et al. New Development in Concrete Science & Technology. Nanjing: Southeast University Press, 1995:127-131.

[23] 丁庆军，胡曙光，李悦，等. 纤维增强 MDF 水泥材料的研究 [J]. 混凝土及水泥制品，1997, 3:49-51.

[24] Hu S. Studies of MDF Cement Reinforced with Glass Fiber[C]// MAETA Workshop on High Flexural Polymer-

Cement Composite.J Sakata: 1996:131-135.

[25] 丁庆军，李悦，胡曙光. MDF 水泥的碳纤维增强研究 [J]. 武汉工业大学学报，1998，3:14-17.

[26] 李北星. 无宏观缺陷水泥基复合材料的湿敏性与改性研究 [D]. 武汉：武汉工业大学，1998.

[27] Bache H. Densified Cement/Ultrafine Particle-Based Materials[C]//Malhotra V. Ontario, Canada: Canimet, The Second International Conference on Superplasticizers in Concrete, 1981: 5-35.

[28] Bache H. Fracture Mechanics in Integrated Design of New, Ultra-Strong Materials and Structures[C]//Elfgren L. Fracture Mechanics of Concrete Structures: From Theory to Applications. London: Chapman & Hall, 1989: 382-398.

[29] Richard P, Cheyrezy M. Composition of Reactive Powder Concretes[J]. Cement and Concrete Research, 1995, 25(7): 1501-1511.

[30] Richard P, Cheyrezy M H. Reactive Powder Concretes with High Ductility and 200-800MPa Compressive Strength[J]/ACI Special Publication, 1994, 144: 507-518.

[31] Cheyrezy M, Maret V, Frouin L. Microstructural Analysis of RPC (Reactive Powder Concrete)[J]. Cement and Concrete Research, 1995, 25(7): 1491-1500.

[32] 张云升，张文华，刘建忠. 超高性能水泥基复合材料 [M]. 北京：化学工业出版社，2005: 2-17.

[33] Guan X, Hu S, Ding Q. Research on Ultrafine High Performance Cement[C]// The 5th International Symposium on Cement and Concrete. Shanghai: Tongji University Press, 2002: 227-232.

[34] Hu S, Guan X, Ding Q. Research on Optimizing Components of Microfine High-Performance Composite Cementitious Material[J]. Cement and Concrete Research, 2002, 32: 1871-1875.

[35] Hu S, Li Y. Research on The Hydration and Hardening Mechanism and Microstructure of High Performance Expansive Concrete[J]. Cement and Concrete Research, 1999, 29:1013-1017.

[36] Ding Q, Liu X, Liu Y, et al. Effect of Curing Regimes on Microstructure of Ultra High Performance Concrete Cement Pastes[C]//Shi C, Wang D. First International Conference on UHPC Materials and Structures. Paris: RILEM Publications SARL, 2016: 371-379.

[37] Zhang X, Liu Z, Wang F. Autogenous Shrinkage Behavior of Ultra-High Performance Concrete[J]. Construction and Building Materials, 2019, 226: 459-468.

[38] Hu S, Wu J, Yang W. Relationship Between Autogenous Deformation and Internal Relative Humidity of High-Strength Expansive Concrete[J]. Journal of Wuhan University of Technology (Materials Science Edition), 2010(3): 504-508.

[39] 丁庆军，鄢鹏，胡曙光，等. 一种轻质低收缩超高性能混凝土及其制备方法 [P]. CN 201711233051.9. 2019-11-26.

[40] Alford N, Birchall J. Fiber Toughening of MDF Cement[J]. Journal of Material Science, 1985, 20(1): 37-41.

[41] Wu S, Hu S, Ding Q. The Effect of Polymer in Steel Fiber Reinforced Cement Composites[J]. Journal of Wuhan University of Technology (Materials Science Edition), 1999(3): 43-47.

[42] 张锋，丁庆军，林青，等. 钢箱梁桥面铺装钢纤维轻集料混凝土的研究 [J]. 混凝土，2005(11): 46-59.

[43] 吕林女，胡曙光，丁庆军. 高性能阻裂抗渗外加剂的研制及其对混凝土性能影响的研究 [J]. 硅酸盐通报，2003(4): 16-20.

[44] Li Y, Hu S, Ding Q. Properties of Ettringite Type Expansive Agent[J]. Journal of Wuhan University of Technology (Materials Science Edition), 2001, 16: 53-56.

[45] 胡曙光，丁庆军，王红喜，等. 一种封闭混凝土高能延迟膨胀剂及其制备方法 [P]. CN 200510019477.5. 2007-05-09.

[46] 胡曙光，丁庆军，彭艳周，等. 用于钢管混凝土的缓凝高效减水保塑剂 [P]. CN 200510019478.X. 2007-07-04.

[47] 胡建勤，胡曙光. 复合抗裂材料对混凝土抗收缩的作用 [J]. 混凝土，2004(1): 23-24，40.

[48] 黄卿维，胡曙光，杜任远，等. 预应力 RPC 箱梁开裂弯矩计算方法 [J]. 土木工程学报，2015,48(S1):15-21.

[49] 马保国，王信刚，胡曙光，等. 盾构隧道衬砌管片及其制备方法 [P]. CN 200510120533.4. 2009-04-29.

[50] 张文华，张云升. 超高性能水泥基复合材料抗爆炸试验及数值仿真分析 [J]. 混凝土，2015(11): 31-34.

[51] 丁庆军，鄢鹏，胡曙光，等. 一种轻质低收缩超高性能混凝土及其制备方法 [P]. CN 201711233051.9. 2019-11-26.

[52] 胡曙光，丁庆军，王发洲，等. 高强轻集料混凝土的制备方法 [P]. CN 03125310.5. 2005-05-25.

[53] Hu S, Yang T, Wang F. Influence of Mineralogical Composition on the Properties of Lightweight Aggregate[J]. Cement & Concrete Composites, 2010(1) :15-18.

[54] 胡曙光，丁庆军，何永佳. 具有表面反应活性的高强轻集料及其制备方法 [P]. CN 200410012911.2. 2006-07-19.

[55] 丁庆军，胡曙光，田耀刚. 高强高韧性轻集料混凝土的制备方法 [P]. CN 200710053634.3. 2010-02-24.

[56] 胡曙光，王发洲. 轻集料混凝土 [M]. 北京：化学工业出版社，2006.

[57] Nie S, Hu S, Wang F. Pozzolanic Reaction of Lightweight Fine Aggregate and its Influence on the Hydration of Cement [J]. Construction and Building Materials, 2017, 153: 165-173.

[58] 王发洲. 高性能轻集料混凝土的研究与应用 [D]. 武汉：武汉理工大学，2003.

[59] 吴静，王发洲，胡曙光，等. 集料 - 水泥石界面对混凝土损伤断裂性能的影响 [J]. 北京工业大学学报，2013, 39(06): 892-896.

[60] Shen P, Lu L, Wang F, et al. Water Desorption Characteristics of Saturated Lightweight Fine Aggregate in Ultra-High Performance Concrete[J]. Cement and Concrete Composites, 2020, 106: 103-456.

[61] 丁庆军，黄修林，胡曙光，等. 一种基于环保型功能集料的防辐射混凝土及其制备方法 [P]. CN 201010174655.2. 2013-06-12.

[62] 任婷，胡曙光，丁庆军. 利用富含 Ni 和 Fe 电镀污泥制备防辐射集料的研究 [J].武汉理工大学学报，2016, 38(08): 1-6.

[63] 田耀刚，胡曙光，王发洲，等. 具有阻尼功能的高强混凝土疲劳性能分析 [J]. 建筑材料学报，2009, 12(3): 328-331.

[64] 吕林女，吴锡，何永佳，等. 太阳能光热发电系统蓄热混凝土的制备与性能 [J]. 武汉理工大学学报，2014(11): 1-5.

[65] 彭艳周，陈凯，胡曙光. 钢渣粉颗粒特征对活性粉末混凝土强度的影响 [J]. 建筑材料学报，2011, 14(04): 541-545.

[66] 胡曙光；何永佳；吕林女，等. 一种复合胶凝材料及其制备方法 [P]. CN 200610019244.X. 2008-06-04.

[67] 胡曙光，丁庆军，王红喜，等. 高活性补偿收缩矿物掺合料及其制备方法 [P]. CN 200510018820.4. 2007-02-14.

[68] 胡曙光，丁庆军，王红喜，等. 钢渣 - 偏高岭土复合胶凝材料及其制备方法 [P]. CN 200510018695.7. 2006-11-29.

[69] Peng Y, Hu S, Ding Q. Preparation of Reactive Powder Concrete Using Fly Ash and Steel Slag Powder [J]. Journal of Wuhan University of Technology (Materials Science Edition), 2010, 25(2): 349-354.

[70] 胡曙光，王红喜，丁庆军. 钢渣基高活性微膨胀掺合料的制备与性能研究 [J]. 混凝土，2006(8): 47-49.

[71] Huang X, Hu S, Wang F, et al. Effect of Supplementary Cementitious Materials on the Permeability of Chloride in Steam Cured High-Ferrite Portland Cement Concrete [J]. Construction and Building Materials, 2019, 197: 99-106.

[72] 胡曙光，张云升，丁庆军. 用于高性能混凝土的胶结材浆体的水化热研究 [J]. 建筑材料学报，2000(3): 202.

[73] 胡曙光，金宇，谢先启，等．盾构管片高抗渗混凝土掺合料及其制备方法 [P]．CN 200710051238.7. 2009-06-03.

[74] 胡曙光．特种水泥 [M]．第 2 版，武汉：武汉理工大学出版社，2010:357-374.

[75] 彭波．高强混凝土开裂机理及裂缝控制研究 [D]．武汉：武汉理工大学，2002.

[76] 吕寅．低温升抗裂大体积混凝土研究与应用 [D]．武汉：武汉理工大学，2012.

[77] 丁庆军，黄修林，胡曙光，等．一种高抗裂大体积防辐射混凝土及其施工工艺 [P]．CN 201010257262.8. 2012-07-04.

[78] 丁庆军，何真，胡曙光，等．一种桥梁承台大体积混凝土结构施工方法 [P]．CN 201210257051.3. 2012-10-24.

[79] 胡曙光，丁庆军，吕林女，等．一种精细控制钢管混凝土膨胀的方法 [P]．CN 200510019476.0. 2007-05-23.

[80] Hu S, Wu J, Yang W, et al. Relationship Between Autogenous Deformation and Internal Relative Humidity of High-Strength Expansive Concrete[J]. Journal of Wuhan University of Technology (Materials Science Edition), 2010, 25: 504-508.

[81] 胡曙光．钢管混凝土 [M]．北京：人民交通出版社，2007: 181-204.

[82] 胡曙光，钟璐，吕林女．混凝土安全性专家系统 [M]．北京：科学出版社，2007: 8-227.

[83] 胡曙光，林汉清，丁庆军，等．一种钢桥面组合层的铺装方法 [P]．CN 200410061407.1. 2007-09-19.

[84] 胡曙光，谢先启，丁庆军，等．一种大跨径钢箱梁桥面抗推移组合结构的铺装方法 [P]．CN 200810197027.9. 2010-08-04.

[85] 丁庆军，胡曙光，谢先启．抗滑、耐磨轻质钢箱梁桥面铺装层的制备方法 [P]．CN 200810046968.2. 2010-09-08.

[86] 黄修林，丁庆军，胡曙光．新型钢箱梁桥面抗推移铺装材料试验研究 [J]．建筑材料学报，2009, 12(3): 276-280.

[87] 胡曙光，丁庆军，邹定华，等．膨胀可设计的高强钢管混凝土及其制备方法 [P]．CN 200510019475.6. 2007-02-14.

[88] 丁庆军，王小磊，胡曙光．钢箱梁桥面轻集料混凝土的性能研究 [J]．公路，2009, 4: 14.

[89] 胡曙光，丁庆军，吕林女．一种精细控制钢管混凝土膨胀的方法 [P]．CN 200510019476.0. 2007-05-23.

[90] 胡曙光，丁庆军，邹定华．膨胀可设计的高强钢管混凝土及其制备方法 [P]．CN 200510019475.6. 2007-02-14.

[91] 任志刚，胡曙光．轴对称变温下钢管混凝土平面应变问题解析解 [J]．华中科技大学学报 (自然科学版)，2012, 40(08): 34-38.

[92] Li Y, Hu S. The Microstructure of the Interfacial Transition Zone Between Steel and Cement Paste[J]. Cement and Concrete Research, 2001, 31: 385-388.

[93] 胡曙光，丁庆军，曾波，等．一种低收缩防火高抗渗盾构隧道管片材料及其制备方法 [P]．CN 200610125591.0. 2009-07-01.

[94] 胡曙光，丁庆军，王发洲．一种预应力轻质混凝土构件锚固端防裂方法 [P]．CN 200510018123.9. 2006-11-29.

[95] 胡曙光，高达，丁庆军，等．水泥 - 沥青 - 环氧树脂复合胶结道路快速修补材料研究 [J]．混凝土，2019(04): 155-159.

[96] 胡曙光，丁庆军，吕林女．聚合物水泥基固沙材料 [P]．CN 03125283.4. 2005-11-09.

[97] 王发洲，刘云鹏，胡曙光．硅酸盐水泥与阳离子乳化沥青颗粒的相互作用机理 [J]．材料科学与工程学报，2013, 31(02): 186-190.

[98] Wang F, Liu Y, Hu S. Effect of Early Cement Hydration on the Chemical Stability of Asphalt Emulsion [J]. Construction and Building Materials, 2013, 42: 146-151.

[99] 王涛，胡曙光，王发洲，等．CA 砂浆强度主要影响因素的研究 [J]．铁道建筑，2008(2): 109-111.

[100] Hu S, Zhang Y, Wang F. Effect of Temperature and Pressure on the Degradation of Cement Asphalt Mortar Exposed to Water[J]. Construction and Building Materials, 2012, 34: 570-574.

[101] 王涛. 高速铁路板式无碴轨道 CA 砂浆的研究与应用 [D]. 武汉：武汉理工大学，2008.

[102] 王发洲，刘云鹏，胡曙光. 硅酸盐水泥与阳离子乳化沥青颗粒的相互作用机理 [J]. 材料科学与工程学报，2013, 31(2): 186-190.

[103] 胡曙光，王涛，王发洲. 一种高早强自膨胀 CA 砂浆材料 [P]. CN 200610018439.2. 2007-08-29.

[104] 丁庆军，胡曙光，孙政，等. 基于界面改性灌注式有机 - 无机复合路面材料的制备方法 [P]. CN 200910272815.4. 2011-10-19.

[105] 胡曙光，丁庆军，黄绍龙. 一种应用于半柔性路面的橡胶 - 水泥灌浆材料 [P]. CN 200910272806.5. 2012-03-07.

[106] 田焜，丁庆军，胡曙光. 新型水泥基吸波材料的研究 [J]. 建筑材料学报，2010, 13(03): 295-299.

[107] 丁庆军，胡曙光，黄修林，等. 一种吸波轻骨料及其制备方法 [P]. CN 201410202947.0. 2015-12-02.

[108] 何永佳，胡曙光，平兵，等. 一种电磁吸波混凝土及其制备方法 [P]. CN 201510291886.4. 2018-03-20.

[109] 王发洲，杨露，胡曙光，等. 一种多孔水泥基光催化材料及其制备工艺 [P]. CN 201210546856.X. 2015-02-04.

[110] 何永佳，胡曙光，吕林女，等. 一种用作导电混凝土集料的陶粒及其制备方法 [P]. CN 200910060769.1. 2011-08-03.

[111] Wang F, Wu J, Hu S. Preparation and Performance of Graphite-Filled Geopolymer Conductive Composite Bipolar Plate[C]// XIII ICCC International Congress on the Chemistry of Cement. 2012: 150-156.

[112] Hu S, Wu J, Yang W, et al. Preparation and Properties of Geopolymer-Lightweight Aggregate Refractory Concrete[J]. Journal of Central South University of Technology, 2009, 6: 914-918.

[113] 田耀刚，胡曙光，王发洲，等. 具有阻尼功能的高强混凝土疲劳性能分析 [J]. 建筑材料学报，2009(6):328-331.

[114] 胡曙光，丁庆军，田耀刚，等. 高强高阻尼混凝土的制备方法 [P]. CN 200710053633.9. 2008-05-07.

[115] 胡曙光，周宇飞，王发洲，等. 高吸水性树脂颗粒对混凝土自收缩与强度的影响 [J]. 华中科技大学学报 (城市科学版)，2008(1): 1-4, 16.

[116] 王发洲，杨进，吴静，等. 一种吸水膨胀树脂集料混凝土及其制备方法 [P]. CN 201310276977.1. 2015-12-23.

[117] 张志鹏. 多色调转印混凝土图案影响因素及其形成机制研究 [D]. 武汉：湖北工业大学，2020.

[118] 王春阳. 建筑工程材料 [M]. 北京：地震出版社，2001：28-30.

第二章
高技术混凝土用胶凝材料

混凝土材料的发展从强度到性能，经历了普通 - 高强 - 超高强和高性能与超高性能的阶段，其中使用的胶凝材料种类与性能也发生了较大变化，从最初的组成、结构与性能较为单一的硅酸盐水泥发展到组分复杂、结构多变、性能多样的复合胶凝材料（图 2-1）。组分变化发展规律可以归纳为：从主要有四种矿相（硅酸三钙（C_3S）、硅酸二钙（C_2S）、铁铝酸四钙（C_4AF）和铝酸三钙（C_3A）的硅酸盐水泥熟料发展到各种各样标号的特种硅 / 铝酸盐水泥、复合硅酸盐水泥，如铝酸盐水泥、硫铝酸盐水泥、高铁相硅酸盐水泥、矿渣水泥、粉煤灰水泥等。为匹配混凝土材料的发展和实现其高强与高性能化，胶凝材料的颗粒级配和相互作用性能也发展到了更为科学的程度：从粗放级配的胶凝材料发展到加入各种利用废弃物材料和功能材料进行多级配设计的复合胶凝材料；从水泥熟料矿相反应形成水化产物发展到矿相反应的协同设计和熟料矿相与辅助胶凝材料协同反应设计，进而达到级配 - 水化反应产物的物理堆积与化学反应相结合的设计理念。因此，对于高技术混凝土而言，为达到强度与性能的设计要求，其胶凝材料应是结构与组成经过设计的复合胶凝材料，具备最优范围的物理堆积与化学反应组成的特点，并且原材料的经济成本也应被纳入考虑范围。

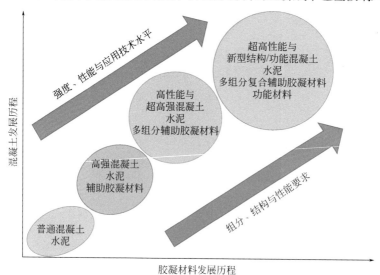

图2-1 高技术混凝土用胶凝材料发展历程

第一节
高技术混凝土用胶凝材料的特征

就混凝土材料的发展历程而言，高技术混凝土用胶凝材料具有明显的组成、结构、性能与经济成本特征。

（1）组成特征　水泥与辅助胶凝材料的复合设计，水泥组分结合粉煤灰、矿渣粉或硅灰等辅助胶凝材料的应用，形成次第水化、孔隙填充和球形效应等现象，进而改善混凝土的拌合性能、力学性能和耐久性等。

（2）结构特征　多级配设计的结构特征，采用超细水泥或者普通水泥复合超细辅助胶凝材料形成紧密堆积结构，改善混凝土材料力学性能和耐久性。

（3）性能特征　凝结硬化性能、力学性能和耐久性可设计性强，依据混凝土材料应用需求，胶凝材料的水化反应性能、工作性能、力学性能和耐久性均可通过胶凝材料的组成与结构设计进行调控。

（4）经济成本特征　引入大量具有潜在胶凝活性的废弃物材料替代水泥，如粉煤灰、矿渣粉、钢渣粉等，提升胶凝材料性能的同时，降低原材料使用成本，具有良好的经济性。

综合而言，高技术混凝土用胶凝材料是一类在水泥熟料矿物组分调控基础上，大量使用辅助胶凝材料进行组分和级配设计，具有水化反应性能、凝结硬化性能、力学性能和耐久性可调控特点的高性能复合胶凝材料，适用于制备技术要求与性能要求较高的混凝土材料，并且具有良好的经济性特征。

第二节
高技术混凝土用胶凝材料的种类

混凝土用胶凝材料主要分为水泥与辅助胶凝材料，水泥作为一种具有胶结活性的胶凝材料，广泛应用于各种混凝土制品和大量建筑工程。辅助胶凝材料指的是诸如粉煤灰、矿渣粉、硅灰、各类矿物粉料等具有改善混凝土的水化性能、工作性能、力学性能与耐久性等的材料，通常亦称为矿物掺合料。在水泥及混凝土材料中应用的辅助胶凝材料的超细化改性是重要研究与发展方向之一。

一、水泥

依据建筑工程分类，水泥材料可分为通用水泥和特种水泥。根据 GB 175—2007 规定，通用硅酸盐水泥主要分为六大类，其组成与名称如表 2-1 所示，其主要是采用硅酸盐水泥熟料复合一定量的混合材料（粉煤灰、矿渣粉、石灰石粉等辅助胶凝材料和石膏）制备的满足不同应用需求的水泥品种。这类水泥材料使用量最大，其性能可满足高强、超高强、高性能与超高性能混凝土材料的应用要求。除了硅酸盐水泥以外，为满足建筑工程的需求，还开发了大量的特种水泥（特性水泥），如中、低热硅酸盐水泥、油井水泥、快硬硅酸盐水泥、道路高耐磨水泥、铝酸盐水泥和硫铝酸盐水泥等，这类水泥材料有些是通过调整硅酸盐水泥熟料矿物相组成而获得的，如中、低热硅酸盐水泥和道路耐磨水泥主要是通过降低熟料矿相中的硅酸三钙（C_3S），提升硅酸二钙（C_2S）和铁铝酸四钙（C_4AF）的含量，然后复合混合材料而制备的；有些是开发制备的新品种水泥，如铝酸盐水泥和硫铝酸盐水泥则与硅酸盐水泥的矿物相组成完全不同，主要是适用于一些特殊工程中。有关特种水泥的详细资料可参阅著者的《特种水泥》[1]。

表2-1　通用硅酸盐水泥的分类与组成　　　　　　　　　　　　　　单位：%

硅酸盐水泥种类	熟料+石膏	石灰石	高炉矿渣	粉煤灰	火山灰材料
硅酸盐水泥	≥95	≤5	—	—	—
普通硅酸盐水泥	80～95	—	5～20		
矿渣硅酸盐水泥	30～80	—	20～70	—	—
火山灰质硅酸盐水泥	60～80	—	—	—	20～40
粉煤灰硅酸盐水泥	60～80	—	—	20～40	—
复合硅酸盐水泥	50～80	20～50			

二、辅助胶凝材料

1. 粉煤灰

粉煤灰是燃煤电厂生产中排出的固体废弃物，是由静电除尘器收集锅炉烟气而获得的细小粉尘。在煤的燃烧过程中，绝大部分的可燃物在炉内燃尽，一部分难燃物或不燃物（主要为无机矿物组分等）及少量的未燃碳则混杂在高温烟气中，在烟气被排入大气之前，上述这些细小的颗粒，经过收尘器的捕获、分离和收集，得到的产物即为粉煤灰。由于煤粉微细，且在高温过程中容易形成玻璃珠，因此粉煤灰颗粒一般呈现出球状，如图 2-2 所示。根据粉煤灰的颜色，可以适当反映其颗粒未燃碳的含量与差异，也可以在一定程度上反映粉煤灰的细度。颜色越深则粉煤灰的粒度越细，含碳量越高。同时，根据含钙量的不同，粉煤灰有低钙和高钙之分。通常高钙粉煤灰（C 类，CaO 含量 >10%）的颜色偏黄，而低钙粉煤灰（F 类，CaO 含量 <10%）的颜色偏灰。目前而言，按照 GB/T 1596—2017 规定，辅助胶凝材料用粉煤灰分为三个级别，其物理化学性能要求如表 2-2 所示。

图2-2
粉煤灰微珠的形貌

表2-2　辅助胶凝材料用粉煤灰的物理化学性能要求

项目			理化性能要求		
			Ⅰ级	Ⅱ级	Ⅲ级
细度（45μm方孔筛筛余）/%	≤	F类	12.0	30.0	45.0
		C类			
需水量比/%	≤	F类	95	105	115
		C类			
烧失量/%	≤	F类	5.0	8.0	10.0
		C类			
含水量/%	≤	F类	1.0		
		C类			
三氧化硫/%	≤	F类	3.0		
		C类			
游离氧化钙/%	≤	F类	1.0		
		C类	4.0		
安定性（雷氏法）/mm	≤	C类	5.0		

2．矿渣

矿渣是冶炼铁矿石过程中排出的一种工业副产品，它是由助熔剂石灰、铁矿石中的二氧化硅、氧化铝等杂质在1350～1550℃的熔融状态下反应，而后冷却形成的一种钙硅质无机硅酸盐材料。矿渣的冷却方式显著影响其自身化学活性，慢冷的熔融矿渣是由钙、硅、铝、镁等元素形成的结构稳定的钙黄长石和镁黄长石的固溶体，少量的β-C_2S是唯一具有胶凝活性的成分。所以结晶态的矿渣胶凝活性极低，不适用于混凝土的生产，仅在蒸压砖、低强度建筑材料等方面有所应用。采用水淬法冷却速度快，得到的矿渣大大地保留了其在高温下形成的玻璃态结构，磨细后具有潜在水硬性和火山灰活性，是一种常见的辅助胶凝材料，广泛应用于混凝土材料生产。

矿渣的化学组成随炼铁方式和铁矿石种类不同而有所变化，但其基本组成为

CaO（30% ～ 50%）、SiO_2（27% ～ 42%）、Al_2O_3（5% ～ 20%）、MgO（1% ～ 18%）。同时，根据矿渣粉的比表面积，我国将矿渣粉分为S75、S95和S105三种类型，在国家标准GB/T 18046—2017中详细规定了不同级别矿渣粉的物理化学性质，如表2-3所示。

表2-3　用于水泥和混凝土中的矿渣粉物理化学性能

项目			级别		
			S105	S95	S75
密度/（g/cm³）		≥	2.8		
比表面积/（m²/kg）		≥	500	400	300
活性指数/%	7d	≥	95	70	55
	28d	≥	105	95	75
流动度比/%		≥	95		
初凝时间比/%		≤	200		
含水量（质量分数）/%		≤	1.0		
三氧化硫（质量分数）/%		≤	4.0		
氯离子（质量分数）/%		≤	0.06		
烧失量（质量分数）/%		≤	1.0		
不溶物（质量分数）/%		≤	3.0		
玻璃体含量（质量分数）/%		≥	85		
放射性			$I_{Ra} \leq 1.0$且$I_r \leq 1.0$		

注：I_{Ra}—内照射指数；I_r—外照射指数。

3. 硅灰

硅灰是硅铁合金或工业硅生产过程中经过静电除尘回收的粉尘。一般在冶炼硅铁合金时，主要以石英岩碎石、生铁为生产原料，另外加入焦炭作为反应的还原剂。当反应温度上升到1750℃时，石英石将被碳还原成单质硅。随着温度进一步上升至2160℃，约10% ～ 15%的硅将被气化，所产生的蒸气与空气中的氧发生反应，生成富含SiO_2的烟雾。当烟雾扩散到低温区时，气态的SiO_2经过冷却形成具有纳米尺度的无定形球状小颗粒，即为硅灰。由于碳的掺杂，硅灰的颜色按碳含量的高低可由白到黑，一般呈现为灰色。硅灰的耐火度可高达1650℃，它的颗粒较细呈球状，平均粒径在0.1 ～ 1μm之间，如图2-3所示。硅灰的颗粒尺寸是普通水泥颗粒尺寸的1/100 ～ 1/50，比表面积在15000 ～ 25000m²/kg。由于比表面积较大，因此硅灰的火山灰活性很高，并且随着SiO_2含量增高，硅灰在碱性条件下的潜在活性也增大。硅灰的主要化学成分为非晶态的SiO_2，含量约在80% ～ 95%之间，其杂质来源主要是少量的碳以及冶金过程中挥发产生的金属氧化物如Fe_2O_3，Al_2O_3，MgO，CaO，Na_2O等。根据GB/T 27690—2011的规定，辅助胶凝材料用硅灰的性能要求如表2-4所示。

图2-3
硅灰颗粒的形貌

表2-4　辅助胶凝材料用硅灰的性能要求

项目	指标
固含量（液料）	按生产厂控制值的±2%
总碱量	$\leqslant 1.5\%$
SiO_2含量	$\geqslant 85.0\%$
氯含量	$\leqslant 0.1\%$
含水率（粉料）	$\leqslant 3.0\%$
烧失量	$\leqslant 4.0\%$
需水量比	$\leqslant 125\%$
比表面积（BET法）	$\geqslant 15000 m^2/g$
活性指数（7d快速法）	$\geqslant 105\%$
放射性	$I_{Ra} \leqslant 1.0$ 且 $I_r \leqslant 1.0$
抑制碱集料反应性	14d膨胀率降低35%以上
抗氯离子渗透性	28d电通量之比$\leqslant 40\%$

4. 钢渣等其他辅助胶凝材料

钢渣是冶炼金属的一种副产品，主要来自金属炉料中各元素被氧化后生成的氧化物、被侵蚀的炉料和补炉材金属炉料带入的杂质，如泥砂等和为调整钢渣性质而加入的造渣材料，如石灰石、白云石、铁矿石、硅石等。钢渣产生率约为粗钢量的 15% ～ 20%。图 2-4 所示为钢渣的表面形貌。钢渣的矿物组成以硅酸三钙为主，其次是硅酸二钙、RO 相、铁酸二钙和少量的游离氧化钙、氧化镁等。钢渣的化学成分受地域及实际生产的影响，波动较大。表 2-5 为我国几家大型钢铁厂排出的钢渣的化学组成。

不同的原料、不同的炼钢方法、不同的生产阶段、不同的钢种生产以及不同的炉次等，所排出的钢渣的组成是不同的。目前，我国采用的炼钢方法主要是转炉、平炉和电炉炼钢。按炼钢方法分，钢渣可分为转炉钢渣、平炉钢渣和电炉钢渣；按不同生产阶段分，钢渣可分为炼钢渣、浇铸渣和喷溅渣。在炼钢渣中，平炉渣又可分为初期渣与末期渣（包括精炼渣与出钢渣），电炉钢渣可分为氧化渣与还原渣；按熔渣性质分，又可分为碱性渣与酸性渣。我国根据钢渣的物理化学性质，将用于混凝土中的钢渣做了如表2-6的技术规定。

图2-4
钢渣的表面形貌

表2-5　我国不同产地的钢渣化学组成　　　　　　　　　　　　　　　　　　　　单位：%

产地	SiO$_2$	Fe$_2$O$_3$	Al$_2$O$_3$	CaO	MgO	MnO	FeO	P$_2$O$_5$	f-CaO	CaO/（P$_2$O$_5$+SiO$_2$）
马钢	12.1~16.3	2.79~7.24	2.70~6.83	44~52.7	6.9~12.4	0.62~2.5	10.5~18	0.33~4.7	0.46~4.2	1.82~3.0
鞍钢	16.6~22.77	1.79~7.02	1.10~1.64	16.5~38	11.2~20	1.04~3.9	7.97~37	0.13~1.0	0.7~5.49	0.78~1.8
武钢	16~18	7.76~12.8	7~8	40~50	9~12	0.5~1	8~14	0.5~1.5	1~6	2.42~2.56
首钢	12.26	6.12	3.04	52.66	9.12	4.59	10.42	0.62	6.24	4.08
本钢	16.36	1.49	2.56	50.44	13.22	2.66	11.50	0.56	1.57	2.98
宝钢	13~17	4~10	1~3	40~49	4~7	5~6	11~22	1~1.4	2~9.6	2.66~2.86
上钢	11~20	3~7	10~18	44~55	8~13	—	0.5~1.5	1.2	2~5	2.56~3
成钢	15~17	4~9	3~4	19~33	12~14	4~5	19~22	0.47~0.9	1.23~1.84	1.2~2.7

表2-6　混凝土用钢渣技术指标

项目		一级	二级
比表面积/（m²/kg）	≥	400	
密度/（g/cm³）	≥	2.8	
水含量/%	≤	1.0	
游离氧化钙含量（质量分数）/%	≤	3.0	
三氧化硫含量（质量分数）/%	≤	4.0	
碱度系数	≤	1.8	
活性指数/%	7d　≥	65	55
	28d　≥	80	65

项目		一级	二级
流动度比/% ≥		90	
安定性	沸煮法	合格	
	压蒸法	当钢渣中MgO含量大于13%时应检验合格	

钢渣在混凝土中的应用研究在我国已有 40 多年历史，取得了较丰富的成果和经验，主要应用包括钢渣集料、钢渣水泥和钢渣矿物掺合料。然而，钢渣虽然含有与水泥矿物类似的组成，但其在水泥混凝土领域的利用率一直较低，主要原因有以下几个方面：①受原料化学性质和热历史等影响，钢渣的化学成分和矿物组成波动较大；②钢渣中含有大量的铁和含铁元素的化合物，易磨性差，若磨至与水泥熟料同等细度，经济性和环保性差，此外，钢渣密度大，运输费用也相应较高；③与水泥熟料相比，钢渣中的矿相因为形成温度较高，存在过烧现象，水化活性低，掺入混凝土中会降低其早期性能；④钢渣中含有部分游离 CaO 和 MgO，如果未能在早期消耗完全，这些氧化物在后期遇水会发生化学反应，进而产生体积膨胀，降低混凝土的体积稳定性。因此，钢渣的大量、有效利用一直是学术界和工业界需要解决的重大难题。

除了以上介绍的几种辅助胶凝材料，还有诸如石灰石粉、石英粉、沸石粉等其他辅助胶凝材料，这类胶凝材料有些来自于天然矿石资源，有些是选矿副产物或者采用物理化学激发方式获得的[2-6]。如石灰石与石英粉，主要来源于石灰岩或者石英石质矿物资源，在水泥工业中，主要作为煅烧水泥熟料用的生料来使用。通过磨细，这类材料也具有改善水泥石性能的作用，可作为水泥混合材料使用。研究表明[7,8]，在石灰石掺量较低时，石灰石可以提高混合水泥的早期强度，但是如果掺量继续增加则会明显降低水泥强度。在水泥混凝土行业中可以将石英砂磨细成不同粒径的石英粉当作惰性填料替代水泥使用。常用于高性能混凝土或活性粉末混凝土的制备中，在常规混凝土的制备中加入少量细石英粉，可以减少水泥用量，降低早期水化放热，提升混凝土耐磨性。

第三节
高技术混凝土用胶凝材料作用机理与性能

高技术混凝土用胶凝材料体系往往是一类复合胶凝材料，通过水泥熟料与不同辅助胶凝材料的复合形成相互作用，进而改善水泥与混凝土材料的性能。本节根据水泥与辅助胶凝材料的复合类型，分别从高技术混凝土用胶凝材料的发展趋势介绍单组分（单掺）、双组分（复掺）和多组分辅助胶凝材料与水泥相互作用机理与性能。

一、单组分辅助胶凝材料作用机理与性能

1．粉煤灰－水泥体系

（1）粉煤灰效应　粉煤灰自身与水的反应十分缓慢，产生的水化放热量也较小，因此单纯使用粉煤灰难以达到建筑工程所需的胶凝性能。但在粉煤灰部分替代水泥形成粉煤灰－水泥复合胶凝体系中，粉煤灰对水泥的影响将产生三大效应[9]：

① 形态效应：粉煤灰颗粒呈现球状，可在水泥浆体中起到滚珠润滑作用，减少水泥颗粒之间的滑移阻力，进而改善浆体的流动性能；

② 微集料效应：经由高温冷却收集的粉煤灰颗粒本身具有较高的强度，当掺入到水泥混凝土中后，有一部分的粉煤灰未参与水化反应，这些未水化的颗粒与硬化后的水泥浆体一起共同承受外应力，起到较好的内核作用，即微集料效应；

③ 火山灰效应：粉煤灰中的活性 SiO_2、Al_2O_3 等酸性化学成分与水泥水化产生的 $Ca(OH)_2$ 发生化学反应，生成二次水化产物，如水化硅酸钙、水化铝酸钙等，这些水化产物一部分沉积在粉煤灰的颗粒表面，另一部分则填充于水泥水化产物或混凝土的孔隙之中，起到细化孔隙的作用，使得水泥石更加密实，同时，界面附近的 $Ca(OH)_2$ 被粉煤灰消耗也极大地改善了混凝土的界面稳定性。

（2）粉煤灰对水化的影响　在水泥水化最初的几分钟，由于各矿相的迅速溶出，会立即出现一个短暂而尖锐的反应峰，水化放热速率迅速达到最大。当粉煤灰作为矿物掺合料加入到水泥后，这一放热峰的速率显著增大，并且增大程度与粉煤灰的掺入量成正比关系。其主要原因一方面在于粉煤灰的稀释效应使得水泥有效水胶比增大，促使水泥水化初期各矿相的溶出速度增大；另一方面在于前面提到的粉煤灰可提供良好的成核位点，促使早期水化产物的形成（图 2-5）。

当水化进行到第二阶段即诱导期时，粉煤灰的掺入使诱导期结束时间延长，并且随着粉煤灰掺量的增加，这种延长效应更加明显。这是由于粉煤灰的颗粒表面极易吸附水泥浆体中的 Ca^{2+}，从而降低了 Ca^{2+} 的浓度，导致溶液中 $Ca(OH)_2$ 的饱和度降低，延迟了其晶体的成核生长。另一方面，由于可利用的 Ca^{2+} 减少，

水化生成的 C-S-H 凝胶的 Ca/Si 较低，凝胶的结构稳定性较差，因此需要更长的时间去转变成稳定的 C-S-H 凝胶 [10,11]。

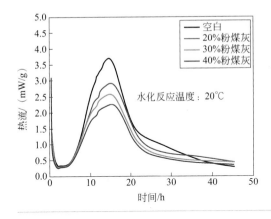

图2-5
不同掺量的粉煤灰对水泥水化的影响

综上所述，粉煤灰对水泥 - 粉煤灰二元体系水化进程的影响主要体现在：①粉煤灰等量替换水泥，降低了水泥的含量，增大了水泥的有效水胶比，使得水化初期的放热速率增大，但由于水泥总量的减少，总的放热量是降低的；②粉煤灰颗粒对 Ca^{2+} 的吸附作用降低了液相中的 Ca^{2+} 浓度，导致稳定的 C-S-H 的形成和 $Ca(OH)_2$ 相的结晶均被延缓，进而延迟了熟料矿物的水化；③在一定掺量下，粉煤灰在水化后期可发挥其火山灰效应，粉煤灰的活性组分与浆体中的 $Ca(OH)_2$ 二次反应，进一步促进了胶凝体系的水化 [12]。

（3）粉煤灰中游离氧化钙对水化的影响 粉煤灰的氧化钙（CaO）含量对于水泥的水化放热速率及水化放热量影响较大。高钙粉煤灰的活性较高，在水泥碱性环境下产生的激发效果相对比较明显，水化反应相对较快，放热速率也较快，相应粉煤灰参与反应的量大，则水化放热量也相应变大。而且，高钙粉煤灰中硅酸盐阴离子团聚合度较低，更容易参与化学反应，所以较低钙粉煤灰具有更高的火山灰活性，作为矿物掺合料使用时也具有更好的减水作用。

游离氧化钙的晶粒大小以及晶格完整性也是影响粉煤灰水化性能的重要因素，高钙粉煤灰中游离 CaO 的晶粒较小，晶格畸变较大，水化活性相对较高，所以掺高钙粉煤灰的水泥基材料在相同水胶比情况下，胶凝材料在水中的分散性较好，与水的接触面积较大，水化初期水化放热速率也较大。

（4）粉煤灰对水化产物 C-S-H 的影响 粉煤灰掺量的增加会造成 C-S-H 凝胶颗粒纳米尺度的微观形貌的多样化。通过原子力显微镜（atomic force microscope，AFM）对粉煤灰 - 水泥复合胶凝材料硬化浆体样品进行观测（图 2-6），发现掺有 30% 粉煤灰的复合胶凝体系中 C-S-H 凝胶颗粒尺寸范围在 20 ～ 50nm 之间，平均粒径 47nm，球形、椭圆形颗粒居多。在 C-S-H 凝胶颗粒富集的高密度区域，出现由 5～10 个颗粒组成的条形结构。并且，高密度区域的颗粒尺度与低密度区域相差无几。图 2-7 是掺有 50% 粉煤灰的复合胶凝体系的 C-S-H 凝胶颗粒尺寸，其分布在 50～100nm 之间，平均粒径 78nm，形貌多为扁平状，高密度区域颗粒之间的分界不明显。C-S-H 形貌的改变主要是由于随着粉煤灰掺量的增大，导致水泥石中的孔溶液碱度的减低，从而影响了水化硅酸钙的成核与生长。同时粉煤灰在碱性条件下水化反应生成的水化硅酸钙，也有可能在纳米尺度微观形貌上不同于水泥硅酸盐矿物生成的水化硅酸钙，导致总体形貌的变化。

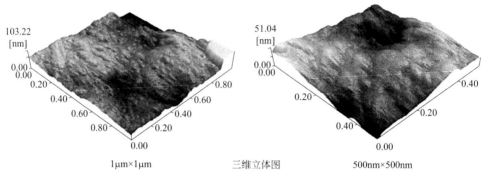

图2-6 掺30%粉煤灰复合胶凝体系C-S-H的形貌

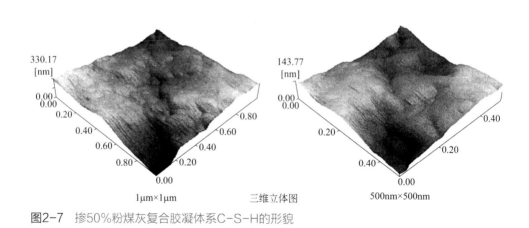

图2-7 掺50%粉煤灰复合胶凝体系C-S-H的形貌

基于粉煤灰 - 水泥复合体系的水化反应性能和产物结构，其对胶凝材料力学性能影响主要体现为：抗压强度随着粉煤灰掺量的增多，先增大后降低。当粉煤灰的掺量过多时，由于水泥的实际用量大幅降低，一方面降低了总的水化放热量，另一方面减少了火山灰反应所必需的水泥水化产物 $Ca(OH)_2$ 的生成量，导致粉煤灰的火山灰反应程度降低，强度发展受到抑制。粉煤灰的细度对强度的影响也较大，通常粉煤灰越细，其比表面积越大，在水泥碱性环境下就更容易受到激发，因此越有利于胶凝体系的强度发展。

2. 矿渣粉－水泥体系

矿渣粉在水泥混凝土材料中有着化学和物理两方面作用。化学作用主要表现为潜在水硬性和火山灰效应。物理作用可分为微集料填充效应、稀释效应和微晶核效应[13,14]。

（1）矿渣粉化学作用机理　矿渣粉的潜在水硬性由其化学组成决定，其富钙组分可以在非水泥提供 $Ca(OH)_2$ 的条件下自身溶解出 Ca^{2+}，并与其自身溶解出的硅、铝等离子形成凝胶类产物，形成胶结强度。同时矿渣粉玻璃体的裂解也需要消耗水泥体系中的 $Ca(OH)_2$，这会削弱集料界面过渡区的 $Ca(OH)_2$ 的定向排布，减小晶粒尺寸，改善水泥石微观结构。

然而，影响矿渣粉活性的因素有很多，比如化学组成、玻璃体含量及结构等，其中，细度是关键因素。通常认为，矿渣粉的火山灰活性随着其细度的提高而提高。粉磨时间的延长不仅提高了材料的比表面积，而且使得位于边缘、棱角以及原子内的活性晶面暴露的数量增多，提高了矿渣粉的水硬活性。一般而言，矿渣粉粒径在 20μm 以上时活性很差，反应速率很慢；但当粒径降至 2μm 以下时，在碱度适宜的硅酸盐水泥体系中能够在 24h 内反应完全。因此，矿渣粉粒度的调控是制备矿渣水泥的关键技术参数。图 2-8 和图 2-9 分别为两种不同粒径矿渣粉的扫描电子显微镜（scanning electron microscope, SEM）形貌和粒径分布。

(a) 原始矿渣

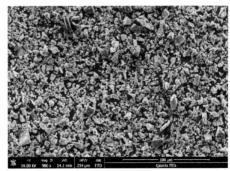

(b) 磨细矿渣粉

图2-8　扫描电镜下不同细度矿渣粉的形貌

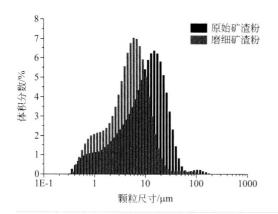

图2-9
两种不同细度矿渣粉粒径分布

图 2-10 为不同粒径矿渣粉在 20℃过饱和 Ca(OH)$_2$ 溶液中的水化放热图。图 2-10（a）反映的是累计放热量，可以看出在 3 天内随着研磨时间的增长，水化放热总量不断提升，这说明细度的提升激发了矿渣粉的反应活性。从图 2-10（b）看出，矿渣粉的放热速率峰值不仅随粉磨时间的延长而增大，而且反应时间也不断提前。因此，矿渣粉细度的提升可以有效增加其活性和反应程度，但在实际生产中，物料性能与经济性的平衡也是制备矿渣水泥混凝土要考虑的重要环节。

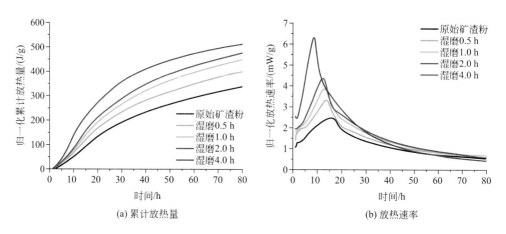

(a) 累计放热量　　　　　　　　(b) 放热速率

图2-10　两种粒径矿渣粉在过饱和Ca(OH)$_2$下的累计放热量和放热速率曲线

（2）矿渣粉物理作用机理　矿渣粉在水泥中发生化学反应的同时，还会与浆体产生物理效应。如果把掺有矿渣粉的水泥基材料看作多元系统，根据最紧密堆积原理，其粒径比水泥颗粒小，在取代了部分水泥后，这些小颗粒填充在水泥颗粒间的空隙中，使胶凝材料具有更好的级配，形成了密实充填结构和细观层次的紧密堆积体系。此外，填充作用还能增加拌合物的黏聚性，防止混凝土的泌水离析。

矿渣粉的掺入降低了水泥含量，使得水泥颗粒在浆体中的分布更加稀疏，这有利于水泥水化的充分进行。从图2-11可见，在矿渣粉的稀释作用下，浆体中的每克水泥在矿渣粉开始反应前15h表现出更高的放热量，水泥的水化效率提升。由于水泥用矿渣粉的平均粒径较水泥更小，在早期的浆体中可以充当水泥水化产物异相成核的形核位点，表现为微晶核效应。

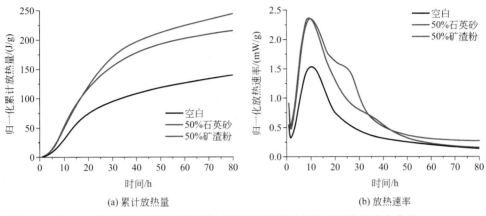

(a) 累计放热量　　　　　(b) 放热速率

图2-11　掺50%同粒径石英粉和矿渣粉水泥浆体3天累计放热量和放热速率曲线

3. 硅灰-水泥体系

将硅灰作为掺合料应用于混凝土当中已得到业界的广泛应用，硅灰的掺入既可提高工业废弃物的回收利用率，产生良好的经济环境效益，又可改善混凝土的耐久性，优化混凝土的力学性能。但是需要注意的是，硅灰的密度较小，在运输或使用的过程中很容易造成灰尘污染。为了减少这一方面的危害，近些年来，市面上大部分的硅灰产品已变为加密硅灰。加密硅灰是指通过压缩空气将原状硅灰滚动成微小颗粒，可将硅灰的容积密度提高至900kg/m³。目前在我国，硅灰的利用仍然集中在充当混凝土、耐火材料、注浆工程等建筑工程的矿物掺合料以及应用于导电复合、外墙保温材料等行业。

（1）硅灰效应　作为混凝土的一种辅助胶凝材料，硅灰具有四大基本效应[13]：火山灰活性效应、填充效应、溶液化学效应和流变效应。火山灰活性效应与前文所述粉煤灰的火山灰效应一致，都是指材料中活性较高的 SiO_2 与硅酸盐水泥水化生成的 $Ca(OH)_2$ 发生反应生成 C-S-H 凝胶。在实际应用中，应选用 SiO_2 含量大于90%的硅灰，其组分中活性 SiO_2 的含量可达40%以上，因而具有更高的火山灰活性。

硅灰的填充效应指的是粒径较小的硅灰，可以填充在水泥浆体较小孔隙当中，进而大幅度提高浆体的密实性。当使用一定量的硅灰配制混凝土时，在保持总孔隙率不变的情况下，硅灰可极大程度上减少硬化后混凝土中有害孔的比例，其效果相当于将细集料填充于粗集料空隙之间。从结构的角度而言，硅灰的加入优化了混凝土中颗粒级配，提高了浆体的密实程度，因此掺有硅灰的混凝土具有更好的力学性能。

硅灰的化学效应是指由火山灰效应生成的C-S-H凝胶在溶液中会吸收较多的金属离子，如铝离子（Al^{3+}）、碱金属离子（K^+、Na^+）等，由于这些碱金属离子被捕获，导致浆体孔隙溶液的pH下降。对于含有大量具有碱活性集料的混凝土来说，硅灰的这种效应可以在一定程度上降低碱-硅酸反应，同时抑制了氯离子的渗透速度，从整体上提高了混凝土的耐久性。

硅灰的流变效应来源于其极小的颗粒尺寸，可在水泥颗粒中起到较好的润滑作用，改善混凝土拌合物的黏聚性和保水性，减少了混凝土离析和泌水现象的产生。但是这种极小的颗粒尺寸同样使得硅灰的比表面积较大，在混凝土的搅拌过程中会吸附一大部分自由水，所以在实际生产中，需使用高性能减水剂来调节混凝土的流变性能，并将硅灰的掺量控制在一定的范围内以确保最佳的生产效益。

（2）硅灰对水泥水化的影响　由于颗粒比表面积较大，硅灰的掺入会吸附水泥浆体中大量的自由水，导致水泥的有效水胶比降低，从而延缓水泥各矿相的溶出速率，水化诱导期延长。因此在应用硅灰-水泥复合胶凝体系时，通常会加入高性能减水剂来抵消硅灰的高需水性以确保胶凝体系正常的水化发展。

不同于粉煤灰，硅灰具有很高的水化活性，在早期就能大量地水化，而且硅灰颗粒的粒径较小，更易充当水化产物的成核位点。因此胶凝体系的水化放热主峰的放热速率会随着硅灰的掺入而加速，峰值增高。在合适的硅灰掺量下，硅灰-水泥胶凝体系水化历程的总放热量在放热主峰附近要比纯水泥的高。

有研究表明[14]，硅灰在参与水泥基材料水化反应的时候，能迅速扩散到水泥浆体中，形成一种硅灰物相的颗粒层，这种颗粒层的特点是富硅贫钙，可以进一步与水泥水化产生的$Ca(OH)_2$反应生成C-S-H凝胶。与此同时，由于Ca^{2+}的浓度的下降致使溶液饱和度降低，从而促使尚未水化的水泥矿物的溶出，因此促进了水泥的水化放热。在较高水胶比的情况下，硅灰颗粒得到充分的扩散，被吸附的Ca^{2+}也越多，这种扩散效应也越明显，而在低水胶比的情况下，硅灰颗粒吸附大量的水分子导致水泥颗粒不能充分溶解到浆体中，因此水化不能顺利进行。Sánchez R等的研究表明[15]，在水泥-硅灰二元胶凝体系中，水泥颗粒表面会包裹大约100000个硅灰颗粒，这就解释了在低水胶比的情况下，硅灰会妨碍水泥颗粒与水的接触，阻碍水化反应的进行。而在高水胶比的情况下，硅灰颗粒被充分分散，难以出现这种阻碍水化的现象，因此随着水灰比的增大硅灰对水化反应的阻碍效果将变小。

综上，在高水胶比或掺入合适剂量减水剂的情况下，硅灰加速水泥基材料的水化反应，在低水胶比条件下则降低水泥基材料的水化反应速率。此外在低水胶比的情况下，硅灰在水化过程的不同阶段表现出不同的促进或阻碍作用，比如硅灰的掺入延长了水化反应诱导期，降低了加速期的水化放热速率，但在减速期则促使水化放热速率的增长。硅灰的掺入对硅灰 - 水泥复合胶凝材料的力学性能具有明显的改善效果，但是在早期这种改善效果不是特别明显。随着水化反应的不断进行，硅灰开始与水泥水化产物 Ca(OH)₂ 发生二次反应，促使水泥的进一步水化，因此在后期尤其是 7 天以后，复合胶凝材料的力学性能有较大的提升，并且在一定范围内随着硅灰掺量的增加提升的幅度也越大。

4．钢渣粉 - 水泥体系

钢渣的矿物组成主要取决于化学成分。根据碱度 CaO/（SiO₂+P₂O₅）可分为橄榄石渣、蔷薇辉石渣、硅酸二钙渣、硅酸三钙渣。钢渣慢冷或急冷其结构均为晶体结构，不出现玻璃体，这和粒化高炉矿渣有本质区别。但急冷处理可以更多地保留钢渣中的 C₃S 相，降低游离氧化钙含量，提高其胶凝活性的同时还能在一定程度上改善其易磨性[16-19]。图 2-12 列举了一种钢渣的 X 射线衍射（X-ray diffraction，XRD）图谱，在图中可以对应找到与水泥熟料中相同的硅酸三钙、硅酸二钙等衍射峰，但不同之处在于钢渣的生成温度为 1560℃以上，而硅酸盐水泥熟料的煅烧温度在 1450℃左右。钢渣的生成温度高、其矿物结晶致密、晶粒较大，水化速度缓慢[20-22]。反应的水化放热如图 2-13 所示，钢渣和水泥的水化进程相似，可粗略地分为诱导期、加速期和稳定期，但不同的是钢渣的活性较弱，其峰值水化放热速率仅为水泥的 1/12[23]。

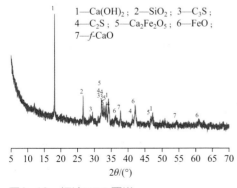

图2-12　钢渣XRD图谱

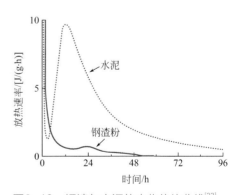

图2-13　钢渣与水泥的水化放热曲线[23]

基于钢渣的物理化学性质特殊性，需要对成品钢渣进行活化处理以满足更高的水泥混凝土制造要求，主要采用物理活化和化学活化的方式。

物理活化的原理是用机械方法提高钢渣的细度，使平均粒径维持在 $10 \sim 30\mu m$，粉磨过程不仅仅是颗粒减小的过程，同时伴随着物料晶体结构及表面物理化学性质的改变。物料的比表面积增大，粉磨的机械能转化为新生颗料的内能和表面能。晶体的键能也将发生变化，晶格能迅速减小，在损失晶格能的位置上产生晶格位错、缺陷、重结晶。晶格尺寸的减小，使得钢渣中矿物与水接触面积的增大。晶格应变增大提高了矿物与水的作用力。矿物结构发生畸变，结晶度下降使矿物晶体的结合键减小，水分子容易进入矿物内部，加速水化反应 [22-24]。

化学活化的原理是利用活性激发剂促进钢渣的碱性激发，加速其玻璃体中的 Ca^{2+}、AlO_4^{5-}、Al^{3+}、SiO_4^{4-} 的溶解和迁移，与水泥的水化产物反应生成二次水化产物，从而降低反应体系的 $Ca(OH)_2$ 浓度，促使熟料矿物进一步水化以维持碱度。此外，提高养护温度会进一步提升原料离子的溶出迁移速率和水化产物形成速率，使体系的水化反应加速进行，钢渣水泥的强度得到有效的提高。

5. 其他火山灰辅助胶凝材料 - 水泥体系

具有火山灰活性的其他辅助胶凝材料与水泥的物理化学反应基本与前文介绍的几种材料存在较大的相似性，不同之处主要在于水化产物结构、反应机理与物理效应存在一些差异，这里就不再一一阐述。相对较为惰性的辅助胶凝材料，如石灰石粉和石英粉等，在水泥基材料中的作用可归结为微集料填充效应、微晶核效应和活性效应。如可根据混凝土的集料级配设计出合适细度的石灰石粉，借助最紧密堆积原理，发挥出其微集料填充效应，使得混凝土的密实度得到提升。微晶核效应与其他掺合料一致，可以作为水泥水化产物的形核位点促进水泥水化。活性效应在于虽然石灰石粉的活性极低，在早期可以忽略不计，但有研究表明[25]石灰石粉在后期可以与水泥的中间相反应，生成水化碳铝酸钙，并且可以延缓钙矾石向单硫型水化硫铝酸钙的转变。需要指出的是，其他的惰性掺合料比如石英粉、天然火山灰等，并不具有明显的潜在水硬性和胶凝活性，但掺入到水泥混凝土中的意义重大，不仅可以减少水泥用量，降低碳排放，而且可以优化超高性能混凝土或活性粉末混凝土的集料级配，对于整体性能的提升有巨大帮助。

二、双组分辅助胶凝材料作用机理与性能

相比于单掺辅助胶凝材料，复掺具有更加明显的优势，可以发挥辅助胶凝材料间的效应叠加，在制备高强、高性能混凝土中应用更为普遍，本节着重介绍硅灰、粉煤灰、矿渣粉和钢渣粉等复掺体系与水泥的相互作用机理及对性能的影响。

1．粉煤灰－硅灰－水泥体系

针对高胶凝材料用量、低水胶比的混凝土材料，粉煤灰微珠具有明显优势，能与硅灰配伍制备优异性能的混凝土材料。在粉煤灰－硅灰－水泥三元体系中，水化产物种类与水泥－硅灰体系基本相同，均含有托贝莫来石、$Ca(OH)_2$，但 $Ca(OH)_2$ 含量较低。典型的，对于硅灰掺量为 15%，且粉煤灰微珠掺量也较高的情况下，$Ca(OH)_2$ 可被基本消耗完，与此同时，随着体系中粉煤灰微珠掺量的逐渐提高，体系中产生的 $Ca(OH)_2$ 会被完全消耗[26]。在粉煤灰－硅灰－水泥胶凝体系中，会观察到石英的 XRD 衍射峰强度随粉煤灰微珠掺量的提高而逐渐增加，可归结于硅灰活性高于粉煤灰微珠。特别的，在 15% 硅灰掺量下，水泥水化产生的大部分 $Ca(OH)_2$ 会与硅灰发生火山灰反应，导致部分粉煤灰微珠未能发生火山灰反应，因此，随着粉煤灰微珠掺量的增加，其中的石英相对含量会提高，进而石英衍射峰强度也会增加。需要指出的是，随着水化龄期的延长，水泥将继续水化产生 $Ca(OH)_2$，并消耗粉煤灰微珠，根据这一与硅灰的火山灰反应性能差异，可设计胶凝材料的次第水化反应，进而改善其早期与后期性能。通过 SEM-EDS（能量散射谱，energy dispersive spectrometer）可以发现（图 2-14，图纵坐标 kCnt 表示计数器接收到的信号强弱，以此表征材料中不同元素的相对含量），粉煤灰微珠对托贝莫来石的形貌能产生显著影响，随着粉煤灰微珠掺量的增加，托贝莫来石晶体形貌由片状草叶变为棒状草叶，尺寸逐渐减小，同时，其 Ca/Si 比随着粉煤灰微珠掺量的增加逐渐降低，分别为 1.03、0.94、0.85[26]。

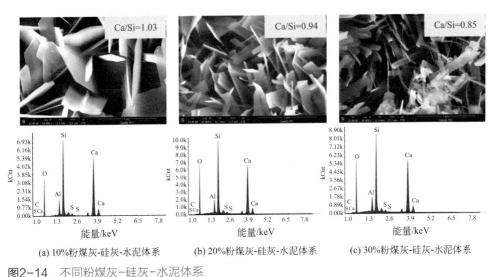

(a) 10%粉煤灰－硅灰－水泥体系 　(b) 20%粉煤灰－硅灰－水泥体系 　(c) 30%粉煤灰－硅灰－水泥体系

图2-14　不同粉煤灰－硅灰－水泥体系

粉煤灰－硅灰－水泥体系的相互作用机理可归结为：反应初期，除了水泥水化外，硅灰也大量水化，同时又促进了水泥熟料的水化；当水泥消耗一定量时，生成的 $Ca(OH)_2$ 的量开始增加，并与硅灰中的活性 SiO_2 发生反应，降低了水化水泥浆体中的 $Ca(OH)_2$ 数量，进而形成水化产物降低水泥石中大孔体积，使小孔增多，连通孔减少，大量消耗 $Ca(OH)_2$ 也会减少其在集料周围的定向分布，能较大幅度提高集料 - 水泥浆体之间的界面显微硬度。在初期硅灰被逐渐消耗之后，$Ca(OH)_2$ 含量逐渐提高，后期，粉煤灰会被 $Ca(OH)_2$ 激发，发生二次火山灰效应，生成更多的 C-S-H 凝胶，进一步细化基体孔结构，使得基体性能得到进一步提高。此外，体系中的粉煤灰能够有效稀释水泥水胶比和减少硅灰对于水量的消耗，最终能够有效改善复合胶凝材料的工作性能。硅灰、粉煤灰与水泥颗粒在粒径上的级配效应，也能够有效改善其力学性能和耐久性。

2. 粉煤灰 - 矿渣粉 - 水泥体系

粉煤灰和矿渣粉是复合胶凝材料中使用最为广泛的活性矿物掺合料，粉煤灰和矿渣粉在复合胶凝材料中分别具有不同的特征，粉煤灰的掺加会影响水泥基体的早期强度，且随掺量的增加而降低，后期强度增长潜力较大；矿渣粉的掺加不会影响基体的早期强度，少量矿渣粉的掺加起不到降低水化热温升的作用，矿渣粉的减水作用不如粉煤灰，矿渣粉掺量较大时，又会造成后期收缩较大，导致开裂，影响性能。在复合胶凝材料中同时掺入粉煤灰和矿渣粉，两者能够实现优势互补，而且综合效应更好。双掺时，粉煤灰能发挥出优于矿渣粉的"形态效应"和"微集料效应"，并且能达到二者工作性能互补效应，一方面使得浆体流动度提高，另一方面复掺粉煤灰和矿渣粉可以改善单掺粉煤灰或者矿渣粉时浆体流动度的经时损失效应[27-29]。

粉煤灰 - 矿渣粉 - 水泥体系的水化反应特征主要表现为：水化前期主要是水泥熟料的水化，而粉煤灰和矿渣粉只是起稀释作用，虽然促进了熟料的水化，但是矿物掺合料的替代导致熟料应用量的减少会促使生成的 $Ca(OH)_2$ 小于纯水泥，使体系碱度降低，进而影响复合体系的早期强度。复合体系水化中期主要是矿渣粉的水化影响体系的碱度，粉煤灰此时参加反应的量很少，主要起稀释作用。水化后期，主要是粉煤灰的火山灰反应控制体系的碱度。因此，双组分复合辅助胶凝材料体系各反应阶段反应机理是由相应阶段各组分所发生的反应所控制，与发生反应组分的种类、活性大小、反应先后顺序和水化程度高低密切相关。据此，水泥基材料水化硬化体的早期强度贡献主要来自水泥的水化，矿渣粉和粉煤灰在其中起填充密实的物理作用来提供强度，与水泥熟料水化产物形成点接触骨架产生强度，而不是通过水化反应生成的产物相互交织重叠形成的网状结构。随着水化反应的进行，矿渣粉、粉煤灰发生二次水化反应，水化产物相互交错形成密实的硬化体。

表 2-7 是粉煤灰 - 矿渣粉 - 水泥体系在相同龄期下的孔溶液碱度研究结果，

可发现随着矿物掺合料掺量的增加，pH 值逐渐降低，但是不同复合胶凝材料掺量随龄期的变化就比较复杂。3#、4# 试样早期 pH 值随水化龄期逐渐增大，后期略有降低。但是 2# 在早期 pH 值较高，中期有一个较明显的降低，然后再逐渐升高，后期又有所降低。该实验结果较好地验证了粉煤灰 - 矿渣粉 - 水泥体系的水化反应规律。因此，掺合料种类和掺量的优化配比，不仅仅是宏观性能上的颗粒填充密实优势互补的叠加效应，更是反映在微观结构的形成机理上。当然，矿物掺合料在混凝土中的改善作用，不仅是物理性能上的中心质效应，还有细观结构中各种水化产物、未水化矿物相互连接、交错形成不同层次的中心质和介质构成的空间网状结构。矿渣粉 - 粉煤灰 - 水泥体系水化产物结构还存在一个明显的特征，随着矿渣粉和粉煤灰的掺入，细掺料的稀释效应和二次水化反应均加快了水泥熟料的水化，导致在 60 天水化龄期内水化程度较大，体系中会出现较多的类似于后期产物的 III 型 C-S-H 絮凝状凝胶，该现象可归结为矿物掺合料的二次水化反应（一般发生在中后期）形成了后期水化产物。总体而言，在反应早期，主要是水泥熟料矿物水化所生成的 Ca(OH)₂ 和水泥中的石膏作为矿渣粉的碱性激发剂和硫酸盐的激发剂，与矿渣粉中的活性组分相互作用，生成水化产物，填充于水泥基体；后期，主要是水泥熟料水化析出的 Ca(OH)₂，通过液相扩散到粉煤灰球形玻璃体表面，促进粉煤灰发生二次水化反应，使得复掺胶凝材料后期强度上升，表现出叠加效应[30]。

表2-7 复合矿物掺合料掺量对胶凝材料孔溶液碱度影响[30]

序号	水泥/%	粉煤灰/%	矿渣粉/%	孔溶液碱度/pH			
				3d	7d	28d	90d
1	100	0	0	12.688	12.678	12.965	12.681
2	80	10	10	12.573	12.461	12.673	12.461
3	60	20	20	12.025	12.206	12.311	12.144
4	40	30	30	11.823	12.451	12.185	12.516

粉煤灰、矿渣粉改善混凝土收缩性能的机理一般在于它们对水泥起到的"稀释作用"，即减少了早期参与水化反应的胶凝材料总量，且还增加了早期混凝土内部较粗毛细孔的数量及毛细孔内的自由水，从而减少了混凝土的早期收缩；在水化后期尽管粉煤灰及矿渣粉也会发生"二次水化"，混凝土的毛细孔会细化，但由于后期混凝土已具备足够强度，粉煤灰及矿渣粉水化引起的化学收缩及由细毛细孔失水引起的收缩也相对较小。粉煤灰改善混凝土早期收缩的效果优于矿渣粉与其早期活性低有关，因为低活性的粉煤灰更能体现出掺合料的"稀释作用"。

3. 钢渣 - 硅灰 - 水泥体系

钢渣作为复合胶凝材料中使用的活性矿物掺合料之一，少量复合掺加时，对复合胶凝材料的工作性能和强度有改善作用，当掺量较大时，复合胶凝材料各龄期强度会有大幅度的降低。想要提高钢渣在复合胶凝材料中的掺量，必须提高复合胶凝材料本身活性。硅灰与钢渣的复合能够有效改善这个缺点。硅灰的加入对于复合胶凝材料各个龄期强度有较大改善，并随着掺量的增加，强度不断提高。主要机理分为以下几个原因：①硅灰的粒径在数值上比钢渣及水泥的粒径小两个数量级，颗粒相对粒径的大小显著影响体系的堆积密度，强化了体系的物理填充作用，弥补了钢渣造成的早期强度衰减。②钢渣 - 硅灰 - 水泥体系中钢渣活性相对较弱，早期水化速度较慢，由于其组成中含有一定量活性组分，水化过程与硅酸盐水泥相似，水化产物中含有相当量的 $Ca(OH)_2$，复合胶凝材料在水化过程中，硅灰在体系与水接触时，溶液中富硅贫钙的凝胶在硅灰粒子表面形成附着层，经过一定时间之后，富硅和贫钙凝胶附着层开始溶解于水泥及钢渣所产生的 $Ca(OH)_2$，反应生成 C-S-H 凝胶，使得复合胶凝材料的后期强度得到较大幅度的提高 [31]。

4．钢渣 - 粉煤灰（矿渣粉）- 水泥体系

粉煤灰的火山灰效应能吸收钢渣中的游离氧化钙而克服钢渣粉存在的安定性不良问题，而钢渣粉中的游离氧化钙及其水化产物 $Ca(OH)_2$ 可作为粉煤灰二次水化反应的激发剂，另一方面钢渣粉活性高于一级粉煤灰，二者复合可以提高粉煤灰混凝土早期强度，而且由于一级粉煤灰比钢渣粉更能明显提高混凝土的工作性能，粉煤灰与钢渣粉复合还可以改善单掺钢渣粉混凝土的工作性能。

（1）钢渣 - 粉煤灰（矿渣粉）- 水泥体系水化反应性能　水泥的水化热是由各种熟料矿物水化作用所产生的。水泥的水化热一般取决于水泥的矿物组成、细度、水灰比及水泥混合材料的种类与掺量，一般认为粉煤灰等掺合料可明显降低水泥的水化热。水泥的水化放热周期很长，但大部分热量是在加水 3 天以内释放的，特别是在水泥浆发生凝结、硬化的初期放出，这与水泥水化的加速期是一致的。图 2-15 是将钢渣粉、矿渣粉与粉煤灰分别以 30% 取代水泥，研究其单掺及复掺情况下对水泥水化放热性能的影响规律 [32]。由图 2-15 可知，各样品的水化放热主要集中在 3 天前，3 天后各样品的水化放热随时间延长已趋于缓慢。掺入 30% 的各种掺合料后水泥各龄期的水化放热有明显不同程度的下降，这对于大体积混凝土有十分重要的意义。比较而言，水化热最高的是没有掺加掺合料的纯硅酸盐水泥；掺矿渣粉及矿渣粉 - 钢渣粉复合的样品，水化热相对较低，且二者的水化热相近；水化热最低的是单掺钢渣、粉煤灰及钢渣 - 粉煤灰复合的样品。钢渣粉、矿渣粉及粉煤灰三种掺合料单掺或复掺均不同程度地降低水泥水化热。但掺量 30% 钢渣粉 7 天水化热降低最多，能够降低 24%，钢渣粉 - 粉煤灰复掺 7

天水化热能降低 25%。综合考虑三种掺合料的早期活性，可以认为用钢渣粉配制早期强度要求相对较高的大体积混凝土更具优势。

通过综合热分析计算出上述不同样品不同水化龄期水化产物中 $Ca(OH)_2$ 的定量分析结果见图 2-16。就三种掺合料而言，单掺情况下，掺矿渣粉浆体在各龄期的水化产物中的 $Ca(OH)_2$ 量最少，掺粉煤灰浆体的相对较多，而单掺钢渣粉浆体在各水化龄期水化产物中 $Ca(OH)_2$ 量都相对较多。在复掺情况下，各水化龄期水化产物中 $Ca(OH)_2$ 量介于各掺合料单掺时各水化产物中的 $Ca(OH)_2$ 量之间，即矿渣粉或粉煤灰与钢渣粉二元复合后可提高单掺矿渣粉或粉煤灰水化产物中的 $Ca(OH)_2$ 量，同样钢渣粉中复掺矿渣粉或粉煤灰可降低单掺钢渣粉水化产物中的 $Ca(OH)_2$ 量。对于矿渣粉与粉煤灰而言，它们的二次水化反应需要消耗一定量的 $Ca(OH)_2$，所以含有矿渣粉或粉煤灰的浆体水化产物中的 $Ca(OH)_2$ 量相对较少；随水化时间的延长，一方面硅酸盐水泥水化会增加复合体系中的 $Ca(OH)_2$ 量，另一方面矿渣粉与粉煤灰的水化会降低复合体系中的 $Ca(OH)_2$，事实上水化产物中的 $Ca(OH)_2$ 含量随水化时间的变化取决于水泥与矿渣粉或粉煤灰的相对数量及反应速率。矿渣粉早期活性较高，早期吸收 $Ca(OH)_2$ 占主导地位，故在 28 天前水化产物中的 $Ca(OH)_2$ 量随时间延长而降低，但在 90 天龄期，硅酸盐水泥水化生成 $Ca(OH)_2$ 占主导地位，故水化产物中的 $Ca(OH)_2$ 量又有明显增加；相对于矿渣粉，粉煤灰的二次水化活性较低，因此在水化过程中一直都是硅酸盐水泥水化生成 $Ca(OH)_2$ 占主导，但是因为其稀释效应，水化产物中 $Ca(OH)_2$ 的量也有所降低。与矿渣粉、粉煤灰不同，钢渣粉水化反应可生成 $Ca(OH)_2$，所以水化产物中 $Ca(OH)_2$ 的含量最高。钢渣粉与粉煤灰、矿渣粉复合，可将钢渣粉水化反应生成 $Ca(OH)_2$ 的特点与矿渣粉、粉煤灰二次水化吸收 $Ca(OH)_2$ 的特点结合起来，水化产物中 $Ca(OH)_2$ 量介于三种掺合料之间。

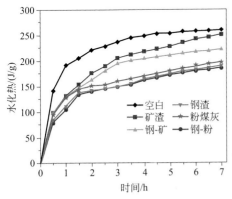

图2-15　钢渣粉、矿渣粉与粉煤灰单掺或复掺30%时水泥水化放热性能

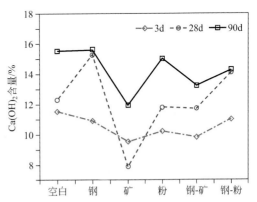

图2-16　钢渣粉、矿渣粉与粉煤灰单掺或复掺水泥中 $Ca(OH)_2$ 定量分析

（2）钢渣-粉煤灰（矿渣粉）-水泥体系的性能　钢渣-矿渣水泥的研究与应用表明，钢渣粉与矿渣粉在作为矿物掺合料时有较好的复合效应，一般认为矿渣粉可吸收钢渣粉中的过多游离氧化钙而克服钢渣粉存在的安定性问题，而钢渣粉的水化产物 Ca(OH)$_2$ 又是良好的矿渣活性激发剂。二者的复合一方面可提高单掺矿渣粉混凝土的早期强度发展，另一方面可提高单掺钢渣粉混凝土的后期强度增长率，从而实现混凝土强度的协调发展。

图 2-17 中实线表示的是钢渣粉与矿渣粉复合配制混凝土的性能，虚线表示的是钢渣单独配制混凝土的性能比较。由单掺与复掺配制混凝土性能的实验结果发现，复掺混凝土与钢渣粉单掺配制混凝土的工作性及力学性能随掺合料掺量及水化时间发展变化趋势基本相同。混凝土工作性实验结果表明，钢渣粉中复合 50% 的矿渣粉后，混凝土的初始坍落度有小幅度的提高，但 60min 后的混凝土的坍落度与钢渣粉单独配制混凝土的坍落度几乎相同，即钢渣粉复合矿渣粉后可略微改善新拌混凝土的工作性能，但并不能减小混凝土的坍落度损失。混凝土力学性能结果表明，钢渣粉与矿渣粉复合的最佳掺量是 30% 钢渣粉复合 50% 矿渣粉，混凝土 7 天强度略有降低，但对混凝土 28 天及 90 天强度基本没有影响。

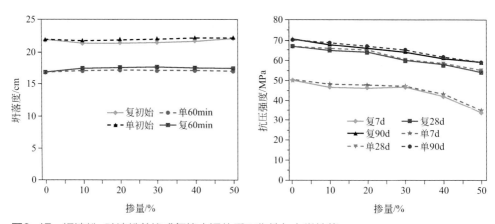

图2-17　钢渣粉-矿渣粉单掺或复掺水泥体系工作性与力学性能

钢渣粉与矿渣粉复合增加了混凝土的收缩率，而钢渣粉与粉煤灰复合则可降低混凝土各龄期收缩率[33]。国内外对矿渣粉、粉煤灰对混凝土干缩性能影响研究较多，但对于钢渣与其他辅助胶凝材料的复合研究较少，从有关矿渣粉与粉煤灰影响混凝土收缩的分析可以得到一些启示[34,35]。尽管钢渣粉的早期活性较高，但由于它的活性组分含量仍明显低于硅酸盐水泥，所以由于钢渣粉对水泥的"稀释作用"，混凝土早期收缩减小。水化后期由于钢渣粉混凝土的孔隙率及孔径均低于空白混凝土，因而由毛细孔失水引起的收缩应力相对较高；同时也由于含钢渣粉混凝土的抗碳化能力相对较差，较大的碳化收缩也可能增加了后期收缩的总量，故钢渣粉混凝土后期收缩相对较大。

5. 复掺辅助胶凝材料体系作用机理

掺合料的种类改变了水化反应历程，使得体系的水化产物生成更加复杂。水化产物的生成及其发生的反应与水化环境密切相关。在多组分复合掺加的复合体系中，由于结构更加密实，水灰比较低，水化产物及反应物之间的自由反应空间较小，颗粒之间主要通过相互接触生成新的水化产物。因此，在水化早期，水化产物随碱度和其他因素变化的转变主要是通过溶解—沉淀过程来实现，后期主要是发生"固相反应"来实现转变。复掺矿物掺合料对混凝土耐久性的改善机理可概括为：随 pH 的逐步降低，反复循环的产物溶解—过饱和—重结晶过程，都将改变孔隙率、弹性模量、强度和黏结性能，最终对体积的稳定性产生负作用。这里所描述的过程很可能是混凝土材料硫酸盐侵蚀破坏的真正原因。加入矿物掺合料后，随矿物掺合料的物理和化学作用，使得水化产物转变由溶解—过饱和—重结晶的循环过程逐渐转变到接触相互反应的过程，导致外界的硫酸盐类离子和其他离子无法通过溶液之间的反应对混凝土材料造成侵蚀。因此矿物掺合料的密实作用除了堵塞硫酸盐类离子侵蚀通道外，还改变了内部组分之间的反应机理，导致硫酸盐类侵蚀反应无法发生。由于矿物掺合料与那些水化产物发生"固相反应"，造成从 A（一种产物）-B（另一种微粒）之间形成了梯度很小的逐渐过渡，减弱了界面区的作用，对材料的组成结构和性能改进巨大。矿物掺合料的掺量及种类对于复合胶凝材料的水化产物的形貌和尺寸分布都具有较大的影响，继而影响了复合胶凝材料的最终性能，大致可归纳为：

① 掺加矿物掺合料的复合胶凝体系水泥石中不论是过渡区的还是基体中的 $Ca(OH)_2$ 和 AFt（三硫型硫铝酸钙）的晶粒尺寸都小于普硅水泥相应的区域内的晶粒尺寸。在矿物掺合料掺量相同、种类不同时，不论是过渡区还是基体中 $Ca(OH)_2$ 和 AFt 的晶粒尺寸差别都较大。

② 复合掺加矿物掺合料细化 $Ca(OH)_2$ 晶粒的原因可能是：双掺和三掺矿物掺合料改善了胶结材料颗粒的粒径分布，系统堆积更为紧密、合理（界面过渡区也不例外），使得水泥石（包括基体和界面过渡区）的结构比较致密，从而使得 $Ca(OH)_2$ 和 AFt 没有足够的空间生长；矿物掺合料尤其是超细矿渣粉和硅灰的高火山灰活性使得大多数水化产物 $Ca(OH)_2$ 晶体边、角、面被消耗掉，从而使其失去了完整的外形，细化了晶体尺寸。同时，它们还起到类似"晶核效应"，提供了晶体成核的位置，使得 $Ca(OH)_2$ 晶核快速形成，但晶核没有足够时间长大，影响了水化产物 $Ca(OH)_2$ 和 AFt 晶体的形貌和尺寸。

③ 随着矿物掺合料的复合及水化龄期延长，纤维状和长针状凝胶更早地

向网状凝胶及絮凝状凝胶转变，原因在于矿物掺合料的二次火山灰效应消耗 Ca(OH)₂，导致针状产物分解，促进了水泥水化产生更多絮凝状产物。

三、多组分辅助胶凝材料作用机理与性能

1. 多组分辅助胶凝材料选取原则

国内外在配制混凝土时，掺入大量工业排放的废渣作为矿物改性剂，其初衷是利用工业废渣，节省水泥和降低成本。随着对高性能混凝土理论研究的深入，在水泥混凝土材料中掺加工业废渣掺合料，除了能够有效减少对资源、能源的过度消耗及对环境和生态的破坏，矿物掺合料的掺加还能够显著地改善水泥基材料的结构和性能，增进后期强度，提高抗腐蚀能力、抗渗性等耐久性，特别是能显著抑制碱-集料反应，这些问题已经引起国内外不少专业人员的极大兴趣。同时，矿物掺合料的使用会导致材料早期强度低及掺量过大导致混凝土结构劣化和某些性能急剧降低等问题。针对这些问题，有的学者采用了两种或两种以上的工业废渣复合掺加的方法，并配合高效减水剂等外加剂共同使用来配制高性能混凝土，这种根据复合材料的"超叠加效应"原理，将不同种类掺合料以合适的比例和总掺量掺入混凝土的方法，可使其取长补短，不仅可以调节需水量，提高混凝土的抗压强度，而且还可以提高混凝土的抗折强度，减小收缩，提高耐久性[36]。

在复合胶凝材料中矿物掺合料的选取一般要遵循以下几个原则：

（1）经济性原则　多组分复合胶凝材料中通常用的掺合料包括硅灰、粉煤灰、矿渣粉、煅烧黏土等（图2-18）。硅灰和矿渣粉是目前公认效果最佳的活性材料，但它们数量有限，如我国硅灰资源匮乏，价格昂贵，目前已不能满足

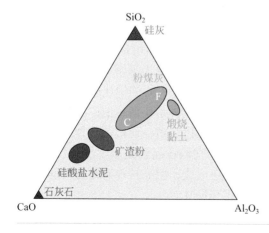

图2-18
各类型辅助胶凝材料的CaO-SiO₂-Al₂O₃分布相图

混凝土工程需求。其他活性材料，如火山灰、硅藻土、沸石粉、浮石粉和稻壳灰等，也存在资源分布与总数不足的问题。相对分布广、数量较多的工业废渣，如钢渣等，其本身组成波动大，同时也缺乏更深入的理论研究及理论创新，利用技术尚未成熟。

（2）紧密堆积原则　水泥基材料体系的颗粒堆积密实度对硬化浆体性能有重要影响，混合物体系的颗粒堆积密实度提高，可以加快体系的水化反应进程，增强体系的微观结构，提高其力学性能。因而，优化组成材料的颗粒级配，提高其堆积密实度是制备超高强和超高性能混凝土的关键。

堆积密实度是设计高技术混凝土的基本原理，同时也适用于超高强、超高性能混凝土的设计。很多堆积密实度的研究工作都是由法国研究者在19世纪70年代到80年代完成的。在设计超高强与超高性能混凝土配合比时，堆积密实度可以应用于胶凝材料的设计[37,38]。提高密实度类似于降低硬化水泥浆体的孔隙率。毛细孔孔隙率控制硬化浆体的强度与耐久性，降低孔隙率的措施主要有降低水胶比和颗粒填充，如颗粒尺寸小于水泥的超细粉体，如硅灰，可以作为填充料，填充于水泥石孔隙中。二维的普通混凝土和超高强、超高性能混凝土堆积密实效果如图2-19所示。由图2-19（a）可知，普通混凝土颗粒间的间隙较大，堆积较为疏松；由图2-19（b）可知，超高强、超高性能混凝土颗粒间的间隙较小，堆积较为紧密[39]。

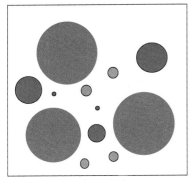
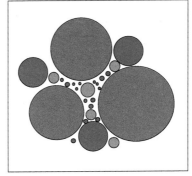

(a) 普通混凝土　　　　　　　(b) 超高强、超高性能混凝土

图2-19　混凝土堆积密实效果示意图

（3）矿物组分水化匹配原则　水泥基材料的水化过程可以认为是由成核结晶和晶体的生长作用控制着水泥水化的整个水化硬化过程。多组分胶凝材料中，所用矿物掺合料分别具有不同的水化反应特性，当矿物掺合料的促进水化作用占主导时，各组分的水化程度较深，当矿物掺合料的抑制作用占主导时，各组分水化

程度降低。随掺量的增加各组分水化反应速率，反应机理和水化历程都会发生较大改变，从而影响水泥石微观结构的形成，进而改变其性能。矿物掺合料选取不当，会严重影响其最终的性能，因此，在进行多组分胶凝材料的复合设计时，应充分考虑各组分之间的相互作用机理。

多种矿物掺合料的复合设计使得水泥石中引进了更多的次中心质，可以减小次中心质的间距，改善次中心质和次介质的颗粒级配，同时还能增强次中心质效应的程度，起到改善水泥石结构的明显效果；另一方面，$Ca(OH)_2$ 晶体在界面处具有较高的结晶取向度，相对于密实的水化产物结构而言是一种"负中心质"[40-44]。活性细掺料的二次水化反应不仅消耗大量 $Ca(OH)_2$，而且反应生成更多、更紧密结合的 C-S-H 凝胶、铝（铁）酸钙、硫铝（铁）酸钙等水化物。这些水化物作为次中心质，与未反应的细颗粒一起填充水泥石的孔隙，使孔径细化，随着水化龄期的发展，水泥石中有害的大孔减少，无害或少害的小孔或微孔增多，即孔结构得到改善，水泥石更加密实，不同粒径尺度的矿物掺合料的复合可有效增加中心质数量、减小中心质间距，增加粒子密集堆积，并提高中心质效应的程度，同时还能减小微孔及 $Ca(OH)_2$ 粗大晶体等负中心质，降低孔隙率，改善孔结构，从而使水泥石强度得以大幅度提升。

2. 多组分辅助胶凝材料作用机理

对于多数矿物掺合料，其掺入混凝土中的效应一般都有微集料效应、形态效应、火山灰效应、界面效应等，但不同的矿物掺合料在不同的效应形式下表现可能是正效应也可能是负效应，而这主要取决于矿物掺合料的物理性能、化学组成等特征。如果掺合料物理性能、掺量比例控制得当，多元复合矿物掺合料掺入混凝土所表现出来的综合正效应要大于单一矿物掺合料，这可归结为多元复合矿物掺合料的复合效应与相互作用：

（1）微集料效应的复合　在混凝土粉料中，水泥颗粒粒径最大，磨细矿渣粉（矿粉）、粉煤灰次之，硅灰最小（图 2-20）。如果胶凝材料中的粉料经过适当比例的混合，就有可能形成混凝土中粉体材料良好的连续微级配。复合胶凝材料在水化过程中不同粒径的胶凝材料颗粒互相填充，减少了颗粒间的空隙，从而进一步减少了复合胶凝材料体系凝结硬化后的总孔隙率，这就有可能降低混凝土的渗透性。

（2）形态效应的复合　掺合料的颗粒形貌、细度、分布对其水化程度、水化深度及其硬化后的性能有不同程度的影响。由于矿渣粉颗粒不规则且表面粗糙，其掺入混凝土中可能会降低新拌混凝土的流动性，硅灰的粒径很小，比表面积大，其需水量很大，但矿渣粉与粉煤灰的复合，矿渣粉、硅粉与粉煤灰的复合却可补偿这一损失，起到一定增塑减水作用，有益于混凝土密实结构的形成。因此，多元胶凝材料的复合，可以产生形态互补的效果，从微观层面起到改善混凝土宏观性能的作用。

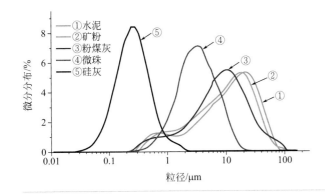

图2-20
不同辅助胶凝材料和水泥的粒径分布情况[39]

（3）界面效应的复合　混凝土浇捣过程中，集料周围会形成一层水膜，从而贴近集料处比远离集料处所形成的水灰比更高，造成了界面过渡区毛细孔体积大，Ca(OH)$_2$晶体富集并择优取向，存在大量微裂缝等特点。因此，混凝土界面过渡区通常是混凝土性质链条中最薄弱的一环。掺入矿渣粉、粉煤灰、硅灰等其中的一种或几种均可减少混凝土中的Ca(OH)$_2$形成，并抑制Ca(OH)$_2$晶体在界面区的生长。同时矿渣粉、粉煤灰、硅灰等颗粒尺寸较小，保水性好，可抑制集料周围水膜的形成，从而改善界面过渡区的结构，使得胶体-集料界面的黏结力增强（图2-21）。因此，矿渣粉、粉煤灰、硅灰等掺合料无论二元或多元掺入，其界面效应均为正效应。

(a) 单掺粉煤灰效果　　　　　　　　　　　　(b) 多元复合掺入效果

图2-21　辅助胶凝材料消耗Ca(OH)$_2$晶体改善界面性能的结构图

（4）火山灰效应的复合　矿渣粉、粉煤灰、硅灰等材料在复合胶凝材料中都存在火山灰活性反应。这些矿物掺合料复合形成胶凝材料，在水化过程中互相激发产生复合胶凝效应。在复合胶凝体系中，水泥熟料总是首先水化，生成C-S-H

和 Ca(OH)$_2$，Ca(OH)$_2$ 晶体和水泥中的石膏可对矿渣粉、粉煤灰及硅灰等的水化起激发作用。对硅灰而言，由于其水化活性、表面能较矿渣粉和粉煤灰大，在水泥胶体中水化反应快，有助于 C-S-H 凝胶的增加；对矿渣粉而言，其析出的 CaO 可促进粉煤灰颗粒周围的 C-S-H 凝胶、AFt（有石膏存在时）的形成，从而促进粉煤灰颗粒中的铝、硅相的溶解，使水化液相中的铝、硅浓度增加，这又可加速矿渣粉和硅灰的水化过程（图 2-22）[44]。

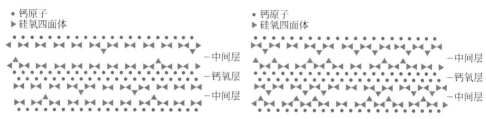

图2-22 辅助胶凝材料–水泥体系形成不同类型C-S-H凝胶结构示意图

此外，优质工业废渣如矿渣粉和火山灰质材料粉与水泥加水拌合后，首先是水泥熟料矿物水化，然后是熟料矿物水化过程中释放的 Ca(OH)$_2$ 与混合材中的活性组分发生反应，生成水化产物。由于水泥基材料体系是一个碱性体系，需要一定的碱度来保持其结构稳定性，如混凝土的护筋性、抗碳化性能和各水化产物的稳定性，而 Ca(OH)$_2$ 是体系碱度的主要来源。随着掺合料的掺加，其发生二次反应，消耗了 Ca(OH)$_2$，降低了碱度，这虽然改善了材料的工程性能，但是对于胶凝及其结晶相的稳定性产生重大影响，特别是二次反应发生在水泥浆体硬化后，此时水化产物的转变势必造成混凝土体积稳定性不良，而且孔溶液中的碱度改变了水泥水化液相的成分和性质，从而也改善了水泥水化和水化产物的生长环境，孔溶液体系的碱度的变化对水化产物的组成、结构、形貌及稳定性也会带来一定影响[45]。

总而言之，多元复掺相对于单掺、复掺能够更大程度地资源化利用辅助胶凝材料，除此之外，通过对三元矿物掺合料的协同作用能够实现较单掺和复掺更好的总体性能。

第四节
复合胶凝材料设计与开发展望

多组分复合胶凝体系主要针对超高强、超高性能混凝土的设计制备，从材料的发展战略、技术要求和经济性三个方面考虑，其设计水平可按如图 2-23 所示的三个层次的划分标准进行评价[19,46]。

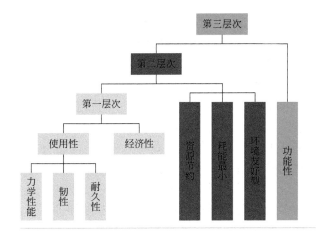

图2-23
多组分复合胶凝材料设计水平参照标准

第一层次主要以性能和经济性为主要考察对象，以设计出的材料具有高强、优异的耐久性和良好体积稳定性为主要目的，强调材料的经济技术合理性，高性价比是这一层次设计所追求的主要目标。第二层次在第一层次的基础上，考虑了材料的资源、能源消耗及环保问题，以混凝土材料具有高技术指标、高经济性和良好环境相容性为设计目标。为实现这一层次的设计目标，不仅应大量使用以工业废弃物等作为活性细掺料配制混凝土材料，实现钢渣、粉煤灰等工业废弃物在混凝土中的再资源化，同时尽可能降低混凝土材料中水泥和硅灰用量，减少生产水泥时温室气体 CO_2 排放量。第二层次属于生态环保型混凝土的范畴。第三个层次是最高层次，其设计思想是使混凝土材料能充分发挥其性能与功能的技术优势。这一层次设计的主要目的是，使材料在性能满足工程技术要求的前提下同时具有高功能（如抗震、防辐射等性能），以实现高性能、高功能与环境友好性的协调统一。

针对第二与第三层次设计，国内外近年相继采用多组分复掺辅助胶凝材料的模式，制备的诸如超高强混凝土材料、超高性能混凝土材料和无宏观缺陷水泥基复合材料等高技术混凝土材料。所设计与开发的多组分复合胶凝材料组分基本分为以下几种：①水泥 - 钢渣 - 粉煤灰 - 硅灰复合胶凝体系；②水泥 - 矿渣粉 - 粉煤灰 - 硅灰复合胶凝体系；③水泥 - 钢渣 - 粉煤灰 - 矿渣粉复合胶凝体系；④水泥 - 粉煤灰 - 矿渣粉 - 石灰石粉复合胶凝体系；⑤水泥 - 硅灰 - 矿渣粉 - 石英细粉复合胶凝体系；⑥水泥 - 煅烧黏土 - 石灰石粉 - 矿渣粉复合胶凝体系。当然，除了上述几类多元组分胶凝体系，随着对高技术混凝土材料的研究不断深入，各种类型与作用的胶凝体系还在不断开发与研究之中，但其中辅助胶凝材料的作用机理与性能都是发挥各自优势，达到"超叠加"效应，由于篇幅有限，本节就不再一一阐述。

需要指出的是，面对传统水泥行业对资源和能源的巨大损耗，同时，在当今各行各业都提倡节能减排、低碳经济的社会大环境中，传统胶凝材料行业的生产技术已经遇到瓶颈，可持续发展能力遭到质疑，传统水泥胶凝材料行业走向可持续发展的道路已势在必行。矿物掺合料的使用不仅有效缓解了传统胶凝材料的生产压力和环境压力，同时还对其他行业产生的废料进行有效再利用。尽管矿物掺合料单掺和复掺能够有效改善新型胶凝材料的工作性能、力学性能与耐久性。但是，随着混凝土技术的发展，复掺胶凝材料在某些方面还难以满足需求。根据各种矿物掺合料的矿相组成、水化特性、粒度匹配等特点进行有效的复合，达到"超叠加"效应，有望实现混凝土技术的进一步发展。近年研究也发现采用三掺甚至多掺的多元辅助胶凝材料相对于单掺和复掺拥有更加优异的综合性能，实现混凝土性能的显著提升，这对整个混凝土行业的发展具有重大影响。

参考文献

[1] 胡曙光. 特种水泥 [M]. 第 2 版, 武汉：武汉理工大学出版社，2010:1-349.

[2] 胡曙光，李悦. 石灰石硅酸盐水泥的研究进展 [J]. 新世纪水泥导报，1997, 3(5): 11-13.

[3] 丁庆军，李悦，胡曙光. 镁渣作水泥混合材的研究 [J]. 水泥工程，1998(3):37.

[4] 韦家齐，李志博，陈平，等. 煅烧碳质页岩用作水泥混合材的研究 [J]. 水泥工程，2013(6):22-23.

[5] 明阳，陈平，李玲，等. 天然沸石和乙烯炉渣双掺制备复合水泥的试验研究 [J]. 水泥工程，2012(1): 26-29.

[6] 陈向荣，李志博，陈平. 大掺量煤渣和锰渣制备复合水泥的研究 [J]. 水泥工程，2014(2): 10-12+41.

[7] 李悦，胡曙光. 高掺量石灰石硅酸盐水泥的研制及应用 [J]. 水泥工程，1997(5): 29-31.

[8] 李悦，丁庆军，胡曙光. 石灰石矿粉在水泥混凝土中的应用 [J]. 武汉理工大学学报，2007(3): 35-41.

[9] 陈益民，许仲梓. 高性能水泥制备和应用的科学基础 [M]. 北京：化学工业出版社，2008，198-206.

[10] 梁文泉，何芸，何金荣，等. 高掺粉煤灰面板混凝土耐久性的研究 [J]. 混凝土与水泥制品，2009(02): 14-16.

[11] 胡曙光，耿健，吕林女，等. 低水胶比下超细粉煤灰对不同细度硅酸盐水泥水化历程的影响 [J]. 水泥，2005(01): 6-8.

[12] 韩冀豫. 高掺量粉煤灰水泥水化产物 C-S-H 凝胶聚合程度的研究 [D]. 武汉：武汉理工大学，2011.

[13] 胡曙光. 先进水泥基复合材料 [M]. 北京：科学出版社，2009: 213-219.

[14] Grutzeck M, Atkinson S, Roy D. Mechanism of Hydration of CSF in Calcium Hydroxide Solutions[C]//The First International Conference on the Use of Fly Ash Silica Fume. Slag and Natural Pozzolans in Concrete. American Concrete Institute, 1983: 643-664.

[15] Sánchez R, María I, Luxán M, et al. The Influence of Different Additions on Portland Cement Hydration Heat[J].

Cement & Concrete Research, 1993, 23(1): 46-54.

[16] 胡曙光，彭艳周，陈凯，等. 掺钢渣活性粉末混凝土的制备及其变形性能 [J]. 武汉理工大学学报，2009, 31(01): 26-29+33.

[17] 胡曙光，王红喜，丁庆军. 钢渣基高活性微膨胀掺合料的制备与性能研究 [J]. 混凝土，2006(8): 47-49.

[18] 胡曙光，何永佳，丁庆军，等. 一种钢渣矿粉的生产工艺 [P]. CN 200510019018.7. 2008-06-04.

[19] 彭艳周. 钢渣活性粉末混凝土组成、结构与性能的研究 [D]. 武汉：武汉理工大学，2009.

[20] 熊付刚，刘秀梅，何永佳，等. 大掺量钢渣矿粉抗裂水泥砂浆的试验研究 [J]. 武汉理工大学学报，2009, 31(05): 1-4.

[21] 胡曙光，丁庆军，王红喜，等. 钢渣 - 偏高岭土复合胶凝材料及其制备方法 [P]. CN 200510018695.7. 2006-11-29.

[22] 彭艳周，陈凯，胡曙光. 钢渣粉颗粒特征对活性粉末混凝土强度的影响 [J]. 建筑材料学报，2011, 14(04): 541-545.

[23] 王强，阎培渝. 钢渣水化产物的特性 [J]. 硅酸盐学报，2010, 09: 133-136.

[24] 关少波，胡曙光. 养护制度对钢渣复合水泥胶砂体积作用机理的研究 [J]. 水泥工程，2007(3): 25-28.

[25] Kakali G, Tsivilis S, Aggeli E, et al. Hydration Products of C_3A, C_3S and Portland Cement in the Presence of $CaCO_3$[J]. Cement and Concrete Research, 2000, 30(7): 1073-1077.

[26] 刘勇强. 压蒸时间和矿物掺合料对 UHPC 微结构与力学性能的影响 [D]. 武汉：武汉理工大学，2018.

[27] 刘沐宇，汪峰，丁庆军. 双掺粉煤灰和矿粉大体积混凝土水化放热规律研究 [J]. 混凝土，2010(01): 21-24.

[28] 胡曙光，何永佳，吕林女，等. 一种复合胶凝材料及其制备方法 [P]. CN 200610019244.X. 2008-06-04.

[29] Ding Q, Geng J, Hu S, et al. Different Effects of Fly Ash and Slag on Anti-Rebar Corrosion Ability of Concrete with Chloride Ion[J]. Journal of Wuhan University (Natural Sciences Edition), 2009(4): 355-361.

[30] 张立华. 多组分水泥基材料水化特征与产物性质的研究 [D]. 武汉：武汉理工大学，2002.

[31] 何良玉. 钢渣作胶凝材料和细集料制备中低强度钢管混凝土的研究 [D]. 武汉：武汉理工大学，2016.

[32] 关少波. 钢渣粉活性与胶凝性及其混凝土性能的研究 [D]. 武汉：武汉理工大学，2008.

[33] 胡曙光，丁庆军，王红喜，等. 高活性补偿收缩矿物掺合料及其制备方法 [P]. CN 200510018820.4. 2007-02-14.

[34] 张云升，孙伟，胡曙光. 矿物掺合料对高性能混凝土内胶结材浆体收缩性能的影响 [J]. 建筑技术开发，2001(11): 24-26+60.

[35] Peng Y, Hu S, Ding Q. Preparation of Reactive Powder Concrete Using Fly Ash and Steel Slag Powder[J]. Journal of Wuhan University of Technology (Materials Science Edition), 2010(2): 349-354.

[36] Hu S, Guan X, Ding Q. Research on Optimizing Components of Microfine High-Performance Composite Cementitious Materials[J]. Cement and Concrete Research, 2002, 32: 1871-1875.

[37] Peng Y, Hu S, Ding Q. Dense Packing Properties of Mineral Admixtures in Cementitious Material[J]. Particuology, 2009, 7(5): 399-402.

[38] 朱明，张旭龙，胡曙光. 球磨硅酸三钙的颗粒特征与分形维数研究 [J]. 武汉理工大学学报，2011, 33(02):56-58.

[39] 王方刚. 低粘超高强 (C100) 混凝土制备及其性能研究 [D]. 武汉：武汉理工大学，2014.

[40] 胡曙光，张云生，丁庆军. 用于高性能混凝土的胶结材浆体的水化热研究 [J]. 建筑材料学报，2000(3): 202.

[41] 王发洲，齐广华，刘效锋，等. 一种调节超高强混凝土强度与粘度的无机外加剂 [P]. CN 201410071585.6. 2016-01-13.

[42] 张立华，胡曙光，丁庆军. 多组分水泥基材料微观结构的研究 [J]. 武汉理工大学学报，2002(06): 11-14.

[43] 吕林女，何永佳，丁庆军，等. 多组分水泥基材料的水化放热行为 [J]. 水泥，2004(09): 1-3.

[44] 毛睿韬. 活性粉末混凝土的微结构与力学性能研究 [D]. 武汉：武汉理工大学，2017.

[45] 张高展. 侵蚀性离子作用下矿渣 - 水泥复合浆体 C-S-H 微结构形成与演变机理 [D]. 武汉：武汉理工大学，2016.

[46] 胡曙光，王发洲. 轻集料混凝土 [M]. 北京：化学工业出版社，2006: 8-10.

第三章
高技术混凝土用功能材料

现代混凝土材料在本质上与传统混凝土材料的区别，就是在混凝土的材料设计和制备过程中大量采用除水泥、集料、水三种基本组成之外的其他原料。从高技术混凝土的发展历程和技术路径上可以看到，应用材料科学设计理论和技术方法，探索使用各种功能材料是其突出的特征。通过引入功能材料，可以显著提升水泥基复合材料的各种性能，提高材料制备效率，赋予新的功能。特别是可以改进材料固有缺陷，拓展新应用空间。因此了解掌握，并运用好功能材料是研究和开发高技术混凝土的最重要内容。

上一章介绍了具有水化活性的各种辅助胶凝材料的特性与作用。研究表明，辅助胶凝材料的作用都是通过参与水泥矿物的水化反应实现的。本章将介绍常用高技术混凝土用功能材料，特别是著者团队近年来较多采用和研究开发的一些新型功能材料，内容包括：高能复合膨胀材料、聚合物改性材料、纤维增强材料、超细颗粒材料，以及纳米晶种、内养护剂和功能集料材料。

第一节
混凝土外加剂

有关混凝土外加剂的各种文献资料较丰富，其研究和应用成果也较为成熟稳定，在此从材料系统性的角度对外加剂的要素概念做些简单叙述，重点介绍著者团队在高技术混凝土材料研究与开发中具有重要作用和技术特色的高能复合膨胀材料（HBEA）。

一、混凝土外加剂的种类

混凝土外加剂是一种在混凝土搅拌之前或拌制过程中加入的、改善拌合混凝土和硬化混凝土性能的材料。混凝土外加剂已经成为现代混凝土不可缺少的重要组成之一，是混凝土改性的一种重要方法和技术。混凝土外加剂的最重要功能是提高新拌混凝土的工作性、硬化混凝土的物理力学性能和耐久性。同时，外加剂的研究和应用也促进了混凝土生产和施工工艺及新型混凝土品种的发展。

混凝土外加剂品种繁多，但按其主要使用功能大致可以分为四类[1]：①改善混凝土拌合物流变性能的外加剂，包括各种减水剂、保水剂、保塑剂、絮凝剂和泵送剂等；②调节混凝土凝结时间、硬化性能的外加剂，包括缓凝剂、促凝剂、速凝剂等；③改善混凝土物理力学性能和耐久性的外加剂，包括早强剂、增韧剂、引气剂、消泡剂、防水剂、阻锈剂等；④改善混凝土其他性能的外加剂，包括膨胀剂、防冻剂、防霉剂、防潮剂、灭菌剂、着色剂等。外加剂在化学组成上变化很大，有些外加剂具备不止一种功能，因此在使用时要注意其特性。

混凝土外加剂的主要作用有两种[2]：一是改善混凝土、砂浆、水泥浆的性能。主要包括：①不增加用水量而提高和易性，或和易性相同时减少用水量；②缩短或延长初凝时间；③减少或避免收缩或产生微小膨胀；④改变泌水率或泌水量，或两者同时改变；⑤减少离析；⑥改善渗透性和可泵性；⑦减少坍落度损失率。二是改善硬化混凝土、砂浆、水泥浆的性能，主要包括：①延缓或减少水化热；②加速早期强度增长率；③提高强度（压、拉或弯曲）；④提高耐久性或抵抗严酷的暴露条件，包括防冻盐的应用；⑤减少毛细孔水的流动；⑥降低液相渗透力；⑦控制碱与某些集料成分反应产生膨胀；⑧配制多孔混凝土；⑨提高混凝土与钢筋的黏合力；⑩增加新旧混凝土的黏结力；⑪改善抗冲击与磨损的能力；⑫阻止埋在混凝土中金属的锈蚀；⑬配制有色彩的混凝土材料。

二、混凝土外加剂的功能原理

外加剂从作用原理上可分为两类：一类外加剂通过影响水的表面张力和通过在水泥颗粒表面上的吸附进而同时对水泥 - 水体系产生作用；另一类外加剂离解成为离子态，并影响加入后的几分钟到几个小时内水泥和水之间的化学反应。

在混凝土中加入外加剂后，将产生物理作用，例如吸附于水泥粒子表面形成吸附膜，改变电位，产生不同的吸力或斥力；有的会破坏絮凝结构，提高水泥扩散体系的稳定性，改善水泥水化的条件；有的能形成大分子结构，改变水泥粒子表面的吸附状态；有的会降低水的表面张力和表面能等。还有少数直接参与化学反应，与水泥生成新的化合物。

特别是高效能减水剂的使用，水泥粒子能得到充分的分散，用水量大大减少，水泥潜能得到充分发挥，致使水泥石较为致密，孔结构和界面区微结构得到很好的改善，从而使得混凝土的物理力学性能有了很大的提高，无论是不透水性，还是抗氯离子扩散、抗碳化、抗硫酸盐侵蚀以及抗冲击、耐磨性能等各方面均优于不掺外加剂的混凝土，不仅提高了强度，改善和易性，还可以提高混凝土的耐久性。可以说，只有掺用高效减水剂，配制高施工性、高强度、高耐久性的高性能混凝土才有可能实现[3,4]。

三、混凝土的主要膨胀类型与作用机理

大量研究和应用实践表明，混凝土膨胀剂在高技术混凝土材料中的应用和作

用是非常重要和独特的，它不同于一般混凝土外加剂的概念和作用。在功能上混凝土膨胀剂可以有效调控混凝土体积的稳定性，提高耐久性，并产生可设计的材料复合作用；在性质上混凝土膨胀剂是一种介于外加剂与辅助胶凝材料之间的功能材料，它本身直接参与水化反应，其反应产物在很大程度上影响着混凝土材料的结构和性能。基于其特殊性和重要性，本节对此进行专门的介绍。

混凝土的膨胀原理是在混凝土材料中通过化学反应产生体积膨胀，如此，可以对混凝土材料起到补偿体积收缩、密实材料结构、防止材料开裂等作用。各膨胀类型在组成原材料、膨胀原理、性能特征、补偿技术和使用方法等方面均有所不同。混凝土膨胀材料的膨胀类型包括[5]：

1. 钙矾石类膨胀

化学反应引起水泥石体积膨胀的原因是由于形成了一定数量的钙矾石相，其分子式为 $3CaO \cdot Al_2O_3 \cdot 3CaSO_4 \cdot 32H_2O$（即三硫型水化硫铝酸钙，简称为 AFt）。

目前，国内外在以钙矾石为主要膨胀源的类型中主要有硫铝酸钙（钡、锶）类、铝酸钙类和明矾石类。其对应的膨胀原料为：铝酸盐水泥熟料、硫铝酸钙（钡、锶）熟料、煅烧明矾石和天然明矾石。其主要膨胀反应式为：

$$3CA+3CaSO_4+38H_2O \longrightarrow C_3A \cdot 3CaSO_4 \cdot 32H_2O+2(Al_2O_3 \cdot 3H_2O) \quad (3-1)$$

$$3CA_2+3CaSO_4+47H_2O \longrightarrow C_3A \cdot 3CaSO_4 \cdot 32H_2O+5(Al_2O_3 \cdot 3H_2O) \quad (3-2)$$

$$C_4A_3\bar{S}+2(CaSO_4 \cdot 2H_2O)+31H_2O \longrightarrow C_3A \cdot 3CaSO_4 \cdot 32H_2O+2Al(OH)_3 \quad (3-3)$$

$$K_2SO_4 \cdot Al_2(SO_4)_3 \cdot 4Al(OH)_3+13Ca(OH)_2+5CaSO_4+78H_2O \longrightarrow 3AFt+2KOH \quad (3-4)$$

根据各种铝相反应物种类的不同，与石膏反应生成钙矾石后固相体积增大 107% ~ 133% 左右，具体反应类型有：

（1）硫铝酸钙类膨胀　此类反应中的主要膨胀源是无水硫铝酸钙（$3CaO \cdot 3Al_2O_3 \cdot CaSO_4$，$C_4A_3\bar{S}$），该类膨胀剂的膨胀行为与硫铝酸盐熟料铝硅比（$N$）、石膏掺量以及粉磨细度等密切相关。铝硅比标志着硫铝酸盐熟料中 $C_4A_3\bar{S}$ 与 $2CaO \cdot SiO_2$ 两种矿物的相对含量，N 越大，则熟料中 $C_4A_3\bar{S}$ 矿物含量越高，产生的体积膨胀越大；而当石膏掺量增加时，膨胀率增大，膨胀稳定期延长；细度对硫铝酸钙类膨胀剂的膨胀行为也有较大的影响，当细度较细时，自由膨胀率下降，但当细度过粗时，膨胀剂膨胀稳定期较长，易形成后期钙矾石而产生破坏作用，因此硫铝酸钙类膨胀剂的细度应当控制在合适的范围之内。

（2）铝酸钙类膨胀　此类反应中主要膨胀源是含铝类的铝酸钙矿物，伴随着 AFt 的生成而产生体积膨胀，同时铝酸钙类膨胀剂水化时产生的铝胶可以使水泥石更加密实。铝酸一钙（CA）反应速率高于铝酸二钙（CA_2），因此，不同熟料矿物组成的铝酸盐膨胀剂其膨胀模式有所不同，CA 含量较高时膨胀剂的早期膨胀值较大，稳定期早，而当 CA_2 含量较高时中后期膨胀率较大，膨胀不稳定，易引起破坏性膨胀。同时，轻烧的铝酸盐水泥熟料矿物结晶不完全，晶粒细小，因而与石膏的反应速率较快，稳定期短；而过烧的铝酸盐水泥熟料矿物晶粒粗大，结晶完整，与石膏反应生成钙矾石的速度较慢，稳定期长。影响铝酸盐膨胀剂膨胀行为的主要因素有铝酸盐水泥熟料的矿物组成、煅烧制度，石膏组分的品种及掺量，以及膨胀剂的细度等。

（3）明矾石类膨胀　明矾石的矿物相中含有大量的 $K_2SO_4 \cdot Al_2(SO_4)_3 \cdot 4Al(OH)_3$ 矿物，在有 $Ca(OH)_2$ 和石膏存在的溶液中具有较大的溶解度，可溶出大量的 Al^{3+} 和 SO_4^{2-}，与 $Ca(OH)_2$ 和石膏反应生成 AFt。上述反应生成钙矾石的速度较慢，因而膨胀稳定期稍长，有的明矾石类膨胀剂甚至在水化硬化的中后期膨胀率仍有相当的增长；一般在此类膨胀剂当中掺入一些粉煤灰等混合材料有助于提高膨胀的稳定性。明矾石类膨胀剂的膨胀行为还与原材料明矾石、石膏的品种和含量，以及产品的细度有关。煅烧过的明矾石由于脱去了大量结晶水使其结晶程度大大降低，作为膨胀剂组分在水中更易于离解提供活性 Al_2O_3，使钙矾石的生成速度加快。由于明矾石类膨胀剂中含碱量较高，应用于含碱活性集料的水泥基材料时会增加碱集料反应的可能性，因而其使用范围受到一定的限制。

2. 氢氧化钙膨胀

氢氧化钙类膨胀以氧化钙为膨胀源，此类膨胀剂由石灰石等原材料煅烧制成。氧化钙类膨胀剂中的有效成分是游离氧化钙（$f\text{-CaO}$），在水化时生成 $Ca(OH)_2$，产生体积膨胀。该类膨胀的特点是膨胀速度快和膨胀量大，但限制水泥基材料产生的自应力值较小。目前主要用于设备灌浆，制成灌浆料，用于大型设备的基础灌浆和地脚螺栓的灌浆，使水泥基材料减少收缩，增加体积稳定性。

CaO 作为膨胀剂，因 $Ca(OH)_2$ 的稳定性受压力的影响很大（这和钙矾石不同），从而限制了 CaO 膨胀剂的使用。同时，$Ca(OH)_2$ 也不同于 $Mg(OH)_2$ 和水化硫铝酸钙，它的胶凝性很差。研究表明，由于 $Ca(OH)_2$ 的溶解度较高，在压力水作用下会溶解出来，在渗漏工程中，裂缝周围会出现一种白色物质，这种物质经检测为 $CaCO_3$，是 $Ca(OH)_2$ 的碳化产物。由此可知 CaO 作为膨胀剂不适用于防水工程。另外，当水泥基材料中 $Ca(OH)_2$ 含量较高时，在富含 Cl^-、SO_4^{2-}、Mg^{2+}、Na^+ 等离子的侵蚀性介质作用下，容易造成水泥基材料的耐久性能不良。因此，含 CaO 膨胀剂不得用于海水或有侵蚀水的工程。

3. 氢氧化镁膨胀

氢氧化镁类膨胀剂中的主要成分是 MgO，它在水化时生成 $Mg(OH)_2$ 而产生体积膨胀。该类膨胀剂可利用菱镁矿（$MgCO_3$）经 1000℃ 左右煅烧之后分解成 MgO。白云岩或白云质石灰岩的主要成分为 $CaMg(CO_3)_2$，可通过控制 MgO 含量生产 MgO 膨胀剂。

氧化镁膨胀剂具有延迟膨胀性能，常温下水化较慢，在 40 ～ 60℃的环境温度中，MgO 水化为 $Mg(OH)_2$ 的膨胀速度明显加快，经 1 ～ 2 月水化反应之后其膨胀基本稳定，因此它一般适用于大坝岩基回填的大体积水泥基材料。大体积水泥基材料在 3 ～ 7 天内部温升较高，可加速 MgO 的水化反应，此时氧化镁膨胀剂开始膨胀，1 年内趋于稳定，其膨胀恰好发生在水泥基材料温降收缩阶段。如用于常温使用的工民建水泥基材料工程，它的延迟膨胀有可能导致结构破坏。

4. 氢氧化铁、氢氧化亚铁膨胀

以氢氧化铁为膨胀源的铁粉系膨胀剂，其主要成分为铁屑和氧化剂。铁屑来源于金属切削加工废料，氧化剂有过铬酸盐和高锰酸盐等，离子型催化剂一般为三氯化铁或氯化钙等氯盐，以及作分散剂用的减水剂等其他外加剂。首先对铁屑废料进行除油、除碳和除有机物处理，方法是将铁屑放入窑中用火烧，之后急冷并用磁力进行分离以去掉潜在反应的金属离子，如锌、铝等。在经此处理的铁屑中加入上述原料便制成铁粉系膨胀剂，铁粉系膨胀剂可分为铁单体和预先与规定数量的水泥及细集料混合的两类。

铁粉类膨胀剂主要利用铁氧化生锈的膨胀效果造成膨胀，膨胀剂中的铁质原料表面，在催化剂作用下被氧化，这些铁的氧化物，在水泥基材料中被逐渐溶解，Fe^{2+} 和 Fe^{3+} 与水泥水化体系中的 OH^- 生成胶状的 $Fe(OH)_2$ 和 $Fe(OH)_3$ 而使体积膨胀。此类膨胀剂的主要特点是耐热性好、膨胀稳定较早，适用于干燥高温环境，但膨胀量不太大，目前这种膨胀剂用量较少，主要作收缩补偿剂使用，用于机器底板、填灌热车间的地脚螺杆、修补地坪基座和填缝等。通常使用时要在施工现场拌制砂浆或水泥基材料，并立即使用。

5. 发气类膨胀

此类膨胀剂中主要常用的有铝粉膨胀剂，是将金属铝粉加入分散剂等组分而制得，在水泥水化过程中，发生反应产生氢气而形成膨胀。另外，也可以用双氧水（H_2O_2）等物质作为膨胀剂。这类膨胀剂通常用于制备加气水泥基材料等轻质墙体材料。

6. 复合型膨胀

由于单一型的膨胀剂用于制备水泥基材料或补偿收缩水泥基材料时，往往难以实现水泥基材料强度和收缩变形的协调发展，因此为了获得良好的膨胀性能需要进行多种膨胀组分相的复合设计，制成复合型膨胀剂。著者团队在硫铝酸钙 - 氧化钙类复合膨胀剂的研究和技术开发方面开展了一些工作[6]。此类复合膨胀剂的主要生产原料为铝土矿、石灰石和石膏，在 1300℃左右经煅烧后粉磨而成，该类膨胀剂既含有能生成 AFt 的铝酸盐或硫铝酸盐矿物，又含有能生成 $Ca(OH)_2$ 的 f-CaO，是一种双膨胀源的复合型膨胀剂。复合膨胀剂可根据设计需要开发出系列品种，如 EA 膨胀剂是以石灰为主要膨胀源、钙矾石为第二膨胀源；而 HF 膨胀剂则以钙矾石为主要膨胀源、石灰为第二膨胀源。根据膨胀特性，石灰产生早期膨胀、钙矾石产生中期膨胀。其他复合型膨胀剂还包括硫铝酸钙 - 氧化镁类复合膨胀剂、硫铝酸钙 - 明矾石类复合膨胀剂，以及氧化钙 - 氧化镁类复合膨胀剂等。该类膨胀剂由先制备好各膨胀组分之后复合而成的，也有按比例配制生料，再经煅烧磨细后制得多膨胀组分的膨胀剂。

另外也还有某种特定的膨胀剂组分与其他外加剂复合而成的复合外加剂，以适应配制特殊性能水泥基材料的需要，如减水、早强、防冻、泵送、缓凝、引气等性能。JQ 型防裂密实剂就属于复合膨胀剂的一种，它由膨胀、减水、早强等组分组成，既具有膨胀作用，又具有减水、早强、增强、防渗作用。

四、高能复合膨胀材料设计与制备

1. 复合膨胀材料的组分设计

著者团队针对一些混凝土复合结构工程中需要高能膨胀和精细膨胀控制的实际，研究开发了高能复合膨胀材料（HBEA）。其材料设计原则：采用膨胀能大、膨胀稳定期长、可持续膨胀的高能膨胀设计方案，采用不同膨胀源进行性能匹配的技术路线，复合组成以硫铝酸盐矿物 $C_4A_3\bar{S}$、煅烧 RO 矿物（CaO 和 / 或 MgO）、RO 固熔相（以 CaO、MgO 和 FeO 的过烧固熔相为主）作为膨胀组成，膨胀源分别为 AFt、$Ca(OH)_2$、$Mg(OH)_2$。其中煅烧 RO 膨胀反应主要在早期，$C_4A_3\bar{S}$ 膨胀反应主要在中、后期；RO 固熔相膨胀反应主要在后期。利用其不同水化膨胀特性的匹配，可达到调整膨胀性能均衡持续发展的要求。HBEA 混凝土膨胀反应是一种协调匹配效果，反应式见（3-3）和如下：

$$2Al(OH)_3(gel)+ 3Ca(OH)_2+3(CaSO_4 \cdot 2H_2O)+ 20 H_2O \longrightarrow AFt \qquad （3-5）$$

$$CaO + H_2O \longrightarrow Ca(OH)_2 \qquad （3-6）$$

$$MgO + H_2O \longrightarrow Mg(OH)_2 \qquad （3-7）$$

2. 复合膨胀材料的制备与效果

HBEA 的原料组成范围：m（煅烧 RO 矿物）：m（硫铝酸盐水泥熟料）：m（RO 固熔相）：m（石膏）=（15% ～ 32%）：（28% ～ 45%）：（8% ～ 24%）：（25% ～ 36%），其中硫铝酸盐水泥熟料矿物的质量组成范围为：$C_4A_3\bar{S}$ 50% ～ 82%、C_4AF 3% ～ 13%、C_2S 5% ～ 37%；过烧 RO 相中 $K_m[MgO/(FeO+MnO)]>1$；

石膏为天然硬石膏或煅烧石膏；RO 固熔相粉磨至比表面积 400 ～ 500m^2/kg，其余粉磨至比表面积≥280m^2/kg。HBEA 的优点是膨胀效能高、膨胀时间长，碱含量低、成本低。配制高能膨胀混凝土时，HBEA 掺量一般占总胶凝材料用量 10% ～ 18% 时，混凝土膨胀的自应力为 1.0 ～ 5.0MPa，其 14d 限制膨胀率 0.03% ～ 0.05%；90d 限制膨胀率 0.02% ～ 0.04% 并开始稳定。表 3-1 是用 HBEA 配制的高能膨胀混凝土性能实验结果，该实验所用 HBEA 组成为：硫铝酸盐熟料 37%，过烧 RO 相 20%，硬石膏 28%，RO 固熔相 15%。

表3-1　掺高能复合膨胀材料混凝土性能实验结果

水泥/ （kg/m³）	HBEA/ （kg/m³）	w/c	砂率/%	FDN/%	28d强度/ MPa	限制膨胀率/10^{-4}	
						14d	90d
300	0	0.46	39	0.8	36.7	−3.3	−5.0
270	30	0.46	39	0.8	36.4	3.0	1.9
246	54	0.46	39	0.8	36.3	3.9	2.4
460	0	0.39	40	1.1	52.1	−3.4	−5.2
414	46	0.39	40	1.1	52.7	3.6	2.8
377	83	0.39	40	1.1	52.9	4.5	3.5
520	0	0.33	39	1.3	59.2	−3.8	−5.0
468	52	0.33	39	1.3	61.1	4.0	3.0
426	94	0.33	39	1.3	58.4	4.3	3.4

注：采用 PO42.5 水泥，标准实验方法。

第二节
聚合物材料

超高强混凝土材料一个重要组成部分是有机聚合物，本节对聚合物的主要作用机理进行分析。从已有的研究结果来看，在水泥基材料中加入聚合物后，引起了一系列从材料加工特性、水化过程到材料性能的变化，这种变化既包括聚合物本身在水泥基材料中的物理化学作用，也包括两相间化学作用所引起的材料界面和结构的本质变化[7-9]。

一、聚合物的种类

著者研究了常用于水泥混凝土（砂浆）改性的四种聚合物[10]，即水溶性聚合物、聚合物乳液（或分散体）、可再分散的聚合物粉料和液体聚合物。对用于水泥混凝土的聚合物一般的要求是：①对水泥水化无负面影响；②对水泥水化过程中释放的高活性离子如 Ca^{2+} 和 Al^{3+} 有很高的稳定性；③有很高的机械稳定性，比如说在计量、运输和搅拌时的高剪切作用之下不会破乳；④很好的储存稳定性；⑤低的引气性；⑥在硬化体中能形成与水泥水化产物和集料有良好黏结力的膜层，且最低成膜温度要低；⑦所形成的聚合物膜应有极好的耐水性、耐碱性和耐候性。用于超高强混凝土的多为水溶性聚合物，如聚乙烯醇（PVA）、聚丙烯酰胺（PAM）、纤维素醚和改性淀粉等，也有少量用环氧树脂和不饱和聚酯。

二、聚合物的作用

本节介绍内容不涉及由于两相间化学作用所引起的材料界面和结构的本质变化，只就有关聚合物本身在水泥浆体中的塑化、减孔、增韧作用和材料的结构发展过程进行一些分析，主要讨论聚合物在这类材料中的物理及物理化学作用机理，并讨论这些作用与化学作用的关系。

1. 水溶性聚合物的塑化作用

水溶性聚合物带有极性亲水基团的表面有机活性物质，将使水泥颗粒表面的电性质改变，以及产生水化层的立体保护作用等，因而使水泥浆体中的水泥颗粒分散，表面得以润湿，浆体黏度下降，颗粒相对滑动较易进行，粒子间内摩擦阻力减小，浆体流动性质得以改善，易于材料的加工成型。水溶性聚合物的塑化作用包括：

（1）吸附 - 分散作用　在水泥的水化过程中，当水泥加水搅拌后，仍可能有一些絮状结构产生。这是一种由水泥颗粒相互黏结在一起，封闭住一部分游离水的结构产物。由于在这些絮凝状结构中，包裹着很多拌合水，从而降低了新拌浆体中的有效水量而影响了水泥基材料拌合物的流动性。有关减水剂的塑化理论认为，当水泥浆体中加入减水剂后，减水剂中的憎水基团定向吸附于水泥颗粒表面，而亲水基团指向水溶液，构成了单分子吸附膜。由于表面活性剂的定向吸附，使水泥胶粒表面上带有相同符号的电荷，于是在电性斥力的作用下，不但能使水泥 - 水体系处于相对稳定的悬浮状态，而且能使水泥在加水初期所形成的絮凝状结构分散解体，从而将絮凝状凝聚体内的游离水释放出来，达到减水的目的。水溶性聚合物中含有羟基（—OH）、羧基（—COOH）、氨基（—NH₂）、酰氨基（—CONH₂）等带极性的亲水基团。从结构上来看，它们是有效的表面活性物质。因此，在水泥浆体中能起到吸附 - 分散作用。

（2）润湿作用　水泥加水拌合后，其颗粒表面被水所润湿，而润湿的状况对新鲜水泥浆体的性能将产生很大影响。因此，若掺入能使整个体系界面张力降低的表面活性剂，不但使水泥颗粒有效地分散，并且由于润湿作用亦会使水泥颗粒的水化面积增大。另一方面，与润湿有关的是水分子向水泥颗粒内毛细孔渗透的问题，若渗透作用越强，则水泥颗粒的水化速度越快。加入减水剂在一定时间内能增加水分子向毛细孔中的渗透作用。作为带有极性的亲水基团的水溶性聚合物在水泥浆体中能起到润湿作用。

（3）润滑作用　水溶性聚合物带有两类不同性质的基团（支链），具有明显的憎水和亲水作用。极性很强的亲水基团带负电荷，定向排列在水泥颗粒表面，很容易和水分子以氢键形式缔合起来。这种氢键缔合作用的力远远大于该分子与水泥颗粒间的分子引力。当水泥颗粒表面吸附足够数量的聚合物后，借助于极性基团与水分子中氢键的作用，再加上水分子间的氢键的缔合，使水泥颗粒表面形成一层稳定的溶剂化水膜，这层膜阻止了水泥颗粒间的直接接触，并在颗粒间起润滑作用。同时，由于聚合物的加入，一般伴随着引入一定量的微细气泡，这些气泡被聚合物定向吸附的分子膜所包围，与水泥颗粒吸附膜电荷的符号相同，因而在气泡与气泡，气泡与水泥颗粒间也具有电性斥力而使水泥颗粒分散，从而增加了水泥颗粒间的滑动能力，这种能力被称为滚珠轴承作用。

2. 聚合物的减孔作用

聚合物的减孔作用在低水灰比聚合物水泥基复合材料中具有两方面的意义。由于聚合物作为塑化剂加入，可大大降低水泥浆体在实际制备过程中的用水量，因此可有效减少这些多余水分形成的孔隙、孔洞。同时，由于可塑性的增加，体系中原可能形成的一些孔隙也较易被排除。另一方面，聚合物本身具有很好的可塑性，它也可以较容易地填充在一些无机基体的孔隙中，起到填充、封闭孔隙的作用，而这种作用对于整体材料的性能来说是影响极大的。

对于脆性水泥基材料来说，可以假设孔就是格里菲斯（Griffith）理论中的裂纹，若能有效降低孔径，则可提高材料的抗断裂能力。图3-1是在掺加与不掺加聚合物两种条件下，材料体内的结构状况。实验样所用水泥为硅酸盐水泥，聚合物为PAM，水固比为0.4，均采用人工搅拌，在制成养护块时，略用铲子压平，养护室温度为60℃，养护时间为28天。水泥试样水化到龄期后取出，砸开取一较平滑断面进行SEM观察。

图3-1（a）所示为未加入PAM的硬化水泥浆体，从图面上可以看到大量的孔洞，孔径的尺寸约为几十微米的数量级（图中放大倍数为153倍）。从分布情况来看，也极不均匀。图3-1（b）所示为加入聚合物后的硬化水泥浆体，从图面上看，不易观察到较明显的孔洞，一些小孔洞在分布上也比较均匀，且形状不规则，其尺寸比图3-1（a）中小1～2个数量级（图中放大倍数为1000倍）。另外，从两张照片的比较来看，（a）中有很多圆坑是断面上孔洞的残迹。而在（b）中，图片比较粗糙，看不出有孔隙破坏后留下的残迹，这说明，由于聚合物的加入，

减少了孔隙率和大孔。当用外力进行破坏时，断面上看不到孔洞的聚集，因此使浆体的抗断裂能力增加。

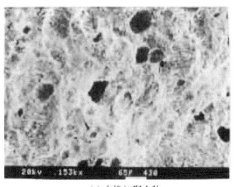

(a) 未掺加聚合物　　　　　　　　　　　(b) 掺加聚合物

图3-1　聚合物乳液对水泥石孔结构的影响

3．聚合物的增韧作用

低水灰比聚合物水泥基复合材料的一个突出性能是材料的韧性大幅度提高，因此改善了传统水泥浆体材料脆性大的致命缺点。从复合材料角度来看，这种增韧有理由认为来自于具有高韧性的聚合物[10,11]。韧性是材料断裂过程中单位体积材料吸收能量的量度，它是表征材料抵抗断裂能力的一个重要性能。在断裂过程中吸收的能量愈多，材料的韧性则愈高，抗断裂能力愈强。反之，断裂过程中吸收的能量愈少，材料的韧性愈低，抗断裂的能力愈差。图 3-2 和表 3-2 是不同聚合物掺加量对水泥基材料韧性的影响。

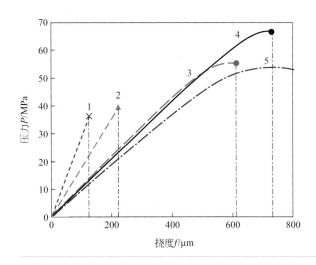

图3-2
不同聚合物掺加量对水泥基材料韧性的影响

表3-2　材料的应力-挠度实验

编号	聚合物量/%	P/MPa	b/mm	h/mm	σ/MPa	f/μm
1	0	30.55	4.09	3.65	33.42	147
2	4	38.00	3.25	4.32	37.59	236
3	8	37.80	4.13	3.70	53.63	614
4	12	68.61	3.69	4.07	67.35	750
5	15	60.29	4.05	4.11	52.88	—

表 3-2 中 P 为试验中所施加的压力；b 为试样宽度；h 为试样高度；σ 为应力；f 为挠度值。结果表明，随着聚合物加入量逐渐增加，材料的韧性不断提高，这种增韧机理来源于三个方面的共同作用：

（1）聚合物吸收能量的作用　一般情况下，当材料受力产生应变时，会在其内部产生许多很细的裂缝。而当材料中掺有聚合物时，必然会有相当一部分聚合物横跨在裂缝上，阻止了裂缝的迅速发展。聚合物在其形变过程中消耗了能量，从而提高了材料的韧性。聚合物体处于增长中的裂缝的迎面，以致在冲击中吸收的能量等于无机质基体断裂能和破碎聚合物所做功的总和。从拉伸屈服的角度来看，必须假设形成大量的微裂缝，而每一微裂缝被聚合物所阻挡住，相邻的微裂缝被间隔开。于是，大的张应变可通过微裂缝的张开、聚合物体的伸长和材料的弯曲来实现。在实际的低水灰比聚合物水泥基复合材料体中，由于形成了两相网络的相互贯穿，因此这种聚合物体的阻挡、搭桥作用是连通整体的。

（2）聚合物的裂纹扩张作用　聚合物在复合材料体中犹如一种应力集中剂，它能集中大量的应力并产生大量裂纹，消耗大量能量。在复合材料体中，聚合物既起引发裂纹作用，又能起控制裂纹发展的作用。在张力作用下，裂纹引发于最大主应力的各点上，而裂纹则沿着最大主应力的平面扩展下去。当裂纹尖端上的应力集中降低至裂纹增长所需的临界水平以下时，或当遇到一个大的聚合物粒子或其他障碍物时，裂纹的增长被终止下来。其结果是出现大量的小裂纹，这正好与同一水泥浆体中无聚合物存在时形成少量的大裂纹相反。由于材料体中的裂纹尺寸从几毫米减小到几微米或更小，因此材料在断裂前能够达到高得多的应变能密度。分布在材料的相当大体积内且以密集的裂纹化，解释了抗张或抗冲击试验的能量吸收。

图 3-3 是在掺加与不掺加聚合物两种情况下，材料体内裂纹扩展情况的 SEM 照片。图 3-3（a）所示为普通硬化水泥浆体在外应力作用下所产生的横穿材料体的大裂纹。图 3-3（b）所示为同一水泥体中掺加 10%PAM 后硬化水泥浆体在应

变力作用下的 SEM 照片。此图的放大倍数比图 3-3（a）大 10 倍，但在图面上却看不到横穿材料体的大裂纹，相反，在照片上有大量小裂纹。显见掺加 PAM 对硬化水泥石具有明显的增韧作用。

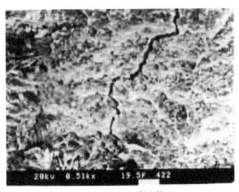 

(a) 不掺加聚合物　　　　　　　　　　　　　(b) 掺加聚合物

图3-3　聚合物对硬化水泥石裂纹扩展情况的影响

（3）聚合物的剪切屈服作用　聚合物的增韧作用还可通过基体中的剪切屈服来产生。在复合材料中，聚合物由于某些外因作用可在所接触的基体周围建立起一种静水张应力张力，产生这种静水张力的原因，其一为热收缩差；其二为干收缩差；其三为力学效应。在成型初期，聚合物吸水溶胀，体积增大；在材料成型、水化和养护期间，聚合物将会逐渐产生脱水作用；在材料使用过程中，在干燥环境下，聚合物会产生失水收缩，这种收缩从数值上来说远远大于水泥相的干燥收缩，因此将产生对周围水泥相的静水张力。静水张力作用的具体表现，就是在硬化水泥浆体产生了一定程度的预应力，就好像人工制成的预应力材料一样，当外力作用在材料体上后，必须首先克服这种预先产生的应力作用，然后才能将其余应力施加在材料上，这样就会使产生破坏的应力值有所上升，提高了材料的韧性[12,13]。

实际水泥基材料体中的增韧来源于三者的共同作用。需要注意的是，这些作用必须在有机、无机两相合适的相容条件下才能较好地实现。这里的相容性因素主要指的是两相间应有较好的相互黏结。当两相间相互完全排斥时，相与相间存在明显的界面，彼此可以完全分开。此时材料内部留下薄弱部位，材料的力学性能（包括韧性）必然变坏。另一个极端是当两相间不排斥，而且亲如"一家"时，那就必然使两相间形成分子分散，聚合物体不复存在，聚合物的这些物理及物理化学作用将不存在。

第三节
纤维材料

一、纤维的种类与特性

1. 纤维种类

可应用于水泥基材料的纤维种类繁多，常有如下几种分类：

① 按其材料属性可分为：金属纤维，如不锈钢纤维和低碳钢纤维；无机纤维，如石棉纤维、玻璃纤维、硼纤维、碳纤维等；合成纤维，如尼龙纤维、聚酯纤维、聚丙烯纤维等；植物纤维，如竹纤维、麻纤维等。

② 按其弹性模量的大小可分为：高弹模纤维，如钢纤维、碳纤维、玻璃纤维等；低弹模纤维，如聚丙烯纤维、某些植物纤维等。高弹性模量的纤维主要是提高复合材料的抗冲击性、抗热爆性能、抗拉强度、刚性和阻裂能力，而低弹性模量的纤维主要是提高水泥复合材料的韧性、应变能力以及抗冲击性能等与韧性有关的性能。

③ 按其长度可分为：非连续的短纤维和连续的长纤维，如玻璃纤维无捻粗纱、聚丙烯纤化薄膜等。目前用于配制纤维混凝土的纤维主要是短纤维，使用较普遍的有钢纤维、玻璃纤维、聚丙烯纤维和碳纤维，主要用于改善水泥砂浆和混凝土力学及其他应用性能，包括抗拉强度、抗压强度、弹性模量、抗开裂性能、耐久性、疲劳负荷寿命、抗冲击和磨损、抗干缩及膨胀、耐火性及其他热性能，有时也使用长纤维或纤维制品，如玻璃纤维网格布和玻璃纤维毡等。

研究和应用结果表明，影响复合作用的因素主要包括：纤维材料的种类、尺寸、长径比、体积率、取向、形状和表面状况等。

2. 纤维的表面处理

对于纤维增强材料，力学行为不仅取决于纤维和混凝土的性质，而且还取决于它们间的黏结特性，这种黏结性能是通过纤维与水泥基体之间界面层来体现的。在硅酸盐水泥体系中，界面层的组成包括：双层膜、$Ca(OH)_2$ 晶体富集区和多孔区，界面层总的厚度约为 $10 \sim 50\mu m$ 以上不等。为提高纤维与水泥基体的黏结强度，必须尽可能减小界面层的厚度，改善纤维与水泥基体的界面黏结 [14,15]。

可通过对纤维表面处理的方式提高界面黏结，改进措施主要有：宏观处理、微观处理、机械密实等方法。宏观处理方法是通过改善纤维表面形状，形成束状多丝、波浪形、缠绕式和两端加扣等形态，从而加大纤维与基体的接触面积，增大了两者之间的摩擦力，从而增强纤维与基体的界面黏结性能。纤维表面的微观处理方法是通过对纤维表面进行离子处理，增大纤维的比表面积和粗糙度，从而改善纤维的可湿性和化学性质，以增大摩擦力和促进纤维与基体的化学反应，使纤维与基体界面的黏结强度大幅提高。机械密实方法是通过采用圆筒对纤维进行机械密实加工，增大纤维的弹性模量同时使纤维表面粗糙，从而提高了纤维与水泥基界面黏结性能。

二、纤维的作用

1. 纤维的阻裂作用

水泥混凝土在水化硬化的过程中存在固有的体积收缩变形。这些收缩变形包括：塑性收缩、化学收缩、干燥收缩、自收缩、温度收缩等。混凝土材料开裂往往是由于在约束作用下混凝土自身体积变形产生的应力大于材料本身的抗拉强度而导致的。对于普通混凝土，当由收缩变形产生的拉应力大于抗拉强度时，混凝土便出现了裂缝。纤维均匀地分布在混凝土内部，与水泥基体黏结良好的纤维，将与水泥基体形成一个整体并在水泥基体中承担加劲筋的角色，纤维可以大大减少混凝土内部原生裂缝并能有效地阻止裂缝的引发和扩展，将脆性破坏转变为近似于延性断裂。此外，纤维可以形成三维体系并有效阻隔水分散失的通道，减少或延缓水分的散失，减小毛细孔收缩应力，同时纤维还可以阻止集料的沉降，提高混凝土的均匀性。因此，纤维的加入可以大大提高混凝土的抗裂性能。

2. 纤维的增强作用

水泥基纤维增强复合材料可以看成由两相组成，一种是基体相，即水泥基体材料；另一种是分散相，即均匀分散在基相里的纤维。在受荷载（拉、弯）初期，水泥基体与纤维共同承受外力且前者是主要受力者；当基体发生开裂后，横跨裂缝的纤维成为外力的主要承受者，即主要以纤维的桥联力抵抗外力作用。这样高强度、高模量的分散相纤维约束基体变形并阻碍基体的位错运动。当裂纹绕过纤维继续扩展时，跨越裂纹的纤维将应力传递给未开裂的混凝土，裂纹尖端应力集中程度不仅能缓和，而且有可能消失。分散相阻碍基体位错运动的能力越大，增强的效果越明显。纤维的加入明显改善混凝土的抗拉、抗弯、抗剪等力学性能，以及抗裂、耐磨等长期力学性能，尤其是高弹性模量的纤维还可以大大增强混凝土的抗冲击性能[16-18]。纤维-水泥基复合材料的增强作用取决于纤维、基体及纤维-基体界面的结构和性能及其体积含量。

3. 纤维的增韧作用

当纤维受弯和受拉时，受拉区基体开裂后，纤维将起到承担拉力并保持基体裂缝缓慢扩展的作用，基体裂缝间也保持着一定的残余应力。随着裂缝的扩展，基体裂缝间的残余应力逐步减小，而纤维具有较大的变形能力可继续承担截面上的拉力，直到纤维被拉断或者从基体中拔出，这个过程是逐步发生的，纤维在此过程中就起到了明显的增韧效果。随着复合材料上荷载的增大，纤维将通过黏结应力把附加的应力传递给基体。如果这些黏结应力不超过固结体强度，基体就会出现更多的裂缝。这种裂缝增多的过程将继续下去，直至纤维断掉或是黏结强度失效而导致纤维被拔出。这个过程是逐步发生的，纤维在此过程中就起到了明显的增韧效果。在裂开的截面上，基体不能承受任何拉伸，而纤维承担着这个复合材料上的全部荷载。

第四节
超细粉材料

水泥基复合材料是典型的多孔材料，而多孔材料的性能与其孔结构有着密切关系。已有研究表明，在混凝土中，随着胶凝材料颗粒体系堆积密实度的提高，可以加快体系的水化反应进程，增强体系的微观结构。对于超高强水泥基材料，具有极低的水胶比，这必然会导致密实成型的困难，因此，研究超细粉材料的特性及其在水泥基材料体系的作用原理，使胶凝材料颗粒体系具有高的堆积密实度和改善优化材料结构，对于提升超高强水泥基复合材料的性能具有重要意义[19-24]。

一、常用超细粉材料

所谓超细粉材料是粒度小于 10μm 的粉体，其比表面积相当于 600m²/kg 及以上。常用超细粉材料品种有粉煤灰、磨细水淬矿渣粉、硅灰、磨细沸石粉和偏高岭土、硅藻土、烧页岩、沸腾矿渣等的矿物微细粉。

（1）优质粉煤灰　粉煤灰是火力发电厂锅炉以煤粉做燃料，从其烟气中收集的灰渣，由大量球状玻璃珠和少量莫来石、石英等结晶物质组成。它的活性成分主要是活性 SiO_2 和活性 Al_2O_3。优质粉煤灰一般是指粒径小于 10μm 的分级灰，其比表面积约为 750m²/kg，烧失量为 1% ～ 2%。

（2）超细矿渣粉　磨细矿渣粉是将粒化高炉矿渣磨细到比表面积 750m²/kg 左右、颗粒粒径小于 10μm 的超细粉。磨细矿渣粉绝大部分是不稳定的玻璃体，储有较高的化学能，有较高的活性，活性成分一般认为是活性 SiO_2 和活性 Al_2O_3，它们即使在常温下也可与 $Ca(OH)_2$ 反应产生强度。

（3）硅粉　硅粉是铁合金厂在冶炼硅铁合金或单质硅时，从烟囱中收集的一种飞灰，是炉中的 SiO 气体遇空气迅速氧化成 SiO_2，冷凝成颗粒再经过滤器收集而得。硅粉由极细的无定球形颗粒组成，其主要活性成分 SiO_2 的含量占 90% 左右，粒径小于 1μm，平均粒径约 0.1μm，比表面积约为 15000～20000m²/kg，是水泥颗粒的 1%～2%。

（4）其他超细粉　从文献报道来看，经过特殊处理和精加工被使用过的超细粉有：超细沸石粉、偏高岭土、硅藻土、烧页岩和沸腾炉渣等。

二、超细粉材料的作用

本节所介绍的超细粉作用，包括所有常应用于混凝土中超细粉的通性。第二章中系统介绍了辅助胶凝材料的水化特性，其中一些辅助胶凝材料因为往往被制备成超细粉材料，所以它们除了具有水化特性外，同时还兼有所有超细粉相同的作用通性。

1. 填充效应

由于超细粉的粒子粒径小于水泥颗粒粒子，填充水泥颗粒间空隙，使胶凝材料的密实度提高。胶凝材料加水硬化后的密实度、强度也提高。胶凝材料粒子组合与空隙率变化如图 3-4 所示。硅酸盐水泥粒子粒径为 10.4μm，与 10.09μm 的

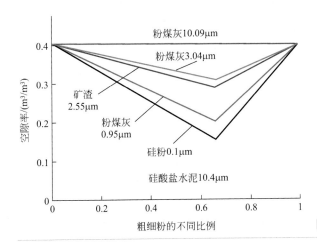

图3-4　粒子组合与空隙率的变化

粉煤灰粒子复合，无论水泥与粉煤灰如何组合，胶凝材料的空隙率几乎没有变化；但当粉煤灰的粒子粒径降至 0.95μm 时，这时以水泥 70% 与粉煤灰 30% 复合时，胶凝材料的空隙率由原来的 40% 降至 20% 左右。硅酸盐水泥加水后的浆体结构见图 3-5（a），有大量自由水束缚于水泥颗粒形成的絮凝结构中，这种结构的浆体流动性差，硬化后孔隙大，性能不好。含高效减水剂的水泥浆体结构见图 3-5（b），由于排放出自由水分，水泥粒子间连接紧密度、流动性与硬化后的性能均较前者优良。含高效减水剂及超细粉的水泥浆体结构见图 3-5（c），超细粉填充水泥粒子间空隙，硬化后具有更高强度和耐久性。

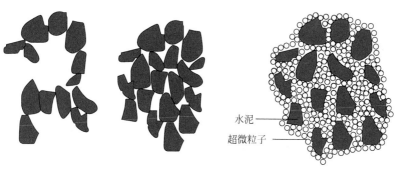

(a) 硅酸盐水泥浆　　　(b) 含高效减水剂水泥浆　　　(c) 添加硅粉的水泥浆

图3-5　超细粉在水泥浆体结构中的填充作用

2．流化效应

部分超细粉等量取代部分水泥后产生超细粉的流化效应，但不是所有的超细粉都具有流化效应，有的超细粉由于比表面积太大或者超细粉本身具有多孔性能，虽然取代水泥后，能填充水泥空隙，排出水泥浆体中部分水分，但由于超细粉本身吸水或润湿表面需要较多自由水，所以含矿物质超细粉浆体的流动性并不增大，这种超细粉如天然沸石粉、硅粉。要注意的是高效减水剂掺量对超细粉颗粒的流化效应有影响，这可能由于超细粉颗粒吸附高效减水剂分子，表面形成的双电层电位所产生的静电斥力大于粉体粒子之间的引力，粉体颗粒的分散，进一步促进了水泥颗粒的分散，因此浆体流动性增大。

3．结构优化效应

结构优化作用包括：改善混凝土中水泥石与粗集料之间的界面结构和改善混凝土中水泥石的孔结构。普通混凝土粗集料与水泥石之间的界面上积滞着大量的 $Ca(OH)_2$，且这些结晶在界面上定向排列，这是影响混凝土强度与耐久性的主要原因之一。因此，改善混凝土中集料与水泥石之间的界面结构，是高性能混凝土必须解决的关键技术，掺入部分矿物质加超细粉是重要改善途径。

4．强度效应

超细粉的不同比例以及不同种类对强度增长速度的快慢有着很大的影响。超细粉强化机理是：在加入超细粉的水泥基材料中，由于其能取代一部分水泥，从而减少了水泥带入的铝酸三钙含量，相应减少一部分 $Ca(OH)_2$ 生成；同时粉体中的活性成分 SiO_2 和部分 Al_2O_3 与水泥水化产物 $Ca(OH)_2$ 发生二次水化反应，生成大量的 C-S-H 无定形凝胶，填充了水泥基材料中的孔隙，使水泥基材料更加致密，从而提高水泥基材料的力学性能。

$$x Ca(OH)_2 + Al_2O_3 + nH_2O \longrightarrow xCaO \cdot Al_2O_3 \cdot nH_2O \qquad (3-8)$$

$$x Ca(OH)_2 + SiO_2 + nH_2O \longrightarrow xCaO \cdot SiO_2 \cdot nH_2O \qquad (3-9)$$

5．耐久性效应

超细粉对混凝土的耐久性效应可以归纳成两个方面：一是预防混凝土的耐久性病害发生。一般情况下，在混凝土中掺入 30% 粉煤灰、40% 矿渣粉、20% ～ 25% 的天然沸石粉、15% ～ 20% 的偏高岭土超细粉及 10% 硅粉，均能有效地抑制碱 - 硅反应的有害膨胀。二是抵抗混凝土耐久性病害的侵蚀。所有的混凝土结构，都会遭受外部环境的劣化作用，如温度、湿度、盐害、冻害、盐碱地腐蚀等。混凝土中掺入矿物质超细粉后，可以使混凝土的电通量明显下降。试验表明，通过不同品种矿物质超细粉取代混凝土中部分水泥后，混凝土的抗氯离子渗透性能明显提高。

第五节
纳米晶种

一、纳米晶种及其作用机理

矿物掺合料用于部分替代水泥熟料是水泥工业生态化发展最有效的手段之一。矿物掺合料相比于水泥熟料其反应活性大大降低，导致大掺量矿物掺合料的水泥基材料力学性能发展缓慢，极大限制了矿物掺合料对水泥熟料的替代量。因此，需要开发早强技术提升矿物掺合料在混凝土中的掺量。传统早强手段主要包括热激发与化学激发两方面，但蒸汽养护能耗高，早强剂氯化钙会对钢筋产生腐蚀，三乙醇胺掺量难以控制，且对水泥基材料后期力学与耐久性能存在巨大负面影响。近年来，通过在水泥基材料中引入纳米材料，以加速水泥基材料水化的全新技术被称作"纳米晶种"技术。纳米材料在适量掺量下不仅对水泥基材料早期力学行为显著提升，且后期力学性能的发展无明显倒缩现象，呈现出极佳的优势与应用潜力[25]。

迄今为止，在水泥基材料中用作纳米晶种的纳米材料主要包括以下两类：传统纳米晶种和新型纳米晶种。传统纳米晶种又可分为惰性纳米晶种与活性纳米晶种，而新型纳米晶种指的是水化硅酸钙（C-S-H）纳米晶种。

（1）惰性纳米晶种 惰性纳米晶种主要是一些氧化物例如纳米二氧化钛、纳米二氧化锆、纳米三氧化铁以及碳纳米管等。惰性纳米晶种主要是通过物理效应（纳米材料的高比表面积）而没有通过化学反应来加速水泥基材料的水化历程。

（2）活性纳米晶种 活性纳米晶种包含的种类较多，不仅包括一些氧化物例如纳米二氧化硅、纳米氧化铝，纳米偏高岭土等富含无定形硅铝质的纳米材料，也包括纳米碳酸钙、纳米 $Ca(OH)_2$ 等富含钙质的纳米材料。活性纳米晶种在促进水泥基材料水化的过程中不仅能够发挥其物理效应，也能参与系列化学反应。

（3）C-S-H 纳米晶种 作为一种新型纳米材料，C-S-H 纳米晶种已经被广泛用于纯水泥体系、大掺量掺合料水泥基体系、免蒸养水泥基体系、碱激发胶凝材料体系及与功能型添加剂复合加入的胶凝材料体系。由于 C-S-H 纳米晶种在化学组成与结构上与 C-S-H 凝胶类似，被认为是 C-S-H 凝胶快速形成的最佳成核位点与催化剂。因此，C-S-H 纳米晶种对水泥水化的促进效果显著优于传统纳米晶种。

C-S-H 凝胶的形成是一个自催化的过程，其沉淀过程存在球状无定形前驱体，遵循两步非经典成核理论。C-S-H 纳米晶种表面含有大量的断键和结构缺陷，较高的表面自由能赋予 C-S-H 吸附离子和分子的能力，改变了水泥的水化进程，缓解了原始矿物界面高浓度的屏蔽效应、近程析晶及结晶造成的结晶压力，使水化产物在整个体系中迅速同步均匀弥散生长，从而获得致密均匀的水泥石结构。

二、C-S-H纳米晶种的制备

C-S-H 纳米晶种制备方法主要包括：火山灰反应法、溶胶 - 凝胶法、化学共同沉淀法等。

火山灰反应法是指利用 $Ca(OH)_2$（或煅烧碳酸钙得到的氧化钙）、硅源（无定形硅、石英玻璃等）和水按照一定钙硅比、水固比在一定温度下反应一段时间获得的 C-S-H 纳米晶种。优点：原材料来源广泛、价格低廉。缺点：反应时间长达几周或数月，晶核粒径难以控制。

在溶胶 - 凝胶法中，一般将正硅酸乙酯作为硅源前驱体、乙醇钙作为钙源前驱体经过溶胶 - 凝胶法获得。优点：反应时间仅需几分钟或数小时，所得为无定形晶核。缺点：制备过程复杂，原料成本高。

在化学共同沉淀法中，一般通过硝酸钙作为钙源，硅酸钠作为硅源，并在一定气氛、温度下通过搅拌反应一段时间后获得，也是目前应用最为广泛的 C-S-H 纳米晶种制备方法。优点：简便，反应快速，成本较低，反应时间为几分钟到几天。缺点：晶种粒径难以控制。

纳米晶种的颗粒粒径越小，颗粒之间发生团聚的趋势越大，而一旦团聚纳米晶种效果将会大大降低。目前最为普遍采用的方法是利用高效聚羧酸减水剂（polycarboxylate superplasticizers，PCE）作为分散剂来调节 C-S-H 纳米晶种的颗粒尺寸。然而，不同 PCE 分子结构差异较大，不同合成条件下其分散 C-S-H 纳米晶种的效果也存在显著差异。PCE 酸醚比相同的情况下，PCE 中接枝羧基相比于磺酸基，晶种颗粒尺寸更小，晶种作用效果更强。PCE 酸醚比相同的情况下，PCE 侧链结构单元越多，提供空间位阻作用越强，晶种颗粒尺寸越小，晶种作用效果越强。PCE 酸醚比越大，PCE 吸附在 C-S-H 晶种上的能力越强，晶种颗粒尺寸越小，晶种作用效果越强。不同 pH 值条件下，PCE 主链阴离子电荷密度存在阈值。阴离子电荷密度越大，吸附在 C-S-H 晶种上的能力越大，晶种颗粒尺寸越小，晶种作用效果越强。

三、C-S-H纳米晶种对胶凝材料水化历程的影响

C-S-H 纳米晶种作为硅酸三钙遇水离子溶出—迁移—沉积过程中的最佳异相成核位点，使得 C-S-H 凝胶在早期快速形成，进而显著缩短硅酸三钙水化阶段中的诱导期时间，水化温峰出现的时间越早，加速期斜率越大。在水泥 - 粉煤灰体系中加入 C-S-H 纳米晶种能够显著加速浆体中 $Ca(OH)_2$ 的消耗，使得粉煤灰的火山灰起始反应时间大幅提前；矿渣粉 / 煅烧黏土复合水泥体系中碳铝酸钙衍射峰的出现时间提前且峰强越高说明对矿物掺合料的铝相反应有促进作用。

著者团队首次提出利用硫酸钠作为绿色碱激发剂，复合使用 C-S-H 纳米晶种来提高低钙粉煤灰掺量为 50%（质量分数）的粉煤灰水泥浆体的早期（1 天）抗压强度和水化速率。如图 3-6 以及表 3-3 所示，复合使用 C-S-H 纳米晶种和硫酸钠对大掺量粉煤灰水泥浆体的 1 天抗压强度、水化量热累积放热和粉煤灰反应程度的提升幅度比单独使用硫酸钠与单独使用 C-S-H 纳米晶种之和还要大，

呈现出协同作用效果[26]。此外，如图3-7所示，复合使用C-S-H纳米晶种和硫酸钠对两种低钙粉煤灰水泥浆体的早期抗压强度、水化累积放热均具有协同促进作用。低钙粉煤灰中的无定形铝相含量越高，浆体龄期越早，协同促进作用越明显[27]。

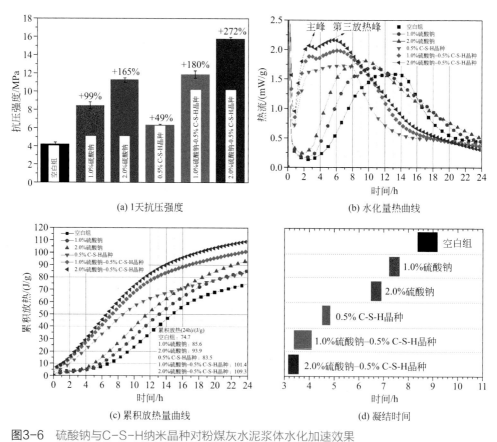

(a) 1天抗压强度

(b) 水化量热曲线

(c) 累积放热量曲线

(d) 凝结时间

图3-6　硫酸钠与C-S-H纳米晶种对粉煤灰水泥浆体水化加速效果

表3-3　水泥和粉煤灰在不同体系下1天反应程度

样品名称	水泥反应程度/%	粉煤灰反应程度/%
未水化浆体	—	—
空白水化浆体	45.86	5.41
2.0% 硫酸钠	55.17	9.81
0.5% C-S-H晶种	51.57	6.79
2.0% 硫酸钠-0.5% C-S-H晶种	64.94	18.72

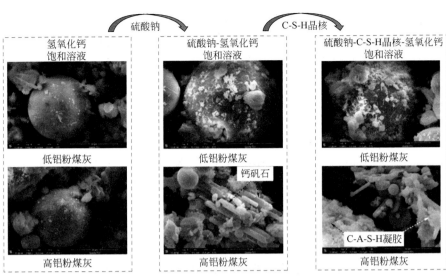

图3-7　硫酸钠与C-S-H纳米晶种在水泥孔溶液中与粉煤灰反应过程机理

虽然 C-S-H 纳米晶种在水泥基材料得到了大量的研究与应用，然而研究者同样也发现 C-S-H 纳米晶种存在一些不足。首先，不同矿物组成的水泥随 C-S-H 晶种掺量增多的情况下，C-S-H 纳米晶种早强效果呈现显著差异。另外，C-S-H 纳米晶种的掺量对水化促进的效果存在一个阈值。掺量过大导致其在水泥基材料中出现团聚，浆体密实度下降；此外，阈值掺量与水泥基材料中的矿物相组成有关。最后，C-S-H 纳米晶种对不同水胶比的水泥基材料的效果差异较大。加入 C-S-H 纳米晶种的两种水胶比（0.30 和 0.35）的砂浆，6h 抗压强度均得到显著提升。水胶比为 0.30 砂浆的 1d 抗压强度与空白组基本持平，而水胶比为 0.35 的砂浆仍然有超过 20% 的增长；水胶比为 0.30 砂浆的 3d 及 28d 抗压强度已呈现超过 15% 的倒缩，而水胶比为 0.35 的砂浆未出现倒缩。

第六节
内养护功能材料

一、概述

内养护主要以轻质内养护功能材料为载体，向低水胶比水泥基材料内部引入水源，维持水泥基材料内部相对湿度，从而起到降低混凝土自重、补偿收缩以及增强基体的作用。内养护功能材料是指通过化学或物理作用吸附水分并具备一定储水及保水功能的一类材料，可划分为有机聚合物类高吸水树脂（super absorbent polymer，SAP）材料及多孔性无机材料。内养护功能材料既可在混凝土搅拌前提前预吸并储存水分，也可在搅拌过程中完成储水，这取决于内养护功能材料的材料特性。当储水过程是在搅拌中或搅拌后完成的，则应保证该过程能在水泥终凝前完成，以防止对水泥石内部结构产生不利影响。同时，内养护功能材料还需有适当的机械强度，以保证在混凝土搅拌过程中不会破碎。另外，在水泥水化过程中内养护功能材料中的水分要求能够自由释放出来以起到补偿水分、促进水化的目的。多孔轻集料中的水分一般是在毛细孔压力作用下由轻集料中的大孔向水泥石中的小孔依次释放，而高吸水树脂内部的水分则主要是在渗透压、湿度差等作用下依次释放。最后，内养护水分要求能够在水泥基体中均匀分布，故要求内养护功能材料的均匀分散。均匀分散的内养护水分更能在整体上有效提高水分含量，促进水泥水化，从而改善水泥石整体结构。对于多孔轻集料，其粒径一般较大，不存在团聚现象，较易分散，而高吸水树脂由于粒径较细且吸水后形成水凝胶，易团聚，因此不易分散。内养护功能材料的均匀分散除了受材料本身性质的影响，还会受到搅拌工艺的影响。

著者团队针对有机和无机内养护功能材料在水泥浆体内部的吸释水机理以及对混凝土性能的影响规律开展了系统研究，基于此制备出高强轻集料混凝土和海岛快速抢修混凝土，并成功应用于城市高层建筑和南海岛礁的建设。

二、有机高吸水树脂材料

SAP 是一种具有三维交联网络结构的高分子材料，可吸收自身重量几百倍甚至几千倍的水分，最初被广泛应用于食品、医药卫生、农林业等领域。SAP 作为内养护介质使用在混凝土中最初是由 Jensen 教授等于 2002 年率先提出[28,29]。SAP 在水泥基材料中的掺量较低，一般为胶凝材料质量的 0.2% ～ 1%。根据制备原材料来源的不同，SAP 可划分为淀粉系、纤维素系和合成系三大类，其中混凝土内养护最常用的聚丙烯酸（polyacrylic acid，PAA）系、聚丙烯酰胺（PAM）系或二者共聚（PAA-PAM）的 SAP 都属于合成系。目前 SAP 的合成方法主要有溶胶凝胶法和反相悬浮法两类。溶胶凝胶法将聚合物单体、交联剂、引发剂溶解在水中，在一定条件下经过一定制备工艺后，经过干燥、粉磨等工序后所得。因此，溶胶凝胶法所制备的 SAP 基本为破碎型的不规则颗粒，且粒径分布不均匀。反相悬浮法以油为分散介质，单体作为水相，依靠悬浮稳定剂而分散在油介质中形成悬浮液。因此，反相悬浮法制备的 SAP 基本为球形，颗粒粒径分布均匀。

图 3-8 为著者团队王发洲等所拍摄的溶胶凝胶法及反相悬浮法制备的 SAP 不同颗粒形貌[30-32]。

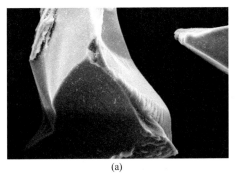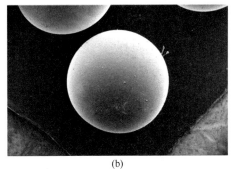

(a)   (b)

图3-8 溶胶凝胶法（a）及反相悬浮法（b）制备的SAP

1．SAP 在水泥石中的释水模型

SAP 在水泥浆体内部的早期状态演变是 SAP 影响内养护微观结构及宏观性能的源头及关键所在。同时，水泥基材料内部水化环境非常复杂，且影响 SAP 释水行为的潜在因素（如离子种类、离子浓度、pH 值、水灰比、湿度等）也较多，研究团队通过模拟水泥水化过程中的离子浓度、pH 值及内部相对湿度，探明了 SAP 在不同阶段（早期塑性阶段及后期硬化阶段）的释水规律及影响释水的主导因素，并建立了吸水后 SAP 在水泥基材料内部不同阶段（既包括早期塑性阶段，又包括后期硬化阶段）的释水模型及机制[33]。

（1）不同环境下 SAP 的释水规律

① 不同溶液浓度下的释水规律 为了模拟混凝土内部的盐浓度环境，使用 Na_2HPO_4-NaOH 配制了 pH 值相同但物质总浓度不同的盐溶液[34]，饱水球形 SAP 的释水规律如图 3-9 所示。由图可见，随着溶液浓度的增大饱水后的球形 SAP 最终释水率也增大，且释水幅度高达 40%～70%。这一现象可用范特霍夫渗透压公式进行解释：

$$\Pi = c_B RT \tag{3-10}$$

式中 Π——渗透压，Pa；

   c_B——溶液中溶质的浓度，mol/L；

   R——理想气体常数，8.314J/（mol·K）；

   T——热力学温度，K。

由此可以看出溶液渗透压的大小只由溶液中溶质的浓度决定。饱水后的球形 SAP 外壁可看作半透膜，由于膜内外溶质的浓度差而产生渗透压，球形 SAP 在溶液渗透压的作用下释水，且释水速度及幅度均较大。原则上，可以通过控制

SAP 所吸收溶液的浓度来达到调整饱水后 SAP 在新拌混凝土中开始释水的时间。新拌水泥浆体的浓度会随着水化的进行逐渐增大。当 SAP 所吸溶液的浓度与新拌浆体的初始浓度一致或略低，则饱水后的 SAP 在浆体内会一直处于释水状态；当 SAP 所吸溶液的浓度高于浆体的初始浓度，则饱水后的 SAP 在浆体内会有先吸水后释水的过程。

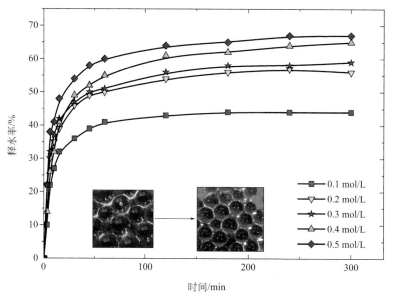

图3-9 球形SAP在不同浓度溶液中释水规律

② 不同碱度环境下的释水规律　为了研究球形 SAP 在混凝土内部碱性环境下的作用规律，分别使用 NaOH、Na₂HPO₄-NaOH 缓冲溶液配制了两种系列碱性溶液，结果如图 3-10 及图 3-11 所示。从图 3-10 可以明显看出，饱水后的球形 SAP 在 NaOH 溶液中随着 pH 值的增大，其最终释水率也增大。不同的是在图 3-11 中，饱水球形 SAP 的释水率却没有表现出随着 pH 值增大而增大的规律，而是基本稳定在 63% 左右，由此推测 pH 值并不是饱水 SAP 释水的本质原因。

通过对比这两种溶液的成分可以发现，虽然 Na₂HPO₄-NaOH 缓冲溶液 pH 值增大，但其溶液的总浓度却稳定在 0.3mol/L，而 NaOH 溶液的浓度却随着 pH 值从 0.01mol/L 增大到 0.3mol/L。由此可以推测，饱水 SAP 在碱性环境下的作用机理与 pH 值实际关系不大，而真正起作用的因素是碱性溶液浓度引起的渗透压。需要指出的是，使用 NaOH 配制的理论 pH 值为 13.5 的溶液浓度也大约为 0.3mol/L，而饱水 SAP 在该环境中的释水率为 62%，非常接近于 SAP 在 0.3mol/L Na₂HPO₄-NaOH 缓冲溶液中的释水率（63%），这与上述推测相吻合，证明了上述推测的正确性，即 pH 值并不是影响 SAP 释水的真正原因，其内在作用因素是溶液浓度引起的渗透压。

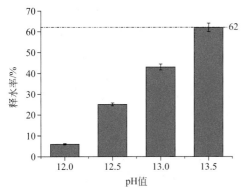

图3-10 球形SAP在不同pH值下的释水规律（NaOH）

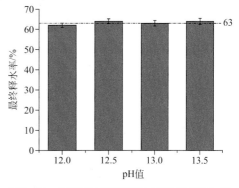

图3-11 球形SAP在不同pH值下的释水规律（Na$_2$HPO$_4$-NaOH）

③ 不同湿度环境下的释水规律 为了研究饱水后球形 SAP 在混凝土内部不同湿度环境下的作用规律，控制了 4 种不同环境湿度，结果如图 3-12 所示。在不同湿度环境中球形 SAP 均表现出较好的线性释水规律，且相对湿度越低释水速度越快。通过拟合发现在不同时间饱水球形 SAP 的释水率与相对湿度之间表现出较好的对数关联性，即同一时刻球形 SAP 的释水率随相对湿度的降低呈现近似的对数增长趋势（图 3-13）。以 14h 为例，饱水球形 SAP 在 50% ～ 90% RH（相对湿度）环境中释水率分别为 60%，34%，20% 和 7%，表现出近似的对数释水规律。这表明相对湿度越低，球形 SAP 释水率的增长将会越来越快。由于饱水后的球形 SAP 内部湿度高于混凝土内部湿度，根据 Fick 定律饱水球形 SAP 内部的水分会在湿度差的驱动下向水泥石扩散，湿度差越大，即混凝土内部相对湿度越低，水分扩散动力越大，SAP 内部水分释放速度也越快。可见，饱水 SAP 释水可以影响混凝土内部相对湿度，而混凝土内部相对湿度反过来又会影响 SAP 的释水。

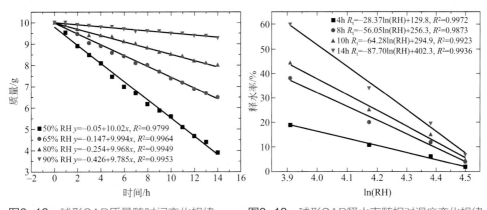

图3-12 球形SAP质量随时间变化规律   图3-13 球形SAP释水率随相对湿度变化规律

（2）SAP 在混凝土中的全过程释水模型　实际上，饱水球形 SAP 在混凝土内部并非受单一因素影响，而是受多种因素共同作用[35-37]。对比图 3-9 和图 3-12 可以发现，在 45min 时受渗透压驱动的饱水球形 SAP 释水率已高达 40% ～ 60%，而受湿度差驱动的饱水球形 SAP 释水率最高也仅有 6%，可见渗透压对球形 SAP 的释水性影响更大。可以假设渗透压在各个阶段一直起主要作用，如果按照渗透压驱动的释水速率来估算，随着混凝土内部水分含量降低，内部孔溶液浓度增大，饱水球形 SAP 会迅速释水完毕。事实上，著者团队在研究中发现即使在 28d 以后混凝土内部仍有相当部分的大颗粒球形 SAP 存在，且含水量并不低。饱水后的高吸水树脂并不像轻集料一样具有数量可观且尺寸较大的孔结构，一般而言其内部的水分子都被封闭在边长为 1 ～ 10nm 的空间网格内。另外，SAP 体积缩小后会与水泥基体之间脱离接触，而两种固体多孔材料之间的毛细孔力需要通过接触实现。因此，认为高吸水树脂与水泥基体之间可能并没有直接的毛细孔力存在，而毛细孔力在整个过程中主要起到传输水分的作用。总的来讲，饱水后的 SAP 在水泥基材料内部的释水过程与轻集料相比具有明显的区别。

分析认为，随着水泥水化的进行，新拌混凝土浆体含水量降低，离子浓度升高，且饱水球形 SAP 在混凝土凝结之前与基体直接接触，渗透压起主要作用，饱水球形 SAP 释水速度较快（阶段Ⅰ）。但随着混凝土内部结构的形成及球形 SAP 体积的缩小，其在混凝土内部形成球形孔，且与之接触面积大大减小，渗透压作用会被逐渐削弱（图 3-14）。水化 7h 之后，特别是终凝之后，水泥浆体内部的离子总浓度明显升高，进而导致渗透压的逐渐增大。因此，阶段Ⅰ持续时间应在混凝土终凝附近。再加上此时混凝土内部湿度仍处于较高水平（>90%RH），湿度差驱动作用仍很弱，此时球形 SAP 的释水速度转入一个较低的水平（阶段Ⅱ）。此阶段的持续时间与混凝土内部 SAP 的体积含量及所处环境条件如相对湿度等因素相关，当 SAP 含量低或环境湿度较低时该阶段持续时间较短。随着后期混凝土内部湿度的降低，水泥基体与孔洞内水蒸气之间的湿度差开始起主要作用，球形 SAP 释水速度加快，本身又延缓了混凝土内部湿度的降低，故能在相当长的时间内继续均匀释水（阶段Ⅲ）[31-34]，从而起到补偿水分的作用，这对补偿干燥收缩是有实际意义的。

2. SAP 对砂浆自收缩的影响

水泥水化是一个水分不断消耗的过程，伴随着砂浆内部相对湿度下降，弯液面负压增加，临界半径减小。在初凝到终凝转变的过程中，水泥浆体骨架结构快速形成，该过程同时也是自干燥发展最为迅速的时期，表现为相对湿度的快速下降（图 3-15），并导致混凝土出现明显体积自收缩[38-41]。

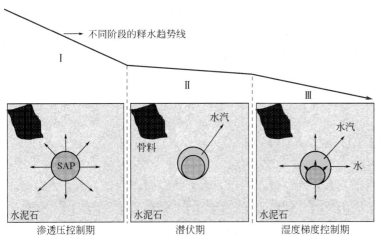

图3-14 SAP在水泥基材料内部的理想释水模型[34]

从图3-15可以看出，在相同水化时间，掺加SAP的砂浆相对湿度开始下降时间与下降幅度均低于空白对照组，且随引入水倍率的增加而更为明显。由于SAP内部存储水分的养护作用，内部相对湿度的下降均被明显延迟，这对于限制水泥石早期自干燥非常有利。如图3-16所示，掺SAP砂浆的自收缩均得到不同程度的补偿，且引入水倍率越高自收缩的补偿效果越明显。对于低引入水倍率而言，SAP的再吸水行为将导致有效水灰比的降低，而低水灰比水泥浆体一般具有较高的自收缩值。需要注意的是，虽然SAP吸收了一部分拌合水，但这部分存储的水分最终会以内养护的形式回归到水泥浆体中。从总水灰比的角度来看，低引入水倍率砂浆仍具有高于空白对照组的总水灰比，这也是SAP-5及SAP-13.5仍具有较明显减缩效果的原因。对于高引入水倍率而言，虽然SAP会快速释放

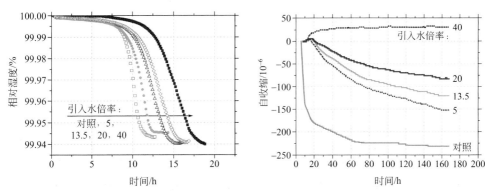

图3-15 SAP对砂浆早期内部相对湿度的影响规律

图3-16 SAP对砂浆自收缩的影响规律

其内部储存的水分，但砂浆自收缩仍得到了明显的补偿，尤其是 SAP-40 组，砂浆自收缩被完全补偿且表现出 $30×10^{-6}$ 的微膨胀状态。这一微膨胀状态可在约束砂浆内产生一定的自应力，对于降低受拉构件的开裂是非常有益的。

三、无机释水因子材料

1. 释水因子材料功能原理

根据内养护功能设计一种多孔结构无机材料[42]，它具有大量的管孔结构，可以通过外界环境和自身的毛细孔作用调整和转换储存与释水功能，将这种结构的材料称为释水因子材料。释水因子材料中的水分在早期水化阶段不参与化学反应，而当体系中自由水分降至一定程度时，能释放水分维持体系中的反应进行。释水因子材料在参与水泥水化时处于封闭受压和管孔内含水饱和状态，此时水泥基材料的水化反应由自由水分供应。随着水化的不断进行，体系中自由水逐步减少，此时水泥基材料体系的湿度降低，毛细孔产生负压，与释水因子材料孔内水压形成压力差，使得释水因子材料孔中的水释出，进入水泥石毛细孔参与反应。通过控制水的释放时间、释放量和调整膨胀剂组成，可控制水泥基材料的膨胀值。其功能原理如图 3-17 所示，图 3-18 是实际释水因子材料微观结构照片。

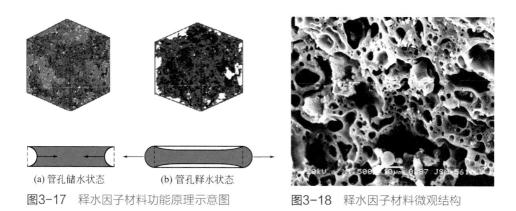

(a) 管孔储水状态　　　(b) 管孔释水状态

图3-17　释水因子材料功能原理示意图　　　图3-18　释水因子材料微观结构

根据功能原理，研究释水因子材料不同颗粒形状、尺寸、表面状态以及颗粒内部孔径、孔形状、孔的连通状态等结构参数与反应特性关系。在此基础上进行释水因子材料组成和结构参数设计，从材料组成性能上，释水因子材料本身应作为水泥基材料的组分之一，以保持与水泥基材料良好的相容性和结合性。选择与水泥基材料具有相似组成的硅酸盐系材料，其原料的化学成分及范围为：SiO_2 55% ～ 65%，Al_2O_3 14% ～ 25%，Fe_2O_3 4% ～ 6%，FeO 0.5%，$CaO+MgO$

6% ～ 8%，K$_2$O +Na$_2$O 2.5% ～ 5.0%。试验研究得到组成含量应按下式控制：

$$\frac{c(SiO_2)+c(Al_2O_3)}{c(Fe_2O_3)+c(RO)+c(R_2O)+c(FeO)}=5.0\sim7.5 \tag{3-11}$$

式中　$c(RO)$——CaO或/和MgO的含量，%；

　　　$c(R_2O)$——K$_2$O 或 / 和 Na$_2$O 的含量，%。

控制烧失量为总质量的 3% ～ 5%。

2. 释水因子材料的作用

研究了饱水释水因子材料在相对湿度分别为 60% 和 85% 环境下释放出内部水分的速率。图 3-19 曲线说明，随着环境相对湿度的降低，释水因子材料的释水过程呈现出加速的趋势。但随着时间的迁移，在不同相对湿度下释水因子材料的释水率差别不大，接近于释水因子材料的吸水率[43]。

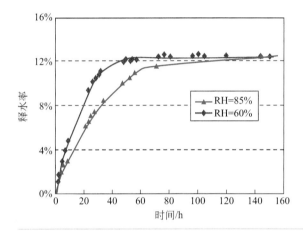

图3-19
饱水释水因子材料在RH=60%、RH=85%时的释水率

3. 释水因子材料对湿度的调节

图 3-20 为 4 种配方（表 3-4）的水泥基材料内部相对湿度（RH）随时间的变化趋势[44]，图中曲线表明，未掺饱水释水因子材料的第 1 组、第 2 组（掺膨胀剂）水泥基材料内部相对湿度变化趋势相近，第 2 组水泥基材料早龄期内部相对湿度略低于第 1 组；而第 3 组掺加饱水释水因子材料（体积分数为 10%）、第 4 组掺加饱水释水因子材料（体积分数为 20%）的水泥基材料其内部相对湿度明显高于第 1 组、第 2 组。且随释水因子材料体积比例上升，其内部相对湿度亦增加。可见，加入释水因子材料后有效调节了水泥基材料内部相对湿度，使其下降速度和下降的幅度有明显的降低。当然其调节的效果与释水因子材料自身的颗粒特征、孔结构特征以及水泥石的毛细孔分布特征是密切相关的，释水因子材料设计得越合理其效果将越显著。

表3-4　掺释水因子材料的高强微膨胀水泥基材料配合比　　　　　　　　　　　　单位：kg/m³

序号	水	水泥	粉煤灰	膨胀剂	释水因子材料	砂	石	高效减水剂
1	180	510	60	0	0	680	1020	6.8
2	180	460	60	50	0	680	1020	6.8
3	180	460	60	50	140	550	890	6.8
4	180	460	60	50	280	420	760	6.8

注：释水因子材料所引入的水不计入拌合用水，表中释水因子材料的质量指未吸水前的质量。

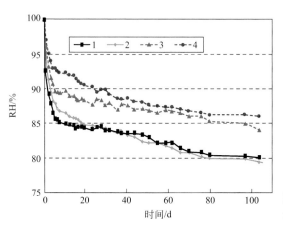

图3-20
水泥基材料内部相对湿度与时间相关性

4．释水因子材料对体积变形性能的影响

研究了4种配方在限制条件下的水泥基材料的限制膨胀率（收缩变形率），如图3-21所示第1组水泥基材料从一开始即表现出收缩变形的趋势，至35d龄期时收缩变形率达2×10⁻⁴，而其余3组水泥基材料均表现出膨胀变形的趋势。掺加饱水释水因子材料，同时掺加膨胀剂的第3、第4组水泥基材料限制膨胀率比仅掺加膨胀剂的第2组水泥基材料大；释水因子材料掺量高的第4组限制膨胀率高于第3组。这主要是由于当水泥基材料内部相对湿度降低的时候，释水因子材料中的水分通过内部孔隙以及水泥石中的毛细孔进入水泥石当中，这个释水的过程与水泥石中相对湿度的变化是密切相关的；同时，释水因子材料在高强微膨胀钢管核心水泥基材料中的释水行为可以起到三方面的作用，一是改善水泥基材料内部的自干燥现象，降低其收缩变形，二是释放的水分有利于膨胀剂进一步水化生成钙矾石，产生体积膨胀，三是部分释放的水分与未水化水泥继续发生反应，固相体积增加。

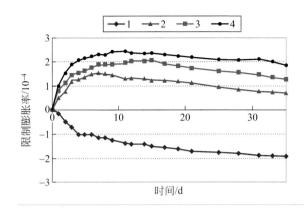

图3-21
水泥基材料限制膨胀率

5．释水因子材料对材料抗压强度的影响

从图 3-22 可以看出，掺入体积分数为 10% 的饱水释水因子材料对抗压强度稍有影响，但影响不大，当饱水释水因子材料体积分数为 20% 时抗压强度下降较明显。这说明掺入较大量的饱水释水因子材料对高强水泥基材料的抗压强度有一定的影响，这可能和两个原因有关：一是由于在高流态水泥基材料中掺入较大量释水因子材料时易引起分层离析的问题，影响其匀质性；二是对于高强水泥基材料而言，集料自身的强度十分重要，掺入较大量释水因子材料之后，高强水泥基材料承受压力的时候释水因子材料有可能成为裂缝扩展之源。因此，应用释水因子材料时要合理选择其掺量。

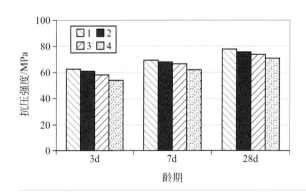

图3-22
水泥基材料抗压强度

6．释水因子材料应用技术

在使用前，释水因子材料需在真空状态下饱水 5 ～ 30min 或在水中饱水 24 ～ 36h；加入前要使释水因子材料保持饱和面干燥状态，将释水因子材料按等体积比例取代砂的方式掺入水泥基材料，释水因子材料的水分不计入水泥基材料的单位用水量中；释水因子材料应和其他砂石集料、水泥拌合均匀后才能投入减水剂。

（1）释水因子材料掺量　设水泥基材料中砂的用量为 S，释水因子材料的吸水率为$X\%$，释水因子材料取代砂的体积率为$N\%$；则释水因子材料的掺加量Q按下式计算：

$$Q = (S / 2650) \times N\% \times 1450 \times (1 + X\%) \qquad (3\text{-}12)$$

（2）释水因子材料的尺寸选择 释水因子材料的尺寸根据水泥基材料的强度大小和施工条件而定，水泥基材料的强度大于50MPa时，释水因子材料应控制2.5～5.0mm；水泥基材料的强度小于50MPa时，可采用2.5～7.5mm的释水因子材料。

（3）释水因子材料应用及实际效果

① 原材料。水泥：葛洲坝水泥厂三峡牌52.5硅酸盐水泥；粉煤灰：武汉阳逻电厂Ⅰ级灰，需水量比94%；膨胀剂：武汉三源外加剂厂UEA膨胀剂；减水剂：武汉浩源外加剂厂FDN-9000高效减水剂；砂：巴河中砂，细度模数2.6；石：阳新5～20mm连续级配碎石；释水因子材料：将特殊烧制的800级页岩陶粒破碎成粒径范围为4.75～9.5mm，对颗粒表面进行了一定处理制备而成；拌合水：洁净自来水。

② 实验方法。将释水因子材料置于水中饱水，测得其吸水率为13%。将饱水的释水因子材料置于不同的环境湿度下（用环境箱进行控制），每隔一段时间称量其重量，考察其在不同湿度条件下的释水情况。将占单位体积水泥基材料10%、20%的释水因子材料分别吸水至饱水状态后，晾至饱和面干，再取代同体积比例的砂和石（各50%）用于配制高强微膨胀钢管水泥基材料，其具体配合比如表3-4所示。将上述配合比的水泥基材料成型150mm×150mm×150mm尺寸的试块，中间预留一小孔，用于测量内部相对湿度的变化[45]（见图3-23）。脱模后用塑料薄膜包裹试块，再用石蜡涂抹以保证密封。测量内部相对湿度时采用杆式精密湿度计。

将上述配合比的水泥基材料成型150mm×150mm×150mm以及100mm×100mm×300mm尺寸的试块，绝湿养护，分别用于抗压强度和限制线性变形的测试。测试方法按国标进行。图3-24中棕红色均匀分布在水泥基材料中的粒状物为释水因子材料。

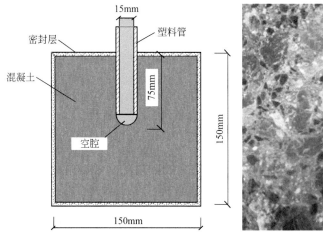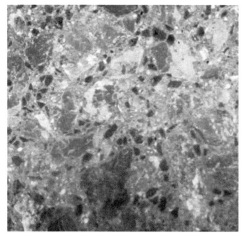

图3-23 水泥基材料内部相对湿度测量方法 图3-24 释水因子材料在水泥基材料中的分布

图 3-25 中左下部分为一粒释水因子材料的微观结构显示，左上部分为水化产物，可以看到这些产物生长在释水因子材料附近区域，结构致密，应该具有较好的膨胀性能。图 3-26 是未掺释水因子材料膨胀水泥基材料的后期结构微观显示，可以看到存在许多空隙、孔洞，结构松散，不仅膨胀性能难以保证，甚至可能出现收缩。

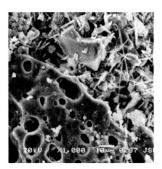

图3-25　释水因子材料（左下角）作用效果（×1000倍）

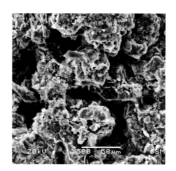

图3-26　未掺释水因子材料膨胀水泥基材料的后期结构（×500倍）

第七节
功能集料

集料又称骨料，是混凝土的重要组成，也是混凝土最大用量的部分，一般约占混凝土体积的 70% 左右。集料分为天然集料和人造集料，前者如碎石、卵石、浮石、天然砂等；后者如炼渣、矿渣、钢渣和陶粒（轻集料）、膨胀珍珠岩等人工制备的产品。集料在混凝土中主要起骨架作用和减小由于胶凝材料在凝结硬化过程中干缩湿胀所引起的体积变化，同时还作为廉价的填充料降低混凝土生产成本。集料对混凝土材料形成过程和性能有着重要影响，已有研究表明，混凝土集料界面区的弱化是其耐久性问题的重要原因。传统混凝土制备对集料功能考虑较少，一般主要考虑其使用的经济性。著者团队的研究和应用实践表明，高技术混凝土必须优选集料，一些特性混凝土更离不开集料功能的作用，从材料结构与性能上选择设计和制备的具有功能作用的集料，称为功能集料。通过集料功能赋予混凝土所需性能，是高技术混凝土设计与制备的重要方法。

一、功能集料的作用

1. 集料性质对混凝土性能的影响

集料在混凝土中除具有填充骨架作用外，对混凝土的力学性能、工作性能、体积稳定性能、耐久性能、热学性能等还有着不同程度的影响。这方面已有大量的研究工作，本节总结集料性质对混凝土性能的影响如表 3-5 所示。

表3-5　集料性质对混凝土性能的影响

混凝土性能		相应的集料性质
密度		相对密度、颗粒形状、最大粒径、颗粒级配
力学性能	强度	强度、弹性模量、颗粒形状、最大粒径、颗粒级配、表面特征、杂质
	弹性模量	弹性模量、泊松比
工作性能		颗粒形状、表面特征、颗粒级配、最大粒径、含水率、吸水率
耐久性	抗冻性	孔隙率、吸水性、渗透性以及孔结构
	抗渗性	颗粒形状、表面状态、颗粒级配、最大粒径
	碱-集料反应	集料中的硅质组分
	耐磨性	硬度
收缩与徐变		弹性模量、颗粒形状、颗粒级配、最大粒径、杂质
热学性能	热导率	热导率
	热膨胀系数	热膨胀系数、弹性模量

2. 功能集料改善结构与性能机理

在混凝土的组成中，集料与水泥石之间的界面过渡区（interfacial transition zone，ITZ）是混凝土中最薄弱的区域，其主要特点是水灰比高、孔隙率高、晶体水化产物 [主要为 $Ca(OH)_2$] 取向生长。界面过渡区对混凝土的力学与耐久性能都有重要的影响。著者团队利用人造集料具有结构与性能可设计的特点，将集料外壳设计为水化活性层（主要为 β-C_2S），将其内部设计为具有水分传输的多孔结构。利用集料外壳的水化反应，密实界面过渡区；同时，利用多孔结构的储释水功能提高集料表层与水泥石基体的反应程度，进一步改善界面过渡区的结构。

3. 功能集料赋予混凝土特殊性能原理

为赋予混凝土某些特殊性能（如空气净化、导电、吸波性能等），著者提出了具有特性的功能集料设计思路，如图 3-27 所示。利用硅铝质原料作为功能集料的基体，引入相应的功能相材料合成制备不同功能和不同尺度的功能集料。这一技术思路从集料入手，可避免功能相受水泥水化产物、混凝土服役环境的不利影响，并且可以减少混凝土基体中功能相掺量，从而突破混凝土功能与结构性能难以协同、成本高等技术难题。

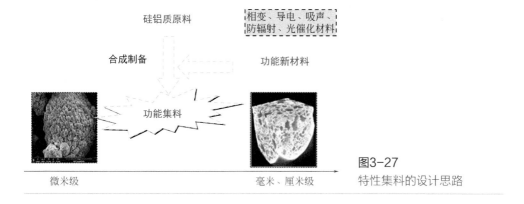

图3-27
特性集料的设计思路

二、功能集料设计与制备

1. 天然集料的选用

天然集料中除广泛使用的砂石集料外，还包括某些天然形成的功能集料。如浮石、火山渣、火山灰凝灰岩等是具有多孔结构的天然轻集料，可用于轻质、保温混凝土材料的配制，它们的性质比较如表3-6所示。

表3-6　各种天然轻集料的性质比较

集料	颗粒密度/（kg/m³）	堆积密度/（kg/m³）	常压24h吸水率/%
火山灰凝灰岩	1300～1900	粗集料：700～1100 细集料：200～500	7～30
泡沫熔岩	1800～2800	800～1400	10左右
浮石	550～1650	350～650	50左右

某些天然集料的密度高，可以促进辐射能量（如γ射线和中子）的衰减，可用于防辐射混凝土的集料。常见的天然高密度集料主要包括褐铁矿（$2Fe_2O \cdot 3H_2O$）、赤铁矿（Fe_2O_3）、磁铁矿（Fe_3O_4）、重晶石（$BaSO_4$）等。用天然重集料配制的防辐射混凝土的表观密度及特点如表3-7所示。此外，高密度的天然集料也可以用于配制需要配重与抗浮功能的混凝土，一些高硬度的集料可以用于配制耐磨蚀、抗冲磨混凝土。

表3-7　天然重集料配制的防辐射混凝土的表观密度及特点

集料种类	集料密度/（×10³kg/m³）	配制混凝土密度/（×10³kg/m³）	特点
褐铁矿	3.2～4.0	2.6～3.0	用于防中子射线
赤铁矿	5.0～5.3	3.2～4.0	用于防γ射线
磁铁矿	4.9～5.2	3.2～4.0	用于防γ射线
重晶石	4.3～4.7	3.2～3.4	用于防γ射线
钛磁铁矿	4.3～4.8	3.4～3.8	用于防γ射线
蛇纹石	2.7～2.8	2.2～2.4	用于防中子射线
玄武岩	2.6～2.8	2.3～2.5	用于防X射线

2．人造集料制备

人造集料是指经人工制备而形成的集料，人造集料由于组成与结构的可设计特性，在功能集料的制备方面有较大的优势。不同功能集料的制备方法略不相同，如改善混凝土结构与性能的表层活化集料可以采用"两次成型，一次烧成"的工艺来实现，即首先制备强度功能的基体核心料体，然后在其外层通过一定工艺包裹水化活性层；对于特性集料，根据所引入功能相材料的特点，可以将适量功能相掺入集料生料，采取高温煅烧成型方式制备；或者通过机械活化、表面处理等手段在硅铝质集料表层构建活化位点，使功能材料稳定结合到集料表层。

3．理想优化模型设计

功能集料的理想结构模型需要综合考虑集料的功能特性与结构性能进行设计[46]。图3-28（a）是表面活化功能集料的理想模型，主要由表面活性层和高强多孔的内核组成，两层通过高温固相反应而紧密黏接。图3-28（b）是特性功能集料的理想结构模型，包含表层负载功能化与高温焙烧功能化两类。

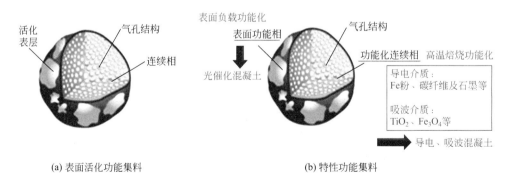

（a）表面活化功能集料　　　（b）特性功能集料

图3-28　功能集料理想结构模型

三、功能集料的研究开发

著者团队近些年来结合相关混凝土材料的研究，在人工集料的研究与开发方面开展了一些工作，特别是在超高性能混凝土和新型功能混凝土方面进行了一些探索，本节在此做一些系统性简介，有关较详细内容可见第七章相关部分。

1. 优化混凝土结构和耐久性集料

图 3-29 所示为表面活化功能集料（FA）与普通轻集料（LA）对界面过渡区显微硬度的影响。可以看到功能集料随龄期的增长其显微硬度增长幅度高于普通轻集料。功能集料表面组成随龄期变化的 XRD 分析（图 3-30）表明，28d 时集料表面 β-C$_2$S 的衍射峰强度较 3d 显著降低，90d 时基本消失；而 C-S-H 的主峰在 28d 出现，90d 后强度明显提高，说明功能集料的表面层参与水化，使界面强度提高。

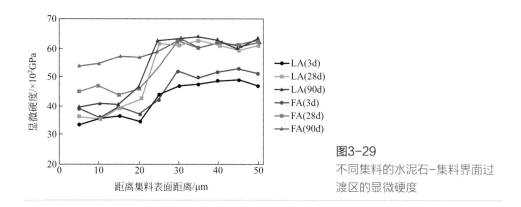

图3-29

不同集料的水泥石-集料界面过渡区的显微硬度

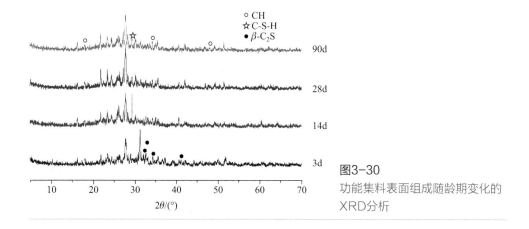

图3-30

功能集料表面组成随龄期变化的 XRD分析

2. 减重功能集料

普通混凝土与其他材料相比，突出的不足是比强度低，在混凝土常用强度范围内，减轻混凝土自重是提高比强度的重要途径。降低集料的重量，是减轻混凝土重量最有效的方法。同时，通过降低混凝土重量，可减轻建筑物的自重，降低基础处理成本与维护费用，增加抗震安全，在高层结构、装配式结构建筑更有广泛的应用前景。

集料按照密度进行区分，可分为轻、重、普通三类集料，可以生产出不同表观密度的混凝土。减重集料主要是通过选用天然低密度轻质材料或人工制备低密度的轻质多孔集料，通过孔结构的设计调整密度范围可以获得不同密度的集料。由不同种类减重集料配制的混凝土密度均有一个合理的范围，如图3-31所示。

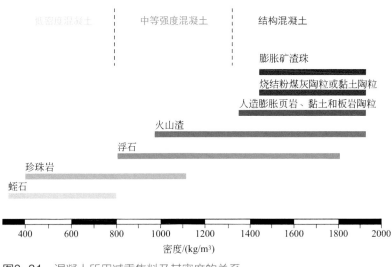

图3-31 混凝土所用减重集料及其密度的关系

3. 防辐射功能集料

高密度的建筑屏蔽材料对辐射射线的能量有着良好的衰减作用，因此，一般选用如表3-7中所述的天然高密度集料制备防辐射混凝土。但天然高密度集料储量有限、且集料密度大导致混凝土工作性能与匀质性能较差。著者团队开展了利用含重金属工业污泥作为原料，制备防辐射人工集料的研发工作，既利用重金属（Ba、Cr、Ni、Cu、Zn等）在屏蔽高能射线（X射线、γ射线）方面的特性，解决天然高密度集料防辐射混凝土的匀质性不良导致的射线屏蔽薄弱区域问题，又达到了废渣污泥利用的生态环保的效益。研究制备出抗压强度达

50MPa 以上，屏蔽性能与铁矿石（线性衰减系数 μ=0.19cm^{-1}）相当的防辐射功能集料[47]。

4．多孔功能集料

多孔功能集料的孔结构参数主要包括孔隙率、孔径大小及分布范围、孔的开闭状态以及孔的有序性等，通过原料化学组成的调整，配合烧成制度和工艺的改变可以实现不同的孔结构参数，进而得到不同功能特性的多孔集料。多孔功能材料具有吸声、减振、阻尼、保温隔热、储释物质等作用[48-50]。

吸声功能集料的吸声系数与开口孔有直接的关系（图 3-32）。开口孔隙率越高，其吸声性能越好；在孔隙率一定的情况下，孔径相对越小，其吸声性能越好。保温隔热集料的热导率主要与孔隙率有关，孔隙率提高，材料的热导率下降。在孔隙率一定时，通过细化材料的孔径分布、减少平均孔径等可以进一步降低材料的热导率。释水因子材料的释水速率主要受孔径分布与孔连通程度影响，在同一温湿度下，大孔径与连通孔中的水分更容易释去。

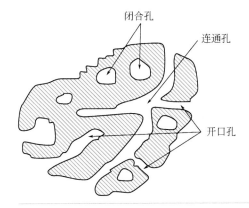

图3-32
多孔功能集料的孔结构特征示意图

5．净化功能集料

著者团队以多孔集料页岩陶粒为基体，采用特殊工艺手段，将光催化功能材料 TiO$_2$ 牢固负载于陶粒表面及层孔隙内（图 3-33），以此功能集料进一步制备具有净化功能混凝土可以有效地降解空气及污水中的有机污染物[51]。

在普通多孔轻集料的基础上（图 3-34），通过水化硅铝酸钙凝胶（C-A-S-H 凝胶）的定向合成技术，进一步合成制备了蜂窝状结构的功能集料（图 3-35），较普通轻集料具有更高的比表面积与负载能力，改性后的功能集料与未改性的功能集料相比，其光催化能力提升超过 60%；耐久性提升则更加显著，六个月之后仍保持近 100%。

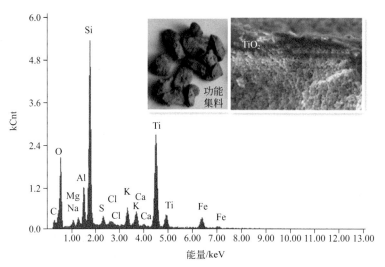

图3-33 光催化材料在功能集料表面的负载

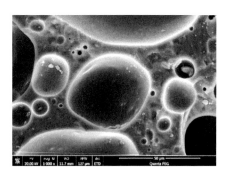

图3-34 普通多孔轻集料

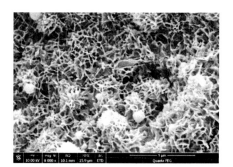

图3-35 蜂窝状结构功能集料

同时，这种蜂窝状结构功能集料可拓展应用于重金属离子吸附中，通过在蜂窝状 C-A-S-H 表面链接络合剂 TCPS（3-硫氰基丙基三乙氧基硅烷），使其具备螯合重金属离子的能力（图3-36）。实验表明，链接后的功能集料具有很强的重金属吸附能力。单位表面积所吸附 Cd（Ⅱ）离子的量为 4.07mg/m²，同时具有易于回收、成本低廉等优点。

6．耐冲磨功能集料

（1）天然耐冲磨集料　高强混凝土的制备通常需要优质集料。表 3-8 为三种典型天然岩石集料的性能指标，有研究表明，采用母岩强度较高的玄武岩集料所配制混凝土可较同条件的石灰岩集料混凝土提高一个强度等级。

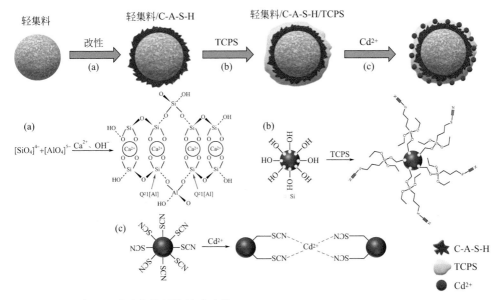

图3-36 重金属吸附功能集料的技术路线

表3-8 三种典型天然岩石集料的性能指标

种类	体积密度/（kg/m³）	抗压强度/MPa	吸水率/%
石灰岩	2600	98.6	1.2
花岗岩	2710	118.9	0.6
玄武岩	2800	145.6	0.6

（2）人工制备耐冲磨集料

① 集料矿物组成设计。通过生料组成与焙烧制度设计进行集料基体增强，在轻集料中引入一定数量堇青石晶体（图3-37），通过堇青石、莫来石晶体相对比例与空间分布的控制，提高集料的抗热冲击性能，防止集料在冷却过程中形成微裂缝，提高轻集料的强度，并降低吸水率。

② 气泡结构控制。通过设计化学反应式（3-13），在高温化学反应时产生气泡，形成气泡结构，降低轻集料密度与吸水率。

$$CaCO_3 \xrightarrow{600\sim1050\text{℃}} CaO+CO_2$$
$$Fe_2O_3 \xrightarrow{1000\sim1050\text{℃}} Fe_3O_4+O_2$$
$$\left.\begin{array}{}\\\\\end{array}\right\} （3\text{-}13）$$

研究得到高强轻集料的最佳原料化学成分范围：SiO_2 55%～65%，Al_2O_3 18%～25%，Fe_2O_3 6%～10%，RO 4%～6%，R_2O 1.5%～4.0%。制备的800级轻集料筒压强度达到8.0MPa以上，吸水率小于4.0%，6MPa压力下吸水率小于8.0%，技术指标达到国际先进水平。

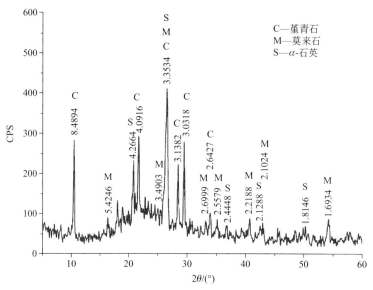

图3-37 高强优质轻集料的矿物结构

③ 表面活化技术 因表层釉质外壳影响轻集料与水泥浆体的黏结作用，造成拌合物中轻集料的裹浆性能下降以及硬化混凝土的强度、耐久性等问题，本技术通过配料、造粒与烧成工艺设计，使轻集料表面形成与水泥浆体相容性好，具有反应活性的熟料矿物成分，改善其表面性能：集料表面活化料浆由水泥生料配合萤石和石膏粉制成，控制率值范围：石灰石饱和系数（KH）=0.65 ～ 0.70，硅率（SM）=2.0 ～ 2.6，铝率（IM）=1.4 ～ 2.0，固含量 30% ～ 40%。XRD 测试结果表明，经表面活化的轻集料表层矿物中含有 C_2S 等矿物，集料与水泥石界面区显微硬度提高了 20% 以上[52]。

高耐磨混凝土主要应用于有抗磨损需求的水工混凝土、道路混凝土或承重工业建筑的楼板面层等。混凝土的抗磨损性很大程度上取决于所用集料的硬度，以及集料与水泥浆体之间的黏结性能。因此，要选用强度高、质地坚硬的集料，如煅烧矾土金刚石、金刚砂或石英等。集料的耐磨损性能可以采用洛杉矶实验进行测试，先采用钢球磨粉碎一定的时间，然后用 1.70mm 的筛子过筛，测量其质量损失。

7. 吸振功能集料

混凝土的阻尼功能是将振动能转变成其他形式的能量耗散的能力，对于提高承受长期振动荷载作用混凝土的结构稳定性与安全性具有重要意义。而普通混凝土材料阻尼功能低，且存在阻尼功能与强度等力学性能不可兼顾的矛盾。著者团队利用多孔高强基体材料（颗粒强度大于 7.0MPa）负载高分子化合物阻尼材料设计制备了吸振功能集料，可以显著提高材料阻尼功能而不降低其力学性能，为高强混凝土的阻尼功能设计与控制提供了关键组成材料。

8．固体废弃物用作集料

工业固体废弃物在混凝土中的使用已有一定的历史，并由于使用量大，成为消纳固体废弃物的有效途径，可用作混凝土集料的典型固体废弃物如表3-9所示。使用固体废弃物制备集料不但需要考虑经济性，还必须考虑其对混凝土服役性能以及环保安全性的影响。

表3-9　可用作混凝土集料的典型固体废弃物

材料	组分	工业
矿物废料	天然岩石	采矿和矿物加工
高炉矿渣	硅酸盐、硅铝酸盐、硅酸镁盐	钢和铁
冶金矿渣	硅酸盐、硅铝酸盐和玻璃体	金属精炼
底灰	硅铝酸盐	发电
粉煤灰	硅铝酸盐	发电
市政废渣	纸、玻璃、塑料、金属	商业和家庭废料
建筑碎料	砖、混凝土、钢筋	拆毁的建筑物

参考文献

[1] 中国建筑材料联合会. 混凝土外加剂术语. GB/T 8075—2017. 2017-12-29.

[2] 陈建奎. 混凝土外加剂的原理与应用 [M]. 北京：计划经济出版社，1997: 5-91.

[3] 缪昌文. 高性能混凝土外加剂 [M]. 北京：化学工业出版社，2008: 17-178.

[4] (美)P. 库马尔·梅塔，(美) 保罗·J. M. 蒙蒂罗. 混凝土微观结构、性能和材料 [M]. 覃维祖，王栋民，丁建彤译. 北京：中国电力出版社，2008: 187-193.

[5] 胡曙光. 先进水泥基复合材料 [M]. 北京：科学出版社，2009: 125-129.

[6] 胡曙光. 钢管混凝土 [M]. 北京：科学出版社，2007: 111-118.

[7] Hu S. A Study of XPS on the Interface Composition and Structure of High Strength Polymer Cement Paste[C]// Shanghai: 6ᵗʰ International Congress on Polymer in Concrete, 1990, 466-468.

[8] 胡曙光. 聚合物 - 水泥界面黏结层的结构分析 [J]. 武汉工业大学学报，1993, 15(4): 12-15.

[9] Hu S, Yang D. IPCN Structure and its Formation Condition in MDF Cement[C] //Wu Z, Sun W, Morino K, et. al. New Development in Concrete Science & Technology. Nanjing: Southeast University Press, 1995(1):127-131.

[10] 胡曙光. 聚合物水泥基复合材料及其界面增强机理研究 [D]. 武汉：武汉工业大学，1992:77-80.

[11] 胡曙光. 聚合物 - 水泥界面粘结层的结构分析 [J]. 武汉工业大学学报，1993, 15(4):12-15.

[12] 胡建勤，胡曙光. 复合抗裂材料对混凝土抗收缩的作用 [J]. 混凝土，2004(1): 23-24，40.

[13] 任婷，胡曙光，丁庆军. 利用富含 Ni 和 Fe 电镀污泥制备防辐射集料的研究 [J]. 武汉理工大学学报，2016, 38(08): 1-6.

[14] 吕林女，陈垚俊，肖静，等. PVA 纤维增强水泥基复合材料的抗拉性能 [J]. 武汉大学学报 (工学版)，2017, 50(01): 97-101+160.

[15] 何永佳，金舜，吕林女，等. 羟丙基甲基纤维素对碳纤维分散性的影响 [J]. 功能材料，2010, 41(06): 1034-1037+1041.

[16] 丁庆军，李悦，胡曙光. 表面改性碳纤维增强 MDF 水泥及其机理研究 [J]. 武汉工业大学学报，1998(2):1-4.

[17] 丁庆军，李悦，胡曙光. MDF 水泥的碳纤维增强研究 [J]. 武汉工业大学学报，1998(3):14-17.

[18] 丁庆军，胡曙光，李悦. MDF 水泥的玻璃纤维增强研究 [J]. 武汉工业大学学报，1997(1): 24-27.

[19] Huang X, Hu S, Wang F, et al. Properties of Alkali-Activated Slag with Addition of Cation Exchange Material[J]. Construction and Building Materials, 2017(146): 321-328.

[20] Shen P, Lu L, Chen W, et al. Efficiency of Metakaolin in Steam Cured High Strength Concrete[J]. Construction and Building Materials, 2017(152): 357-366.

[21] 管学茂，胡曙光，姚燕. 超细水泥灌浆材料流变性能的群子理论研究 [J]. 长江科学院院报，2004(6): 27-30.

[22] Guan X, Hu S, Ding Q. Research on Ultrafine High Performance Cement[C]// Shanghai: Tongji University Press, The 5th International Symposium on Cement and Concrete, 2002: 227-232.

[23] Hu S, Peng Y, Ding Q. Strength and Chloride Ion Permeability of Reactive Powder Concrete Containing Steel Slag Powder and Ultra-Fine Fly Ash[C]// Proceedings of the First International Conference on Microstructure Related Durability of Cementitious Composites.Paris: RILEM Publications SARL, 2008: 437-444.

[24] Peng Y, Hu S, Ding Q. Dense Packing Properties of Mineral Admixtures in Cementitious Material[J]. Particuology, 2009, 7(5): 399-402.

[25] John E, Matschei T, Stephan D. Nucleation Seeding with Calcium Silicate Hydrate - A Review[J]. Cement and Concrete Research, 2018(113): 74-85.

[26] Zou F, Hu C, Wang F. Enhancement of Early-Age Strength of the High Content Fly Ash Blended Cement Paste by Sodium Sulfate and C-S-H Seeds Towards A Greener Binder[J]. Journal of Cleaner Production, 2020(244): 118566.

[27] Zou F, Shen K, Hu C. Effect of Sodium Sulfate and C-S-H Seeds on the Reaction of Fly Ash with Different Amorphous Alumina Contents[J]. ACS Sustainable Chemistry & Engineering, 2020(8): 1659-1670.

[28] Jensen O, Hansen P. Water-Entrained Cement-Based Materials: I. Principles and Theoretical Background[J]. Cement and Concrete Research, 2001, 31(4): 647-654.

[29] Jensen O, Hansen P. Water-Entrained Cement-Based Materials: Ⅱ. Experimental Observations[J]. Cement and Concrete Research, 2002, 32(6): 973-978.

[30] 周宇飞. 高强混凝土内养护机制与控制技术研究 [D]. 武汉：武汉理工大学，2008.

[31] 杨进，王发洲，黄劲，等. 内养护预拌混凝土性能与应用研究 [J]. 混凝土，2015(7): 113-117.

[32] 杨进，王发洲，黄劲，等. 不同类型减缩剂及其效果比较分析 [J]. 建筑材料学报，2016, 19(1): 53-58.

[33] 杨进. 高吸水树脂内养护混凝土的微观结构与性能 [D]. 武汉：武汉理工大学，2017.

[34] Yang J, Wang F, Liu Z, et al. Early-State Water Migration Characteristics of Superabsorbent Polymers in Cement Pastes[J]. Cement and Concrete Research, 2019(118): 25-37.

[35] Wang F, Yang J, Cheng H, et al. Study on The Mechanism of Desorption Behavior of Saturated Superabsorbent Polymers in Concrete[J]. ACI Materials Journal, 2015, 112(3): 463-469.

[36] Yang J, Wang F, He X, et al. Pore Structure of Affected Zone Around Saturated and Large Superabsorbent Polymers in Cement Paste[J]. Cement and Concrete Composites, 2019(97): 54-67.

[37] Yang J, Wang F. Influence of Assumed Absorption Capacity of Superabsorbent Polymers on the Microstructure and Performance of Cement Mortars[J]. Construction and Building Materials, 2019(204): 468-478.

[38] 王发洲, 周宇飞, 丁庆军, 等. 预湿轻集料对混凝土内部相对湿度特性的影响 [J]. 材料科学与工艺, 2008, 3: 366-369.

[39] Wang F, Zhou Y, Peng B, et al. Autogenous Shrinkage of Concrete with Super-Absorbent Polymer[J]. ACI Materials Journal, 2009, 16(2): 123-127.

[40] 胡曙光, 周宇飞, 王发洲, 等. 高吸水性树脂颗粒对混凝土自收缩与强度的影响 [J]. 华中科技大学学报 (城市科学版), 2008(01): 1-4+16.

[41] Wang F, Yang J, Hu S, et al. Influence of Superabsorbent Polymers on the Surrounding Cement Paste[J]. Cement and Concrete Research, 2016(81): 112-121.

[42] 胡曙光, 何永佳, 吕林女. 调节水泥基材料内部相对湿度的释水因子技术及其应用 [J]. 铁道科学与工程学报, 2006(2): 11-14.

[43] 杨文, 吕林女, 吴静, 等. 释水因子的吸水与释水性能对混凝土内部相对湿度的影响 [J]. 混凝土, 2008(3): 30-34.

[44] 胡曙光, 杨文, 吕林女. 轻集料吸水与释水过程影响因素的试验研究 [J]. 公路, 2006(10): 155-159.

[45] 吕林女, 杨文, 吴静, 等. 释水因子的吸水与释水性能对钢管混凝土体积变形的影响 [J]. 新型建筑材料, 2008(03): 5-8.

[46] 杨婷婷. 基于集料功能设计的水泥石界面性能研究 [D]. 武汉：武汉理工大学, 2010.

[47] 黄修林. 含重金属污泥制备防辐射功能集料及其混凝土的研究 [D]. 武汉：武汉理工大学, 2011.

[48] 胡曙光, 赵都, 王发洲, 等. 原位合成蜂窝状 C-A-S-H 凝胶膜复合多孔集料的方法 [P]. CN 201710539135.9. 2020-01-14.

[49] 郭凯, 徐敏, 丁庆军. 淤污泥陶砂制备水泥基交通降噪材料的研究 [J]. 公路, 2010(3): 151-153.

[50] 田耀刚. 高强混凝土阻尼功能设计及其性能研究 [D]. 武汉：武汉理工大学, 2008.

[51] 王发洲, 董跃, 杨露, 等. 一种具有净化气固污染物功能的混凝土材料及其制备方法 [P]. CN 201210348398.9. 2014-10-01.

[52] 胡曙光, 丁庆军, 何永佳, 等. 具有表面反应活性的高强轻集料及制备方法 [P]. CN 200410012911.2. 2005-01-12.

第四章

超高强混凝土

20 世纪 80 年代初在全世界范围内兴起了一场超高强混凝土材料研究热潮，英国帝国化学公司（Imperial Chemical Industries）和牛津大学的 Birchall 及其合作者开发了新型高强水泥材料无宏观缺陷水泥（MDF），其抗压强度达到了 200MPa 以上，抗拉强度为 50MPa 以上，弹性模量为 25～50GPa，具有突出的超高力学性能。MDF 水泥的问世立即引起了各国水泥材料研究者的关注，美、苏、日、丹麦以及中国都相应开展了这方面的研究工作，并先后推出了与此相似的均布超细颗粒致密体系材料（DSP）、密实配筋复合材料（CRC）、活性粉末混凝土（RPC）等系列超高强混凝土材料。本章将按原材料特点和制备的工艺方式，介绍其中有影响和代表性的几类。

著者团队从 20 世纪 80 年代中期即开展了对 MDF 水泥的系统性研究，在原材料适应性选择和优化[1-3]、制备方法的实用性简化[4-5]、材料性能设计[6-8]、材料水损性能改善和体积稳定性提升[9,10]，以及新的研究方法开发[11-13]、增强机理研究探讨等方面取得了系列成果，揭示了这种低水胶比聚合物水泥基复合材料界面增强机理的本质特征[11,14,15]，为解决其固有的体积不稳定性和后期强度倒缩问题，推进材料的实际应用提供了理论指导和试验经验[16-20]。

第一节
无宏观缺陷水泥

一、配制原理与制备工艺

1981 年 Birchall 等采取特殊的制作技术和极低的水灰比，发明了一种具有独特性能的水泥 - 聚合物复合材料，由于该材料硬化体具有不含大孔隙和粗大晶体等大缺陷的特点，因而被称为无宏观缺陷水泥[21,22]。MDF 水泥的主要组成材料是水泥、水溶性聚合物、超塑化剂和水，所使用的水泥为硅酸盐水泥或铝酸盐水泥，拌合物的水灰比控制在 0.12～0.16 范围内。由于采用如此低的水灰比，并在制备过程中使各组分充分混合并防止空气的混入，故消除了浆体中尺度在 100μm 以上的大孔或缺陷，从而使 MDF 水泥硬化体具有极高的强度。

MDF 水泥制备工艺的要领为：①各种组分经混合后，在专门的搅拌机内拌制成均质的料浆；②使拌合物进行热压或采用挤压、辊压、注射等成型方法，获得 MDF 水泥制件；③使制件进行适宜的养护，用硅酸盐水泥制成品可在室温空气养护 3 周左右，而用铝酸盐水泥制成品宜进行干热养护；④不同品种水泥应选用与之相适应的聚合物，对硅酸盐水泥一般用聚丙烯酰胺（polyacrylamide，PAM），而对铝酸盐水泥则一般用聚乙烯醇（polyvingl-alcohol，PVA）。

MDF 水泥硬化体的力学性能远远高于普通混凝土，其抗压强度为 200～300MPa，抗拉强度为 50～120MPa，弯拉强度 150～200MPa，弹性模量为 25～50GPa，临界应力强度因子可达 3N·m$^{3/2}$。用铝酸盐水泥制得的 MDF 水泥的力学性能一般高于用硅酸盐水泥制得者。MDF 水泥硬化体还具有良好的吸声性、抗静电性以及低温下的抗裂性等。其主要缺点为水稳定性较差，吸湿后强度明显下降，尤以铝酸盐水泥制得者为甚，主要是由于 MDF 水泥中的聚合物的吸水肿胀而引起的。因此使这种新型复合材料的推广与应用受到一定的限制。通过针对性研究，在改进其吸湿稳定性方面已取得较大的进展，其中较有效的方法有以下几种：

① 用憎水性聚合物替代传统的水溶性聚合物制备 MDF 材料。例如，用酚醛树脂先驱体的甲醇溶液与少量改性剂研制成抗水性好的 MDF 材料[23]。由于树脂成分的憎水性以及水泥和树脂间坚固的化学键合，该复合材料即使在室温水中浸泡 3 个月，弯拉强度也无明显降低，并且还可耐 250℃的温度。

② 采用偶联剂对 MDF 材料进行改性。通过在 MDF 材料制备过程中掺入微量硅烷偶联剂或钛酸脂偶联剂，不仅大幅度提高了材料的弯拉强度和断裂韧性，还显著改进了其抗水性[24]。此种改性的 MDF 材料在室温水中浸泡 3 个月，弯拉强度仍保持初始值的 85% 左右。

③ 掺加纤维制得纤维增强无宏观缺陷水泥（fiber reinforcement macro defect free cement，FRMDF）。但此法对所选纤维和制备工艺有一定限制，若使纤维与水泥、聚合物一起强烈搅拌，并使拌合料进行挤压或辊压，则纤维将会因剪切或弯折而受到严重破坏。

二、性能与开发应用前景

MDF 水泥具有优异的工程应用性能，据 Birchall 等的研究结果表明，除了力学性能大幅度改善外，在电学、磁学、声学、低温使用性能上都有广阔的开发前景[25]。表 4-1 列出了 MDF 水泥的一些工程性质。

表4-1 MDF水泥的工程性质

性能	数值
抗压强度	300MPa
抗弯强度	150～200MPa
弹性模量	50GPa
无凹口摆锤式冲击	3kJ/m^2
临界应力强度因子	3N·m$^{3/2}$
泊松比	0.2
密度	2500kg/m^3
孔隙率	1%
渗透性（氧气）	-10^{-16}m/s
热膨胀	$9.7×10^{-6}$/℃
体积电阻率	10^9～10^{11}Ω·cm
起始放电电压	10kV
电场强度	9kV/mm
平均介电常数（1～10kHz）	9
屏蔽30～1000MHz[加30%（体积分数）铁粒]	50dB
传声损耗因子tanδ	0.1

MDF具有极高的抗压与弯拉强度以及其他多种优良性能，而FRMDF又兼具高韧性与高抗冲击性，在克服基材的耐水性差的弱点后，在以下若干领域中可获得应用：①国防工程的装甲与防弹材料；②低温工程用的材料与容器等；③电子工业的电磁辐射屏蔽材料；④机械工业用的加工、成型材料；⑤声阻尼材料；⑥混凝土的表面镶嵌材料。

第二节
均布超细颗粒致密体系

一、配制原理与制备工艺

1981年丹麦的Bache等在MDF材料问世之后不久，开发了均布超细颗粒致密体系材料（DSP）[26]。DSP的配制原理主要是：①使平均粒径为10μm左右的水泥与平均粒径为0.1μm左右的具有火山灰活性超细粉材料，以适宜的掺量均匀混合，形成最紧密的堆积状态；②大幅度降低水灰比（0.16或更低），以进一步降低孔隙率，防止水泥粒子和超细粉材料的团聚并力求使它们均匀分布；③如此形成不仅孔径极小，孔隙率极低，且孔隙相互间不连通结构，为此必须在材料制备过程中掺加适量的高效减水剂。

在研究初期，用硅酸盐水泥与硅灰制作的普通DSP，抗压强度可达120MPa以上，硅灰的最适宜掺量为水泥质量的7%～15%。此后又发现若在上述体系中掺入平均粒径约为水泥粒径的1/10～1/7、掺量合宜的高强度集料（如烧结铝矾土、不锈钢集料等），则可使抗压强度达到250MPa以上，从而获得更高强度的DSP。这不仅是由于所用集料具有较高的强度，同时还由于硅灰的高火山灰活性与填充效应，增强了集料与水泥基材的界面区，在距集料表面1500～3000nm的范围内无定向的Ca(OH)$_2$晶体存在且孔隙率明显降低，从而使集料与水泥基材的界面区不致成为该硬化体系的薄弱环节。

图4-1为普通DSP、高强DSP与普通高强混凝土受压时的应力-应变曲线的比较[7]。从结果可见，DSP尽管有相当高的抗压强度，但其断裂韧性与普通混凝土相比提高幅度不大，并且抗弯强度也只是抗压强度的1/10左右。其受拉或受弯时的应力-应变曲线直至最终破坏均为直线，呈现极明显的脆性。

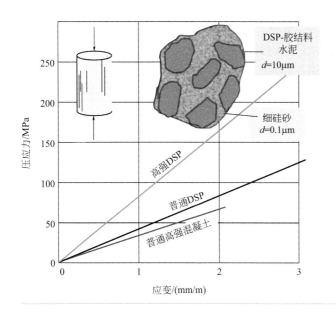

图4-1
DSP与普通高强混凝土应力-应变曲线的比较

二、性能与开发应用前景

DSP材料的抗压强度可达普通混凝土强度的5～10倍，抗拉强度也较之有成倍以上的提高，但由于其弹性模量与断裂能的增加幅度不大，故 DSP 材料的脆性很大，极易在硬化与干缩过程中产生较多的微裂缝，甚至还会发生"自动碎裂"现象，在实验中即观察到已制成的纯 DSP 圆柱形试件破裂情况。通过在 DSP 砂浆中掺加纤维可显著降低其脆性，实验结果如表 4-2 所示。DSP 砂浆、DSP 净浆的各项断裂力学性能数据均显著高于水泥净浆与混凝土，具有高强度、高延性的特征。

表4-2　DSP材料与混凝土的断裂力学数据的比较

材料	弹性模量/GPa	抗拉强度/MPa	断裂能/（J/m²）	裂缝区变形（CMOD）/μm	材料延性/m	临界应力强度因子（K_{1c}）/（MN/m$^{3/2}$）
水泥净浆	0.7	4	20	5	0.01	0.4
DSP净浆	15	20	40	1	0.0008	0.5
混凝土	30	3	60	20	0.2	1.3
DSP砂浆	50	20	100	5	0.0125	2.2

在所有超高强水泥材料中，DSP 材料成型工艺最简单，同时还有优异性能，所以获得了较为广泛的应用前景，如用于高层建筑和大跨度桥梁、耐腐蚀材料、高耐磨材料以及功能材料等。此外，DSP 材料结构致密、孔隙率极低、耐腐蚀性能好，不仅能防止放射性物质从内部泄漏，还能抵御外部侵蚀性介质的腐蚀，是制备新一代放射性废弃物储存容器的理想材料。

根据 DSP 材料的组成和制备特点，该类材料的研制和性能提升还有这样一些问题需要考虑：①高效减水剂与材料体系的相容性问题。尤其是在掺加多种超细粉后，如果参照 MDF 的密实原理，考虑掺加聚合物、偶联剂等，材料体系的成分就更加复杂，相容性问题也就更加复杂化。②材料相关设计理论的协调运用问题。如何统筹协调好致密填充原理、纤维混凝土理论以及集料级配包围堆密理论，使其获得致密高性能水泥基材料。③未水化水泥的问题。考虑将材料中大部分未水化的水泥用其他混合材进行替代，即可减少水泥用量，又可提高材料体积的稳定性，并能降低材料成本。④超细颗粒尺寸与堆积密度问题。根据颗粒堆积原理，粗、细颗粒对堆积密度的影响差别很大，因此颗粒的选择需要优化设计，超细粉的颗粒特性与颗粒堆积以及它们对材料性能的影响还需进一步深入研究。⑤ DSP 材料的自收缩问题。低水胶比和硅灰造成材料早期自收缩及微裂缝，对其耐久性有较大影响，并成为提升材料使用性能的瓶颈，应研究解决。

第三节
密实配筋复合材料

一、配制原理与制备工艺

1986 年 Aalborg Portland 公司在 Bache 的领导下开发了一种以 DSP 砂浆为基材并含有纤维增强与配置密间距钢筋的超高强混凝土材料，称为密实配筋复合材料（CRC）[27]。CRC 基材是由 DSP 材料组成，其主筋与钢筋混凝土中的钢筋相同，但用量要大得多（按体积率为 10%～20%）。通过有效的集料与合宜的纤维，使得与钢筋紧密黏结的基材具有高抗拉强度、刚度与延性。

Bache 等根据断裂力学的基本原理进行 CRC 的材料与结构综合设计，其要点如下：一是采用由水泥与超细粒子（主要是硅灰）组成的 DSP 胶结料以获得最密实的颗粒堆积与极低的孔隙率。二是在 DSP 胶结料中掺加具有一定粒径范围的高强度、高模量的集料粒子，尽量减少胶结材料的用量，同时掺加一定量均匀分散的高强与高模量的纤维，以尽可能提高复合材料的刚性与延性。三是为使 DSP 砂浆的高抗压强度得以充分发挥，必须在抗弯构件的受拉区内配置配筋率高的、间距密的钢筋，使之起着主要承受拉力与较大破坏韧性的作用。

CRC 非常适合于制作自重轻、细长型的受弯预制构件或现场制作的构件。根据研究，CRC 构件的有关参数可归纳如下：① DSP 砂浆中硅灰掺量相当于水泥重量的 7%～15%，水胶比为 0.16～0.18，用石英砂或烧结矾土做集料，最大粒径为 4mm；②钢纤维一般用直径 0.15mm，长 6mm 的不锈钢纤维，也可选用直径 0.4mm，长 12mm 的高强钢纤维，钢纤维体积率为 6%～9%；③受拉区域钢筋，当构件厚度为 200～300mm 时，钢筋直径为 $\phi8$～25mm，配筋率为 10%～20%，间距为 10～15mm，保护层厚度为 10～15mm。钢筋的间距与保护层厚度主要取决于纤维的尺寸与 DSP 砂浆中集料的最大粒径。

CRC 构件的制作工艺与一般的钢筋混凝土构件相似，但由于钢纤维的掺量较高，为使钢纤维能均匀分布于 DSP 砂浆中，应选用高效率的搅拌机。工艺上一般先制备 DSP 砂浆，再加入钢纤维。为使拌合料在低水胶比和高纤维掺加率的情况下能具有较好的工作性，必须在拌合料中掺加适量高效减水剂。砂浆浇筑于模具中后，应通过振动，使之均布与密实。

二、性能与开发应用前景

CRC 的抗压强度一般可达 200MPa，最高可达 300MPa 以上，其抗拉强度可与结构钢筋相近并具有相当高的延性。表 4-3 列出 CRC 的断裂力学参数并与 DSP 砂浆做对比。由表中数据可看出，CRC 的抗拉强度是 DSP 砂浆的 6 倍，断裂能可达到 DSP 砂浆的 12 倍，延性相当于 DSP 砂浆的 600 倍以上。由此可见，与 DSP 砂浆相比，CRC 不仅有更高的强度，并且还具有很大的变形能力。

表4-3　CRC 与 DSP 砂浆的断裂力学参数

材料	弹性模量 /GPa	抗拉强度 /MPa	断裂能 /（J/m²）	裂缝区变形 /μm	材料延性 /m	临界应力强度因子 /（MN/m^{2/3}）
CRC	100	120	1200	10000	8	350
DSP砂浆	50	20	100	5	0.0125	2.2

Bache 等曾进行了多种组合的 CRC 梁的抗弯试验，其中一梁的试验结果如图 4-2 所示。该梁的断面尺寸为 100mm×150mm，长度为 2100mm，所用 DSP 砂浆含有最大粒径为 4mm 的烧结矾土集料并掺有体积率为 9%、尺寸为 0.15mm×6mm 的钢纤维。该梁的底部配有 6 根 ϕ15mm 的钢绞线，顶部配有 4 根 ϕ16mm 的变截面钢筋。用四点法做弯曲试验达到的最大荷载值为 230kN，其相应的弯拉应力计算值为 323MPa，相应的应变值为 0.008。

CRC 具有很高的耐久性，其耐久性优于普通高性能混凝土，这主要是由于 CRC 的基材极为密实，其基材的孔隙率仅为 1.5% 左右，绝大多数孔隙属凝胶孔，毛细孔孔隙只占 14% 左右。因此 CRC 的抗冻融能力极高，孔隙内不可能有水的冻结，故不存在反复冻融而导致其结构的破坏。CO_2 与氯离子很难渗入 CRC 中，这不仅是由于基体的高密实性，同时还因基体中含有数量较多的未水化水泥粒子，可与微裂缝中的水发生反应生成水化产物堵塞微裂缝。CRC 具有很高的抗飞弹穿透力，Aalborg Portland 公司的一项试验案例：将两块厚度各为 200mm 的 CRC 板组合在一起进行防弹试验（见图 4-3）[28]。用炮将一直径为 152mm、长为 500mm、质量为 47kg 的飞弹射击试验 CRC 板，飞弹在 CRC 板中遭阻拦，使其无法穿透，在第二块板的背面仅出现少量的裂缝。

自 20 世纪 90 年代起 CRC 已逐渐进入实用阶段，如已用于制作隧道内衬砌块、悬臂式阳台的底板、楼梯的支承梁、井盖以及预制板 - 柱系统现场浇筑的接头等。CRC 实用性和效果虽然都好，但由于其价格很高，故尚不可能用来替代普通的钢筋混凝土构件，今后的开发方向是用于建造海岸附近的结构物、大跨度桥梁、地震区的建筑物以及军事防御工程等。

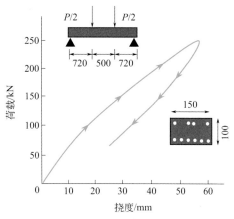

图4-2 一根CRC梁做弯曲试验测试得到的荷载-挠度曲线

图4-3 防弹试验后的CRC板

第四节
活性粉末混凝土

一、配制原理与制备工艺

1993 年法国 Richard 等开发了一种超高强混凝土，称之为活性粉末混凝土（RPC）[28]。RPC 的配制原理与工艺：一是根据最紧密堆积原理，通过剔除粗集料，降低细集料的粒径，集料的级配曲线为非连续性的，形成高均匀性和密实的颗粒体系；二是采用大掺量的高效减水剂，大幅度减少用水量，降低空隙率，以进一步提高混凝土的密实度，部分未水化的水泥粒子可起一定的增强作用；三是掺加微细钢纤维均布于基材中起阻裂作用，减低材料脆性、提高韧性；四是在凝固前和凝固期间加压排气，以除去裹入的空气泡并强化粒子间的结合力，进一步提高密实度；五是在混凝土凝结后进行热处理，提高化学反应活性和内部结构的密实性，以增强硬化体的显微结构。

制备 RPC 所用的主要原料是硅酸盐水泥、细砂（最大粒径一般不超过 400μm）、石英粉（最大粒径不超过 4μm）、硅灰（比表面积不低于 18000m^2/kg）、沉淀二氧化硅（比表面积为 3000m^2/kg 左右）、细钢纤维、高效减水剂与水。RPC

中各种粒子所组成的级配曲线如图 4-4 所示是非连续的[29]，各级粒子平均粒径的相差倍数为 7 ～ 10 倍，从而可获得孔隙率最小的颗粒堆积密度。表 4-4 列出 200MPa 级与 800MPa 级两种典型 RPC 的配方[30]：

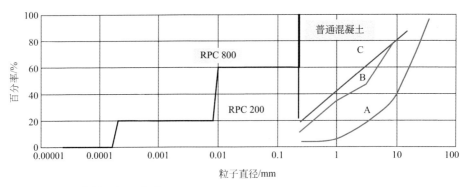

图4-4 RPC的粒子级配曲线

表4-4 两种RPC材料的配方 单位：kg/m³

原料	RPC200	RPC800	原料	RPC200	RPC800
V型硅酸盐水泥①	955	100	高效减水剂	13	18
细砂	1051	500	钢纤维（碳钢，0.18mm×12mm）	191	—
石英粉	—	390	不锈钢纤维（长3mm）	—	630
硅灰	229	230	水	153	180
沉淀二氧化硅	10	—			

① V 型硅酸盐水泥熟料类似于中热水泥熟料和抗硫酸盐水泥熟料。

在硬化过程中加热以促进水泥与火山灰活性矿物粉料之间的反应，提高硬化体的密实度与早期强度。研究结果表明[31]：①90℃热水养护有助于 RPC 孔隙率降低与强度提高，促进了水泥水化生成的 Ca(OH)$_2$ 与硅灰之间的火山灰反应；②经在 20℃水中养护 2d 后，再进入 200℃炉中加热，由于生成托勃莫来石晶体与大量的 C-S-H 凝胶，使 RPC 具有很高的抗压强度（可达 250MPa 左右）；③经在 20℃水中养护 2d 后再经 300℃高压蒸汽养护，由于生成硬硅钙石与 α-C$_2$SH 晶体导致 RPC 强度的明显下降。

二、性能与开发应用前景

根据材料和工艺的不同，将 RPC 分为 RPC200 与 RPC800 两个级别，其主要力学性能及与 HPC 的性能对比列于表 4-5 中[11]。

表4-5 两种RPC与HPC的力学性能对比

材料性能	RPC200	RPC800	HPC
抗压强度/MPa	170～230	490～680	60～100
弯拉强度/MPa	30～60	45～140	6～10
断裂能/（J/m²）	20～40	1.2～2	0.14
弹性模量/GPa	50～60	65～75	35

由表 4-5 可知：①与 HPC 相比，RPC 的抗压强度要高出一倍以上，弯拉强度要高出一个数量级；②RPC200 的断裂能比 HPC 高出两个数量级，但 RPC800 的断裂能显著低于 RPC200，这是由于前者所含不锈钢纤维在 RPC 受拉至破坏时被拉断所致。

由于 RPC200 具有极高的延性，极限延伸可达 $5000×10^{-6}$ ～ $7000×10^{-6}$，故用以制作受力构件可不必配置通常的钢筋。图 4-5 列出用 RPC、钢、预应力混凝土与钢筋混凝土所制成的、具有相同承载能力的工字形梁的横截面的比较。表 4-6 列出用上述四种材料制成的工字形梁的尺寸、单位长度质量与单价的比较[30]。由图 4-5 与表 4-6 可知，RPC 梁的横截面尺寸与单位长度质量均显著低于预应力混凝土梁与钢筋混凝土梁，稍大于钢梁。虽其材料单位成本高于预应力混凝土梁与钢筋混凝土梁，但因材料总的耗量减少，故单价仍比钢梁低。

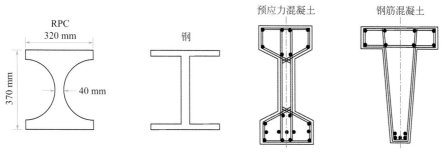

图4-5 用RPC、钢、预应力混凝土与钢筋混凝土制成的工字梁的横截面

表4-6 四种不同材料的工字形梁的横截面尺寸、单位长度质量与单价

对比项		RPC梁	钢梁	预应力混凝土梁	钢筋混凝土梁
横截面尺寸/mm	高	370	350	700	700
	宽	320	300	350	600
单位长度质量/（kg/m）		140	112	467	530
单价/（元/m）		3328	3700	2885	2960

在 1994 ～ 1998 年期间 RPC 已在土建工程中初露头角。例如，法国在一核电站的冷却系统中耗用 $823m^3$ 的 RPC 制作了 2500 多根尺寸不等的梁，并用以制

作大量核废料储存容器[32]。在加拿大 Sherbrooke 用 RPC 建造了一座步行／自行车桥梁[33]。该桥是联系魁北克与美国的自行车道网络的一部分，单跨长 60m，桥面宽 4.2m，桥面面积为 202m²。因当地气候条件恶劣，湿度大，冬季严寒，最低温度为 -40℃，必须经常洒化冰盐水。RPC 桥面板厚度为 30mm，每隔 1.7m 设高 70mm 的加强筋，均按常规混凝土工艺预制。图 4-6 为该桥实景。将 RPC200 与同一工程估算的高性能混凝土 HPC60、普通混凝土 NC30 的原材料耗量列于表 4-7 做比较。由该表可知，使用 RPC 与使用高性能混凝土或普通混凝土相比可大大减少原材料的耗量。RPC 兼具有高强度、高韧性、高密实性与高耐久性，在一般情况下可不配钢筋即可用作结构材料，故对工程界有很大的吸引力。

表4-7　同一工程上使用三种不同混凝土的原材料耗量比较

对比项	NC30	HPC60	RPC200
计算等效截面厚度/mm	500	400	150
混凝土体积/m³	126	100	33
单方胶凝材料用量/（kg/m³）	350	400	705
水泥用量/t	44	40	27
集料总用量/t	230	170	60

图4-6
加拿大Sherbrooke的RPC桥[34]

第五节
超高强水泥基复合材料增强机理

大量研究者对超高强混凝土材料的高强机理进行了研究，但主要工作都是围绕超细颗粒紧密堆积原理、纤维增强机理，以及超高压制备对排除材料孔隙作用等的分析。但著者感觉到，超高强混凝土材料的本质是一类低水胶比有机 - 无机基质的复合材料，从目前研制成功材料的范围来看，所用聚合物均为水溶性聚合物，这些聚合物中含有大量极性基团，在水泥与水的系统中具有一定的反应活性。从材料的制备工艺来看，采用较小的水胶比，高速剪切搅拌、碾压或挤压成型大大增加了两类不同基质间的界面接触机会，为有机 - 无机基质间的化学反应提供了有利条件，因此使得这类材料中的界面作用，成为一个非常重要的因素。这是因为，对于影响水泥浆体强度的诸因素来说，在这类材料中孔隙率极低，孔的影响已不太可能像高水胶比浆体中那样决定着材料的主要力学性能。在这类材料中水胶比很低，有大量水泥未能水化，加之材料体受压的高致密性，使得凝胶体积和水化相组成因素的作用也大为减少。

著者认为，虽然已有研究表明硬化水泥浆体的力学性能是诸因素的函数，但是对于这类低水胶比特殊成型工艺的材料来讲，界面的物理化学作用将可能成为非常重要的因素。著者团队从复合材料的角度，运用现代微观测试技术和研究方法，探讨聚合物与水泥矿物两种不同基质的界面物理和化学的反应行为，通过分析参与化学反应聚合物的种类及其在水溶液中的溶解和电离过程、反应体系的液相和固相产物组成、过程水化特性，揭示两种基质间的化学键合本质。在化学反应的基础上，通过分析有机、无机两相在界面层的黏结性质和化学键合特征，根据组成和结构信息提出复合界面的层次模型，为实际材料设计和研制提供依据。

通过对影响水泥强度因素的综合分析，阐明了界面行为在低水胶比聚合物水泥基复合材料中的重要性，综合聚合物、纤维、超细颗粒与水泥在材料体内的物理、化学及物理化学作用，揭示了超高强水泥基材料的优异性能和增强机理。

一、低水胶比超高强水泥基材料组成与结构特征

1. 材料组成特征

MDF 等超高强水泥基复合材料主要由未反应水泥、聚合物相以及二者的界面相组成。界面相在此类聚合物水泥基复合材料中起着重要的作用，它使水泥与聚合物都能发挥各自的特性，同时又赋予复合材料优于各组分原材料的综合性能。

PVA 作为制备聚合物水泥基复合材料的重要原料，是含有大量活性羟基基团的高分子化合物，其分子中的—OH 既是反应性基团又是亲水性基团。在铝酸盐聚合物水泥基复合材料中，水溶性聚合物 PVA 的主要作用是保障在高剪切混合下，塑性物质的形成以及能与水泥水化产物化学反应形成重要的界面相微观结构。虽然 PVA 对得到高抗折强度的聚合物水泥基复合材料是必需的，但是其存在又使聚合物水泥基复合材料具有高度湿敏性，吸湿后发生溶胀对抗折强度、介

电常数和尺寸稳定性等都有负面影响。

未反应水泥颗粒在复合材料中作为一种活性填料，它既是水化相的母体，又是水（湿气）的接受体，其后期水化对复合材料的微观结构与水敏性能也将产生极其重要的影响。

2. 材料微观结构特性

Popoola 等通过透射电子显微镜（transmission electron microscope，TEM）、高分辨电子显微镜（high-resolution episcopic microscope，HREM）和 EDS 以及平行电子能量损失谱（parallel electron energy-loss spectroscopy，PEELS）的观察与测定表明，铝酸盐/PVA 聚合物水泥基复合材料的微观结构是由未反应的水泥颗粒、包裹单个水泥颗粒的界面相（层）以及本体聚合物相组成，如图 4-7 所示。其中，界面相区域又包括晶态水化产物 $Ca_2Al_2O_5 \cdot 8H_2O$ 和非晶态混合相 $Al(OH)_3$ 与被 Al^{3+} 交联的 PVA 相的混合物。并且认为 PVA 相抑制了介稳 $Ca_2Al_2O_5 \cdot 8H_2O$ 相向热动力学稳定的 $Ca_3Al_2O_5 \cdot 6H_2O$ 相的转化。

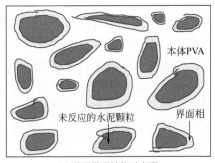
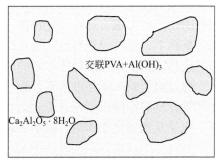

(a) 普通微观结构示意图　　　　　　　(b) 界面相放大图

图4-7　铝酸盐/PVA聚合物水泥基复合材料微观结构示意图

基于上述认识，著者认为水对聚合物水泥基复合材料体系的侵蚀有三个区域：①未反应水泥颗粒表面；②直接与水泥颗粒相邻的聚合物；③远离界面相（层）的聚合物本体[5,34]。区分本体聚合物和界面区域的原因是由于接近水泥颗粒的聚合物与较远处的聚合物具有不同的化学组成与结构，而且水侵入界面的化学反应可以涉及聚合物和水泥[35,36]。由于本体聚合物和界面相都能胶结未反应水泥颗粒，因此将二者合称为胶结相。

二、影响低水胶比超高强水泥基材料强度的因素

综合已有影响水泥浆体强度因素的分析，人们认识到它们主要包括水泥浆体

的总孔隙率、孔径大小及其在材料体内的分布，水化产物相的组成，凝胶体积以及材料的界面行为。在这些因素中到目前为止研究较多的是孔对材料强度的影响。这种研究方法主要是基于 T.C.Powers 的水泥硬化水泥石模型 [37] 和 Griffith 的断裂理论 [38]。在通常的水泥浆体和制品材料中，由于受到加工因素的制约，水化过程中的实际水灰比一般大于理论上的临界水灰比。因此在实际材料体内存在较多的由于多余水分蒸发后所留下的孔洞，部分毛细孔水也残存在材料体内。显见，通常的水泥基材料是一种多孔的结构材料，孔结构对于材料性能的影响是非常重要的。

但在进一步深入的研究中发现 [39]，在一些情况下，如孔隙率较低时，当孔隙率达到一定程度后，进一步减少孔隙，其建立的孔隙-强度关系式将不再适用；在相同孔隙率下，由不同原料组成的材料，其宏观力学性能并不一样；特别是在对材料界面行为的研究中发现，界面行为对材料的各种物理性能影响很大。由于水泥基材料的复杂性，在目前的研究条件下，还很难断定对于一般材料到底何种因素是最主要的，但是对于一些特殊的材料，是可以进行这种分析的。

低水胶比聚合物水泥基体复合材料，由于作为塑化剂作用的聚合物加入、成型加压和高温成型，材料体内的实际孔隙率和孔径均很小，是一种无宏观缺陷的水泥材料，在这种材料中孔的作用将大为减少。另一方面，由于制备过程中采用高速剪切搅拌、碾压或挤压工艺，则大大增加了各相之间，特别是有机相与无机相之间的接触机会，同时孔隙率减少本身就意味着相之间有效接触面积的增加，因此使界面影响上升为非常重要的因素 [40]。

三、超高强水泥基材料增强机理

1．功能材料在超高强水泥基材料中的增强作用

（1）聚合物的作用　聚合物的增强作用主要包括：①聚合物具有塑化作用：水溶性聚合物使水泥浆体中的水泥颗粒分散，表面得以润湿，浆体黏度下降，颗粒相对滑动较易进行，粒子间内摩擦阻力减小，浆体流动性质得以改善。②聚合物具有减孔作用：聚合物作为塑化剂加入，可降低水泥浆体在实际制备过程中的用水量，有效减少这些多余水分可能形成的孔隙、孔洞；聚合物本身具有很好的可塑性，它也可以较容易地填充在一些无机基体的空隙中，起到填充、封闭孔隙的作用。③聚合物的增韧作用：聚合物横跨在裂缝上，阻止了裂缝的迅速发展，消耗了能量，从而提高了材料的韧性；聚合物既起引发裂纹作用，又能起控制裂纹发展的作用，聚合物的增韧作用可通过基体中的剪切屈服来产生 [40]。

（2）纤维的作用　纤维的增强作用主要包括：①纤维的阻裂作用：纤维与水

泥基体形成一个整体并承担加劲筋的角色，可以大大减少混凝土内部原生裂缝并能有效地阻止裂缝的引发和扩展。②纤维的增强作用：在受荷（拉、弯）初期，水泥基体与纤维共同承受外力，当基体发生开裂后，横跨裂缝的纤维成为外力的主要承受者，可明显改善混凝土的抗拉、抗弯、抗剪等力学性能，尤其是高弹性模量的纤维还可以大大增强混凝土的抗冲击性能。③纤维的增韧作用：当受拉区基体开裂后，纤维将起到承担拉力并保持基体裂缝缓慢扩展的作用，随着裂缝的扩展，基体裂缝间的残余应力逐步减小，而纤维具有较大的变形能力可继续承担截面上的拉力，随着荷载的增大，纤维将通过黏结应力把附加的应力传递给基体[40]。

（3）超细颗粒的作用　颗粒的增强作用主要包括：①填充效应：由于超细粉的粒子粒径小于水泥颗粒粒子，填充水泥颗粒间空隙，使胶凝材料的密实度提高。胶凝材料加水硬化后的密实度、强度也提高。②强度效应：粉体中的活性成分 SiO_2 和部分 Al_2O_3 与水泥水化产物 $Ca(OH)_2$ 发生二次水化反应生成大量的 C-S-H 无定形凝胶，填充了水泥基材料中的孔隙，使水泥基材料更加致密，从而提高水泥基材料的力学性能。③优化结构作用：改善混凝土中水泥石与粗集料之间的界面结构和改善混凝土中水泥石的孔结构，消除结晶在界面上定向排列，改善混凝土中集料与水泥石之间的界面结构[41,42]。

2．界面复合增强机理

（1）水溶性聚合物的合成是前提　水溶性聚合物作为一种表面活性剂，在材料的加工过程中能很好地起到塑化剂的作用，增加了有机与无机基质间的接触机会，提高了界面反应程度。与此同时，水溶性聚合物能有效地填充材料体内部分在制备过程中形成而无法消除的孔隙，达到减少体内孔隙率的作用，其实质是增加了材料体中单位面积上的受力键数目。另一方面，聚合物横跨于无机质产物相的一些裂缝上，可吸收断裂能，形成裂纹扩展，提高断裂能的极限值，在无机质周围形成静水压力圈，因此提高了整体材料的韧性。从复合材料的角度来看，聚合物作为复合材料中的一相，在一定条件下也能形成自身的结构骨架，并与无机水泥浆体所形成的空间骨架相互贯穿，组成聚合物水泥基互穿网络结构（interpenetrating polymer cement network，IPCN）[40]。

（2）界面化学作用是关键　水溶性聚合物在水存在的条件下，容易水解或电离形成不饱和基团和离子型聚合物，水泥水化生成新的水化产物相，在体系中出现大量溶于液相的各种离子，这些离子中的一部分在碱性条件下，可以与水解后的聚合物进行化学反应，受反应条件的制约，这些反应主要在相界面上进行。化学反应的作用，一方面能提高体系中聚合物的交联度，有利于形成聚合物体空间网络；另一方面，这种反应使有机基质和无机基质形成键合，大大改善了界面的黏结性能。同时，由于水溶性聚合物的加入也增加了氢键的浓度，有利于各相间的联结。另外，由于聚合物与无机离子的化学反应，生成了新的产物，能有效提高自身耐水性能，增加了体系的稳定性[44,45]。

（3）材料组成与结构的优化　根据水泥材料体内强度的因素分析，在密实型材料中孔缺陷的影响作用将减少，特别当大孔转变为小孔，孔的分布均匀，且界面因素上升的情况下，与普通水泥材料或聚合物水泥材料不同的是，低水灰比聚合物水泥基复合材料中的界面行为起着非常重要的作用，它决定着这类材料的性能特征。在低水灰比聚合物水泥基复合材料中，聚合物与水泥间的界面化学作用，有效地改善了水化产物相的界面结构及黏结性能，使一些弱联结转变为较强的化学键合联结，增加了水化产物之间的黏结力，从而大大提高了材料的力学性能。另一方面，从材料的整体结构上看，也是由于界面化学作用，使 IPCN 结构得以形成，并具有较好的相容性、稳定性，实现了材料整体性能的复合[41-45]。

综合以上研究结果著者认为，在低水灰比超高强材料中，物理作用、物理化学作用和化学作用相互补充，交替作用，使材料从一个多相分散含水的初始塑性状态，逐渐演变成为一个在宏观上无大的缺陷，微观上交结成网的密实高强复合材料体，这是超高强混凝土材料性能形成的根本原因。

参考文献

[1] Peng Y Z Chen K, Hu S G. Study on Interfacial Properties of Ultra-High Performance Concrete Containing Steel Slag Powder and Fly Ash[C]//Zeng J, Li T, Ma S, et al. Advanced Materials Research, Parts 1-3. 2011: 956-960.

[2] 彭艳周，陈凯，胡曙光. 钢渣粉颗粒特征对活性粉末混凝土强度的影响 [J]. 建筑材料学报，2011, 14(04): 541-545.

[3] 耿春东，丁庆军，刘勇强，等. 压蒸条件下花岗岩石粉对 UHPC 性能的影响 [J]. 硅酸盐通报，2018, 37(02): 533-540.

[4] Ding Q, Liu X, Liu Y, et al. Effect of Curing Regimes on Microstructure of Ultra High Performance Concrete Cement Pastes[C]//Shi C, Wang D. First International Conference on UHPC Materials and Structures. Paris: RILEM Publications S A R L，2016: 371-379.

[5] Shen P, Lu L, He Y, et al. The Effect of Curing Regimes on the Mechanical Properties, Nano-Mechanical Properties and Microstructure of Ultra-High Performance Concrete[J]. Cement and Concrete Research, 2019, 118: 1-13.

[6] Hu S, Yang D. Optimizing Design of High-Tech Concrete Composites[C]//Wu Z, Sun W, Morino K, et al. New Development In Con Sci & Tec, Nanjing: Southeast University Press, 1995:960-966.

[7] Guan X, Hu S, Ding Q. Research on Ultrafine High Performance Cement[C]// The 5th International Symposium on Cement and Concrete. Shanghai: Tongji University Press, 2002: 227-232.

[8] Hu C, Yao S, Zou F, et al. Insights into the Influencing Factors on the Micro‐Mechanical Properties of Calcium-Silicate-Hydrate Gel[J]. Journal of the American Ceramic Society, 2019, 102(4): 1942-1952.

[9] Hu S, Yang D. IPCN Structure and its Formation Condition in MDF Cement[C] //Wu Z, Sun W, Morino K, et. al.

New Development in Concrete Science & Technology. Nanjing: Southeast University Press,1995(1):127-131.

[10] Hu S, Li Y. Studies on the Formation Characteristic and Thermo-Stability of Hydrated Calcium Carboaluminate[C]//Beijing: International Academic Publishers, 4th Beijing International Symposium on the Cement & Concrete，1998, 2: 502.

[11] Hu S. A Study of XPS on the Interface Composition and Structure of High Strength Polymer Cement Paste[C]// Shanghai: 6th International Congress on Polymer in Concrete, 1990: 466.

[12] Hu S. XPS Nondestructive Depth Analysis Method and its Application in Cement Based Composite Materials[J]. Cement and Concrete Research, 1994, 24(8): 1509-1514.

[13] 胡曙光，王仕群，王少阶. PAT 孔技术的研究以及在 MDF 水泥材料中的应用 [J]. 硅酸盐学报，1994, 22(2): 188-194.

[14] 胡曙光. 聚合物水泥基复合材料及其界面增强机理研究 [D]. 武汉：武汉工业大学，1992.

[15] Hu S, Chen D. Kinetic Analysis of the Hydration of 3CaO·3Al$_2$O$_3$·CaSO$_4$ and the Effect of Adding NaNO$_2$[J]. Thermochemica Acta, 1994, 24(6): 129-140.

[16] He Y, Lu L, Ding Q, et al. Preparation of Ultra-High-Strength Self-Compacting Concrete and its High-Drop Casting Construction in A Pier Structure[J]. Magazine of Concrete Research, 2010, 64(12): 1049-1055.

[17] Wang F, Li M, Hu S. Bond Behavior of Roughing FRP Sheet Bonded to Concrete Substrate[J]. Construction and Building Materials, 2014, 73: 145-152.

[18] 黄卿维，胡曙光，杜任远，等. 预应力 RPC 箱梁开裂弯矩计算方法 [J]. 土木工程学报，2015,48(S1): 15-21.

[19] 丁庆军，刘勇强，刘小清，等. 硫酸盐侵蚀对不同养护制度 UHPC 水化产物微结构的影响 [J]. 硅酸盐通报，2018, 37(03): 772-780.

[20] 胡曙光，陈义斌，马建宏，等. 水泥系基础处理材料研究与工程应用 [M]. 武汉：武汉理工大学出版社，2004.

[21] Birchall J, Howard A, Kendall K. Flexural Strength and Porosity of Cement[J]. Nature, 1981, 289(19): 388-389.

[22] Birchall J, Kendall K, Howard A. Cementitious product[P]. EP0021682.1981-01-07.

[23] Hasegawa M, Kobayashi T, Pushpalal G. A Newly Class of High Strength, Water and Heat Resistant Polymer-Cement Composite Solidified by and Essentially Anhydrous Phenol Resin Precursor[J]. Cement and Concrete Research，1995, 25(6): 1191-1198.

[24] 李北星. 无宏观缺陷水泥基复合材料的湿敏性与改性研究 [D]. 武汉：武汉工业大学 , 1998.

[25] Alford N, Birchall J. Fiber Toughening of MDF Cement[J]. Journal of Material Science, 1985, 20(1): 37-4.

[26] Bache H. Densified Cement/Ultrafine Particle-Based Materials[C]//Malhotra V. Ontario. Canimet: The Second International Conference on Superplasticizers in Concrete, 1981: 5-35.

[27] Bache H. Fracture Mechanics in Integrated Design of New, Ultra-Strong Materials and Structures[C]//Elfgren L. Fracture Mechanics of Concrete Structures: From Theory to Applications.London: Chapman & Hall, 1989: 382-398.

[28] Richard P, Cheyrezy M. Composition of Reactive Powder Concretes[J]. Cement and Concrete Research, 1995, 25(7): 1501-1511.

[29] Walraven J. The Evolution of Concrete.Structural Concrete，1999，(1): 3-11.

[30] Richard P, Cheyrezy M H. Reactive Powder Concretes with High Ductility and 200-800MPa Compressive Strength[J] ACI Special Publication,1994，144: 507-518.

[31] Cheyrezy M, Maret V, Frouin L. Microstructural Analysis of RPC(Reactive Powder Concrete)[J]. Cement and Concrete Research, 1995, 25(7): 1491-1500.

[32] Cheyrezy M, Daniel J. Specific Production and Manufacturing Issues[C]//Reinhardt He. High Performance Fiber

Reinforced Composites.London: E&FN Spon，1996: 25-42.

[33] Adeline R, Lacheme M, Blaif P. Design and Behavior of the Sherbrooke Footbridge[C]//Canada: Proceedings of International Symposium on High Performance and Reactive Particle Concrete, 1998.

[34] 冯修吉，胡曙光. 聚合物 - 铝酸 - 钙界面组成与结构的 XPS 研究 [J]. 硅酸盐学报，1991,19(6):481-487.

[35] Hu S. Studies of MDF Cement Reinforced with Glass Fiber[C]//Sakata：MAETA Workshop on High Flexural Polymer-Cement Composite, 1996:131-135.

[36] Shen P, Lu L, Wang F, et al. Water Desorption Characteristics of Saturated Lightweight Fine Aggregate in Ultra-High Performance Concrete[J]. Cement and Concrete Composites, 2020, 106: 103456.

[37] Powers T C. Structure and Physical Properties of Hardened Portland Cement Pastes [J]. Journal of the American Ceramic Society, 1946, 41(1): 1-6.

[38] Griffith A. The Phenomena of Rupture and Flow in Solids[J]. A Philosophical Transactions of the Royal Society of London, 1921, 221: 163-198.

[39] Hu S, Li Y. Research on the Hydration, Hardening Mechanism, and Microstructure of High Performance Expansive Concrete[J]. Cement and Concrete Research, 1999, 29: 1013-1017.

[40] 胡曙光. 先进水泥基复合材料 [M]. 北京：科学出版社，2009.

[41] 朱明，胡曙光. 水泥基材料颗粒特征与性能的分形理论研究水泥工程 [J]. 水泥工程，2007, 6(4): 7-10.

[42] Peng Y, Hu S, Ding Q. Preparation of Reactive Powder Concrete Using Fly Ash and Steel Slag Powder[J]. Journal of Wuhan University of Technology (Material Science Edition), 2010(2): 349-354.

[43] Shen P, Lu L, He Y, et al. Investigation on Expansion Effect of the Expansive Agents in Ultra-High Performance Concrete[J]. Cement and Concrete Composites, 2020, 105: 103425.

[44] Hu S. The Increasing Strength Mechanism of the Role of Interfacial Bond in MDF Cement[C]// New Delhi: 9th International Congress on the Chemistry of Cement, 1992: 393.

[45] Hu S. An Investigation of Bonding Behavior on the Interface of Polyacrylamide-Aluminous Composites[J]. Journal of Wuhan University of Technology (Material Science Edition), 1993, 8(2): 19.

第五章

超高性能混凝土

第一节
概述

超高性能混凝土（ultra-high performance concrete，UHPC）是新一代的水泥基建筑材料，由 Larrard 和 Sedran 在 1994 年首次提出此概念 [1]。超高性能混凝土采用最紧密堆积原理进行配合比设计，优化减水剂与胶凝组分相容性，以提升基体致密性和流动性，掺加 1%～3% 体积分数的短切钢纤维以增加其韧性，采用现场浇筑和常规养护制度进行制备，具有高工作性、超高耐久性、超高韧性以及超长服役性能。超高性能混凝土现已成为国内外研究与应用的重要发展方向，引起了法国、日本、美国等各国的广泛关注，并投入大量经费开展材料与工程应用研究。20 世纪 90 年代，我国开始了超高性能混凝土的研究，然而实际工程应用还很少 [2]。本章将从超高性能混凝土的材料组成、设计制备方法以及力学与耐久性能等四个方面简述超高性能混凝土的研究与发展现状。

目前，世界各国仍没有对超高性能混凝土的定义达成共识。由表 5-1 可知，欧美国家对超高性能混凝土的定义主要包含力学性能与耐久性两方面，一般规定超高性能混凝土的 28d 抗压强度至少在 120MPa，具有优异的拉伸强度与韧性，同时能满足耐久性能要求。

表5-1　世界各国关于超高性能混凝土的规范与定义

机构	标准	定义
美国混凝土协会（ACI）	ACI 239 "Structural Design of Ultra-High Performance Concrete"	超高性能混凝土：最低抗压强度为 150MPa（约22000psi），并满足特定耐久性、拉伸延展性与韧性要求，且通常加入纤维以取得上述性能
美国材料与试验协会（ASTM）	ASTM C1856 "Standard Practice for Fabricating and Testing Specimens of Ultra-High Performance Concrete"	超高性能混凝土：一种水泥基材料，最低抗压强度为120MPa（约17000psi），通常会加入纤维，且采用标准测试方法测得的其他性能满足耐久性、延展性和韧性要求
瑞士工程师和建筑师协会（SIA）	SIA 2052 "Ultra-High Performance Fibre Reinforced Cement-based composites（UHPFRC）: Construction material, dimensioning and application"	超高性能混凝土：一种包含水泥、掺合剂、细集料、短切纤维、水和外加剂的复合材料，基体的高致密性使其具有极高的抗渗性，28d龄期的立方体抗压强度一般在120MPa以上
法国标准化协会（AFNOR）	NF P18-470 "Ultra-High Performance Fiber-Reinforced Concrete-Specifications, Performance, Production and Conformity"	超高性能混凝土应满足以下指标：抗压强度：130～250MPa 90d饱水孔隙率≤9.0% 90d Cl⁻扩散系数≤0.5×10⁻¹²m²/s

超高性能混凝土的材料组成主要包括水泥、密实掺合料（硅灰、石英粉等）、黏度改性掺合料（粉煤灰、矿渣粉等）、化学功能材料（超塑化剂、早强剂等）、细集料（石英砂）、水和短切钢纤维。与传统混凝土相比，超高性能混凝土具有以下几个显著特点[1-5]：

① 水胶比极低。由图 5-1 所示，高强高性能混凝土的水胶比一般为 0.3 左右，但超高性能混凝土的水胶比则在 0.25 以下，普遍在 0.16 ~ 0.20 之间。

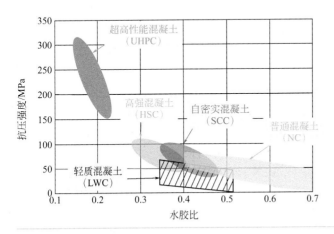

图5-1
典型混凝土材料抗压强度与水胶比的关系

② 胶凝材料用量高。超高性能混凝土的水泥用量在 700 ~ 1000kg/m³ 之间，几乎为普通混凝土的 2 倍。通过比较典型高性能混凝土与超高性能混凝土的体积组分，从图 5-2 可以看到超高性能混凝土水泥石体积含量通常高于 50%，而高性能混凝土则只有 30% 左右。

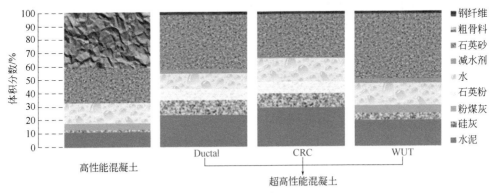

图5-2 典型高性能与超高性能混凝土材料体积组分

③ 掺入硅灰。硅灰与水化产物 Ca(OH)₂ 的二次水化反应使水化微结构更为致密，同时在颗粒最紧密堆积效应中起到关键的填充密实作用，硅灰的物理与化

学协同密实效应也是超高性能混凝土高强高耐久的重要因素之一。

④ 超塑化剂掺量高。鉴于超高性能混凝土微细粉料含量高以及水胶比低，其超塑化剂的用量占胶凝组分质量的 1% ~ 3%，高出传统混凝土用量数倍。

⑤ 水化程度低。超高性能混凝土的极低水胶比限制了胶凝材料的水化程度，水化 28d 后的反应程度不到 40%，导致基体中含有大量的未水化颗粒。这一特性也为工业废渣在超高性能混凝土中的资源化利用提供了便利[4-7]。

为了推进超高性能混凝土的研究并使其标准化，世界各国陆续制定、颁布了超高性能混凝土的施工应用标准。2002 年，法国土木工程学会（AFGC）颁布了最早一部相对完善的超高性能混凝土结构设计指南 "Ultra - High Performance Fiber Reinforced Concrete - Interim Recommendations"，并根据后续研究成果和实际工程应用经验，于 2013 年颁布了该指南的修订版。2004 年，日本土木工程学会（JSCE）颁布了《超高强纤维增强混凝土（UFC）结构设计施工指南（草案）》。2013 年，美国联邦公路管理局（Federal Highway Administration，FHWA）颁布了关于预制 UHPC 华夫型桥面板的设计指南 "Design Guide for Precast UHPC Waffle Deck Panel System, Including Connections"。2014 年，瑞士工程师与建筑师协会（SIA）发行了 SIA 2052 标准《UHPFRC：建筑材料、设计与应用》。中国混凝土与水泥制品行业协会颁布了《超高性能混凝土基本性能与试验方法》（T/CCPA 7—2018）。上述标准的制定不仅推进了超高性能混凝土材料的研究，更为超高性能混凝土在建筑工程中的应用提供了依据。

著者团队近年来围绕超高性能混凝土的材料体系设计、微结构演变与宏观性能的关联、体积稳定性与耐久性等方面开展深入研究，制备出绿色、轻质且高体积稳定性的超高性能混凝土材料，并应用于生活垃圾预处理工厂、钢桥面铺装等重要工程，取得显著的社会与经济效益。

第二节
超高性能混凝土的设计

一、超高性能混凝土的制备准则

超高性能混凝土的制备主要遵循以下几方面的技术准则[2-4]：

（1）优化颗粒级配，以提高材料的密实度　混凝土颗粒体系的堆积密实度对其性能有重要影响。混凝土颗粒堆积密实度的提高可以加快体系的水化反应进程，增强体系的微观结构，提高其力学性能。因而，优化组成材料的颗粒级配，提高其堆积密实度是制备超高性能混凝土的关键之一。

（2）采用与活性组分相容性良好的高效减水剂，以提高新拌材料流动性　超高性能混凝土必须选择与活性组分相容性良好的高效减水剂，在降低水胶比的同时，使浆体在最小用水量下仍具有良好的流动性。材料胶凝体系与减水剂的相容性可以通过新拌浆体的流动扩展度来表征。

（3）最小化基体薄弱区域，提高材料的结构均质性　混凝土在细微观尺度上是由集料、水泥石以及两者之间的界面过渡区组成的多相多孔非均质材料[8,9]。混凝土的非均质性主要体现在力学（集料和水泥石的弹性模量差异）、物理（各相膨胀系数的差异）以及化学（化学收缩性质的差异）等方面。在服役环境与外部荷载的耦合作用下，混凝土内部由于变形不一致容易在界面处产生剪切应力和拉应力，导致微裂缝的形成，最终降低混凝土的力学与耐久性能。超高性能混凝土主要通过以下途径消除缺陷，提高均质性：①降低集料粒径，减小界面过渡区的厚度和范围，同时集料粒径的减小也降低了自身存在缺陷的概率，从而在整体上提升体系的均质性；②提升水泥石的力学性能，降低其与集料弹性模量的差异性。超高性能混凝土中含有较多活性组分，其二次水化反应会消耗大量 $Ca(OH)_2$ 晶体，同时生成更多水化硅酸钙凝胶，改善界面区的微观结构，提高浆体的密实性。超高性能混凝土中集料与硬化水泥石的弹性模量之比在 1.0 ～ 1.4 之间，两者不均匀性的影响几乎消除；③通过内养护技术增强水泥石与集料界面过渡区。界面过渡区为混凝土的薄弱区域，通过引入轻集料[10-19]和超吸水性树脂[20-23]持续补充胶凝组分水化所需水分，提高界面过渡区的密实度与强度。

（4）掺入短切钢纤维，以提高韧性和延性　混凝土的水泥石与集料均为典型的准脆性材料，在剪切与拉应力作用下容易开裂破坏。混凝土在荷载作用下利用短切钢纤维极高的拉伸强度以充分发挥其裂纹桥接作用，提高混凝土的抗拉强度与韧性。通常，超高性能混凝土中使用的钢纤维直径在 0.15 ～ 0.20mm，长度约13mm，体积掺量为 1.5% ～ 3%。

二、基于响应面法超高性能混凝土材料体系设计方法

目前超高性能混凝土主要采用基于 Dinger-Funk 方程的最紧密堆积设计方法，但存在分布模数难以确定、颗粒堆积状态与计算结果偏差较大的问题。响应面法（response surface methodology）是通过设计系列实验并测试取得实验数据[24,25]，然后采用多元二次回归方程拟合影响因素与响应值之间的函数关系，通过曲面建

模和分析寻求最佳参数，可以实现多个变量的最优化。本节提出利用响应面法研究水泥、硅灰和粉煤灰三种颗粒组分对超高性能水泥基材料堆积密实度、超高性能混凝土工作性能的影响规律，建立水泥、硅灰和粉煤灰三个变量与堆积密实度和工作性能的二次回归方程，分别针对堆积密实度和工作性能两个响应值，进行组分优化设计，确定最优数据范围和密实程度最优区域，并在此区域内求得工作性能影响变量的最优值，制备出一种既密实程度高又工作性能优异的超高性能混凝土。

1. 最优分布模数确定

首先，使用 Dinger-Funk 方程计算分布模数分别为 $0.19 \sim 0.25$ 的水泥-粉煤灰-硅灰三元胶凝材料体系，然后使用最小扩展度测试方法测定其最大湿堆积密实度（固定减水剂为胶凝材料的 2%）。如图 5-3 所示，胶凝材料的湿堆积密实度首先随着分布模数的增加而增大，在 0.225 时达到最大值，此后最大湿堆积密实度随着分布模数的增加而持续减小。最大湿堆积密实度与分布模数之间的关系见式（5-1）。

$$\Phi = -59.766n^2 + 26.81n - 2.2975 \quad (R^2 = 0.9195) \tag{5-1}$$

式中 Φ——最大湿堆积密实度；

       n——分布模数。

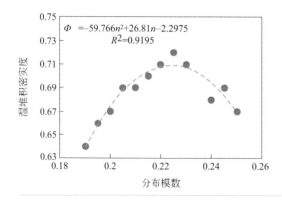

图5-3
不同分布模数的超高性能混凝土湿堆积密实度

因此，水泥-粉煤灰-硅灰三元胶凝材料体系的最佳分布模数在 $0.22 \sim 0.23$ 之间。考虑超高性能混凝土中胶凝材料用量大的特点，确定分布模数为 0.225 进行 Dinger-Funk 方程最紧密堆积计算。原材料的粒径分布见图 5-4 所示。通过 Dinger-Funk 方程［式（5-2）］计算得到三元胶凝体系最紧密堆积的标准曲线。然后将计算得出的每一粒径分布下实际曲线中累积筛余量与目标曲线值的均方差加以对比，采用最小二乘法使均方差最小，即实际级配曲线与目标曲线间的偏离幅度最小。经过迭代计算得到的超高性能混凝土固体颗粒配合比如表 5-2 所示。

$$U(D_p) = 100 \frac{D_p^n - D_{min}^n}{D_{max}^n - D_{min}^n} \tag{5-2}$$

式中 D_p——当前粒径，μm；

D_{max}——粉料中的最大粒径，μm；

D_{min}——粉料中的最小粒径，μm；

n——分布模数；

$U(D_p)$——粒径为 D_p 的累计筛下百分数。

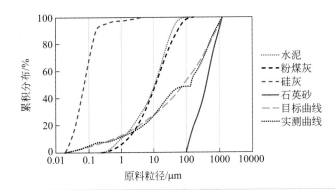

图5-4
超高性能混凝土最佳堆积密实度标准和实际粒径分布曲线

表5-2　基于Dinger-Funk方程计算的超高性能混凝土固体颗粒配合比

原材料	水泥	粉煤灰	硅灰	砂
质量比例	0.80	0.20	0.15	1.25

2. 中心组合设计

在响应面法中，针对响应值与变量之间的关系，采用中心组合设计进行试验过程的设计，设计示意图如图 5-5 所示。图中立方体的角点代表了组合设计中 +1 和 −1 在空间分布上的可能性，轴中心点代表了立方体每个面距离中心的距离。其中 +1 和 −1 是在表 5-3 的比例范围内取值。

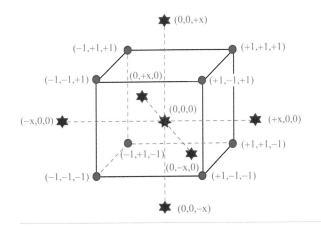

图5-5
中心组合设计中乘阶、轴和中心点的分布示意图

表5-3 响应面分析各因素大小取值

分类	最大最小值/g		
	-1	0	+1
水泥	320	360	400
粉煤灰	40	80	120
硅灰	40	60	80

基于上述中心组合的设计点及测试响应值，采用二阶响应面函数拟合实验数据，二次多项式如式（5-3）所示：

$$y = \beta_0 + \sum \beta_i x_i + \sum \beta_{ii} x^2 + \sum \beta_{ij} x_i x_j \qquad (5-3)$$

式中 β_0，β_i，β_{ii} 和 β_{ij} ——二次项待定系数；

  x——变量；

  y——响应值。

采用最小二乘法精确求解变量与响应值之间的回归方程。首先，确定水泥、硅灰和粉煤灰用量为关键变量，湿堆积密实度和扩展度是响应值，研究三因素变量与响应值之间的关系。基于表5-2的水泥、硅灰和粉煤灰的质量比例，在所计算的比例范围内进行浮动，确定三种变量因素的范围，具体的范围如表5-3所示，湿堆积密实度和扩展度测试结果如表5-4和表5-5所示。

表5-4 中心组合设计变量及湿堆积密实度实验结果

编号	水泥/g	粉煤灰/g	硅灰/g	湿堆积密实度
1	400	120	80	0.710
2	400	120	40	0.684
3	400	40	80	0.659
4	400	40	40	0.679
5	320	120	80	0.706
6	320	120	40	0.723
7	320	40	80	0.691
8	320	40	40	0.701
9	430	80	60	0.703
10	360	159.6	60	0.720
11	360	80	96.6	0.691
12	290	80	60	0.704
13	360	10	60	0.679
14	360	80	25.4	0.723
15	360	80	60	0.709

表5-5　中心组合设计变量及扩展度实验结果

编号	水泥/g	粉煤灰/g	硅灰/g	水胶比	胶砂比	扩展度/mm
1	400	120	80	0.18	1.25	140
2	400	120	40	0.18	1.25	225
3	400	40	80	0.18	1.25	120
4	400	40	40	0.18	1.25	165
5	320	120	80	0.18	1.25	180
6	320	120	40	0.18	1.25	220
7	320	40	80	0.18	1.25	110
8	320	40	40	0.18	1.25	130
9	430	80	60	0.18	1.25	165
10	360	159.6	60	0.18	1.25	190
11	360	80	96.6	0.18	1.25	130
12	290	80	60	0.18	1.25	180
13	360	10	60	0.18	1.25	115
14	360	80	25.4	0.18	1.25	235
15	360	80	60	0.18	1.25	170

3. 拟合模型及验证

使用 Design Expert 设计软件对表 5-4 和表 5-5 中的数据结果进行二次多项方程式拟合，优化水泥、粉煤灰和硅灰三个变量，得到以湿堆积密实度和扩展度为响应，以三个变量为自变量的计算模型，如式（5-4）和式（5-5）所示：

$$y_1 = 3.71 + 5.32x_1 + 16.05x_2 + 3.42x_3 + 0.43x_1x_2 + 1.08x_1x_3 + 1.7x_2x_3 + 1.67x_1^2 + 3.66x_2^2 + 0.93x^2$$

（5-4）

$$y_2 = 50.37 + 0.47x_1 + 155.59x_2 + 157.32x_3 + 10.94x_1x_2 + 8.22x_1x_3 + 5.88x_2x_3 + 14.2x_2^2$$

（5-5）

式中　y_1，y_2——分别是湿堆积密实度和扩展度；

x_1，x_2 和 x_3——水泥、粉煤灰和硅灰的用量。

为验证该模型的适用性和可靠性，使用方差分析确定变量的显著性及拟合结果的可靠性，结果如表 5-6 所示。模型的失拟度 P 值为 0.0226<0.0500，表明所建立的模型具有显著水平。表中失拟度 P 值表征模型与实验结果的拟合程度，湿堆积密实度拟合模型的失拟度 P 值小于 0.0500，说明模型与实验数据相关性好，二次拟合方程的拟合性良好。从表中水泥、粉煤灰和硅灰三个变量的 P 值可知，三个因素对湿堆积密实度及其交互作用具有显著的影响。

表5-6　湿堆积密实度和扩展度响应面模型方差分析

分类	方差和		P值	
	湿堆积密实度	扩展度	湿堆积密实度	扩展度
x_1	89.4	29.9	0.0438	0.04977
x_2	7986.3	9999.5	0.0025	0.0001
x_3	1023.6	10110.5	0.0942	0.0001
$x_1 x_2$	536.2	703.1	0.0525	0.0063
$x_1 x_3$	624.5	528.1	0.3230	0.0142
$x_2 x_3$	465.3	378.1	0.0221	0.0320
$x_1 x_1$	126.3	—	0.0226	—
$x_2 x_2$	953.2	912.4	0.0849	0.0027
$x_3 x_3$	759.2	—	0.0356	—

从图 5-6 和图 5-7 中可知，超高性能混凝土的湿堆积密实度和扩展度预测值与实验测试值接近，通过式（5-6）对其相关性进行计算，实验测试的湿堆积密实度在预测直线及附近分布，相关性系数 R^2=0.89，说明回归模型准确可靠。回归方程式（5-5）中预测的扩展度与实验测试值相关性好，相关性系数 R^2=0.97。综上所述，式（5-4）和式（5-5）所得到的材料湿堆积密实度模型和扩展度模型的准确性良好，可以较准确地预测与分析其堆积密实度和扩展度。

$$R^2 = y_{ij} - \overline{y} \tag{5-6}$$

式中　　R——方差；

y_{ij}——各响应值；

$\overline{y}$——响应值的平均数。

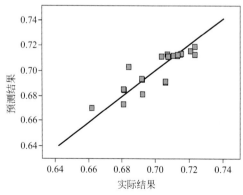

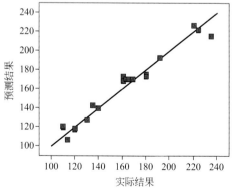

图5-6　湿堆积密实度预测值与实测值之间的关系

图5-7　扩展度预测值与实测值之间的关系

4. 湿堆积密实度和扩展度响应曲面分析

图 5-8 是材料湿堆积密实度模型对应变量水泥、粉煤灰和硅灰所构成的空间曲面及等高线图，直观反映了变量对堆积密实度响应值的影响。图中响应曲面的变化程度可以反映变量对响应的影响程度，其等高线的形状则可以反映两个变量交互作用的影响，其中圆形等高线说明交互作用不显著，而椭圆形的等高线说明交互作用明显。

由图 5-8（a）可知，湿堆积密实度随着粉煤灰掺量的增加而升高，说明细度较低的粉煤灰对堆积密实度有利，在粉煤灰用量为 120g 时达到最大湿堆积密实度。从图 5-8（b）可知，在粉煤灰用量固定时，随着硅灰和水泥用量的减小，密实度出现升高的趋势，但是三维响应面扭曲不明显，说明两种组分的交互作用较弱，在硅灰用量为 40g 和水泥用量为 320g 时获得最大湿堆积密实度。从图 5-8（c）可知，当水泥用量固定时，湿堆积密实度随着粉煤灰和硅灰比例的变化而变化，其交互作用对堆积密实度影响显著。图 5-9 所示为水泥（A）、粉煤灰（B）和硅灰（C）三个自变量在计算模型中的敏感性，从图中可知，超高性能混凝土的湿堆积密实度主要受到粉煤灰掺量的影响，选择合适的粉煤灰与硅灰比例对于密实度有利。

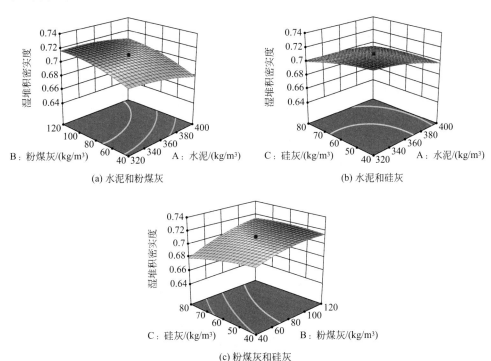

图5-8 超高性能混凝土组分变量对湿堆积密实度影响的响应面三维图

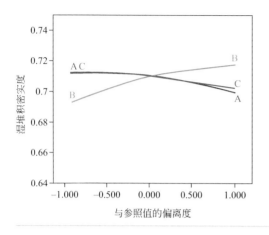

图5-9

成分变化的变量对湿堆积密实度的影响

图 5-10 是超高性能混凝土扩展度回归模型对应变量水泥、粉煤灰和硅灰所构成的空间曲面及等高线图。由图 5-10（a）可知，扩展度随着粉煤灰的用量增加而增大，具体体现为曲面变化迅速且等高线密集，说明粉煤灰对其扩展度的影响更加显著。从图 5-10（b）可知，在粉煤灰用量保持不变时，扩展度随着水泥用量的增加而增大，三维响应曲面出现扭曲，说明两者的交互作

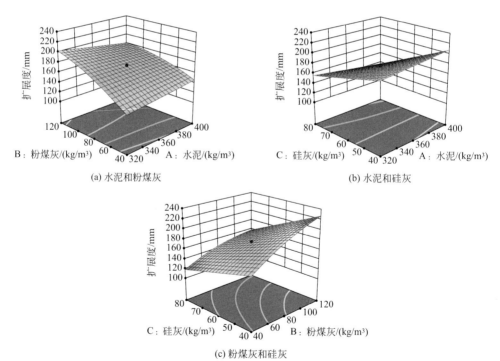

(a) 水泥和粉煤灰

(b) 水泥和硅灰

(c) 粉煤灰和硅灰

图5-10　超高性能混凝土组分变量对扩展度影响的响应面三维图

用显著。从三维曲面变化和等高线变化可知，硅灰用量对扩展度的影响较大，随着掺量的增大，扩展度快速降低。为能够制备出工作性能优异的超高性能混凝土，在保证堆积密实程度的同时，需尽量减少硅灰的用量。由图5-10（c）可知，硅灰和粉煤灰变量的三维响应曲面基本不扭曲，从侧面说明两者的交互作用较小。从等高线分布密度来看，硅灰和粉煤灰对扩展度的影响程度相近，但其作用相反。由此可知，对扩展度影响的显著性程度排序为：粉煤灰 > 硅灰 > 水泥，同时回归方程中的此三种变量的系数的绝对值大小也遵循此顺序，说明曲面分析结果可靠。图5-11所示为水泥（A）、粉煤灰（B）和硅灰（C）三个自变量在计算模型中的敏感性，超高性能混凝土的工作性能主要受到粉煤灰和硅灰掺量的影响，粉煤灰掺量增加，硅灰掺量降低均可以显著提升工作性能。

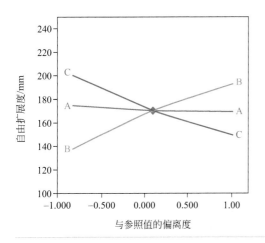

图5-11

成分变化的变量对扩展度的影响

上述响应面法分析得到的最优配合比是在兼顾湿堆积密实度和扩展度两种性能基础上，因此，综合上述组分对两种主要性能的响应规律，使用数值优化的方法进行期望函数分析，具体公式如下：

$$D = (d_1^{r_1} d_2^{r_2} d_3^{r_3} \cdots d_n^{r_n})^{1/\sum r_i} = \left(\prod_i^n d_i^{r_i} \right)^{1/\sum r_i} \tag{5-7}$$

式中　D——期望函数值；

　　　n——响应参数的数量，共计5个，分别是水泥、硅灰、粉煤灰、堆积密实度和扩展度；

　　　r_i——各响应参数的重要程度；

　　　d_i——每个响应参数的比较值。

在实际操作过程中，在保证流动性能的同时，尽可能增加堆积密实度，具体采用 Design Export 软件中 Optimization 中的 Numerical 计算程序获得，水泥∶粉煤灰∶硅灰为 320∶120∶40，为了验证超高性能混凝土配合比优化结果的准确性，进行了 6 次重复试验，试验得到的堆积密实度和扩展度的平均值分别为 0.72 和 220mm，说明模型优化预测数据误差小。通过响应面法，可在水胶比为 0.18 时制备出扩展度为 220mm 的超高性能混凝土，其固体粉料的比例如表 5-7 所示，钢纤维掺量、水胶比和减水剂用量等参数通过配合比优化设计进一步确定。

表5-7 超高性能混凝土固体粉料比例

原材料	水泥	粉煤灰	硅灰	砂
质量比例	0.80	0.30	0.10	1.25

第三节
超高性能混凝土的物理力学性能

一、工作性能

在研究初期，超高性能混凝土的超高性能主要体现在强度与耐久性两项指标上。随着超高性能混凝土在钢桥面铺装、高层建筑中的应用，工作性的调控逐渐变得更为重要，以利于其在上述应用中的现场浇筑或高远程泵送操作。超高性能混凝土的超低水胶比与复杂多元胶凝组分的特性使其搅拌过程中呈现出有别于普通或高性能混凝土的特点。首先，超高性能混凝土需要更长的搅拌时间和更高的搅拌功率来实现最紧密堆积粉料体系在有限含水量下的充分分散。图 5-12 是超高性能混凝土的一种典型搅拌工艺流程。可以看到，超高性能混凝土需要更长搅拌时间从干料转变到浆体状态。其次，在加料顺序上，一般先将超细组分（如硅灰或超细石英粉）与石英砂同时加入，在慢速搅拌下利用搅拌叶带起石英砂以起到对团聚粉体颗粒的分散作用。最后，超高性能混凝土粉料在拌合过程中出现特有的状态转变点，如图 5-13 所示。加水后干料表面逐渐被水膜包裹，颜色从浅灰色变为灰色，加入超塑化剂（superplasticizer）后，粉料颗粒被进一步分散从而释放出更多水分，其颜色进一步变深。进一步搅拌后，湿料逐渐从粉状向颗粒状转变成团，这一时间点称为状态转变时间（turnover time），湿料最终转变为均一的浆体。

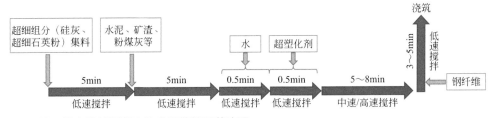

图5-12 超高性能混凝土的典型搅拌工艺流程

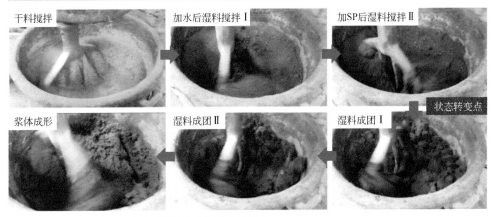

图5-13 超高性能混凝土在搅拌过程中状态的转变

　　超高性能混凝土工作性的主要影响因素可以分为材料属性与制备属性，其中材料属性包括减水剂的种类与掺量、掺合料的掺量与细度等；制备属性则体现在搅拌过程中粉料的分散程度。如图 5-14（a）所示，三种市售减水剂在相同掺量下制备的超高性能混凝土的自由扩展度差异较大，主要跟减水剂与复合胶凝组分的相容性相关。随着减水剂掺量的增加，超高性能混凝土的扩展度逐渐增加，直至减水剂的掺量达到饱和［图 5-14（b）］。硅灰的 SiO_2 含量和生产方式（加密或未加密）也会影响超高性能混凝土的工作性，一般来说，SiO_2 含量越低，碳等杂质含量越高，对减水剂的吸附越严重，因此新拌浆体的扩展度越低。加密硅灰通过在生产端对硅灰进行压缩增加其密度以便于运输，但在搅拌时更难以分散，因此导致浆体的扩展度降低［图 5-14（c）］。矿渣粉颗粒在微观尺度呈现出更为光滑的表面，有利于颗粒在润湿状态下的滑动，因此用矿渣粉取代水泥会增加浆体的扩展度［图 5-14（d），图中横坐标上 S 代表矿渣粉，数字代表矿渣粉取代水泥的质量分数］。短切钢纤维的细长几何特性和随机分布状态会增加浆体的流动阻力，因此在加入钢纤维后，浆体的流动性降低，自由扩展度只有素浆体时的 82.6%［图 5-14（e）］。针对制备属性而言，随着拌合物容量的增加，搅拌机在搅拌过程中通过叶片传递到浆体的搅拌力增大，更有利于湿料的分散，因此浆体的自由扩展度增高［图 5-14（f）］。

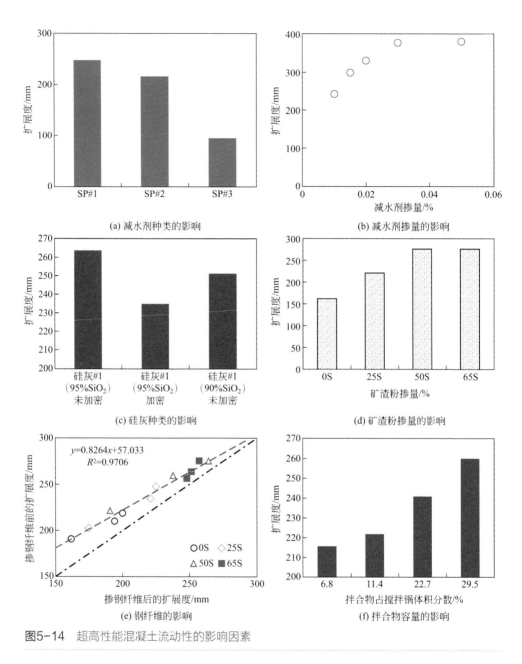

图5-14 超高性能混凝土流动性的影响因素

　　同时，超高性能混凝土浆体的黏度要高于普通混凝土，加之减水剂的掺量更高，导致搅拌过程中会引入不同含量的气泡。如图 5-15（a）所示，浆体的扩展度越低，浆体越黏稠，引入气泡更不易在搅拌过程中逸出，因此含气量越高。加入钢纤维，由于其尖锐的几何特性，在拌合过程中会将部分气泡扎破，导致含气量降低[（图5-15（b）]。

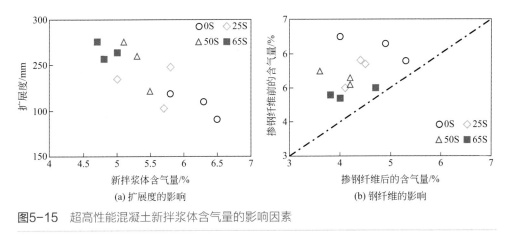

(a) 扩展度的影响　　　　　　　　(b) 钢纤维的影响

图5-15　超高性能混凝土新拌浆体含气量的影响因素

二、水化与微结构演变

1．超高性能混凝土的水化行为

超高性能混凝土的材料组成特性直接决定了其水化与微结构演变的特有规律。从图5-16中可以看出，超高性能混凝土在拌合后的10h内处于水化反应的潜伏期，没有明显放热。超高性能混凝土进入反应加速期后，产生大量热量并出现放热反应峰。大约22h后，水化反应速率开始下降，60h左右逐渐进入稳定期。与之相比，高性能混凝土拌合后水化反应进程更快，拌合3h后即出现明显的水化放热峰，剧烈水化反应持续时间更长，接近25h。由图5-17可知，超高性能混

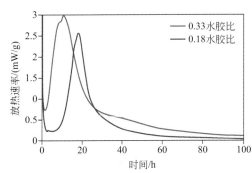

图5-16　超高性能与高性能净浆水化放热

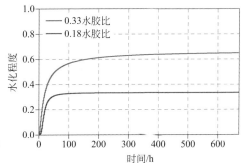

图5-17　超高性能与高性能净浆的水化程度发展曲线

凝土水化 28d 后的反应程度仅为 33%。这是由于超高性能混凝土极为有限的含水量严重制约了水泥与水反应的程度，同时其高度密实的基体结构则限制了水化产物的生长空间，两方面的叠加效应导致胶凝组分在超高性能混凝土体系中的水化程度远低于普通混凝土。通过 X 射线计算机断层扫描技术得到超高性能混凝土的三维图像，可以明显看到大量未水化水泥颗粒的存在（图 5-18）。同时注意到，超高性能混凝土的诱导期要远长于传统混凝土，一般在 7 ~ 15h 之间，主要是由于大量超塑化剂的使用，导致水泥等胶凝组分颗粒表面长时间处于超塑化剂长链分子形成的保护膜包裹下，从而延缓了水泥与水的接触。图 5-19 为不同超塑化剂掺量（1%、2%、4% 和 6%）的超高性能混凝土的水化放热，可以看出当超塑化剂掺量为 1% 时，水化反应潜伏期为 3h，掺量为 4% 和 6% 时，潜伏期分别持续 8h 和 11h。

 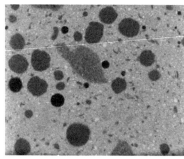

图5-18
超高性能混凝土的X射线计算机断层扫描图

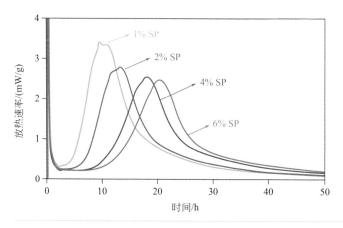

图5-19
超塑化剂对超高性能混凝土水化放热的影响

2.超高性能混凝土的孔结构

超高性能混凝土的孔结构分布与传统水泥基材料存在较大差异。由图 5-20 所示，两类样品的孔径分布均呈现单峰分布特征，但是峰的形状相差较大。普通水泥净浆的孔隙率更高，且孔主要为大于100nm的毛细孔。超高性能混凝土主要孔径分布介于5～30nm之间，由于水化程度较低，10nm以下的凝胶孔较少。由于内部颗粒堆积状态良好，且含有超细硅灰，使其内部大于30nm的孔较少。

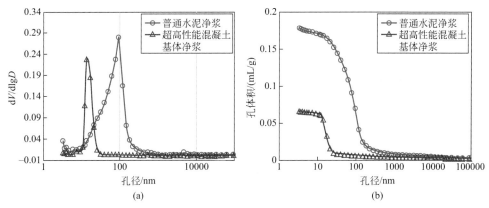

图5-20 1d龄期超高性能混凝土基体和普通水泥净浆孔结构对比

图5-21和表5-8是超高性能混凝土的基体孔径分布随养护龄期的变化规律。随着水化时间的延长，孔径分布明显向孔径小的方向移动，孔隙率明显降低。水化12h后，浆体内部孔径主要集中在100nm，且存在一部分大孔，孔隙率接近17%。水化24h后，孔径明显细化，主要分布在20～30nm之间，孔隙率下降至14%。继续水化7d时，孔径细化程度不明显，孔隙率降至11%。当水化28d时，孔径主要分布在10～20nm之间，孔隙率降至6%。根据孔径对耐久性的影响对超高性能混凝土孔径分布进行统计（表5-8）。孔隙率低、孔径小也是超高性能混凝土超高强度、高耐久的重要原因。

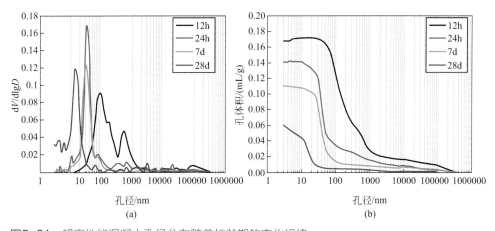

图5-21 超高性能混凝土孔径分布随养护龄期的变化规律

表5-8　超高性能混凝土孔径分布统计

时间	<10nm	10～100nm	100～1000nm	>1000nm
12h	0	4.26%	10.21%	2.71%
24h	0.12%	10.52%	2.05%	1.53%
7d	0.26%	9.19%	0.76%	0.80%
28d	3.5%	7.70%	0.60%	0.30%

3. 超高性能混凝土的水化产物特性

图 5-22 所示为超高性能混凝土水化产物随时间演变。在水化初期，超高性能混凝土较长时间处于潜伏期，XRD 图谱中未观察到 $Ca(OH)_2$ 的产生。随着水化的进行，10.6h 后水化进入加速期，水化产物大量生成，XRD 图谱中可以看到明显的 $Ca(OH)_2$ 谱峰。随着水化的不断进行，$Ca(OH)_2$ 含量持续增加，之后钙矾石的形成以及硅灰的火山灰反应会消耗一部分生成的 $Ca(OH)_2$，导致后期 XRD 图谱中 $Ca(OH)_2$ 谱峰的降低。图 5-23 为超高性能混凝土不同龄期的扫描电镜照片。水化初期，SEM 图片中没有明显的水化产物，且整体形貌较为疏松。随着水化龄期延长，可以观察到原料颗粒表面有明显的水化产物的沉积，且整体形貌进一步密实。

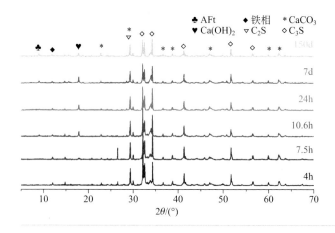

图5-22
超高性能混凝土不同龄期水化产物XRD

图 5-24 为超高性能混凝土水化 28d 后的 FE-SEM 照片[26]。水化产物主要为 C-S-H 凝胶、$Ca(OH)_2$ 和 AFt 晶体。AFt 多呈针棒状堆积。$Ca(OH)_2$ 结晶形态良好，呈六方板状[26-28]。图 5-25（a）为养护 28d 超高性能混凝土净浆的背散射电子（back scattered electron，BSE）图像及 EDS 分析。未水化水泥的平均原子序数较大，在图像中表现为较高的亮度；灰色区域为水化产物，最暗的

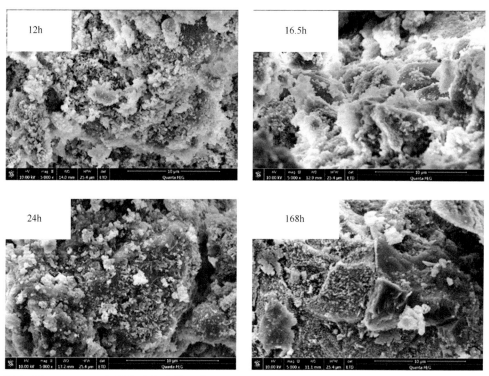

图5-23　UHPC不同龄期水化产物形貌

(a) Ca(OH)₂和AFt　　　　　　　　　　　(b) C-S-H

图5-24　超高性能混凝土净浆的水化产物FE-SEM照片（×5000）

黑色区域则是加工样品时灌注的环氧树脂所填充的孔隙。可以看到未水化水泥颗粒较多、尺寸较大，说明在极低水胶比情况下水泥的水化程度不高。图5-25（b）为图5-25（a）中矩形框部分的局部放大图，白色颗粒为Alite相，Ca(OH)₂的亮度稍暗，灰色的C-S-H凝胶大量填充于浆体中。

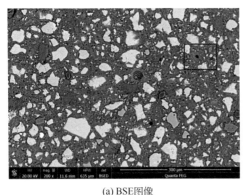
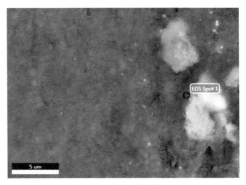

(a) BSE图像   (b) EDS分析

图5-25　养护28d超高性能混凝土净浆的（a）BSE图像与（b）EDS分析

三、力学性能

混凝土是一种典型的多尺度和物相不均质材料，从宏观到微观尺度上都表现出特定的性能，小尺度的物质通过多种组合方式组成更大尺度的材料，通常不同尺度的性能之间具有紧密的联系。对于力学性能，在宏观尺度上承载能力以抗压与抗拉弯强度表示，在微米尺度上以显微硬度值表征，纳/微尺度上使用纳米力学性能表示。

1. 超高性能混凝土的宏观力学性能

高强高韧是超高性能混凝土的超高性能最显著的体现。如图5-26所示，超高性能混凝土的早期与后期强度均远高于普通混凝土和高性能混凝土，常规养护1d后的抗压强度即达到90MPa，28d抗压强度高达170MPa左右。图5-27（a）是不同纤维掺量的超高性能混凝土试件的28d力学强度结果对比。钢纤维掺量的增加会

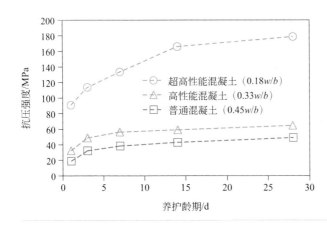

图5-26

超高性能混凝土、高性能与普通混凝土的强度对比

提高超高性能混凝土的力学强度。但当纤维掺量较高时，再增加纤维掺量对抗压强度影响较小。这是因为少量钢纤维掺入可以分散应力，避免应力集中导致基体出现正倒相接四角锥体的崩裂形式，但是当纤维掺量增加时引入较多的纤维增加了基体薄弱结合界面，所以对抗压强度的增幅减小。钢纤维的掺入对混凝土的抗折强度也有显著提高［图 5-27（b）］。未掺钢纤维时，混凝土抗折强度为 19MPa，掺入 1% 和 3% 体积分数的钢纤维后，抗折强度分别提高至 23MPa 和 35MPa。

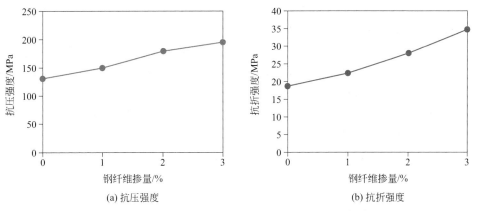

(a) 抗压强度   (b) 抗折强度

图5-27　钢纤维体积掺量对超高性能混凝土28d（a）抗压强度与（b）抗折强度影响

超高性能混凝土在受拉状态下的力学行为一般呈现出"应变硬化"的特点，表现在初裂后续强度呈现一定增长趋势。图 5-28 所示为 Graybeal 提出的超高性能混凝土在单轴受拉状态的理想应力应变曲线[29]，主要包括以下四个阶段。阶段 I 为线性弹性变形；在阶段 II，拉伸应力超过超高性能混凝土基体的拉伸强度，开始呈现塑性多缝开裂状态；阶段 III 为塑性应变硬化阶段；在阶段 IV，单个裂缝达到其应变极限，导致起裂缝桥接作用的纤维开始从基体中被拔出。

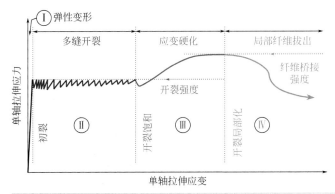

图5-28
超高性能混凝土单轴受拉状态下的理想应力应变发展曲线[29]

2．超高性能混凝土的微观力学性能

集料与水泥石界面区是混凝土中的薄弱区域，对混凝土的力学与耐久性能有重要影响。超高性能混凝土因制备过程中降低了粗集料粒径，掺入了高活性矿物掺合料，对于界面过渡区的形成具有抑制作用，同时内养护材料可以显著改善界面过渡区微观结构。图 5-29 所示为不同水胶比的超高性能混凝土的显微硬度变化规律。随着水胶比的增大，不论是界面区还是水泥基体的显微硬度值均出现明显下降，同时界面区的厚度也出现增加。界面增强区的厚度从 0.2 水胶比时的 100μm 增加至 0.4 水胶比时的 150μm 左右。但是从界面增强区域显微硬度的分布来看，低水胶比的样品显微硬度值在较小的厚度范围内下降幅度大，100μm 界面增强区的显微硬度差值为 256MPa，较 0.4 水胶比的样品提升 60%，说明高水胶比时界面增强幅度较小。在超高性能混凝土中形成的致密层对微观力学性能提升更加明显，该致密层结构对于混凝土性能的提升具有重要作用。需要说明的是，由于显微硬度测试所用的压头较大，测试距离较大，不利于增强层厚度的判断，下节将使用纳米压痕技术对其进一步测试。

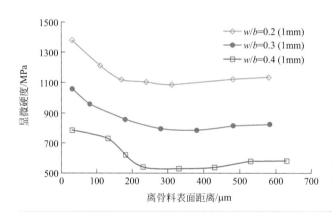

图5-29
超高性能混凝土石英砂界面过渡区的显微硬度

3．超高性能混凝土的纳米力学性能

纳米压痕技术是测试纳米力学性能的方法，在测试精度和尺度方面优于显微硬度，能够准确地表征混凝土中多相、多组分的弹性模量和硬度，尤其是可以得到主要水化产物 C-S-H 凝胶的纳米力学性能。图 5-30 所示为超高性能混凝土中水化产物、石英砂和水泥熟料矿相的纳米压痕荷载 - 位移曲线。在压痕加载、保载和卸载制度相同的情况下，不同的物相表现出显著不同的荷载 - 位移曲线。未水化颗粒和石英砂表现出较高的承载能力，其压痕的深度较低，其中水泥熟料的压痕深度仅为 100nm 左右，而水化产物表现出较疏松的结构，压痕

的深度较大，所测试的压痕深度介于 300 ～ 500nm。通过压痕荷载 - 位移曲线，可以较好地反映和辨别各物相的纳米力学性能[28, 30]。同时，根据荷载 - 位移曲线分类研究发现，超高性能混凝土中存在三种典型的不同结构的水化产物，分别为高密度水化产物［高密度（HD）C-S-H 凝胶］、低密度水化产物［低密度（LD）C-S-H 凝胶］和超高密度水化产物［超高密度（UHD）C-S-H 凝胶］，说明超高性能混凝土不同于普通混凝土，出现新的超高密度水化产物，对于性能的提升具有重要帮助。

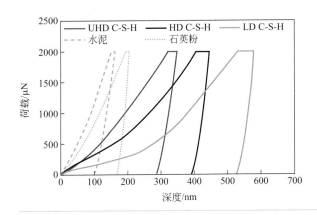

图5-30
水化产物、石英砂与水泥熟料矿相的纳米压痕荷载–位移曲线

根据压痕荷载 - 位移曲线，可以通过式（5-8）计算各物相压痕硬度和压痕弹性模量[31]：

$$M = \frac{1}{2}\left(\frac{\mathrm{d}p}{\mathrm{d}h}\sqrt{\frac{\pi}{A}}\right) h = h_{\max} \qquad (5\text{-}8)$$

式中　M——压痕弹性模量，GPa；

　　　p——加载荷载，N；

　　　h——深度，m；

　　　$h_{\max}$——最大深度，m；

　　　A——利用压痕深度和 Oliver-Pharr 方法计算的接触面积，m^2。

使用纳米压痕仪测试如图 5-31 所示区域内的 10×10 压痕点阵，测试点的距离为 20μm。利用高斯函数对测试得到的切割测试点数据进行弹性模量的分布频率分析，如图 5-32 所示。超高性能水泥基材料中水化产物以高于 35GPa 的超高密度水化产物为主。参照文献[32]中的方法对拟合得到的分布频率直方图中的水化产物的弹性模量和硬度进行分类，分别为毛细孔弹性模量（E=0 ～ 1.3GPa，硬度 H=0 ～ 0.4GPa）、低密度 C-S-H 凝胶（E=13 ～ 22GPa，H=0.4 ～ 0.9GPa）、高密度 C-S-H 凝胶（E=23 ～ 33GPa，H=0.9 ～ 1.2GPa）、$Ca(OH)_2$（E=33 ～ 50GPa，

H=1.2 ～ 2.0GPa）和超高密度 C-S-H 凝胶。由于超高性能混凝土中大量的高活性掺合料可以显著消耗水化产生的 $Ca(OH)_2$，同时密实的孔隙结构限制了 $Ca(OH)_2$ 晶体的结晶，导致其中的 $Ca(OH)_2$ 含量较低，因此，水化产物中弹性模量和硬度较大的物相主要为超高密度水化产物。根据统计计算，低密度、高密度和超高密度 C-S-H 三种水化产物所占体积分数分别为 2%、9% 和 56%，超高性能混凝土中的低密度和高密度水化产物的含量较低，其水化产物主要以超高密度 C-S-H 组分为主。超高密度 C-S-H 凝胶具有超高的弹性模量（33 ～ 60GPa）和硬度（1.2 ～ 3GPa），因此，超高性能混凝土中水化产物比普通和高性能混凝土具有更高的弹性模量和硬度，进而表现出更优异的力学性能。

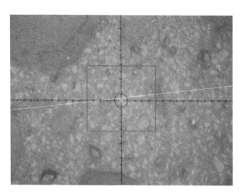

图5-31　超高性能混凝土10×10压痕点阵测试范围

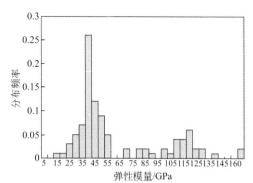

图5-32　超高性能混凝土弹性模量分布频率

第四节
超高性能混凝土的体积稳定性

　　超高性能混凝土的组成特性在赋予其优异性能的同时，也造成了其自收缩严重的现象。首先，超高性能混凝土的水胶比极低，且胶凝材料含量高，导致水化反应剧烈，短时间内消耗大量毛细孔中的水分，造成显著的自干燥效应和毛细负压，在宏观尺度上表现为明显的体积自收缩。由图 5-33 可知，相比于普通混凝土和高性能混凝土，超高性能混凝土的自收缩呈现出发展趋势集中、最终收缩率高的显著特点，其 28d 自收缩率高达 930×10⁻⁶，而高性能混凝土和普通混凝土则仅有 670×10⁻⁶ 和 550×10⁻⁶。这种自收缩现象在超高性能混凝土构件受限作用下易产生较大拉应力和微裂纹，从而影响其力学与耐久性能。本节将介绍超高性能混凝土在常规养护下的体积变形特性与机理，以此为指导制备得到低收缩的超高性能混凝土。

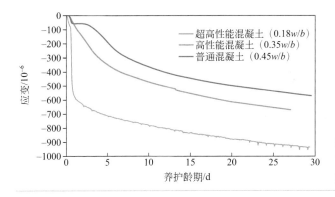

图5-33
超高性能混凝土净浆与高性能混凝土以及普通混凝土的自收缩对比

一、超高性能混凝土的收缩特性

图 5-34 所示为未掺钢纤维超高性能混凝土的线性收缩随时间演变的曲线。超高性能混凝土基体的收缩发展过程体现出收缩变形集中、阶段性明显、总收缩量显著等特点。超高性能混凝土养护 7d 后总收缩值高达 $512×10^{-6}$，其中 70% 以上的收缩集中发生在 $13 \sim 21h$ 之间。超高性能混凝土的收缩阶段性可以从其早期 48h 内的自收缩过程看到。如图 5-35 所示，其收缩发展呈现明显的四个阶段：搅拌浇筑后会有短暂的小幅线性收缩，持续约 9h，记为 I 阶段；之后收缩发展进入相对稳定的阶段，持续将近 6h，没有发生明显的体积变形，记为

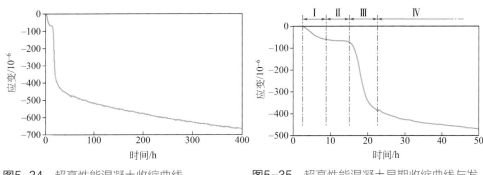

图5-34 超高性能混凝土收缩曲线

图5-35 超高性能混凝土早期收缩曲线与发展阶段划分

Ⅱ阶段；接着发生快速、显著的收缩形变，8h 内收缩值由 40×10⁻⁶ 增至 400×10⁻⁶，该阶段记为Ⅲ阶段；随后收缩变形逐渐缓慢，相对平稳地进行，此阶段记为Ⅳ阶段。图 5-36 所示为收缩值相对时间取导数得到的收缩速率，进一步证实了其收缩发展阶段的划分与收缩速率密切相关。收缩速率变化较大的是第一阶段以及第三阶段，其余两个阶段收缩发展平稳进行，变化率相对稳定。

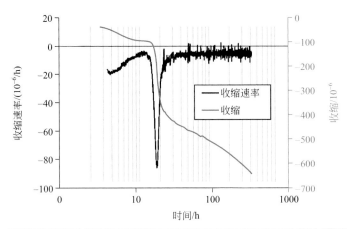

图5-36
超高性能混凝土收缩曲线
与收缩速率

二、超高性能混凝土的收缩机理

图 5-37 为超高性能混凝土试块线性温度与收缩的发展曲线，由图可知：在收缩第Ⅰ阶段，试块温度从初始的 28.2℃缓慢下降至室温，随后在收缩第Ⅱ阶段温度保持基本恒定。随着收缩在第Ⅲ阶段快速发展，试块温度从 20.7℃迅速上升至 30.6℃，升幅接近 10℃。随后在收缩的第Ⅳ阶段温度逐渐下降至与室温相对

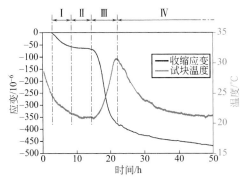

图5-37 超高性能混凝土试块线性温度与收缩发展曲线

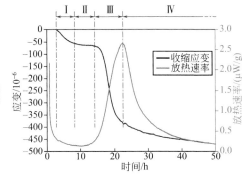

图5-38 超高性能混凝土收缩与水化热发展曲线

稳定阶段。进一步通过分析收缩与水化热的协同发展曲线可知（图 5-38）：收缩处于第Ⅰ阶段并伴随小幅度收缩时，水化反应处于潜伏期；收缩处于第Ⅱ阶段相对平稳时，水化反应仍处于潜伏期；收缩处于第Ⅲ阶段加速发展时，水化反应出现放热峰，处于水化反应剧烈的阶段；收缩处于第Ⅳ阶段平稳进行时，水化反应趋于平稳进行。

通过综合分析收缩与温度及水化反应放热发展的关联可得 [33]：第Ⅰ阶段水化反应处于潜伏期，水泥水化放热基本忽略不计，新拌浆体在搅拌过程中由于机械能的输入使其温度高于环境温度，成型后通过与环境热量交换使试块温度下降，因受热胀冷缩效应而出现收缩现象。因此第Ⅰ阶段的收缩属于由冷缩引起的热变形；第Ⅱ阶段水化反应仍处于潜伏期，试块与外界环境的温度交换结束并趋于稳定，无温度变形，所以第Ⅱ阶段为水化反应控制的潜伏期；第Ⅲ阶段处于水化反应的加速期。一方面，水化反应快速消耗毛细孔中的水分，产生自干燥与毛细负压导致试块表观体积出现收缩，即自收缩；另一方面，水化反应放热引起试块温度的变化，从而通过热胀冷缩效应带来热变形。所以该阶段以水化反应峰的顶点为界限，可以进一步区分。峰值前水化反应导致试块温度升高，该阶段测试得到的线性收缩是自收缩与温度升高导致的热膨胀两个效应构成，因此测得的收缩值小于严格意义的自收缩；峰值之后水化反应进入减速期，试块温度下降，该阶段则由自收缩与冷缩组成，测得的收缩值大于严格意义的自收缩。温度对于收缩的影响可以通过温度演变与收缩速率间的关系得以证实。如图 5-39 所示，在收缩第Ⅰ阶段，收缩速率与温度变化速率同步进行，第Ⅲ阶段收缩速率与温度变化不再同步，原因在于第Ⅲ阶段的主要控制因素是水化反应引起的自收缩，所以第Ⅲ阶段的收缩包括自收缩与热变形，但以自收缩为主；收缩反应第Ⅳ阶段，水化反应速率较慢且相对稳定，对温度产生的影响较小，持续平稳地消耗毛细孔中的水分导致平稳发展的自收缩。

由此可知，超高性能混凝土的收缩可以分为四个阶段，第Ⅰ阶段为温度控制的热变形阶段；第Ⅱ阶段为水化反应控制的收缩潜伏期；第Ⅲ阶段为水化反应控制的收缩加速期；第Ⅳ阶段为水化反应控制的收缩平稳期。

自干燥引起孔结构内相对湿度的下降是自收缩的本质原因，因此通过监测试块相对湿度的变化是研究收缩机理的有效手段。图 5-40 是相对湿度与收缩发展曲线的关系。相对湿度发展初期，因为温湿探头需要一定时间与测试环境达到平衡，会有一段时间的无效数据。从最高点开始算起，相对湿度曲线下降段与收缩加速期有部分的吻合段，已知该阶段主要由水化反应控制，则收缩与相对湿度应大致保持一致。但是实测数据中，收缩曲线由加速期转为稳定期时，相对湿度曲线并没有明显的转折点。这是由于试块的表观收缩除了与毛细孔负压有关外，还与试块抵御收缩应力的能力（即基体的刚度）相关，由式（5-9）所示。

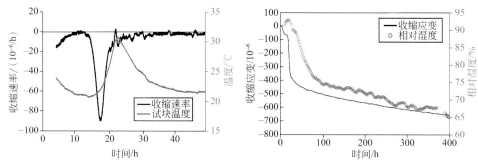

图5-39 超高性能混凝土收缩速率与试块温 图5-40 超高性能混凝土内部相对湿度与收缩
度发展曲线　　　　　　　　　　　　发展曲线

$$\varepsilon_{\mathrm{LIN}} = \frac{Sp_{\mathrm{c}}}{3}\left(\frac{1}{K} - \frac{1}{K_{\mathrm{s}}}\right) \qquad (5\text{-}9)$$

式中　$\varepsilon_{\mathrm{LIN}}$——线性收缩；

　　　S——孔饱和度，%；

　　　p_{c}——毛细孔负压，Pa；

　　　K——基体表观刚度，GPa；

　　　K_{s}——基体真实刚度，GPa。

　　图 5-41 为超高性能混凝土的超声波传输速率（ultra pulse velocity，UPV）与收缩发展曲线的关系。收缩发展由加速期进入稳定期的转变点同时是 UPV 发展的转折点。这正是收缩曲线与湿度曲线的转折点没有完全吻合的原因。

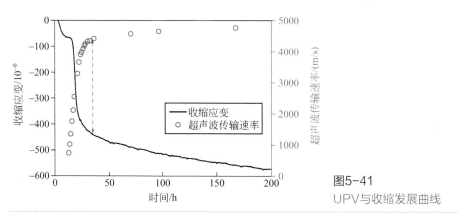

图5-41
UPV与收缩发展曲线

三、钢纤维对超高性能混凝土自收缩的影响

　　图 5-42 所示为不同钢纤维体积掺量的超高性能混凝土收缩曲线。钢纤维的

引入不影响超高性能混凝土收缩的发展阶段以及每一阶段的持续时间。但不同阶段的总收缩值有明显差异。在收缩早期时，不同掺量钢纤维对收缩的作用效果并没有明显相关性，主要原因是早期浆体仍处于塑性阶段，且水化反应处于潜伏期，浆体与钢纤维的表面基本未形成黏合力。在收缩加速期，钢纤维的掺入明显减弱基体的收缩量。在收缩加速期结束时基体的收缩值高达 648×10^{-6}，当纤维掺量为1%、2%和3%时，收缩值为分别降低至 530×10^{-6}、440×10^{-6} 和 360×10^{-6}。第四阶段钢纤维对收缩的抑制效果相对较弱。因为第四阶段水化反应进行一段时间之后，基体已经具有一定的强度，钢纤维对基体的抑制作用效果不明显。

　　钢纤维对超高性能混凝土基体收缩的抑制效果是通过两者间的界面结合力来实现的。Mangat 曾对钢纤维与基体间的作用效果进行研究[34]。钢纤维主要是通过与基体产生界面结合强度，当基体产生形变时，平行于形变方向的纤维与基体之间会产生平行于纤维方向的作用力（图5-43）。此时基体毛细孔产生的压力与界面结合强度形成作用力与反作用力，界面结合强度抵消掉一部分毛细压力，从而达到抑制基体形变的目的。

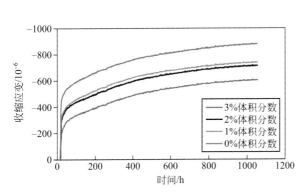

图5-42　不同钢纤维体积掺量的超高性能混凝土收缩曲线

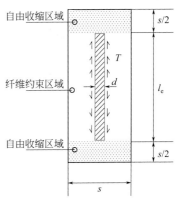

图5-43　钢纤维对基体收缩抑制作用效果

　　Mangat 提出钢纤维与混凝土基体之间剪切力的作用公式（5-10）。相比于普通混凝土而言，超高性能混凝土配合比及性能都有较大的差异，因此本节着重讨论该式在超高性能混凝土中的适用性。

$$\varepsilon_f \left(\frac{\eta l}{2} + \frac{s}{2} \right) = \varepsilon_m \left(\frac{\eta l}{2} + \frac{s}{2} \right) - \tau \pi d \times \frac{\eta l}{2} \times \frac{\eta l}{2} \times \frac{1}{AE} \quad （5\text{-}10）$$

式中　ε_f——掺钢纤维后基体的收缩应变；

　　　ε_m——不掺钢纤维的基体的收缩应变；

　　　l——纤维长度，m；

d——钢纤维横截面直径，m；

η——在抑制收缩方向上的取向系数；

s——每根纤维作用范围是以纤维为中心的直径，m；

τ——钢纤维与试样界面的平均结合强度，MPa；

A——单个钢纤维作用范围下试样的横截面积，m^2；

E——试样的弹性模量，MPa。

将上式进行化简变形，得式（5-11）：

$$\varepsilon_{\mathrm{f}} = \varepsilon_{\mathrm{m}} - \frac{2\tau d\eta^2 l^2}{Es^2(\eta l + s)} \tag{5-11}$$

混凝土的弹性模量 E 发展趋势与其 28d 弹性模量之间存在指数关系，通过应力应变曲线可以求得超高性能混凝土 28d 弹性模量（图 5-44），在此基础上，模拟其弹性模量演变过程，得到如下发展曲线。界面结合强度 τ 通过反向求解法进行求解。Wille 通过实验测得当钢纤维掺量为 1.5% 时，其取向系数为 0.783[35]，通过实验测量钢纤维掺量为 1.5% 时的基体自收缩值；以此为基础，反向求解界面结合强度，并对界面结合强度进行拟合，得到如图 5-45 所示发展趋势。钢纤维取向系数 η 通过归纳整理法进行求解，通过以上分析，公式（5-11）中仅剩取向系数一个未知量，通过对不同钢纤维掺量基体收缩的测量，反向求解钢纤维取向系数，进而整理发现，取向系数与钢纤维掺量之间存在如图 5-46 所示线性关系。

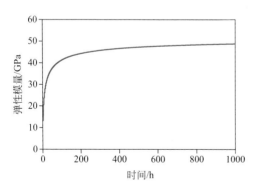

图5-44 超高性能混凝土弹性模量发展曲线

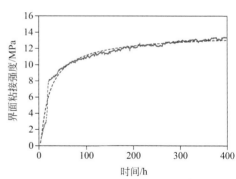

图5-45 超高性能混凝土界面结合强度发展曲线

通过以上分析对未知量进行表征，得到超高性能混凝土钢纤维抑制收缩模型式［即式（5-11）］。

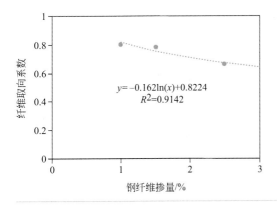

图5-46
超高性能混凝土钢纤维体积掺量与取向系数关系

图中的公式：
$$y = -0.162\ln(x) + 0.8224$$
$$R^2 = 0.9142$$

其中

$$E = \left[e^{0.193\left[1-\left(\frac{28}{t}\right)^{0.5}\right]} \right]^{0.5} E_{28} \qquad (5\text{-}12)$$

$$\tau = 14.0 e^{-\left(\frac{16.43}{t}\right)^{0.82}} \qquad (5\text{-}13)$$

$$\eta = -0.162\ln(x) + 0.8224 \qquad (5\text{-}14)$$

选取钢纤维掺量为 3% 基体对该模型进行验证，图 5-47 为模拟与实测对比图。由图可知，水化热控制的阶段吻合度较高，因为该阶段钢纤维的作用原理与模型一致，因此匹配度较高。由上一节分析可知，收缩初期，钢纤维的抑制效果并未发挥出来，所以该模型模拟结果并不符合实际作用效果。收缩后期，基体自身结构强度对收缩亦有一定程度的限制，实际收缩量会小于模拟结果。但是因为收缩发展较快阶段发生在收缩加速期。所以该模型对于掺钢纤维的超高性能混凝土的收缩发展有一定程度的指导意义。

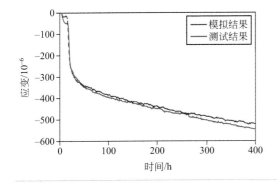

图5-47
钢纤维作用效果模拟曲线

四、内养护对超高性能混凝土收缩的影响

内养护是使用内养护材料的吸水作用，储存内养护水，在水化过程中内部水分不断释放，起到"微型水库"的作用，可以有效改善混凝土内部湿度[16,23,36]。为了降低混凝土的自收缩效应，需要选择合适的内养护水用量。基于此，Jensen 等提出了避免自干燥发生的理论最小引入水量计算公式[37]，为低收缩超高性能混凝土所需的内养护引入水量计算提供了依据，其计算公式如式（5-15）和式（5-16）所示。

$$\left(\frac{w}{c}\right)_e = 0.18\left(\frac{w}{c}\right) \quad \text{当} w/c \leq 0.36 \qquad (5\text{-}15)$$

$$\left(\frac{w}{c}\right)_e = 0.42 - \left(\frac{w}{c}\right) \quad \text{当} 0.36 \leq w/c \leq 0.42 \qquad (5\text{-}16)$$

式中 $\left(\dfrac{w}{c}\right)_e$ ——某特定水灰比的样品的额外引入水胶比；

$\dfrac{w}{c}$ ——样品的有效水胶比。

使用额外水胶比计算公式可以较好地计算不同水胶比的超高性能混凝土的引入水量，其额外水胶比与样品水胶比之间的关系如图 5-48 所示。当 w/c 低于 0.36 时，水泥无法达到完全水化，在此水灰比范围内，w/c 越大，能达到的最大水化程度越高，自收缩越大，需要引入更多的额外水分来避免因水分消耗引起的自干燥；当 w/c 高于0.36 时，水泥理论上能达到完全水化，但考虑水化产物自身所含凝胶水，水泥水化所需最小 w/c 为 0.42，在此水灰比范围内，随着 w/c 的增加，所需额外引入水量降低。

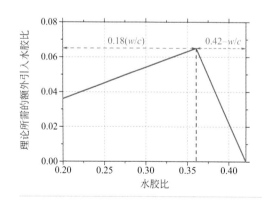

图5-48

不同水胶比水泥基材料内养护用水量计算

除了不同引入水及浆体组分对内养护的效果产生影响，作为一种多孔材料，确定内养护材料种类和用量是需要特别考虑的问题。目前常用的内养护材料主要有高吸水树脂（SAP）、预湿植物纤维、稻壳灰和预湿陶砂等，其中预湿陶砂是目

前研究应用最为广泛的内养护材料。选定陶砂作为内养护材料。为了确保超高性能混凝土的流动性能，陶砂采用等粒径替代的方法掺入，通过不同粒径的陶砂吸水率测试，经计算，所采用石英砂粒径分布的陶砂的吸水率为10%，陶砂掺入时使用体积替代法，分别掺入石英砂体积的20%、40%和60%的预湿陶砂，经计算实际引入水胶比见表5-9所示，其中考虑了硅灰对理论引水量的影响，选用的最大引入水胶比为0.039。

表5-9 不同掺量内养护材料对应的引入水胶比

体积替代量	20%	40%	60%
引入水胶比	0.013	0.026	0.039

由于陶砂的引入，对超高性能混凝土的制备方法做出了调整，主要为：①首先称取陶砂和所需的拌合水，将拌合水和陶砂混合后放置24h；②混凝土拌合时，将湿润状态下的陶砂与胶凝材料混合均匀，然后加入减水剂充分搅拌。

不同陶砂引入量超高性能混凝土的自收缩性能如图5-49所示。对比空白试样，无论是高掺量和低掺量，引入不同水量均对超高性能混凝土的自收缩产生不同程度的补偿作用，且随着引入水量的增加，超高性能混凝土的自收缩补偿越明显。从图5-49中可知，陶砂掺量为20%的试块7d自收缩值为717×10^{-6}，较空白样品降低47.5%，下降明显。随着内养护材料掺入量的增加，7d自收缩值在40%和60%时分别降低到351×10^{-6}和58×10^{-6}。说明内养护材料中的水在水化过程中逐渐以内养护水的形式进入毛细孔隙中，填充于不饱和的孔隙中，降低了孔的不饱和度，进而降低了试样所受到的毛细孔负压。其中陶砂掺量为60%时，样品的7d收缩仅为58×10^{-6}，自收缩几乎被完全补偿，说明此引入水胶比与避免自收缩发生的理论引入水胶比相近。

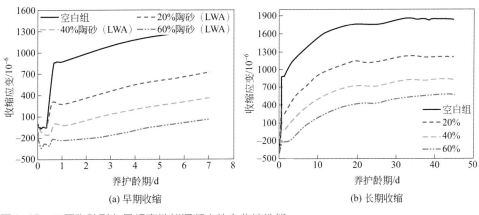

图5-49 不同陶砂引入量超高性能混凝土的自收缩性能

在 7d 之后，自收缩发展全部减速。同时，由于内养护材料的引入，提高了此阶段的内部湿度，使得收缩增加更为缓慢。在 14d 之后，所有样品的自收缩变化变得非常缓慢，说明此时水化反应十分缓慢，造成后期自收缩值变化较小。总体上而言，引入陶砂，其内养护作用补偿了自收缩，显著降低了早期自收缩值。随着水化龄期的增长，在水化龄期 1 ～ 14d 之间，超高性能混凝土的自收缩持续增加，但速率逐渐放缓。在水化龄期为 14d 之后，由于水化反应放缓且基体强度较高，使得后期自收缩均变化缓慢。

另外，需要说明的是，在引入水量较大时（40% 陶砂和 60% 陶砂），在水化初期由于内养护水的释放，表现出微弱的膨胀状态，使得超高性能混凝土在初期产生一定的自应力，对于防止早期收缩开裂具有重要意义。

第五节
超高性能混凝土的耐久性能

一、抗冻融耐久性

超高性能混凝土虽然水胶比极低且孔结构高度致密，但基体内部的水分在温度低至一定范围时仍会结冰产生静水压力，因此，超高性能混凝土在寒冷地区的应用也面临着冻融破坏的耐久性问题。水泥基材料的冻融耐久性包含表面盐冻剥蚀和内部冻胀破坏两种破坏形态，引入气孔是提高冻融耐久性最有效的手段。本节内容将从超高性能混凝土的引入气孔和两种冻融耐久性能展开论述。

1. 超高性能混凝土的引入气孔特性

超高性能混凝土在制备过程中虽然没有加入引气剂，但由于需要使用大量表面活性剂类减水剂以改善其工作性，导致在搅拌过程中仍引入一定量的气泡。当浆体形成强度后，气泡嵌于硬化水泥石内成为引入气孔。图 5-50 所示为超高性能混凝土的抛光断面，可以明显看到一些直径在 500μm 的圆形气孔。气孔的规整形貌进一步表明它们不是由于搅拌过程中形成的陷入气孔。当然也存在很少数的具有非规则形貌的陷入气孔。通过直线法（linear traverse method，LTM）对若干超高性能混凝土配合比进行显微测孔，发现超高性能混凝土中直径在 1mm 以内的引入气孔占总数的 90% 以上（图 5-51）。值得注意的是，图 5-50 中的混凝土配合比的总含气量为 4.24%，但 T.C. Powers 气孔间距系数却高达 519μm。这是由于超高性能混凝土的

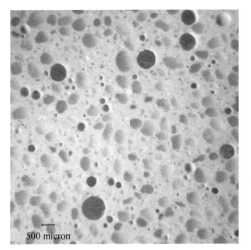 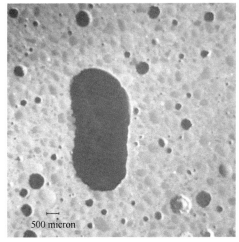

图5-50　超高性能混凝土硬化后的引入气孔分布（总含气量=4.24%; 比表面积13.16mm^{-1}; Powers气孔间距系数=519μm）

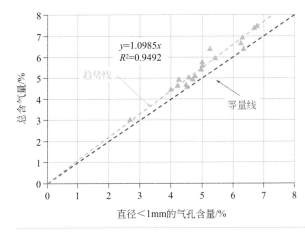

$y=1.0985x$
$R^2=0.9492$

趋势线

等量线

总含气量/%

直径＜1mm的气孔含量/%

图5-51
超高性能混凝土引入气孔与总气孔含量的关系

水泥石含量一般在50%左右，远高于普通混凝土（30%左右），而测得的总含气量是相对于混凝土总体积，而非水泥石体积。在相同的含量下，气孔间距系数随着水泥石含量的增加而增大。因此，当两种混凝土配合比的胶凝材料含量相差较大时，需要采用归一化方法对两者的含气量进行处理后再行比较。图5-52是超高性能混凝土与普通混凝土在归一化前的气孔累计分布和分布频率，两者累计总含气量比较接近。当相对于水泥石进行归一化处理后，普通混凝土的含气量明显高于超高性能混凝土，而且超高性能混凝土的气孔尺寸主要集中在500μm附近，而普通混凝土的气孔分布则在80μm和500μm两处呈现出双峰的特点。综上所述，超高性能混凝土较高的水泥石含量与较大的气孔平均尺寸是其气孔间距系数高的主要原因。

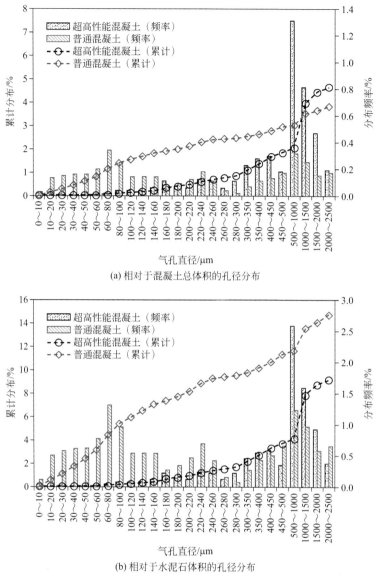

(a) 相对于混凝土总体积的孔径分布

(b) 相对于水泥石体积的孔径分布

图5-52 超高性能混凝土与普通混凝土的引入气孔孔径分布

2. 超高性能混凝土的冻融耐久性

采用单边盐冻法对四组超高性能混凝土的冻融耐久性进行检测，发现经过72个冻融循环后，四个配合比的相对动弹模量均维持在100%左右，表明没有发生内部冻胀破坏（图5-53），表面累计剥蚀量在150g/m²以内，远低于1500g/m²的破坏临界值（图5-54）。通过观察试验前后试块测试面的形貌变化可以看到，试块表面在 72 个冻融循环后的剥蚀程度非常轻微（图 5-55）。

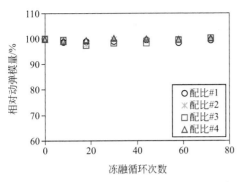

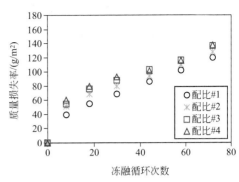

图5-53 超高性能混凝土的相对动弹模量与
冻融循环次数的关系

图5-54 超高性能混凝土的质量损失率与
冻融循环次数的关系

图5-55 超高性能混凝土的冻融试验前后的表面形貌变化

混凝土冻融破坏的关键因素在于内部孔隙的可冻水含量以及外部水分向内部
的传输速率。超高性能混凝土的低孔隙率使其基体结构异常致密，外部水分通过
毛细吸水作用进入内部的阻力很大。由图 5-56 可知，超高性能混凝土的毛细吸

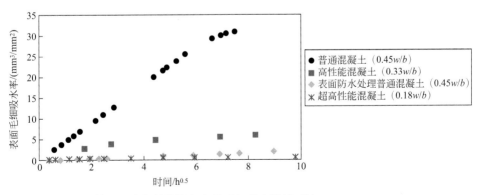

图5-56 超高性能混凝土与其他混凝土的毛细吸水性能对比

水率远低于其他混凝土，甚至与表面经防水处理的普通混凝土的吸水率接近，这也解释了超高性能混凝土极低的表面质量损失率（图 5-57）。内部有限的可冻水分也是超高性能混凝土在冻融循环过程中没有出现内部冻胀破坏的主要原因。

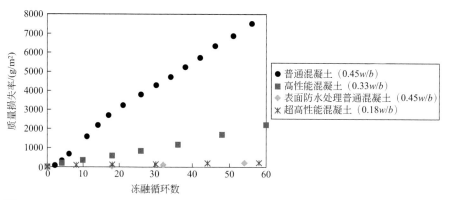

图5-57 超高性能混凝土与其他混凝土的质量损失率对比

二、抗硫酸盐侵蚀

硫酸盐侵蚀条件下，普通混凝土胶凝浆体生成钙矾石、石膏等水化产物，导致混凝土性能退化，分子尺度上 SO_4^{2-} 通过脱钙、脱铝等作用改变 C-S-H 凝胶的聚合度和铝的分布，影响 C-S-H 的微观结构[38,39]。本节研究了硫酸盐侵蚀下超高性能混凝土胶凝浆体水化产物物相组成、微观形貌以及 C-S-H 的微结构形成与演变。

图 5-58 为硫酸盐侵蚀条件下超高性能混凝土胶凝浆体 XRD 图谱。由图可知，5% 硫酸盐侵蚀 28d 和 180d 后超高性能混凝土胶凝浆体 XRD 图谱并未发生明显变化，各产物衍射峰强度基本不变，说明 180d 内硫酸盐侵蚀对超高性能混凝土胶凝浆体水化产物种类无明显影响。

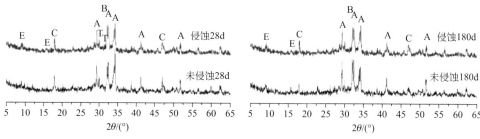

图5-58 硫酸盐侵蚀条件下超高性能混凝土胶凝浆体XRD图谱
A—C_3S；B—β-C_2S；C—$Ca(OH)_2$；E—AFt；T—水合三铝酸盐（third aluminate hydrate，TAH）

硫酸盐侵蚀条件下，普通混凝土胶凝浆体主要发生 AFt、AFm 等含铝相水化产物的相互转化，分子尺度则通过脱铝作用改变 C-S-H 凝胶的铝的分布，影响 C-S-H 的微观结构，进而可能导致混凝土性能退化。因此首先通过 ^{27}Al NMR 测试分析硫酸盐侵蚀对超高性能混凝土胶凝浆体中 Al^{3+} 的影响。图 5-59 为硫酸盐侵蚀下超高性能混凝土胶凝浆体 ^{27}Al NMR 图谱。^{27}Al NMR 图谱去卷积计算结果如表 5-10 所示。硫酸盐侵蚀 180d 后超高性能混凝土胶凝浆体 ^{27}Al NMR 图谱并未发生明显变化，各产物含量基本不变，说明 180d 内硫酸盐侵蚀对超高性能混凝土胶凝浆体水化产物种类无明显影响，这与上文 XRD 图谱结果相符合。

　　利用 ^{29}Si NMR 对超高性能混凝土胶凝浆体进行测试，测试结果如图 5-60 所示。^{29}Si NMR 图谱去卷积得 Q^n 相对强度值如表 5-11 所示，水泥水化程度 α_c、硅灰水化程度 α_{SF}、平均分子链长 MCL、Al^{3+} 取代 Si^{4+} 程度（Al[4]/Si）的结果如表 5-12 所示。由表 5-11 可知，与同龄期未侵蚀对比试样相比，硫酸盐侵蚀 180d 的超高性能混凝土浆体 C-S-H 结构 Q^2（1Al）含量略有降低，Q^{2B} 和 Q^{2P} 的含量增大，说明硫酸盐侵蚀 180d 对 C-S-H 结构具有较弱的脱铝作用；Q^0 含量降低，Q^1 含量略有升高，硫酸盐侵蚀对水泥水化有一定促进作用。由表 5-12 可知，硫酸盐侵蚀 180d 提高了超高性能混凝土水泥水化程度，水泥水化程度分别提高了 1.42%、1.70% 和 1.98%，硅灰反应程度变化不大。硫酸盐侵蚀 180d 的浆体 C-S-H 平均分子链长均略有降低，这是因为 SO_4^{2-} 提高了水泥水化活性，对硅灰水化影响较小，水泥水化主要产生 Si-O 二聚体，提高 Q^1 含量，降低了 C-S-H 平均分子链长，且硫酸盐侵蚀对 C-S-H 结构微弱的脱铝作用也会降低 C-S-H 平均分子链长。硫酸盐侵蚀 180d 的浆体 Al[4]/Si 也略有降低，据前文分析，硫酸盐侵蚀 180d 对 C-S-H 有微弱的脱铝作用，后期水泥继续水化也必然导致浆体中 Si 增多，从而导致 Al[4]/Si 降低。

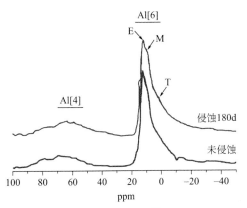

图5-59 硫酸盐侵蚀的浆体^{27}Al NMR图谱
M—AFm

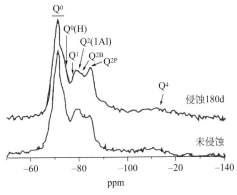

图5-60 硫酸盐侵蚀的浆体^{29}Si NMR图谱

表5-10　^{27}Al NMR图谱的去卷积计算结果

项目	Al[4]	E	M	T
未侵蚀-180d	12.65	38.68	21.36	27.31
侵蚀-180d	12.42	37.92	21.93	27.73

表5-11　^{29}Si NMR去卷积Q^n相对强度值

项目	Q^0	Q^1	Q^2（1Al）	Q^{2B}	Q^{2P}	Q^4
未侵蚀-180d	35.1	18.8	4.7	12.4	23.9	5.1
侵蚀-180d	34.1	19.2	4.3	12.8	24.6	5

表5-12　硫酸盐侵蚀对超高性能混凝土胶凝浆体水化程度、平均分子链长和Al[4]/Si的影响

项目	α_c	α_{SF}	MCL	Al[4]/Si
未侵蚀-180d	50.35	82.59	6.61	0.039
侵蚀-180d	51.77	82.94	6.57	0.035

三、抗氯离子渗透

采用电通量法评价了四种不同超高性能混凝土配合比的氯离子渗透性，如图5-61所示。结果表明，超高性能混凝土的高度致密基体结构阻碍了氯离子的侵入，总导电量在200C以内，部分配合比甚至低于100C。根据ASTM C1202对混凝土抗氯离子渗透性能力的分类，超高性能混凝土的氯离子渗透性处于很低和可忽略的等级，远远优于普通混凝土和高性能混凝土。

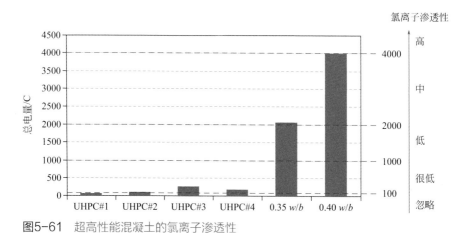

图5-61　超高性能混凝土的氯离子渗透性

第六节
新型超高性能混凝土

随着超高性能混凝土在国内工程领域的逐渐应用，一批新型超高性能混凝土材料随之应运而生，通过物理力学性能优化，既能满足复杂工况条件，又能发挥出优于传统混凝土材料的力学性能。著者团队在绿色固废基超高性能混凝土以及轻质低收缩等应用领域开展工作，并取得如下进展。

一、绿色超高性能混凝土

超高性能混凝土中含有约 50% 的胶凝材料，但是由于水胶比极低，水泥的整体水化程度很低（一般为 30% 左右），大量水泥颗粒主要起物理填充作用，并未充分发挥其水化活性。采用工业废渣等非水泥煅烧熟料颗粒替代能耗高的胶凝材料具有节能环保意义，如此制备的高性能混凝土称为绿色高性能混凝土。钢渣是在炼钢过程中产生的一种工业废渣，由于其活性低、安定性差，导致钢渣的资源化利用率低。目前，我国钢渣综合利用率只有 20%，远低于许多发达国家，大量钢渣随意搁置及填埋，造成了严重的环境和社会危害。本节通过钢渣取代部分水泥制备超高性能混凝土，研究了钢渣对超高性能混凝土力学与体积稳定性的影响，并评价了钢渣掺入对超高性能混凝土环境负荷的影响，为工业废渣的资源化处置提供了新的技术途径[3,5,6]。

图 5-62 所示为不同钢渣掺量下超高性能混凝土抗压强度发展规律。钢渣的掺入会造成超高性能混凝土强度一定程度的损失，尤其对早期强度影响较大。未

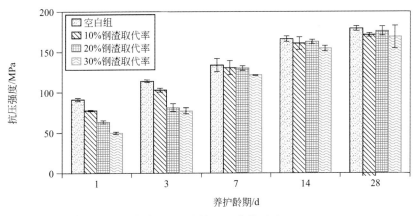

图5-62 钢渣掺量对超高性能混凝土抗压强度的影响

掺钢渣时，超高性能混凝土 7d 抗压强度为 134MPa，当掺入 30% 钢渣时，抗压强度下降至 118MPa，所有配合比 28d 抗压强度均在 150MPa 以上。但是随着养护龄期的增加，实验组与空白组之间的差距逐渐变小。掺钢渣后超高性能混凝土强度降低的主要原因是钢渣的水化活性低，从而降低了复合胶凝体系的反应活性（图 5-63）。通过分析掺钢渣超高性能混凝土水化 28d 的背散射图像可知（图 5-64），在水化反应 28d 之后钢渣胶凝组分相有一定程度的水化，与周围基体水化产物之间有很好的相互结合，RO 相几乎没有反应，靠周围水泥水化生成 C-S-H 凝胶与基体胶连成一体。钢渣在超高性能混凝土中起到物理填充作用的同时也有化学反应，产物对基体强度产生一定的贡献，不是纯粹的惰性填充材料。这也是掺钢渣之后后期强度损失较小的主要原因。

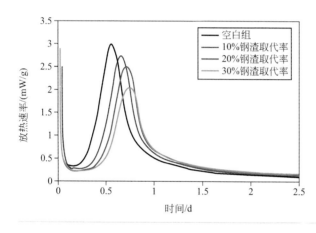

图5-63
钢渣掺量对超高性能混凝土水化放热速率的影响

图 5-65 所示为不同钢渣掺量超高性能混凝土 28d 孔径分布。随着钢渣掺量的增加，混凝土中孔隙率增加，同时孔径增加。钢渣的水化活性较水泥低很多，水化反应程度较低，水化产物数量较少，不能很好地填充孔隙，从而随着钢渣掺量的增高，孔隙率增加，孔径糙化。

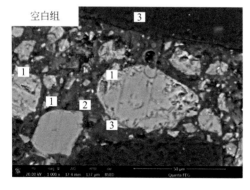

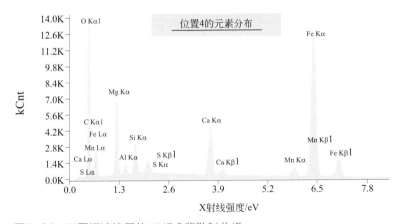

图5-64 不同钢渣掺量的UHPC背散射分析
1—水泥；2—粉煤灰；3—石英砂；4—钢渣；其中较亮的成分是RO相，剩余为钢渣中的胶凝组分相

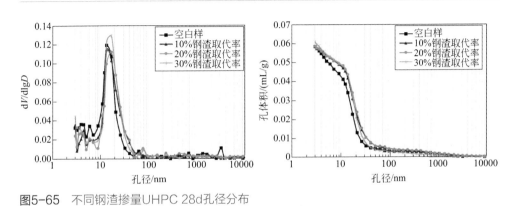

图5-65 不同钢渣掺量UHPC 28d孔径分布

图5-66所示为不同钢渣掺量的超高性能混凝土的收缩发展曲线。钢渣的引入可以抑制超高性能混凝土收缩的发展，但不改变其收缩的发展阶段趋势，也不改变各阶段的持续时间。未掺钢渣时，超高性能混凝土7d的收缩值为820×10^{-6}，当掺入30%的钢渣时，超高性能混凝土的收缩降为680×10^{-6}，下降约17%。且随着钢渣掺量的提高，收缩的抑制效果也更加明显。

钢渣中含有一定量的重金属，在堆放过程中易析出进入土壤或地下水而污染环境。因此，需要研究掺钢渣超高性能混凝土的重金属元素的溶出性。根据HJ 557—2010《固体废物 浸出毒性浸出方法》检测不同钢渣掺量超高性能混凝土中重金属元素的溶出量，如表5-13所示。钢渣掺入增加了砷元素的溶出量，这是由于钢渣本身含有砷元素。由于本研究采用的钢渣中不含铅和锌等重金属元素，因此钢渣掺入通过其稀释效应反而降低了这些重金属元素的溶出量。同时，四种重金属元素的溶出量均远低于规定值。

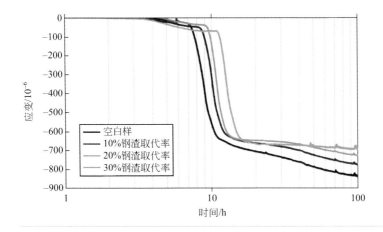

图5-66

不同钢渣掺量对超高
性能混凝土收缩性能
的影响

表5-13　不同钢渣掺量超高性能混凝土中重金属元素溶出量

配合比	重金属元素浓度/（mg/L）			
	As	Cd	Pb	Zn
0%	0.33	0.07	2.28	4.57
10%	0.43	0.08	2.03	4.62
20%	0.31	0.06	1.53	3.90
30%	0.37	0.07	1.77	4.08
规定范围值①	5	5	5	100

① GB 5085.3—2007《危险废物鉴别标准　浸出毒性鉴别》。

通过 Simapro 生命周期评价软件分析了掺钢渣超高性能混凝土的生态环境性。如表 5-14 和图 5-67 所示，钢渣掺入对超高性能混凝土各项生态指标有明显降低，其中最为重要的全球变暖指数（global warming potential，GWP）和主要能源消耗从空白组的 $0.397kgCO_2eq/kg$ 和 $2.96×10^6J/kg$ 分别降低至 $0.268kgCO_2eq/kg$ 和 $2.08×10^6J/kg$。同时，钢渣在超高性能混凝土中的资源化利用也降低了土地占用指数和土地酸化程度。由此表明，钢渣应用于超高性能混凝土对钢渣的安全经济处置以及超高性能混凝土的可持续绿色发展有积极推动作用。

表5-14　不同钢渣掺量超高性能混凝土的典型生态指标

类别		0%	10%	20%	30%
全球变暖指数/（kg CO$_2$eq/kg）		0.397	0.354	0.311	0.268
主要非可再生能源消耗 /（×10^{6}J/kg）	化石燃料	2.69	2.48	2.28	2.08
	核能	0.27	0.254	0.237	0.22
	总计	2.96	2.73	2.52	2.30

类别		0%	10%	20%	30%
主要可再生能源消耗 / (×10⁶J/kg)	生物质能	0.0136	0.0129	0.0122	0.0115
	风能，太阳能	0.0218	0.0214	0.021	0.0206
	潮汐能	0.11	0.11	0.10	0.09
	总计	0.15	0.14	0.13	0.13
土地占用/（物种×10¹¹年/kg）		1.90	1.86	1.81	1.76
土壤酸化/（物种×10¹⁰年/kg）		1.49	1.34	1.18	1.03
地生态系统/（物种×10⁹年kg）		9.56	8.49	7.43	6.36

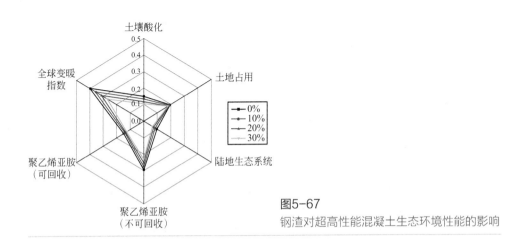

图5-67
钢渣对超高性能混凝土生态环境性能的影响

二、轻质超高性能混凝土

通常超高性能混凝土胶凝材料用量高，掺入大量河砂、石英砂、石英粉，导致混凝土存在自重大，成本高，收缩大，体积稳定性差等问题，严重限制了其在大跨度桥梁、超高层建筑等领域的推广应用，因此降低超高性能混凝土的表观密度和收缩是其重要的发展方向。我国天然轻集料资源丰富，人造轻集料生产也已初具规模，但国内混凝土工程界仍对轻集料混凝土研究缺乏应有的重视，已有工作偏重于 LC50 以下非承重结构用普通轻集料混凝土，对轻质超高性能混凝土（lightweight ultra high performance concrete，LUHPC）缺乏系统研究。湖北省宜昌市是我国高强轻集料生产基地，已工业化生产出各种密度、粒径、吸水率的高强轻集料。著者团队采用高强轻集料替代石英砂、工业废渣替代石英粉，制备轻质、低收缩、免蒸养的轻质超高性能混凝土（LUHPC）[10-12]，使其能在实现超高力学性能和耐久性能的同时，降低密度，减少收缩，并降低制备成本。

混凝土是一种多相复合材料，由水泥石基相和集料分散相组成，一般可根据基相与分散相之间的弹性模量大小，将其分为复合硬基材料和复合软基材料，普通超高性能混凝土中的河砂、石英砂集料的弹性模量（E_a）高于水泥石弹性模量（E_m），可视为复合软基材料。LUHPC 由轻集料分散相和水泥石基相组成，细轻集料的弹性模量低于水泥石，因此 LUHPC 可视为复合硬基材料。LUHPC 中的细轻集料分布对其性能有重要影响，综合考虑 LUHPC 的关键影响因素，其初始配合比主要基于弹性模量的集料组成设计方法。对于轻集料部分取代普通集料的超高性能混凝土，其弹性模量满足式（5-17）：

$$E = E_{NA}E_{LC}/[E_{NA} - V_{NA}(E_{NA} - E_{LC})] \qquad （5-17）$$

式中　V_{NA}——普通集料在超高性能混凝土中的绝对体积含量，%；

　　　　E——超高性能混凝土的弹性模量，MPa；

　　　　E_{NA}——普通集料的弹性模量，MPa；

　　　　E_{LC}——纯轻集料混凝土的弹性模量，MPa。

随着轻集料取代普通集料体积量的增加，混凝土的弹性模量逐渐降低，密度介于同配合比高强混凝土材料与轻集料混凝土材料之间。因此本节将 LUHPC 的弹性模量作为依据对轻集料的绝对体积进行初设计。轻集料采用 0.075～4.75mm 连续级配的细轻集料，表观密度为 1320kg/m³，颗粒形貌良好，可依据四相球面模型对其弹性模量进行设计，该模型假设混凝土处于恒温条件，集料为规则球形颗粒，且混凝土内部无明显界面过渡区，而 LUHPC 的组成结构符合该模型。LUHPC 的有效弹性模量按照式（5-18）计算。对于 800 级高强陶粒破碎的细轻集料，在利用此式进行计算时，可将其视为致密集料。

$$E = \int_{a_{min}}^{a_{max}} E_0(a)\mathrm{d}S(a), \quad S(a) = \left(\frac{a - a_{min}}{a_{max} - a_{min}}\right)^m \qquad （5-18）$$

式中　$E_0(a)$——轻集料弹性模量，MPa；

　　　　$S(a)$——轻集料级配；

　　　　a_{min}——集料的最小粒径，μm；

　　　　a_{max}——集料的最大粒径，μm；

　　　　m——分布模数。

在 LUHPC 初始配合比设计中，结合上述基于弹性模量的轻集料组成设计，以及混凝土紧密堆积设计原理，初步确定胶凝材料用量及细轻集料掺量，并对胶凝材料与轻集料进行密实堆积设计。在此基础上，通过加料顺序、搅拌时间等制备工艺的优化，确定了 LUHPC 的最优配合比参数，见表 5-15。表 5-16 为 LUHPC 与 UHPC 各项性能对比。

表5-15　轻质超高性能混凝土配合比

| 水泥 | 粉煤灰微珠 | 硅灰 | 陶砂 | 水胶比 | 钢纤维 | 外加剂 |
		/ (kg/m³)			（体积分数）/%	/%
804	204	192	706	0.18	2.0	2.5

表5-16　LUHPC与UHPC的主要性能对比

| 类别 | 抗压强度/MPa | | | 抗折强度/MPa | | | 表观密度/ | 比强度 |
	3d	7d	28d	3d	7d	28d	(kg/m³)	
LUHPC	83.7	94.6	110.5	12.5	14.3	15.8	2065	0.0535
UHPC	95.4	111.0	133.4	18.8	21.4	24.9	2590	00515

从表5-16可以看出，相同配合比下，UHPC力学性能优于LUHPC，这是因为陶砂本身强度较低，且粒径大于砂，导致界面缺陷相比UHPC较多，因此强度有所降低。在对比分析两者之间的性能差异时，引入比强度概念，指材料抗压强度与其表观密度的比值，比强度越大，越能体现材料质轻、高强的特点。由表5-16可知，LUHPC的比强度为0.0535，而UHPC比强度为0.0515，LUHPC具有良好的轻质、高强特点。

由LUHPC与UHPC的自收缩曲线图可知（图5-68），两者早期自收缩增长较快，7d自收缩已经达到56d的73%左右，且后期逐渐趋于平缓。这是由于早期水泥石中水分较充足，大量胶凝材料参与水化反应，内部湿度降低快，早期收缩大。56d时LUHPC自收缩为512×10^{-6}，UHPC自收缩为725×10^{-6}，LUHPC的自收缩较小。这是由于LUHPC和UHPC胶凝材料用量大，水胶比低，且不含粗集料，因此硬化过程中的自收缩较普通混凝土大，体积稳定性能差；而LUHPC中细轻集料在湿度差作用下释放水分，向水泥基毛细孔迁移，水泥浆得到内部潮湿养护，延缓混凝土内部相对湿度下降，降低水泥石的自干燥作用。相比于没有内养护作用的UHPC，LUHPC收缩更小，体积稳定性更好。

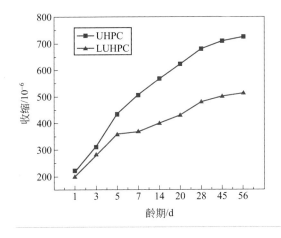

图5-68
LUHPC与UHPC的自收缩发展趋势

采用 SEM 分析 LUHPC 水泥石以及轻集料界面微结构特征（图 5-69），可以看出以水泥、硅灰、粉煤灰微珠作为胶凝材料，在低水胶比条件下，未完全水化的胶凝材料微粒起骨架作用，水化产物嵌镶其中，改善了基体的结构，提高了基体与集料之间的匹配性能，形成的水泥石结构致密［图 5-69（a）］。石英砂制备的 UHPC，存在明显的界面过渡区［图 5-69（b）］，界面过渡区成为 UHPC 微结构最脆弱的区域。当使用轻质细集料时，由于细轻集料表面不平整，存在大量孔洞及"地势"较低的区域，在混凝土硬化之前，胶凝材料微粉和浆体会填充这些空洞，同时细轻集料内养护作用极大地提高细轻集料周围胶凝材料的水化程度，细轻集料与水泥石间未见明显界面过渡区［图 5-69（c）］；同时，细轻集料表面孔洞在拌合时会吸收部分水泥浆体，与外部水泥石浆体一同硬化结合，形成较强的界面耦合作用［图 5-69（d）］。另外，对细轻集料进行饱水预湿后，其内养护作用在水化后期促进了细轻集料周围胶凝材料的水化程度，形成致密的高强拱壳结构。

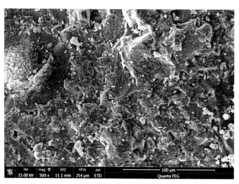

(a) LUHPC水泥石

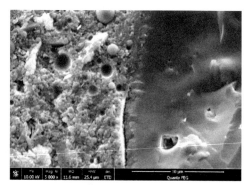

(b) 石英砂UHPC界面过渡区

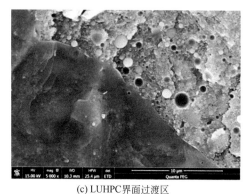

(c) LUHPC界面过渡区

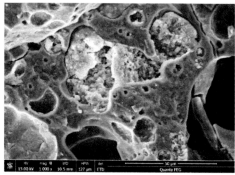

(d) LUHPC界面耦合结构

图5-69　LUHPC微结构SEM图

第七节
超高性能混凝土的应用

一、生活垃圾预处理工厂用超高性能混凝土

随着我国工业化、城镇化进程加快，大量城市生活垃圾的安全、无害化处置，成为各地政府亟待解决的难题。武汉理工大学联合华新水泥股份有限公司开发水泥窑协同处置固体废弃物成套技术，通过在武汉、阳新、武穴等地建造城市生活垃圾预处理工厂，累计安全生态化处置生活垃圾 $3.5×10^6$t，创造了显著的社会经济效益。与此同时，生活垃圾堆放过程中产生的垃圾渗滤液（早期发酵渗滤液 pH<6.5）与高浓度酸性气体（H_2S、乙酸、丁酸等）极具腐蚀性，对垃圾预处理厂房建造材料的耐腐蚀性要求苛刻。前期建造的厂房普遍以钢结构为主，但钢材在强腐蚀环境下很快出现大面积锈蚀，以位于武汉新洲的陈家冲工厂为例，主体厂房使用仅1年就面临整体更换和维护问题（图5-70），耗费大量物力人力财力。

图5-70 强腐蚀环境下钢结构垃圾预处理厂房的锈蚀破坏情况

基于此，华新水泥股份有限公司与武汉理工大学依托湖北省重大专项研发计划"超高性能混凝土制备与应用关键技术及工程示范"在国内首家研发出适合我国国情的无配筋或少配筋的超高性能混凝土，具有高抗渗、耐磨、耐酸碱性强以及耐火等优点，在各种极端恶劣环境及长时间运营下，几乎零损耗，并成功将其应用于华新长山口环保工厂。超高性能混凝土除了严酷环境下的服役性能优于钢结构，而且造价也更低。以1座建筑面积3000m²的厂房为例，其大跨度梁用的钢梁为25t，造价约为15万元（包含油漆及人工），而相同量的超高性能混凝土的造价约为12万元。表5-17为应用于华新长山口环保工厂的超高

性能混凝土配合比。

表5-17 华新长山口环保工厂超高性能混凝土配合比 单位：kg/m³

预混料	外加剂	水	钢纤维
2200	35	130	156

为了更加准确和高效率地对原材料进行称量，在现场实际搅拌过程中采取一次搅拌 1.2t（即一个吨包）的预混料，与之对应的其余组分准确称量后投入立轴式强制搅拌机中进行搅拌。在出锅浇筑前，对其流动度进行检测，满足流动度要求后，方可出锅浇筑。现场测试的流动度范围为 220 ～ 250mm，满足浇筑要求；此条件下的超高性能混凝土为自密实材料、无需振捣，钢纤维分布均匀且无下沉情况。应用于华新长山口环保工厂的超高性能混凝土的各项测试指标见表 5-18。由此可知，所用的 UHPC 具有超高的力学性能和耐久性能，可满足环保工厂的服役要求。

表5-18 华新长山口环保工厂超高性能混凝土测试数据

项目	检测值
1d抗压强度/MPa	80
28d抗压强度/MPa	155
28d抗折强度/MPa	31
耐酸性气体腐蚀	pH＞2
抗硫酸盐侵蚀等级	＞KS150
碳化深度/mm	0
抗冻融循环	F500合格
早期抗裂性能	无裂缝
56d收缩率/10⁻⁶	289
360d徐变系数	0.305

该厂房垃圾预处理主体结构包含"龙骨"168 根 24.54m 跨度的预应力预制大梁（见图 5-71），均由超高性能混凝土浇筑而成，制备的预制梁具有自重轻、耐腐蚀、耐火、经济、施工便捷等一系列优异性能，设计使用寿命为 150 年。自 2017 年投产使用至今，没有出现任何问题，无需维修。

该应用案例采用超高性能混凝土材料替代传统的钢结构梁，成为全国乃至世界范围内最大的超高性能混凝土预制梁应用，填补了超高性能混凝土作为特种建材在强腐蚀环境下大规模应用的空白。截至目前，该材料还成功应用于十堰环保工厂预制梁、云阳环保工厂预制梁、武穴垃圾接收大厅地坪修复、渠县水泥厂天然气跨线桥面修复等华新多个工程项目。

图5-71 华新武汉长山口环保工厂超高性能混凝土屋面大梁

二、钢桥面铺装用可泵送轻质超高性能混凝土

UHPC 在新拌状态下具有黏度大、工作性可控程度低等特点，限制了其在泵送施工中的应用。著者团队丁庆军等采用微膨胀高强度等级硫铝酸盐水泥替代 30% ～ 50% 硅酸盐水泥，选用 5 ～ 10mm 的玄武岩碎石替代 20% ～ 30%（体积分数）石英砂，以降低超高强混凝土的收缩，并提高早期强度[10-12]。通过分子重构开发出超分散、减缩降黏型减水剂，复合具有"滚珠、密实填充和减水效应"的粉煤灰微珠替代石英粉，降低 UHPC 的黏度和收缩，改善混凝土拌合物的流变性能，易于泵送施工。在混凝土泵送前，均匀掺入 0.06% ～ 0.08% 碳酸锂，利用碳酸锂加速水泥早期水化速率，提高其早期水化程度和早期强度，开发了可泵送施工的抗裂轻质超高性能混凝土，配合比如表 5-19 所示，关键性能指标如表 5-20 所示。

表5-19 钢桥面铺装用可泵送轻质超高性能混凝土配合比

水泥	粉煤灰微珠	硅灰	膨胀剂	轻集料	水	钢纤维	外加剂
			/（kg/m³）				/%
756	196	180	72	667	216	200	2.5

表5-20 轻质超高性能混凝土性能

坍落度/mm	扩展度/mm	T_{500}/s	28d抗压强度/MPa	28d抗弯拉强度/MPa	28d弹性模量/GPa	56d收缩率/10⁻⁶
260	620	8	115.7	16.8	41.2	320

开发的抗裂轻质超高性能混凝土被成功应用于武汉雄楚大道高架桥中钢箱梁桥（跨径 60m，桥宽 26m）桥面铺装（见图 5-72）。该桥面铺装工程采用轻

质超高性能混凝土和 SMA-13 沥青混凝土组合铺装，其方案为钢顶板上焊接剪力钉（间距 30cm），绑扎钢筋网（钢筋 φ10mm，网格间距 10cm×10cm），浇筑 5cm 轻质超高性能混凝土，其上设置高黏高弹沥青防水黏结层（沥青用量 1.6～2kg/m²），上面层铺装 4cm 厚 SMA-13 高黏高弹沥青混凝土。轻质超高性能混凝土能显著降低桥梁自重，提高桥梁承载能力和耐久性。经核算，桥面每平米工程造价为 600 元，具有显著的经济效益。

图5-72 可泵送轻质超高性能混凝土施工效果图

参考文献

[1] Larrard F D, Sedran T. Optimization of Ultra-High Performance Concrete by the Use of a Packing Model[J]. Cement and Concrete Research, 1994, 24(6): 997-1009.

[2] 陈宝春，季韬，黄卿维，等. 超高性能混凝土研究综述 [J]. 建筑科学与工程学报，2014, 31(03): 1-24.

[3] 彭艳周. 钢渣粉活性粉末混凝土组成、结构与性能的研究 [D]. 武汉：武汉理工大学，2009.

[4] 申培亮. 微膨胀钢管超高性能混凝土设计及短柱力学性能研究 [D]. 武汉：武汉理工大学，2018.

[5] 彭艳周，陈凯，胡曙光. 钢渣粉颗粒特征对活性粉末混凝土强度的影响 [J]. 建筑材料学报，2011, 14(04): 541-545.

[6] Zhang X, Liu Z, Wang F. Utilization of Steel Slag in Ultra-High Performance Concrete with Enhanced Eco-Friendliness[J]. Construction and Building Materials, 2019, 214: 28-36.

[7] Peng Y Z, Chen K, Hu S G. Study on Interfacial Properties of Ultra-High Performance Concrete Containing Steel Slag Powder and Fly Ash [C]//Zeng J, Li T, Ma S, et al. Advanced Materials Research, Parts 1-3. 2011: 956-960.

[8] 胡曙光. 先进水泥基复合材料 [M]. 北京：科学出版社，2009.

[9] 吴静，王发洲，胡曙光，等. 集料 - 水泥石界面对混凝土损伤断裂性能的影响 [J]. 北京工业大学学报，2013, 39(06): 892-896.

[10] 胡俊. 轻质超高性能混凝土研究 [D]. 武汉：武汉理工大学，2019.

[11] 丁庆军，鄢鹏，胡曙光，等. 一种轻质低收缩超高性能混凝土及其制备方法 [P]. CN 201711233051.9. 2019-11-26.

[12] 丁庆军，胡俊，刘勇强，等. 轻质超高性能混凝土的设计与研究 [J]. 混凝土，2019(09): 1-5.

[13] Shen P, Lu L, He Y, et al. Experimental Investigation on the Autogenous Shrinkage of Steam Cured Ultra-High

Performance Concrete[J]. Construction and Building Materials, 2018, 162: 512-522.

[14] Shen P, Lu L, He Y, et al. Investigation on Expansion Effect of the Expansive Agents in Ultra-High Performance Concrete[J]. Cement & Concrete Composites, 2020, 105: 103425.

[15] Shen P, Lu L, Wang F, et al. Water Desorption Characteristics of Saturated Lightweight Fine Aggregate in Ultra-High Performance Concrete[J]. Cement & Concrete Composites, 2020, 106: 103456.

[16] 胡曙光, 何永佳, 吕林女. 调节水泥基材料内部相对湿度的释水因子技术及其应用 [J]. 铁道科学与工程学报, 2006(2): 11-14.

[17] 胡曙光, 杨文, 吕林女. 轻集料吸水与释水过程影响因素的试验研究 [J]. 公路, 2006(10): 155-159.

[18] 吕林女, 杨文, 吴静, 等. 释水因子的吸水与释水性能对钢管混凝土体积变形的影响 [J]. 新型建筑材料, 2008(03): 5-8.

[19] 王发洲, 周宇飞, 丁庆军, 等. 预湿轻集料对混凝土内部相对湿度特性的影响 [J]. 材料科学与工艺, 2008(03): 366-369.

[20] Wang F, Yang J, Hu S, et al. Influence of Superabsorbent Polymers on the Surrounding Cement Paste[J]. Cement and Concrete Research, 2016(81): 112-121.

[21] Wang F, Zhou Y, Peng B, et al. Autogenous Shrinkage of Concrete with Super-Absorbent Polymer[J]. ACI Materials Journal, 2009, 16(2):123-127.

[22] 胡曙光, 周宇飞, 王发洲, 等. 高吸水性树脂颗粒对混凝土自收缩与强度的影响 [J]. 华中科技大学学报 (城市科学版), 2008(01): 1-4+16.

[23] 周宇飞. 高强混凝土内养护机制与控制技术研究 [D]. 武汉：武汉理工大学, 2008.

[24] Box G, Wilson K. On the Experimental Attainment of Optimum Conditions[J]. Journal of the Royal Statistical Society, 1951, 13(1): 1-45.

[25] Khuri A, Mukhopadhyay S. Response Surface Methodology[J]. Wiley Interdisciplinary Reviews Computational Statistics, 2010, 2(2): 128-149.

[26] 毛睿韬. 活性粉末混凝土的微结构与力学性能研究 [D]. 武汉：武汉理工大学, 2016.

[27] Ding Q, Liu X, Liu Y, et al. Effect of Curing Regimes on Microstructure of Ultra High Performance Concrete Cement Pastes[C]//Shi C, Wang D. 1st International Conference on UHPC Materials and Structures. Paris: RILEM Publications S A R L, 2016: 371-379.

[28] Shen P, Lu L, He Y, et al. The Effect of Curing Regimes on the Mechanical Properties, Nano-Mechanical Properties and Microstructure of Ultra-High Performance Concrete [J]. Cement and Concrete Research, 2019, 118: 1-13.

[29] Graybeal B, Baby F. Development of a Direct Tension Test Method for UHPFRC[J]. ACI Materials Journal, 2013, 110(2): 177-186.

[30] Hu C, Li Z. A Review on The Mechanical Properties of Cement-Based Materials Measured by Nanoindentation[J]. Construction and Building Materials, 2015, 90: 80-90.

[31] Sneddon I. The Relation Between Load and Penetration in the Axisymmetric Boussinesq Problem for a Punch of Arbitrary Profile[J]. International Journal of Engineering Science, 1965, 3(1): 47-57.

[32] Constantinides G, Ulm F. The Nanogranular Nature of C-S-H[J]. Journal of the Mechanics and Physics of Solids, 2007, 55(1): 64-90.

[33] Zhang X, Liu Z, Wang F. Autogenous Shrinkage Behavior of Ultra-High Performance Concrete[J]. Construction and Building Materials, 2019, 226: 459-468.

[34] Mangat P, Azari M. A Theory for the Free Shrinkage of Steel Fiber Reinforced Cement Matrices[J]. Journal of Material Science, 1984, 19: 2183-2194.

[35] Wille K, Viet N, Parra-montesinos G.J. Fiber Distribution and Orientation in UHP-FRC Beams and Their Effect on Backward Analysis[J]. Materials and Structures, 2014, 47: 1825-1838.

[36] 胡曙光，王发洲 . 轻集料混凝土 [M]. 北京：化学工业出版社，2006.

[37] Jensen O, Hansen P. Water-Entrained Cement-Based Materials: I. Principles and Theoretical Background[J]. Cement and Concrete Research, 2001, 31(4): 647-654.

[38] 刘小清 . 养护制度和硫酸盐侵蚀对超高性能混凝土性能与微结构的影响 [D]. 武汉：武汉理工大学，2016.

[39] 丁庆军，刘勇强，刘小清，等 . 硫酸盐侵蚀对不同养护制度 UHPC 水化产物微结构的影响 [J]. 硅酸盐通报，2018, 37(03): 772-780.

第六章
高性能复合结构混凝土

第一节
钢管混凝土组合材料

一、概述

1. 新型钢管混凝土复合设计原理

钢管混凝土是一种将混凝土灌入钢管而制成的组合材料。著者团队创新提出采用高强膨胀混凝土作为钢管混凝土的组分材料，将高强、膨胀和钢管约束三种作用更好地结合起来，形成了一种新型钢管混凝土 - 高强膨胀钢管混凝土组合材料。通过钢管限制作用对核心混凝土形成三维约束，使混凝土在受荷之前就产生"紧箍力"，不仅可弥补普通钢管混凝土紧箍力出现太迟的缺陷，而且可防止核心混凝土后期体积膨胀带来的结构损伤。由于钢管的阻隔作用，切断了核心混凝土与外界水分和有害物质的交换作用，从根本上提升了高强混凝土的耐久性。

与传统的钢筋混凝土结构相比，钢管混凝土组合结构具有承载能力高、韧性好、耐火性能好、耐久性能改善、制作和施工方便、经济效益好的特点。在承载力条件相同的情况下，采用钢管混凝土比普通钢筋混凝土节约混凝土 50%，减轻结构自重 50%；与钢结构相比可节省钢材 50% 以上，特别是对于大跨度结构，如拱桥等，高强膨胀钢管混凝土具有更好的技术经济性。我国是铁矿石资源严重短缺而石灰石等资源相对丰富的国家，因此用钢管混凝土结构替代全钢结构具有十分重要的意义，应用开发前景广阔。

2. 既有技术存在的主要问题

高强膨胀钢管混凝土组合材料的关键技术是混凝土膨胀性能精确设计及其与结构复合的性能匹配，根据钢管混凝土材料的复合原理，其技术核心是混凝土应与钢管壁紧密结合，实现"紧箍作用"效果，如此组合材料才能实现复合效应和长期结构安全。普通混凝土硬化后存在一定程度的固有体积收缩，因此为保证核心混凝土与钢管壁之间紧密结合，核心混凝土必须设计为具有能抵消混凝土体积原有收缩的性能，并最好能产生体积微膨胀的性能。

既有技术存在的主要问题：一是混凝土膨胀性能缺乏可设计性，膨胀剂引发的膨胀与核心混凝土的收缩及其强度增长的发展不协调，不能产生有效的膨胀应力；二是混凝土在封闭钢管内缺乏水分供应，膨胀剂后期无法持续反应，难以实现膨胀性能的精准控制。同时，在大型结构工程混凝土制备和施工中，由于混凝土灌注量大，在高压泵送情况下粗集料和砂浆分离，在泵管中嵌锁堆积而产生堵管现象，离析泌水严重，导致钢管中混凝土分层严重。由于膨胀混凝土质量得不到保障，钢管混凝土的复合性能设计亦无法实现，易造成混凝土与钢管壁脱粘形成空腔，钢管混凝土的弹性模量和承载能力大幅度下降，对工程造成潜在的安全隐患。

过去对钢管混凝土的研究主要集中在结构设计方面，而对钢管核心混凝土的研究很少，缺乏对混凝土膨胀性能及其强度发展规律的系统性深入认识，更未达到精确定量设计和可控的水平。因在钢管混凝土的性能设计和施工方面缺乏系统的理论指导，实际工程多采用摸索试验方法，既浪费材料，又无法保证混凝土和工程的质量，既有技术所存在的以上问题严重制约了钢管混凝土组合材料在结构工程的应用。

3．主要研究和技术开发内容

要解决以上问题，必须突破几个关键技术：膨胀与收缩和强度的发展的协同性，密闭状态下混凝土持续稳定膨胀、混凝土 - 钢管壁膨胀应力设计与可控性，膨胀混凝土的制备及其施工技术与工艺。著者团队开展了以下研发工作并取得创新成果：

① 探明封闭受限条件下混凝土的收缩变形机理，建立钢管高强混凝土膨胀模型，为混凝土膨胀性能设计的理论指导[1-6]。通过对膨胀源进行系统分析，采用材料复合设计原理，进行膨胀组成的优化匹配，研制开发适用于混凝土膨胀特性的膨胀材料及其制备方法[7-10]。

② 研发混凝土材料体系自供水机制和技术，解决混凝土后期水化和膨胀持续稳定发展关键问题[11,12]。综合运用新型复合膨胀材料、体系自供水技术，优化匹配胶凝材料和膨胀组成，促进混凝土膨胀与强度的协调发展，研发钢管混凝土膨胀性能持续稳定的精确调控技术[1,13-17]。

③ 针对钢管高强膨胀混凝土的施工技术特点，研发适应于大跨度结构（桥梁）施工的膨胀混凝土高效复合外加剂[18,19]，开发关键施工工艺参数和优质高强膨胀混凝土制备的关键技术，推进成果技术的大规模推广应用[20-25]。

二、钢管混凝土膨胀性能设计与控制

钢管混凝土的技术核心是混凝土与钢管有效复合，钢管内混凝土应保持一定的膨胀应力，实现"紧箍"复合效应。混凝土硬化后其体积是收缩的，因此必须采用混凝土膨胀技术补偿混凝土的体积收缩并产生一定的膨胀自应力。但同时，从结构安全上考虑，膨胀应力需要控制在一定范围内。因此，研究和解决混凝土膨胀性能的设计与控制问题非常关键。对钢管混凝土膨胀性能进行设计，首先应探明和掌握混凝土的膨胀特性和规律，要研究混凝土的收缩特性、补偿收缩机理和膨胀模型。

1. 钢管混凝土膨胀模型

下面讨论钢管约束条件下核心混凝土的补偿收缩模型。在膨胀混凝土的体积变形全过程中，同时存在着膨胀和收缩两种变形[26,27]。膨胀变形主要包括膨胀 ε_1，它是由于水泥石中钙矾石、氢氧化钙或氢氧化镁等晶体的形成而造成的体积增大。总收缩 S_{2m} 包括：非约束收缩 $S_t+S_a+S_p$ 和约束收缩 S_e+S_c，在变形全过程中，膨胀混凝土最终的变形值 ε_{2m} 为：

$$\varepsilon_{2m} = \varepsilon_1 - S_{2m} = \varepsilon_1 - [(S_t + S_a + S_p) + (S_e + S_c)] \tag{6-1}$$

式中　ε_1——膨胀混凝土膨胀；

　　　S_{2m}——膨胀混凝土总收缩；

　$S_t+S_a+S_p$——膨胀混凝土非约束收缩；

　S_e+S_c——约束引起膨胀混凝土的收缩。

对于刚性受限条件下的核心混凝土，其最终的变形值 $\varepsilon_{2m} \leqslant 0$（$\varepsilon_{2m}<0$ 表示收缩）。在钢管约束条件下，膨胀混凝土的变形全过程中最终的变形值 ε_{2m} 的表达式同刚性限制下相同。

图 6-1 和图 6-2 所示为在钢管约束条件下具有不同膨胀能的膨胀混凝土体积形变与时间关系的变形曲线 - 膨胀混凝土补偿收缩模型。

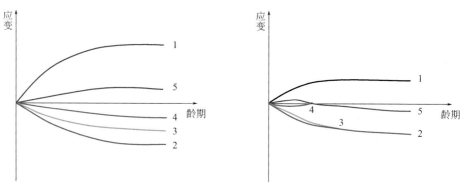

图6-1　钢管约束条件下膨胀能较大的膨胀混凝　图6-2　钢管约束条件下膨胀能较小的膨胀
土补偿收缩模型　　　　　　　　　　　　　混凝土补偿收缩模型

1—膨胀混凝土膨胀 ε_1；2—膨胀混凝土总收缩 S_{2m}；3—膨胀混凝土非约束收缩 $S_t+S_a+S_p$；4—约束引起膨胀混凝土的收缩 S_e+S_c；5—膨胀混凝土总变形 ε_{2m}

钢管约束条件下，膨胀能较大和膨胀能较小的膨胀混凝土膨胀曲线 ε_1 变化规律相似，从硬化开始就产生较大的膨胀变形，随时间的延长，其值逐渐增加，最终趋于平缓，但大小不同，前者大于后者。如图6-1和图6-2中的曲线1所示。

由混凝土冷缩S_t、自收缩S_a和塑性收缩S_p叠加而成的膨胀混凝土非约束收缩$S_t+S_a+S_p$，对于膨胀能较大和膨胀能较小的膨胀混凝土，都是从硬化开始就产生较大的收缩变形，此后随着时间的延长而逐渐增大，最终趋于稳定。如图6-1和图6-2中的曲线3所示。

由弹性收缩S_e、徐变收缩S_c引起的约束收缩曲线S_e+S_c，对于膨胀能较大的膨胀混凝土，由于产生的膨胀不仅补偿了混凝土的非约束收缩，而且还产生了一定的自应力，且自应力随时间的延长逐渐增加并趋于稳定，所以由此引起的收缩S_e+S_c也是随时间的延长逐渐增加并趋于稳定；而对于膨胀能较小的膨胀混凝土，在水化早期产生的膨胀补偿了混凝土的非约束收缩，并产生了一定的自应力，所以存在由此引起的收缩S_e+S_c，但由于膨胀能较小且膨胀稳定的时间比较早，而混凝土的冷缩、自收缩等非约束收缩仍在增加，因此在水化中后期产生的膨胀不足以补偿非约束收缩，核心混凝土与钢管脱空，约束引起的收缩S_e+S_c也就不再存在，其值为0。如图6-1和图6-2中的曲线4所示。

膨胀混凝土总收缩S_{2m}，对于膨胀能较大的膨胀混凝土，由于非约束收缩和约束引起的收缩都是从硬化开始就产生的较大收缩变形，此后随着时间的延长而逐渐增大并最终趋于稳定，所以膨胀混凝土的总收缩S_{2m}自然也是遵循同样的规律；对于膨胀能较小的膨胀混凝土，因约束引起的收缩S_e+S_c在水化早期存在，但在水化中后期不存在，故其总收缩在水化中后期与非约束收缩相同，而在水化早期略大于非约束收缩。如图6-1和图6-2中的曲线2所示。

膨胀混凝土总变形ε_{2m}，对于膨胀能较大的膨胀混凝土，产生的膨胀除补偿核心混凝土的总收缩外还有一定的膨胀变形，且随着龄期的延长，总变形ε_{2m}逐渐增加并最终趋于稳定；对于膨胀能较小的膨胀混凝土，水化早期产生的膨胀补偿了收缩并仍有一定的膨胀变形，但在水化中后期由于膨胀能较小且膨胀稳定的时间比较早，产生的膨胀不足以补偿收缩，所以体现为膨胀混凝土收缩。如图6-1和图6-2中的曲线5所示。

此模型告诉我们必须研制出膨胀能较大、膨胀稳定期较长的新型膨胀材料，来取代传统的膨胀材料，在核心混凝土中建立合适的后期膨胀，有效解决核心混凝土与钢管壁的脱空问题，并在核心混凝土中建立较高的自应力，提高承载力。同时使核心混凝土在受荷之前就产生紧箍力，可弥补普通钢管混凝土紧箍力出现太迟的缺陷，从而改善组合材料的性能。

2．钢管混凝土的膨胀自应力值设计

钢管核心混凝土的膨胀自应力σ_c与混凝土膨胀率的关系由下式给出：

$$\sigma_c = E_c(\varepsilon_0 - \varepsilon_R - \varepsilon_A) \tag{6-2}$$

式中　E_c——混凝土弹性模量，MPa；

$\quad\quad\varepsilon_0$——混凝土自由膨胀率；

$\quad\quad\varepsilon_R$——混凝土在钢管约束条件下的膨胀率；

$\quad\quad\varepsilon_A$——混凝土膨胀率修正值，$\varepsilon_A = 1 - \sqrt{1-q}$，$q$ 与混凝土的含气率及混凝土泵送压力有关，当混凝土的含气率为 1.5%，泵送压力为 15MPa 时，$\varepsilon_A = 1 \times 10^{-4}$。

钢管核心混凝土自由膨胀率 ε_0 与混凝土在钢管约束条件下的限制膨胀率 ε_R 关系式由下式给出：

$$\varepsilon_R = \frac{KE_c}{KE_c + E_s}(\varepsilon_0 - \varepsilon_A) \tag{6-3}$$

式中　K——R/t；

$\quad\quad R$——钢管半径，m；

$\quad\quad t$——钢管壁厚，m；

$\quad\quad E_s$——钢管弹性模量，MPa。

根据以上公式经推算可得：

$$\sigma_c = E_c(1 - \frac{KE_c}{KE_c + E_s})(\varepsilon_0 - \varepsilon_A) \tag{6-4}$$

式（6-4）中给出钢管混凝土膨胀自应力设计值与混凝土自由膨胀率的关系，测定混凝土的弹性模量和含气率，选定混凝土的施工泵压后，可获得 ε_A 值，混凝土的 ε_0 就可确定。

3．混凝土膨胀性能设计与膨胀拟合技术

系统研究了钢管混凝土的体积变形特征和理想膨胀模型，提出混凝土膨胀性能复合设计思路，发明高能复合膨胀材料和膨胀性能拟合设计方法，创建混凝土膨胀的精细控制技术。

（1）钢管混凝土膨胀性能设计　研究表明，钢管混凝土收缩变形的主要因素是自收缩、冷缩、塑性收缩、弹性收缩和徐变。设计引入膨胀组分补偿混凝土收缩并产生膨胀。在钢管约束条件下，混凝土同时存在收缩和膨胀两种变形，分析得到混凝土变形模型 [见式（6-1）]。

根据钢管混凝土变形特性和组合材料性能要求，取图 6-1 为理想设计膨胀模型，提出高能延迟膨胀组成设计原则。已有膨胀技术存在的主要问题：U 形膨胀类的早期膨胀率较低，膨胀量小；硫铝酸盐类的水化速度快，对水泥石早期结构和强度有影响；氧化物类的膨胀性能不稳定。在此提出膨胀复合设计思路：选择具有早、中、后期膨胀特性的组分，分别以煅烧 RO 矿物（CaO 和 / 或 MgO）、硫铝酸盐 [代表组成 3（CaO·Al$_2$O$_3$）·CaSO$_4$，即 C$_4$A$_3\bar{\text{S}}$]、RO 固熔相（含

CaO、MgO、FeO 过烧固熔相）为主[10]。

（2）膨胀性能拟合技术　取以上所对应的膨胀组分，分别试验测定其在封闭状态下以施工设定条件所制备混凝土的自由膨胀率$\varepsilon_{01}=f_1(t)$、$\varepsilon_{02}=f_2(t)$、$\varepsilon_{03}=f_3(t)$；经拟合得到复合膨胀特性$\varepsilon=\varepsilon_1+\varepsilon_2+\varepsilon_3=k_1f_1(t)+k_2f_2(t)+k_3f_3(t)$，如图 6-3 所示，据此配制出复合膨胀组分（HBEA）。表 6-1 实验的拟合配比为$k_1:k_2:k_3:\overline{S}=20\%:37\%:15\%:28\%$。其对比结果表明拟合膨胀混凝土具有良好的设计强度和稳定的后期膨胀率。

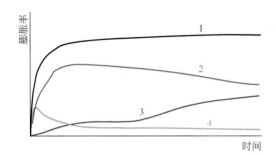

图6-3
膨胀复合性能的拟合设计
1—复合性能；2—中期特性；3—后期特性；
4—早期特性

表6-1　HBEA混凝土性能实验结果

水泥/（kg/m³）	掺量/（kg/m³）	水胶比	砂率/%	28天强度/MPa	限制膨胀率/10⁻⁴	
					14d	90d
460	0	0.39	40	52.1	−3.4	−5.2
414	46	0.39	40	52.7	3.6	2.8
377	83	0.39	40	52.9	4.5	3.5
520	0	0.33	39	59.2	−3.8	−5.0
468	52	0.33	39	61.1	4.0	3.0
426	94	0.33	39	58.4	4.3	3.4

4. 混凝土膨胀精确控制技术

（1）膨胀性能计算　研究掌握混凝土强度与膨胀性能协调发展机制，通过水化控制实现膨胀精细控制，具体步骤如下：

① 由结构要求设计的混凝土强度（f_c）和膨胀应力（σ_c），计算膨胀率（ε_0），并设定膨胀特性（ε），钢管混凝土膨胀自应力设计值（σ_c）与混凝土自由膨胀率（ε_0）的关系如式（6-4）所示；

② 采用拟合技术方法，根据膨胀特性（ε）确定膨胀组成（HBEA）及其原料配合比（$k_1:k_2:k_3$）；

③ 综合调控以下各因素实现控制：水泥特性、膨胀组成、原料预处理、颗粒级配、释水因子材料。

（2）膨胀性能精确控制

① 混凝土膨胀自应力设定　根据设计要求设定混凝土的膨胀自应力范围，一般取值 1.0 ～ 3.0MPa。

② 混凝土原材料选择　根据设计要求和工程建设条件，选择制备混凝土的各种原材料。a.水泥：选择水泥品种、熟料矿物组成、产品的细度；b.掺合料：掺合料的种类、品种、混合比、活性成分、产品的细度；c.粗细集料：细集料的模数、粗集料的强度及级配；d.外加剂：采用专用的 WUT-G 外加剂；e.释水因子材料：采用研制的释水因子材料。

③ 混凝土性能试验　a.强度：按设计要求进行混凝土强度试配，使其达到强度指标；b.工作性能：根据工程施工条件，用外加剂调整混凝土的工作性能；c.含气率：测混凝土的含气率，计算混凝土膨胀率时需要此参数；d.弹性模量：测混凝土的弹性模量，计算混凝土膨胀自应力时需要此参数。

④ 计算混凝土的膨胀率　式（6-4）给出了钢管混凝土膨胀自应力设计值与混凝土自由膨胀率的关系，测定混凝土的弹性模量和含气率，选定混凝土的施工泵压后，可获得 ε_A 值，混凝土的 ε_0 就可确定，根据混凝土的膨胀率得到膨胀随时间变化的特征曲线：$\varepsilon_0 = f(t)$。

⑤ 膨胀组分复合匹配

a. 设本技术所选定的具有早、中、后期三种膨胀特性的膨胀组分为 BEA_1、BEA_2、BEA_3，分别试验测取它们在封闭状态下，按施工设定条件参数制备膨胀混凝土的自由膨胀率 $\varepsilon_{01}=f_1(t)$、$\varepsilon_{02}=f_2(t)$、$\varepsilon_{03}=f_3(t)$，试验中设置释水因子材料基准掺量为砂量的 15%；

b. 对 $\varepsilon_{01}=f_1(t)$、$\varepsilon_{02}=f_2(t)$、$\varepsilon_{03}=f_3(t)$ 进行数学拟合，得到复合膨胀特征曲线：

$$\varepsilon_0 = \varepsilon_{01} + \varepsilon_{02} + \varepsilon_{03} = f_1(t) + f_2(t) + f_3(t) \tag{6-5}$$

c. 膨胀组分物性参数和比例调整，通过对膨胀组分物性参数、煅烧 RO 矿物的煅烧温度与时间、$C_4A_3\bar{S}$ 熟料成分与含量、RO 固熔相组成与细度，以及三者间的比例匹配、释水因子材料物性参数及掺量进行调整，使之满足拟合方程，确定 BEA_1、BEA_2、BEA_3 配比，得到复合的高能复合膨胀材料 HBEA 组成。

⑥ 验证试验　a.按以上高能复合膨胀材料 HBEA 组成，进行钢管混凝土膨胀性能试验；b.对有关材料的物性参数和组成、比例进行调整与修正；c.确定高能复合膨胀材料 HBEA 配比、混凝土配合比（表6-2）和相关施工工艺参数。试验原材料：42.5 普通硅酸盐水泥；膨胀组分 BEA_1（RO 矿物煅烧温度 950 ～ 1050℃）、$BEA_2[m(C_4A_3\bar{S}) : m(C_4AF) : m(C_2S)=65\% : 10\% : 20\%]$、$BEA_3[RO$ 固熔相 $K_m[MgO/(FeO+MnO)]>1)$，比表面积 450 ～ 500m²/kg；释水因子材料粒径在 2 ～ 7.5mm，24h 吸水率为 15% ～ 20%；掺合料为 I 级粉煤灰；粗集料为 5 ～ 20mm 连续级配区间粒径的碎石，压碎值 <10%，针片状含量 <10%；细集料为细度模数

2.3 ～ 3.1 的砂；减水剂为聚羧酸类高效减水剂，减水率28%～30%。

表6-2 C50钢管混凝土配合比

水泥	水	粉煤灰	集料	砂	减水剂	HBEA	释水因子材料	初始坍落度	3h坍落度
				/（kg/m³）					/mm
460	185	70	1050	525	8.5	66	77	220	200

表 6-3 是实验结果。可以看到 HBEA 的掺量在 5% ～ 16% 的范围内基本能达到设计要求，较好的范围在 8% ～ 12% 以内，此时混凝土的强度较高，混凝土的自应力值大约在 1 ～ 2.5MPa 之间。膨胀组分掺量过高时，由于膨胀组分的早期膨胀反应过多、过快对水泥水化产物有较大的影响，致使水泥石微观结构发育不良，造成强度下降。

表6-3 HBEA掺量对混凝土力学性能和膨胀性能的影响（28d）

混凝土试样	A	B	C	D	E	F	G	H	I
HBEA掺量/%	0	5	8	10	12	14	16	18	20
自由膨胀率/10^{-6}	−120	95	189	302	400	486	577	712	816
膨胀应力/MPa	—	0	0.76	1.58	2.34	3.09	3.83	4.65	5.40
混凝土强度/MPa	58.2	60.8	62.6	61.7	60.3	59.3	57.4	54.1	47.4

（3）膨胀性能控制流程　运用材料科学技术原理，采用已取得的研究技术成果，根据材料制备和施工特点，设计如下混凝土膨胀精确控制技术方案，如图6-4所示。

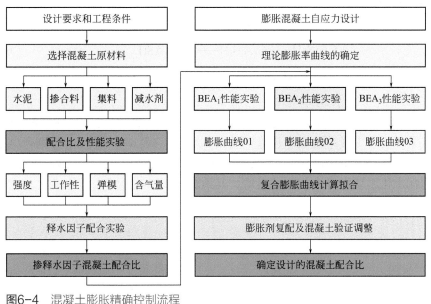

图6-4　混凝土膨胀精确控制流程

三、胶凝材料组成匹配设计

1. 胶凝材料组成与收缩变形

水泥的类型和矿物组成直接影响钢管混凝土收缩特性，混凝土的收缩包括自收缩和化学收缩。化学收缩代表的是水泥水化产物的体积小于参加反应的水泥及水的体积之和，自收缩代表的是在恒温及无湿度迁移情况下水泥石的宏观体积缩小值。化学收缩可以根据反应物和产物的有关参数计算得出，发生化学收缩的过程并不一定表现为宏观体积收缩，也有可能表现为膨胀。例如：在膨胀水泥水化体系或掺膨胀剂的水泥水化体系当中，生成钙矾石的过程是一个伴随着化学收缩的过程，但在宏观上水泥石或混凝土却表现出膨胀变形。自收缩与化学收缩并不是线性比例，它们之间不存在简单的关系，大多数化学收缩转化成为了硬化水泥石中的微孔。

水泥熟料矿物具有不同的收缩值。铝酸盐水泥和早强水泥的早期自收缩值比较大，同时矿渣水泥在水化一段时间之后的自收缩值比较大；在水泥矿物当中，当 C_3A 和 C_4AF 含量较高时，配制的混凝土表现出较大的自收缩值，而 C_3S、C_2S 矿物相含量对自收缩影响较小。究其原因，这和水泥中各种矿物相的水化速率、水化程度和水化产物结合水含量是密切相关的。

在水泥四种主要矿物相中，C_3A 的水化速率最快，这是由于 C_3A 晶体中 Ca^{2+} 和 Al^{3+} 均处于不规则的配位状态，同时结构中具有较大的孔穴，OH^- 容易进入晶格内部，因而水化反应活性较高。实际上，在水泥水化系统中，C_3A 的水化反应可以用下列各式进行表示：

$$C_3A + 3C\bar{S}H_2 + 26H \longrightarrow C_6A\bar{S}_3H_{32} \tag{6-6}$$

$$C_6A\bar{S}_3H_{32} + 2C_3A + 4H \longrightarrow 3C_4A\bar{S}H_{12} \tag{6-7}$$

$$C_3A + CH + 12H \longrightarrow C_4AH_{13} \tag{6-8}$$

在硅酸盐水泥水化体系中，当石膏、$Ca(OH)_2$ 同时存在时，C_3A 水化生成 C_4AH_{13}，接着与石膏反应生成钙矾石（AFt），随后在浆体中的石膏被消耗完毕后，C_3A 与 AFt 反应生成单硫型水化硫铝酸钙（AFm）。表 6-4～表 6-6 分别列出了反应式（6-6）～式（6-8）系统体积变化的相关数据。从表 6-4～表 6-6 不难发现，上述水泥水化系统中 C_3A 的水化反应，其绝对体积都有不同程度的减缩。

表6-4 反应式（6-6）中反应前后的体积变化[3]

矿物相	摩尔质量/（g/mol）	密度/（g/cm³）	摩尔体积/（cm³/mol）
C_3A	270.190	3.001	90.033
$3C\bar{S}H_2$	516.509	2.320	222.633
$26H$	468.385	0.998	469.229

矿物相	摩尔质量/（g/mol）	密度/（g/cm³）	摩尔体积/（cm³/mol）
反应物合计	1255.084		781.896
$C_6A\bar{S}_3H_{32}$	1255.084	1.780	705.103
生成物合计	1255.084		705.103

表6-5　反应式（6-7）中反应前后的体积变化[3]

矿物相	摩尔质量/（g/mol）	密度/（g/cm³）	摩尔体积/（cm³/mol）
$C_6A\bar{S}_3H_{32}$	1255.084	1.780	705.103
$2C_3A$	540.380	3.001	180.067
4H	72.059	0.998	72.189
反应物合计	1867.523		957.359
$3C_4A\bar{S}H_{12}$	1867.523	1.990	938.454
生成物合计	1867.523		938.454

表6-6　反应式（6-8）中反应前后的体积变化[3]

矿物相	摩尔质量/（g/mol）	密度/（g/cm³）	摩尔体积/（cm³/mol）
C_3A	270.190	3.001	90.033
$Ca(OH)_2$（简称CH）	74.100	2.242	33.050
12H	216.177	0.998	216.567
反应物合计	560.467		339.650
$C_4A H_{13}$	560.467	2.046	273.970
生成物合计	560.467		273.970

　　水泥熟料中的其他主要矿物相 C_3S、C_2S 以及 C_4AF 其水化反应也都是一个体积减缩的过程，其最终化学收缩值如表 6-7 所示。

表6-7　C_3S、C_2S 以及 C_4AF 单矿水化时的最终化学收缩值[3]

矿物相	化学收缩值/（cm³/g）
C_3S	0.0532
C_2S	0.0400
C_4AF	0.1113

　　除水泥的品种和矿物组成外，水泥的细度、颗粒级配、用量、掺合料、减水剂以及水胶比等都会对钢管混凝土的收缩变形产生一定的影响。如水泥细度增加，水泥用量增加，水胶比减小都会引起混凝土早期收缩值增加。

2．胶凝材料组成与膨胀变形

　　对于常用的硅酸盐水泥，胶凝材料组成对钢管混凝土膨胀变形的影响主要体现在其对钙矾石形成的过程、数量、形貌以及结构的影响上。钙矾石是硅酸盐水泥水化的主要产物之一，大约占全部水化产物的7%，而在钢管膨胀混凝土中，水化产物中钙矾石的含量通常可达到25%以上。钙矾石的形成由水泥石孔隙中液相Ca^{2+}、SO_4^{2-}、OH^-和AlO_2^-的含量来决定，其平衡常数以下式来表示：

$$K_p = \frac{c(3CaO \cdot Al_2O_3 \cdot 3CaSO_4 \cdot 32H_2O)}{c(Ca^{2+})^6 c(SO_4^{2-})^3 c(OH^-)^4 c(AlO_2^-)^2 c(H_2O)^{29}} \quad (6\text{-}9)$$

由式（6-9）可知，钙矾石的形成由这四种离子的浓度积来决定。试验表明[4-6]，Ca^{2+}浓度是决定钙矾石形成的一个主要因素，C_3S含量高的水泥在水化初期就可生成大量钙矾石，而C_2S含量高的贝利特水泥，在水化初期不形成钙矾石。Ca^{2+}浓度过高时，不仅增加AFt的生成量同时也影响其形态，Ca^{2+}浓度超过过饱和度（pH值达到13.9）以后，AFt会以固相反应形成形态呈团聚的并向外放射状的针状晶体。这种形态的晶体比表面积大，相互交叉挤压，产生的膨胀应力大。CaO除了提供Ca^{2+}以外，更重要的是为钙矾石结构单元提供了OH^-，从而有利于钙矾石晶核的形成。钙矾石形成是由$[Al(OH)_6]^{3-}$八面体，铝氧八面体与钙多面体交替排列形成钙铝多面柱与SO_4^{2-}进入柱间沟槽3个过程串联形成，其中速率最慢的$[Al(OH)_6]^{3-}$形成过程为钙矾石形成的控制步骤，液相各离子中，AlO_2^-是钙矾石形成速率的决定因素，AlO_2^-溶出速率及其浓度高低是钙矾石形成速率的控制步骤，例如CA形成钙矾石的速率明显快于C_3A，这是因为CA溶出AlO_2^-较快，AlO_2^-平衡浓度较高。

钢管膨胀混凝土中，钙矾石生成所需的$CaSO_4$及铝相物质主要由膨胀剂带入，$Ca(OH)_2$则由水泥熟料矿物中的C_3S和C_2S水化生成，影响$Ca(OH)_2$生成速率及生成数量的因素，都有可能对钙矾石生成速率及生成量造成影响。目前一般认为，OH^-浓度较低，形成的钙矾石少，结晶良好，晶型粗短，产生的膨胀应力较小，而OH^-浓度较高时，形成大量的放射性的针状钙矾石，产生的膨胀应力较大。掺合料的加入对水泥水化体系中$Ca(OH)_2$含量的改变是多方面的。

有研究表明活性矿物掺合料由于稀释效应等原因，加快了C_3S等矿物相的水化，使$Ca(OH)_2$在水化早期的生成速率加快；但另一方面掺合料在水泥水化的中后龄期与$Ca(OH)_2$发生火山灰反应，消耗$Ca(OH)_2$，降低其含量，而且由于掺合料的掺入，水泥熟料比例降低，也引起$Ca(OH)_2$生成量相应减小。实践表明，粉煤灰和矿渣粉等水泥活性混合材或混凝土掺合料的掺量增加，会降低混凝土的膨胀率。10%的粉煤灰掺量即可使混凝土的限制膨胀率和自由膨胀率均明显降低，当粉煤灰的掺量提高至30%时，对膨胀抑制程度更为加重。当然，膨胀率的降低与所使用的粉煤灰及膨胀剂的化学成分及物理性能是相关的，使用不同的粉煤灰和膨胀剂，其抑制作用大小也会有差别。水泥中的 Al_2O_3 含量偏低、SO_3 含量偏高，掺合料 Al_2O_3 含量较高情况下，混凝土水中限制膨胀率未必降低。磨细矿渣粉对膨胀性能的影响与粉煤灰有相似之处。究其原因，这与掺加活性混合材之后，水泥熟料比例下降使 $Ca(OH)_2$ 生成量下降、同时火山灰反应消耗掉部分 $Ca(OH)_2$，从而使水泥石中孔溶液碱度降低有关。

3. 胶凝材料组成的匹配

水泥的熟料组成与钢管膨胀混凝土的化学收缩、自收缩，以及水化体系中钙矾石的生成速率、生成量、钙矾石形貌及由此产生的膨胀变形均有密切联系。在水泥熟料的四种主要矿物相 C_3S、C_2S、C_3A、C_4AF 当中，C_3A 的化学收缩值最大，C_4AF 其次。对于硬化水泥石的自收缩而言，当 C_3A 和 C_4AF 含量较高时，配制的混凝土表现出较大的自收缩值，而 C_3S、C_2S 矿物相含量对自收缩影响较小。同时，在掺膨胀剂的混合水泥水化体系中，C_3S、C_2S 对钙矾石的生成速率、生成量、钙矾石形貌，以及膨胀率的大小有重要影响。

在配制高强度微膨胀钢管混凝土时，应当选择 C_3S、C_2S 含量较高，而 C_3A、C_4AF 含量相对较低的普通硅酸盐水泥或硅酸盐水泥，不宜采用矿渣水泥、复合水泥或火山灰水泥。同时，在混凝土中掺加粉煤灰、矿渣粉等活性掺合料时，其掺量也不宜超过 30%。

混凝土膨胀与强度的协调发展是保证钢管膨胀混凝土具有优良的结构性能和使用性能的关键。凡是影响水泥水化反应速率与膨胀剂水化反应速率的协调进行、影响主要水化产物 C-S-H 凝胶和 AFt（对于钙矾石类膨胀剂）的协调形成的因素，如混凝土膨胀剂的掺量、掺合料的品种与掺量、胶凝材料用量、水胶比、化学外加剂、混凝土配合比，都关系到钢管混凝土的膨胀与强度性能是否能协调发展。

膨胀剂掺量增加，混凝土的膨胀率增加，但掺量增加尤其是掺量过大时，混凝土的强度会降低。掺合料对混凝土膨胀与强度性能协调性的影响则与混凝土的强度等级有一定关系[7-9]。在中等强度等级膨胀混凝土中加入矿物掺合料，一般在降低早期强度的同时也降低了混凝土的膨胀性能；对于高强度等级膨胀混凝土，加入一定掺量的矿物掺合料，尽管混凝土早期强度有所降低，但混凝土膨胀性能有所提高。分析认为，早期强度宜适中，若早期强度过低，则会引起过多的膨胀发生在塑性状态成为无效膨胀，有效膨胀能降低，而过高的早期强度则又限制了混凝土膨胀的发挥。一般 C60 以下强度等级的钢管膨胀混凝土中掺合料的掺量以 10% ～ 20% 为宜，最大也不宜超过 25%，C60 及以上强度等级的钢管膨胀混凝土中掺合料的掺量可稍微有所提高，但最大也不应超过 40%。

水胶比对混凝土强度的影响很明显，规律也非常明确，即水胶比增加，混凝土强度降低，但其对混凝土膨胀性能以及混凝土膨胀与强度协调发展的影响则不然。如水胶比增加时，一方面，由于水分充足，膨胀剂的水化反应速率可能会加快，AFt 的生成量可能会增加，膨胀速度增大而使膨胀性能提高；另一方面，尽管水泥熟料的水化反应速率可能加快，C-S-H 凝胶的生成速度也可能加快，但混凝土孔隙率增加，必须用更多的 AFt 填充或消耗膨胀能，使膨胀性能降低。因此，配制钢管膨胀混凝土时，不必为了提高膨胀性能而采用过低的水胶比，水胶比还是应以设计的混凝土强度为主要考虑因素。

膨胀剂的颗粒级配对膨胀性能的影响也是非常关键的，它不仅关系到混凝土膨胀能的大小，而且是控制膨胀反应速率的一个重要技术指标，是研究可调控膨胀的高性能膨胀剂的一个重要技术环节。如果膨胀剂中微粉太多，则形成膨胀速度加快，而且会在混凝土塑性期间形成膨胀产物，无效消耗了它的膨胀能，使混凝土硬化早期（7～14d）的膨胀率降低。

4. 适用于高强钢管混凝土的高效复合减水剂

钢管高强膨胀混凝土水胶比低，水泥细度较大，胶凝材料用量高，加入高能复合膨胀材料，混凝土的工作性能进一步劣化。另一方面，钢管混凝土拱桥施工需要长距离泵送和顶升灌注密实施工，沿程阻力大，因而对混凝土的工作性能和强度提出了特殊的要求，通用外加剂无法满足这种特殊要求。首先，要求混凝土具有良好的可泵性和对钢管混凝土施工工艺的适用性，初凝时间须满足混凝土泵送顶升所需要的时间、新拌混凝土在较长时间内的坍落度损失应较小；第二，要求混凝土具有合适的补偿收缩和一定的自应力性能；第三，核心混凝土应具有早强特性和合适的刚度，以确保在按桥梁结构要求进行顺序灌注每根钢管混凝土时，特别是灌注多根钢管组成的桁架式拱肋过程中保证拱肋的线型。

目前常用于钢管混凝土的缓凝减水剂为萘系，但混凝土坍落度经时损失较大；氨基磺酸类减水剂易造成混凝土泌水，不利的是这两类外加剂引气量都较大，在钢管混凝土施工过程中易形成气体膜，将消耗混凝土的膨胀能，对混凝土与钢管的结合不利。

针对以上主要问题，著者团队研制开发了一种引气量低、减水率高的专用于钢管混凝土的高能延迟膨胀组分的复合专用减水剂（WUT-G）[18]，其技术方案是：利用聚羧酸高减水率、低引气量的特点，复合缓凝保塑成分。聚羧酸减水剂的聚合物平均分子量在 11000～15000，同时，为保证 WUT-G 很小的引气量，所用聚羧酸分子结构中作为侧链之一的聚氧乙烯基（即 EO 加成数）大于 60，且分子中羧基与酯基的摩尔比为 1.9～2.1，以保证 WUT-G 对水泥的适应性。聚羧酸减水剂与其他主要成分葡萄糖酸钠、磷酸三丁酯、硫酸锌复合而成固含量为30%～36%的水剂；一般固体质量配比为：聚羧酸减水剂：葡萄糖酸钠：硫酸锌=87%～94.5%：5%～10%：0.5%～3%。在掺量范围内使混凝土含气量≤1.5%。

实验结果给出C50钢管混凝土中WUT-G掺量为0.9%～1.3%，C60钢管混凝土中掺量为1.2%～1.6%，其性能指标按GB 8076—2008进行检验，配制的混凝土减水率高、保塑性好、适应膨胀性、含气量低、凝结时间长且易控，可泵送性能好。效果见表6-8、表6-9。

表6-8　使用WUT-G的C50钢管混凝土性能

减水率/%	泌水率/%	含气量/%	凝结时间差/min		抗压强度比/%	
			初凝	终凝	7d	28d
≥30	≤95	≤1.5	≥600	≥720	≥128	≥116

表6-9　使用WUT-G的C60钢管混凝土实施结果

水泥：粉煤灰：HBEA：水：砂：碎石/（kg/m³）	WUT-G掺量/%	扩展度/cm	坍落度/cm				28d强度/MPa	含气量/%
			0h	1.5h	3h	5h		
450：60：60：175：660：1010	1.4	64	24.0	22.5	21.0	18.5	72.9	1.5
460：70：55：180：655：1050	1.4	62	23.0	22.0	20.5	18.0	76.0	1.4

WUT-G的优点是引气量低、减水率高，它能够有效提高新拌钢管混凝土的流动性和工作性，显著改善钢管混凝土泵送施工性能，降低混凝土含气量。通过实验研究表明，对直径1m跨度200～300m的钢管混凝土拱桥，其施工泵送压力10～20MPa，当核心混凝土的含气量小于1.5%时，吸附于钢管壁处的空气量仅占混凝土体积的0.02%～0.05%，以较大值0.05%计算，在钢管壁处形成的环形间隙为0.13mm，因而经配合比优化设计研制出膨胀率为$3×10^{-4}$的钢管混凝土能避免钢管壁与混凝土脱粘问题。

四、钢管混凝土在大跨径拱桥的工程应用

1．应用概况

从20世纪90年代中期开始，武汉理工大学在钢管混凝土的混凝土材料性能方面开展了系统和深入的研究工作，在解决了膨胀性能精确设计和控制、封闭条件下后期供水机制等关键理论和技术难题后，结合大跨度钢管混凝土拱桥工程实际开展施工技术攻关，形成了较为完整的高强膨胀混凝土的性能设计和制备技术体系，很好地解决了钢管混凝土施工中极易出现的离析泌水、堵泵以及拱顶不密实的技术难题，实现了核心混凝土与钢管之间的紧密结合，取得了显著的技术经

济效益和社会效益。这不仅表明我国钢管混凝土在大跨度桥梁中的应用继续处于世界领先水平，而且标志着该技术又达到了一个更新的高度。

2. 混凝土制备与施工工艺

（1）大跨度拱桥钢管混凝土密实制备技术　在钢管内制备出密实的混凝土是实现钢管与混凝土有效组合及其结构安全的关键，除了混凝土的膨胀性能设计与精细控制，还必须针对大跨度结构的施工特点，解决混凝土超长时凝结及控制、膨胀组分与调凝、塑化剂相容性，以及复杂工艺的系列配套技术等关键难题。

钢管高强膨胀混凝土水胶比低，水泥细度较大，胶凝材料用量高，加入组合膨胀组分后混凝土的工作性能进一步劣化。大跨度钢管拱桥混凝土需要长距离泵送和顶升密实施工，沿程阻力大，通用外加剂无法满足这种特殊要求。研究开发出适应于高能延迟膨胀组分的专用泵送剂 WUT-G，配制的混凝土减水率高、保塑性好、适应膨胀性、含气量低、凝结时间长且易控，可泵送性能好。

（2）施工工艺与混凝土制备关键技术　对现场施工组织、设备选型与布置、施工方案与质量控制等进行系统研究和试验；开发出对大跨度钢管混凝土拱桥混凝土施工的预湿清管、分级泵送、顶推抽吸、超量密实、结构平衡灌注等系列配套关键技术，有效解决了施工关键技术难题[24,25]。采用本技术所配制的高强钢管膨胀混凝土的配合比与性能见表 6-10 和表 6-3，实际材料的质量检测效果见图 6-5、图 6-6。

表6-10　C50钢管混凝土配合比

水泥	水	粉煤灰	碎石	砂	WUT-G	HBEA	释水因子	初始坍落度	5h坍落度
			/（kg/m³）					/mm	
430	170	70	1050	565	8.5	66	77	220	200

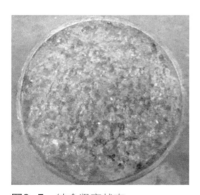

图6-5　结合紧密状态

图6-6　出现脱空状态

图 6-5 是采用本技术制备的钢管混凝土组合材料,从技术对比情况看,混凝土与钢管壁间没有缝隙。图 6-6 为用一般混凝土膨胀剂配制的钢管混凝土组合材料,可显见混凝土与钢管之间的缝隙,实测达到 0.2 ～ 0.5mm,混凝土结构也不密实,有较多空洞,需要增加补浆措施才能使其密实。

3．钢管混凝土专家系统

集成以上钢管混凝土技术研究成果,结合技术在实际工程应用,研制开发出钢管混凝土专家系统。系统在功能设计上包括混凝土配合比设计、膨胀性能计算、承载力计算、施工技术、质量监控、文献检索与帮助等子系统。系统具有功能完整、知识全面、内容新颖、技术先进、综合实用的特点。在工程质量和结构安全性检测、施工指导方面具有重要创新。对促进钢管混凝土技术的应用,提高大跨度结构的设计、施工、建造和工程的安全性具有重要作用。钢管混凝土专家系统的功能与技术原理如图 6-7 所示。

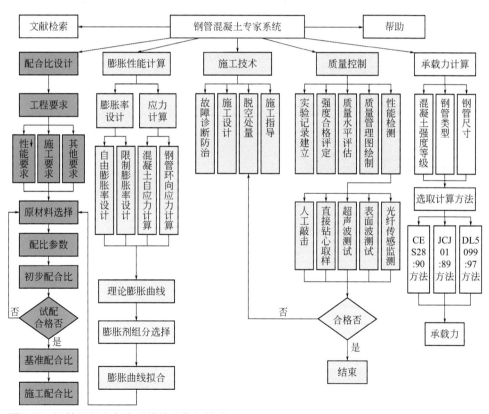

图6-7　钢管混凝土专家系统的功能与技术原理

4．工程应用

（1）钢管混凝土组合材料构件的力学性能　表6-11是钢管膨胀混凝土的力学性能试验和材料组合效果，钢管混凝土组合构件的极限破坏荷载值比钢管普通混凝土提高13.8%和12.6%，相应的套箍系数为1.14和1.13，表明具有很好的套箍组合效应，提高了组合材料构件的承载力。

表6-11　钢管膨胀混凝土的力学性能试验和材料组合效果

混凝土种类	混凝土28d强度/MPa	混凝土28d限制膨胀率/10⁻⁴	钢管混凝土短柱极限荷载/kN	短柱极限荷载提高数值/kN	短柱极限荷载提高比例/%	组合构件复合效果（套箍系数）
C50普通混凝土	62.2	−3.0	1740	0	0	0
C50膨胀混凝土	60.5	4.5	1980	240	13.8	1.14
C60普通混凝土	69.1	−3.4	2008	0	0	0
C60膨胀混凝土	70.8	4.3	2261	253	12.6	1.13

（2）工程结构的现场监测、质量检测与安全性评价　混凝土与钢管的组合匹配状态除受混凝土自身变形影响，还与钢管与混凝土的变形协调性有关。由于钢材与混凝土的热膨胀系数和弹性模量有差异，分别为$\alpha_s=12.0\times10^{-6}/℃$，$E_s=210\mathrm{GPa}$，$\alpha_c=10\times10^{-6}/℃$，$E_c=34.5\mathrm{GPa}$。在温差较大（严寒冬季、酷热夏季）时，其影响增加，须对组合材料与结构的安全性进行评价[28-31]。采用ANSYS有限元法分析（图6-8）得到膨胀率与应力变化见表6-12、表6-13[32,33]。

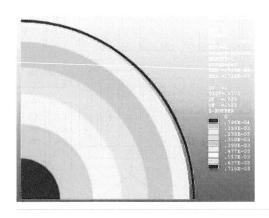

图6-8
温度场有限元分析

表6-12　夏季温变所需混凝土自由膨胀率

$\left(\dfrac{t_s}{t_c}\right)/℃$①	70/40	60/40	50/40
$\varepsilon_c/10^{-6}$	231.8	169.7	107.6

① t_s 为钢管的温度；t_c 为混凝土的温度。

表6-13　冬季温变引起钢管应力变化

$\left(\dfrac{t_s}{t_c}\right)$/℃	−30/0	−20/0	−10/0
σ_c/MPa	0.524	0.384	0.243
σ_t/MPa	16.375	12.00	7.594

① 夏季：温度收缩所产生的混凝土与钢管的间隙为 δ，要使钢管与混凝土不脱空，混凝土的限制膨胀率应满足 $\varepsilon_R \geqslant \delta / R$，根据 $\varepsilon_0 = [\varepsilon_R(KE_c + E_s)/(KE_c)]$，得到混凝土自由膨胀率 ε_0；

② 冬季：钢管收缩率大于混凝土收缩率，此时不产生脱空，但会增加钢管径向压应力 σ_c 和钢管表面环向拉应力 σ_t。

分析计算结果：当夏季钢管温度高达 70℃、钢管内外温差 30℃ 时，混凝土的自由膨胀率达到 231.8×10^{-6}，则不会产生脱空；当冬季气温在 −30℃、钢管内外温差 30℃ 时，钢管径向压应力和环向拉应力分别增加 0.524MPa 和 16.375MPa。结果表明所要求的混凝土膨胀率在设计和控制范围内，所产生的应力变化在钢材材性的安全范围内，因此组合材料与钢管混凝土结构是安全的。表 6-14 是采用超声波对武汉江汉三桥长期监测结果[34]。实际结果说明钢管与混凝土间没有缝隙。

表6-14　超声波检测结果

检测时间/最高或最低气温	平均声速/（m/s）	计算间隙/mm	钢管与混凝土结合状态
2002年6月	4251~4775	<0	无间隙
2007年8月/42℃	4190~4793	<0	无间隙
2008年2月/−12℃	4407~4856	<0	无间隙
2009年10月/39℃	4280~4641	<0	无间隙

混凝土与钢管间隙 X 按下式计算：

$$X = \frac{[(tV_g - 2d)V_h + (2d - D)V_g]V_k}{V_g(V_h - V_k)} \qquad (6\text{-}10)$$

式中　　t——超声波穿过钢管混凝土的时间，s；

　　　　d——钢管壁厚度，m；

　　　　D——两探头间距，m；

V_g，V_k，V_h——钢材、空气、混凝土的声速，m/s。

（3）工程应用情况　　著者团队所研发的高强膨胀混凝土设计与制备及其大跨度钢管混凝土拱桥成套应用技术，使钢管混凝土组合材料技术实现了高强混凝土膨胀的精细设计与控制，提高了结构的承载力和稳定性，实现了混凝土强度、膨胀和工作性的协调发展，在保证质量的基础上，实现了大跨度结构混凝土整管一次施工。

简化了分段施工、后期补水泥浆的复杂工艺，减少了原材料、动力消耗，缩短了施工周期，节省工程费用，并有效解决混凝土堵泵塞管、不密实、膨胀不均衡、钢管与混凝土易脱空等关键难题，显著提高了建设效率、工程质量和结构的安全性。由于本技术的突破，使钢管混凝土的实际设计强度达从 C50 级到 C100 级，钢管的管径从小于 1000mm 达到 1800mm，拱桥跨度由过去不到 200m 达到 500m 以上，应用范围由过去仅限于南方地区已扩展到西藏、吉林等寒冷地域。本技术的发展与应用，为国家基本建设做出了重要贡献，促进了本学科技术领域的科技进步。表6-15、图6-9是著者团队参与推广应用的部分大跨度钢管混凝土拱桥工程项目情况。

表6-15　著者团队参与推广应用的部分大跨度钢管混凝土拱桥工程

序号	桥梁名称	桥梁主跨
1	四川合江长江一桥	530m，中承式，混凝土C60
2	四川合江长江公路大桥	507m，飞燕式，混凝土C70
3	重庆巫山长江大桥	460m，中承，混凝土C60
4	四川犍为岷江特大桥	457.6m，中承式，混凝土C60
5	湖北沪蓉高速支井河大桥	430m，上承式，混凝土C55
6	湖南湘潭湘江四桥	400m，中承式，混凝土C55
7	湖南茅草街大桥	368m，中承式
8	广西南宁永和大桥	349m，中承式
9	四川官盛渠江特大桥	320m，中承式，混凝土C100
10	浙江淳安南浦大桥	308m，中承式
11	重庆奉节梅溪河桥	288m，上承式
12	湖北武汉晴川桥	280m，下承式
13	广东东莞水道大桥	280m，中承式
14	四川磨刀溪特大桥	280m，上承式，混凝土C100
15	宜昌长江铁路大桥	2×275m，下承式
16	浙江宁波象山三门口中桥	270m，中承式
17	浙江宁波象山三门口北桥	270m，中承式
18	四川宜宾戎城大桥	260m，中承式
19	浙江岙山大桥	260m，中承式
20	湖北秭归青干河大桥	256m，中承式
21	湖北武汉江汉五桥	240m，中承式
22	浙江铜瓦门桥	238m，中承式
23	贵州水柏北盘江铁路桥	236m，下承式
24	湖北恩施南里渡大桥	220m，上承式
25	湖北秭归龙潭河大桥	208m，中承式
26	长沙黑石铺湘江桥	三联拱144m+162m+144m，中承式
27	广东潮州韩江北桥	五联拱5×160m，中承式
28	青藏铁路拉萨河特大桥	三联拱3×108m，下承式
29	京珠高速郑州黄河二桥	八联拱8×100m，下承式
30	四川雅泸高速公路干海子特大桥	1811m，世界首座全钢管混凝土桁架结构桥

注：未注明混凝土强度的桥梁均采用 C50 混凝土。

(a) 四川合江长江一桥（跨径530m）

(b) 四川合江长江公路大桥（跨径507m）

(c) 重庆巫山长江大桥（跨径460m）

(d) 四川犍为岷江特大桥（跨径457.6m）

(e) 宜昌长江铁路大桥（跨径2×275m）

(f) 贵州水柏北盘江铁路桥（跨径236m）

(g) 青藏铁路拉萨和特大桥
（三联拱3×108m）

(h) 四川雅泸高速公路干海子特大桥
（1811m，世界首座全钢管混凝土桁架结构桥）

图6-9　部分有影响和代表性的大跨度钢管混凝土拱桥

本成果已成功大规模推广应用，取得了巨大的经济效益和社会效益，大大推动了钢管混凝土技术在大跨径组合结构工程中的应用。利用项目研究成果，对参与指导钢管混凝土拱桥的设计、施工与应用，确保混凝土工程质量，减少以后的重建和维修费用，防止重大工程事故的出现，延长工程使用年限，以及对完善钢管混凝土技术，推动我国高性能混凝土技术的发展，丰富材料科学理论与实践都具有重大意义。

第二节
钢－混凝土/沥青复合桥面铺装结构材料

一、概述

1. 钢桥面铺装结构的耐久性难题

钢结构桥梁具有自重轻、跨越能力大、整体性好、架设方便、施工周期短等特点，大跨径桥梁和高坡度立交桥多采用钢桥结构。桥面铺装是铺覆在桥面结构最上层的具有均匀分布荷载、保护桥梁结构、满足行车舒适度与安全性要求的材料结构，是桥梁结构不可缺少的一个重要组成部分。

在行车荷载、风载、气候、温度变化及钢桥面局部变形等因素的综合作用下，铺装材料受力和变形非常复杂。在车辆重载碾压、冲击，长期处于疲劳状态和高温、多雨，低寒、干燥，昼夜温差变化大的环境中，由于沥青混凝土与钢板两种材料的弹性模量、温度变形等的材性差异大，在行车载荷和气候环境变化时，其协调变形能力差，铺装材料易变形，材料层间的黏结性能差，易脱粘损坏，使桥面发生车辙、滑移、拥包、开裂、坑槽等病害，导致耐久性大幅度降低，出现如图 6-10 所示的常见耐久性破坏的问题[35]。一些桥梁铺装往往几年甚至一两年就要重新铺设和修补，造成交通不便和经济损失。钢桥面铺装材料的高耐久性已成为建造大跨径桥梁的世界性技术难题，随着钢桥结构桥梁在江河、湖海和城市立交工程上的广泛应用，此问题愈加迫切需要解决。

2. 钢桥面铺装材料的性能特点

过去解决钢桥面铺装耐久性问题主要集中在对沥青混凝土的技术研发，主要有三条技术路线：①沥青玛蹄脂（SMA），其技术特点是温度适应性和防滑性能好，但与钢板黏结性能差，易推移、拥包破坏，使用寿命短；②浇筑沥青混凝土

（GA），其技术特点是与钢板追从性较好，抗疲劳性能好，但高温稳定性较差，易形成车辙；③环氧沥青混凝土（EA），其技术特点是与钢板黏结和高温稳定性好，但低温易开裂，构造深度小、抗滑性能差，且施工条件苛刻、工艺复杂、成本高。

(a) 横向推移　　　　　　　　　　(b) 坑槽、拥包　　　　　　　　　　(c) 高温车辙

(d) 收缩开裂　　　　　　　　　　(e) 破损处理　　　　　　　　　　(f) 铺装修补

图6-10　钢桥面铺装材料耐久性破坏常见形式

钢桥面铺装在行车荷载、风载、温度变化及钢桥面局部变形等因素的综合影响下，其受力和变形远较公路路面和机场道面复杂，因而对其强度、变形特性、温度稳定性、疲劳耐久性等均有较高要求。同时，由于铺装所处的特殊位置，在使用性能上又提出重量轻、黏结好、不透水等特殊要求。从材料学的角度分析，钢材的弹性模量、热膨胀和热导率与沥青混凝土有很大差异，在温度变化较大和重载受力情况下，两者产生不同变形将导致铺装层间较大的剪切力，致使脱粘和材料结构破坏，因而应从提高材料性能协同性，减少结构变形性入手，解决本质问题。

3．主要研究和技术开发内容

基于铺装材料的使役环境和功能应满足：较高的强度、良好的变形性、温度稳定性、隔热性、抗渗性、抗疲劳等耐久性，对大跨度结构，还应具有较轻的重量。针对以上需要解决的问题，著者创新提出了采用水泥混凝土与有机沥青复合的钢桥面铺装结构的技术路线，研究开发的方案和总体思路如图 6-11 所示。

著者团队开展了以下研发工作并取得创新成果：

① 通过对钢桥面铺装材料的力学与环境响应模拟分析，探明其破坏原因与规律，根据路面材料的性能特点和结构功能需要，开发铺装材料多层组合梯度结

构，为提高钢桥面铺装层结构耐久性提供新技术。

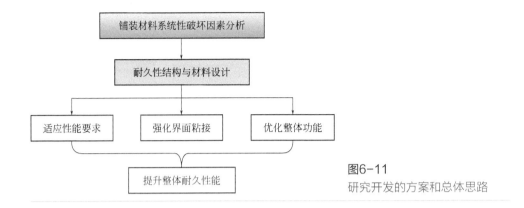

图6-11
研究开发的方案和总体思路

② 依据钢桥面铺装组合结构各层承担的功能，开发相应的高韧性轻质混凝土、高黏高弹改性沥青、界面强化与应力吸收材料制备技术，提高铺装结构的强度、抗疲劳、抗车辙、抗裂性及变形协调性，为不同气候地区及大跨、高坡等钢桥面铺装提供材料技术支撑。

③ 依据整体复合结构设计和施工特点，研发铺装材料与桥面钢板的结构连接技术，开发掌握了钢桥面组合铺装方法与材料施工工艺及其施工与质量评价方法，推进成果技术在不同结构桥型钢桥面的应用。

二、新型钢箱梁铺装结构设计

通过分析钢桥面沥青铺装层普遍存在耐久性差的原因，提出以解决材质间的弹性模量性能差异大，界面抗剪性能差的梯度结构设计理念；创建了一种铺装层材料与钢桥面协同变形的结构设计方法[36-38]，即"剪力件与钢筋网＋高韧性轻集料混凝土＋沥青混凝土"的结构；在大幅度提高钢桥面铺装层使用周期的同时，还降低桥面铺装层及桥梁自重，提高行车安全及舒适性。

1. 材料力学分析

（1）钢桥面铺装材料应力分析　运用SHELL63单元模拟正交异性板、SOLID65单元模拟铺装材料；通过设定和调整弹性模量、泊松比、线膨胀系数等参数，研究了铺装材料对车轮荷载作用和环境温度变化的力学响应[39]，探明了钢桥面铺装材料破坏规律（图6-12和图6-13）。

研究结果表明：①铺装材料破坏取决于表面最大拉应力和层间剪应力，开裂取决于横向拉应力，层间推移取决于层间剪应力；②温度变化产生的材料应变差异导致铺装结构形变；③铺装结构脱粘破坏源于层间非协调变形和弱的黏结强度；④同质材料及其结构无法承担铺装结构复杂的功能要求，此为耐久性差的根本原因。

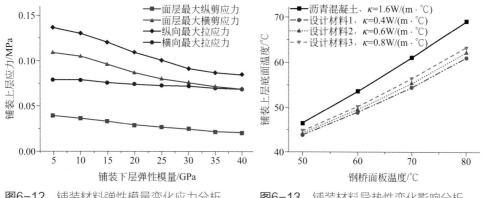

图6-12 铺装材料弹性模量变化应力分析 　　图6-13 铺装材料导热性变化影响分析

（2）钢桥面铺装层结构应力分析　桥面铺装结构的破坏主要取决于上面层的受拉应力、层间剪应力及铺装层材料的抗拉强度、层间黏结强度。以路用性能优异的 SMA 沥青混凝土为上面层，下面层选用不同模量的铺装材料，依托武汉机场第二公路通道主桥钢箱梁段项目为例：跨度145m，宽15m，顶板厚度20mm，横隔板厚度10mm、间距3000mm，纵向加劲肋厚度8mm、间距640mm，设计车速60km/h，标准轴载耦合条件，铺装总厚度100mm，上面层50mm，下面层50mm，其应力分析结果如图 6-14 与表 6-16 所示：①最大横向拉应力位于沿桥纵向的加劲肋板上方铺装表面，最大纵向拉应力位于横隔板上方铺装层表面，最大层间剪应力出现在横隔板上方附近加劲肋两侧区域，最大竖向位移出现荷载作用于跨中；②铺装层破坏取决于表面最大拉应力与层间剪应力，铺装层开裂取决于横向拉应力，层间推移破坏取决于层间剪应力；③随下面层模量提高，上面层横向拉应力和层间剪应力减小，下面层与钢板的层间剪应力增大。

  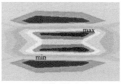 

(a) 横向拉应力　　　(b) 纵向拉应力　　　(c) 层间剪应力　　　(d) 竖向位移

图6-14 钢箱梁段耐久性铺装结构力学响应分析

表6-16　上面层SMA、下面层不同模量铺装材料的力学分析

项目	下面层铺装材料的模量			
	400MPa	800MPa	3000MPa	30GPa
上面层横/纵向最大拉应力/MPa	0.42/0.32	0.35/0.26	0.28/0.21	0.11/0.08
下面层横/纵向最大拉应力/MPa	0.37/0.30	0.49/0.39	0.77/0.54	1.02/0.82
上下铺装层间最大剪应力/MPa	0.23	0.17	0.12	0.09
铺装层与钢板间最大剪应力/MPa	0.44	0.48	0.61	0.81

（3）多层组合铺装结构梯度设计　随着桥面铺装体系弹性模量比值 n（$n=E_{下面层}/E_{钢板}$）的增大，下面层与上面层材料的弹性模量比值 n'（$n'=E_{下面层}/E_{上面层}$）也随之增大，形成更为均匀合理的铺装材料梯度匹配（$E_{钢板}$-$E_{下面层}$-$E_{上面层}$）。不但使得钢铺装表面弯沉降低，而且下面层与钢板、上下面层之间的剪应变与相对变形趋势减小，上面层材料所受到的剪应力减小，上下面层之间的剪应力减小，但下面层所受的剪应力增大，下层与钢板之间的剪应力增大，在钢板焊接剪力钉绑扎钢筋网并浇筑高韧性混凝土，提高了下面层材料的弹性模量和抗拉强度，并且提高了上下层之间的抗剪强度，对层间剪应力与层内弯拉应力的抗力得以增强，能更好地提供钢桥面铺装体系的强度与刚度储备，避免了钢桥面铺装层推移、拥包病害，提高了桥面铺装体系的结构安全性和耐久性。轻集料混凝土弹性模量（约25～28GPa）位于钢的弹性模量（210GPa）和SMA沥青混凝土的弹性模量（1.2～1.8GPa）之间，符合梯度材料的设计思路[40,41]，其设计结构如图6-15所示。

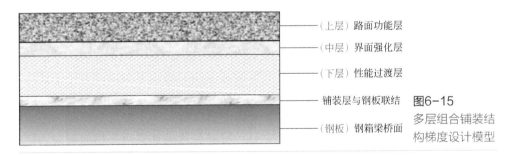

　　　　　　　　　　　　　　　——（上层）路面功能层

　　　　　　　　　　　　　　　——（中层）界面强化层

　　　　　　　　　　　　　　　——（下层）性能过渡层

　　　　　　　　　　　　　　　——铺装层与钢板联结　　图6-15

　　　　　　　　　　　　　　　——（钢板）钢箱梁桥面　　多层组合铺装结构梯度设计模型

（4）铺装结构梯度组合协同设计方法　基于材料梯度设计原理，通过提高下层材料的模量，减小上层拉应力，提升铺装结构的稳定性和耐久性。采用层间高黏结材料及抗剪结构设计，强化层间界面黏结，提高铺装结构的整体性，达到协同铺装层间变形，提高层间抗剪切力的效果。在钢板（弹性模量210GPa）上焊接剪力钉、绑扎钢筋网、浇筑与钢板具有较好追从性的轻质高强高韧性水泥基复合材料为下面层（弹性模量约25～28GPa，弯曲韧性指数 I_{20}>20，厚度5～8cm），上面层铺设SMA13沥青混凝土（弹性模量1.2～1.8GPa，厚度4～5cm），形成弹性模量梯度复合结构[42,43]，如图6-16和图6-17所示。

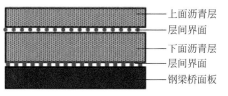

图6-16 钢桥面双层沥青铺装层

图6-17 钢桥面"过渡层-沥青组合"铺装层

在下面层铺装结构中，剪力钉与钢筋网构成的桥面抗推移骨架，提高下面层高韧性轻集料混凝土抗滑移能力的同时，使行车荷载作用于钢桥面的各向应力得以均匀传递，进一步提高铺装层与钢桥面之间的协同变形能力和抗疲劳特性。在上、下铺装层间热洒 2mm 高黏高弹改性沥青的防水黏结应力吸收层，提高了混凝土层与沥青铺装层之间的界面黏结强度（≥0.8MPa）和抗剪强度（≥1.4MPa，大于汽车 -超 20 级标准车在紧急刹车制动时层间产生的最大剪应力 0.8MPa），同时能防止水渗透造成的剪力钉和钢筋网以及钢板锈蚀，并耗散车辆荷载往复作用下混凝土层裂缝处应力集中产生的能量，阻止裂缝反射到 SMA13 沥青混凝土层。采用高黏 SMA铺装技术，使表面磨耗层具有更为优良的高温抗车辙、低温抗裂及耐久性能。

（5）强化层间联结技术　采用多层组合结构，可使铺装材料能有针对性提供不同部位所需的性能；强化铺装结构与钢板联结，改变原有的界面黏结形式为结构式强化联结，提高铺装材料整体性，可从根本上解决铺装结构容易与钢板脱粘的问题，提高层间抗剪切力和材料耐久性[44]。铺装结构与钢板联结成整体，还可提高桥梁钢板结构的稳定性和承载力，各材料层和结构强化联结的作用如图 6-18 所示。

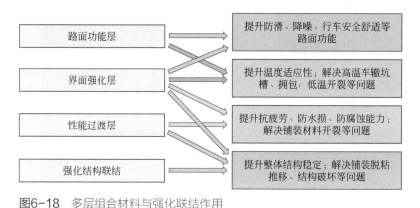

图6-18 多层组合材料与强化联结作用

（6）多层组合铺装结构技术方案　为实现铺装层轻质混凝土的高强、高韧性、高耐久性、优异疲劳性能及长寿命，在轻质混凝土中引入聚合物、纤维、高效矿物掺合料，其 28d 抗压强度大于 58MPa，韧性指数 η_{30} 大于 25；在轻质混凝土与 SMA13 面层间设置高黏结强度的界面黏结剂，提高防水及铺装面层的抗滑移开裂能力。新型钢箱梁桥面铺装体系中，从铺装上面层到钢板，弹性模量依次增大，体现了材料弹性模量梯度变化的设计思路，使桥面铺装体系结构耐久性能大大增强[45]，新型钢桥面铺装结构技术方案如图 6-19 所示。

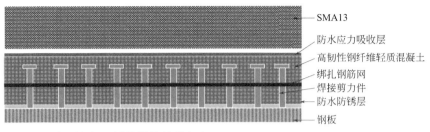

SMA13
防水应力吸收层
高韧性钢纤维轻质混凝土
绑扎钢筋网
焊接剪力件
防水防锈层
钢板

图6-19　新型钢桥面铺装结构技术方案

2. 新型钢箱梁桥面铺装结构可行性分析

分别对"双层 SMA 沥青混凝土"、"双层环氧沥青混凝土"、"剪力件 + 高韧性混凝土 +SMA 沥青混凝土"三种铺装方案进行铺装各层的有限元应力计算，图 6-20 ～图 6-23 分别表示铺装上层在最不利车载荷位下的横向应力（SX 方向）、纵向应力（SZ 方向）计算云图，计算结果见表 6-17。

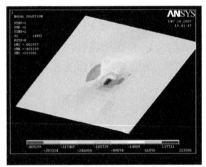

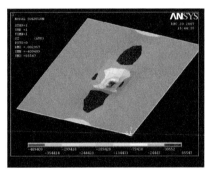

图6-20　铺装上层横向拉应力（SX）云图　　图6-21　铺装上层纵向拉应力（SZ）云图

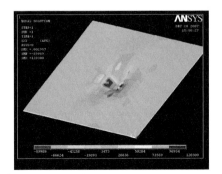

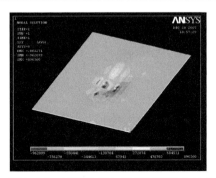

图6-22　铺装下层横向拉应力云图　　图6-23　铺装下层与钢板层间最大剪应力云图

表6-17 钢箱梁桥面铺装方案指标分析

设计指标	应力/挠跨比	理论计算值	力学性能
双层SMA沥青混凝土	铺装上层表面最大横向拉应力/MPa	0.19	0.68
	铺装上层表面最大纵向拉应力/MPa	0.09	0.68
	铺装下层表面最大横向拉应力/MPa	0.5	0.74
	铺装下层与钢板层间最大横向剪应力/MPa	0.8	0.35
	加筋肋局部挠跨比	1/178	1/200
双层环氧沥青混凝土	铺装上层表面最大横向拉应力/MPa	0.19	0.89
	铺装上层表面最大纵向拉应力/MPa	0.09	0.89
	铺装下层表面最大横向拉应力/MPa	0.5	1.12
	铺装下层与钢板层间最大横向剪应力/MPa	0.8	0.94
	加筋肋局部挠跨比	1/178	1/200
剪力件+高韧性混凝土+SMA沥青混凝土	铺装上层表面最大横向拉应力/MPa	0.1	0.68
	铺装上层表面最大纵向拉应力/MPa	0.04	0.68
	铺装下层表面最大横向拉应力/MPa	0.07	0.7
	铺装下层与钢板层间最大横向剪应力/MPa	0.87	1.46
	加筋肋局部挠跨比	1/225	1/200
	混凝土韧性指数	23	28

由表 6-17 可知，"双层 SMA 沥青混凝土"方案存在铺装下层与钢板之间的抗剪强度小于其最大剪应力的问题，不能满足设计要求；"双层环氧沥青混凝土"方案和采用基于模量梯度设计的"剪力件 + 高韧性混凝土 +SMA 沥青混凝土"铺装方案的铺装层的抗拉、抗剪强度均大于有限元计算的最大拉应力及剪应力，且韧性指数满足设计要求，都适宜作为钢箱梁桥面铺装层材料，但"双层环氧沥青混凝土"方案的造价高，施工工艺复杂，相比"剪力件 + 高韧性混凝土 +SMA 沥青混凝土"铺装方案，不经济实用。因此，"剪力件 + 高韧性混凝土 +SMA 沥青混凝土"铺装方案可行性较高。

3.新型钢箱梁桥面铺装结构影响因素分析

根据实际情况，著者团队重点就剪力钉间距、直径、高度、铺装层厚度和模量、车载以及跨径等影响因素进行了比较分析[46]，详见表 6-18。

表6-18 铺装方案影响因素及材料属性

项目	计算参数	项目	计算参数
钢箱梁顶板厚度/mm	12	横隔板厚度/mm	10
横隔板间距/mm	3000	横隔板高度/mm	1000
纵向加筋肋厚度/mm	8	纵向加筋肋高度/mm	260
纵向加筋肋间距/mm	640	SMA13厚度/mm	30，40，50
SMA13弹性模量/MPa	1200	SMA13泊松比	0.3

项目	计算参数	项目	计算参数
轻集料混凝土下面层厚度/mm	40, 50, 60	轻集料混凝土弹性模量/MPa	25000
轻集料混凝土泊松比	0.2	剪力连接件高度/mm	40, 45, 50
剪力连接件直径/mm	8, 10, 12	钢筋网直径/mm	10
钢材弹性模量/MPa	210000	钢材泊松比	0.3
钢筋网网格尺寸	100mm ×150mm	剪力连接件间距/mm	300, 400, 500

（1）剪力钉影响因素分析　影响因素主要包括剪力钉的间距、高度与直径。

① 剪力钉间距影响。当剪力连接件间距在 300 ~ 500mm 间时，铺装层表面最大横向拉应力和最大横向剪应力变化在允许范围内，但是当剪力钉间距达到500mm时，黏结层与钢板间最大横向剪应力超出允许范围，因此对于本方案的钢箱梁桥面铺装来说，400mm 间距的剪力连接件布置最为合理。虽然最大纵向拉应力小于最大横向拉应力，但有时也会在温度场和车辆荷载的综合影响下导致铺装层发生疲劳开裂，铺装层最大纵向拉应力（或最大纵向拉应变）出现在横隔板顶部的铺装层表面，因此横隔板处的铺装层表面在低温季节易出现横向裂缝，结果如表6-19 所示。

表6-19　剪力钉间距对设计指标的影响

项目	剪力连接件间距/mm		
	300	400	500
铺装层表面最大横向拉应力/MPa	0.204	0.213	0.249
铺装层表面最大纵向拉应力/MPa	0.081	0.086	0.091
铺装层表面最大横向剪应力/MPa	0.097	0.12	0.137
铺装下层与钢板层间最大横向剪应力/MPa	0.81	0.89	0.92
加筋肋局部挠跨比	1/242	1/250	1/261

② 剪力钉高度影响　铺装方案中剪力钉的高度对设计指标的影响也是值得关注的问题。考虑剪力连接件的布置间距400mm，混凝土铺装层厚度为500mm。计算中剪力连接件高度分别取为35mm、40mm、45mm，荷载仍然取最不利位置，即沿桥面横向荷载中心位于加筋肋中心的正上方，沿桥面纵向在跨中处，轮胎压力 0.91MPa（考虑 30% 冲击系数），结果如表 6-20 所示。

表6-20　剪力钉高度对设计指标的影响

项目	剪力钉高度/mm		
	35	40	45
铺装层表面最大横向拉应力/MPa	0.219	0.213	0.205
铺装层表面最大纵向拉应力/MPa	0.083	0.086	0.078
铺装层表面最大横向剪应力/MPa	0.126	0.12	0.118
黏结层与钢板层间最大横向剪应力/MPa	0.92	0.89	0.83
加筋肋局部挠跨比	1/253	1/257	1/261

从计算结果表明：剪力连接件高度越大，在轮载作用下钢桥面铺装层表面最大拉应力越小，铺装层与钢桥面层间最大剪应力越小；本铺装方案中选择 45mm 高的剪力连接件是可行的。

③ 剪力钉直径影响　铺装方案中剪力钉的直径也是需要认真探讨的因素，结合现有规范资料和工程实际，初步拟定剪力钉直径为 8mm、10mm 和 12mm，计算结果详见表 6-21，数据表明剪力钉的直径对铺装层表面最大横向拉应力、表面最大纵向拉应力和表面最大横向剪应力比较敏感，对黏结层与钢板之间的最大横向剪应力和加筋肋局部挠跨比影响较小，综合考虑现有规范、钢箱梁焊接要求以及经济性要求，选取直径为 10mm 较为适当。

表6-21　剪力钉直径对设计指标的影响

项目	剪力钉直径/mm		
	8	10	12
铺装层表面最大横向拉应力/MPa	0.244	0.213	0.195
铺装层表面最大纵向拉应力/MPa	0.136	0.086	0.089
铺装层表面最大横向剪应力/MPa	0.138	0.120	0.110
黏结层与钢板层间最大横向剪应力/MPa	0.885	0.891	0.893
加筋肋局部挠跨比	1/260	1/257	1/256

（2）铺装层厚度影响分析　铺装方案中轻集料混凝土和 SMA13 的厚度显然对性能有一定影响，其中 SMA13 主要作为上面层提供行车平稳、抗滑、降噪等功能性指标，根据现有规范一般取为 40mm；而桥面铺装的普通混凝土下面层一般厚 50～80mm，方案中轻集料混凝土的铺装厚度则需要综合考虑现有规范资料和经济性能。初步拟定其厚度为 50mm、60mm 和 80mm。计算结果表明（表 6-22），随着轻集料混凝土铺装层厚度的增加，铺装层表面最大横向拉应力、表面最大纵向拉应力有所降低，但变化很小，黏结层与钢板之间的最大横向剪应力则随之变大，加筋肋局部挠跨比降低。因此，综合考虑现有规范以及经济性要求，选取厚度为 50mm 完全可以满足要求。

表6-22　轻集料混凝土铺装层厚度对设计指标的影响

项目	轻集料混凝土厚度/mm		
	50	60	80
铺装层表面最大横向拉应力/MPa	0.213	0.208	0.203
铺装层表面最大纵向拉应力/MPa	0.086	0.083	0.079
黏结层与钢板层间最大横向剪应力/MPa	0.891	0.909	1.135
加筋肋局部挠跨比	1/257	1/298	1/369

（3）铺装结构混凝土与剪力件参数确定　对于高韧性轻集料混凝土剪力件桥

面铺装方案，可以选择的设计参数如下：剪力连接件间距、剪力连接件高度、剪力连接件直径、钢筋网直径、轻集料混凝土面层厚度和SMA13厚度，由上述系列分析可知，铺装方案的参数确定如表6-23所示。

表6-23　轻集料混凝土剪力件桥面铺装方案参数确定

项目	计算参数	项目	计算参数
剪力连接件间距	400mm	SMA13厚度	40mm
轻集料混凝土面层厚度	50mm	剪力连接件高度	45mm
剪力连接件直径	10mm	钢筋网直径	10mm

4. 铺装结构与钢板的结构联结设计

为彻底解决铺装结构与桥梁钢板黏结较弱的问题，发明了强化铺装结构与钢板的结构联结方法，内容包括两种形式：①在桥梁结构设计时直接采用结构式联结技术设计 [图 6-24（a）] ；②在桥梁结构设计方案中没有采用联结设计，施工时再进行结构联结处理 [图 6-24（b）]。铺装结构联结所构成的桥面抗推移骨架，既可提高桥面板组合结构的抗剪能力，又能提高极限屈服时的滑移量，同时也增强了桥梁整体刚度，使荷载能均匀地传递到钢桥面板上，提高铺装层与钢桥面之间的协同变形能力和抗疲劳特性。在相同承载力条件下，还可降低桥面板重量和用钢量，降低桥梁造价[47]。

(a) 钢板直接设计模式　　　　　　　　　　(b) 钢板后期锚固模式

图6-24　铺装与桥面钢板的联结方式

三、铺装材料与结构的设计与性能

依据钢桥面铺装组合结构梯度设计承担的功能，进行各层材料性能与结构设计，开发了高韧性轻集料混凝土作为铺装结构"性能过渡层"材料的制备技术，开发了橡胶复合高黏高弹沥青并作为铺装结构"界面强化层"材料的制备技术，开发了高劲度沥青胶浆作为铺装结构"路面功能层"材料的制备技术，为制备高耐久性桥面铺装材料提供了技术支撑。

1．性能过渡层材料

设置性能过渡层是为了使铺装结构上层的沥青材料与下层的钢板材料在材料性能上减少"突变"，考虑的因素包括弹性模量、隔热、质轻、抗疲劳和耐久性能等，选用轻集料混凝土为试验材料。针对轻集料强度低、混凝土脆性等问题，发明聚合物乳液结合超细活性矿渣粉轻集料表面增强技术[48-51]，建立材料选择判据：

$$d/D_p \geqslant 5, \ d/R \geqslant 2 \tag{6-11}$$

式中　d——轻集料表层平均孔径，μm；

　　　D_p——聚合物乳液平均粒径，μm；

　　　R——活性矿渣粉平均粒径，μm。

聚合物乳液用量配比方法：

$$W = 0.25C_f C_s \alpha_{max} \tag{6-12}$$

式中　W——聚合物乳液量，L；

　　　C_f——水泥量，kg；

　　　C_s——水泥水化所需引入水量，kg；

　　　α_{max}——最大水化程度，%。

表面增强韧化机理主要包含：活性矿渣粉优化水泥石结构，填充和修复集料表层孔隙缺陷（图6-25）；聚合物溶渗韧化轻集料及其界面水泥石；破乳水分促进水泥石内养护作用，提高混凝土致密性与强度；增强轻集料对源于其内部或集料-水泥石界面裂缝产生阻滞能力。

(a) 原表面缺陷　　　　　　　　　　　　　　(b) 修复后情况

图6-25　轻集料表面修复效果

复合增韧和材料性能优化设计依据式（6-13）：

$$f_{mb} = ke^{df_a}$$ （6-13）

式中　f_{mb}——水泥砂浆强度上限，MPa；

　　　f_a——轻集料筒压强度，MPa；

　　　k——轻集料粒形常数；

　　　d——水灰比参数。

通过优化集料与水泥石结构，达到混凝土强度的最高设计值；采用高模量集料，使其在混凝土裂缝扩展过程中起到曲化裂缝路径、耗散断裂能量的作用；引入高模量混杂纤维和聚合物，形成纤维围束和聚合物互穿网络增韧效果，综合提高混凝土韧性（图6-26）；建立强度与密度关系式：

$$E = 0.043\rho^{1.5}f_{cu}^{0.5}$$ （6-14）

式中　f_{cu}——150mm×150mm×150mm立方体抗压强度，MPa；

　　　ρ——混凝土密度，kg/m³。

通过调整混凝土强度与密度、弹性模量以及热导率等性能，著者团队开发的高韧性轻质混凝土与其他增韧混凝土（C50）的性能对比见表6-24。

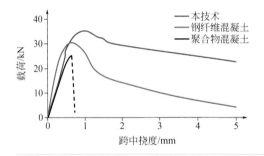

图6-26
高韧性轻质混凝土增韧效果

表6-24　高韧性轻质混凝土与其他增韧混凝土（C50）的性能对比

技术内容指标	钢纤维混凝土	聚合物混凝土	有机纤维混凝土	高韧轻质混凝土
弹性模量调控范围/ GPa	35～40	30～38	35～40	20～35
弯曲韧性指数I_{20}	15～20	5～10	7～15	25～28
抗弯疲劳（应力比0.65）/万次	50～100	40～45	45～50	200
90d干缩率/10⁻⁴	3.5～4.5	3.5～6.0	3.0～4.0	2.5～3.5
热导率/[W/（m·K）]	1.4	0.8	1.2	0.4
表观密度/（kg/m³）	2500±100	2450±100	2450±100	<2000

2. 界面强化层材料

橡胶复合高黏高弹改性沥青[52-55]（rubber compounded high viscosity elasticity asphalt，RHVE）改性原理和作用机理如图 6-27 所示：①引入增稳增弹组分（苯乙烯 - 丁二烯 - 苯乙烯嵌段共聚物、橡胶颗粒），在硫化作用下形成交联的复合弹性网络，提升沥青弹性和耐候性；②引入增黏组分（萜烯树脂，富含 C＝C 键和羧基活性基团），与沥青分子链及上述复合弹性网络形成氢键网络结构，提高沥青的界面黏结性能，亦能提高沥青离析储存的稳定性；③引入增容增塑组分（邻苯二甲酸二丁酯），削弱高温下沥青中的聚合物大分子间偶极取向力，增加分子链移动性，实现对沥青模量的调控，促进改性剂的均匀分散。表 6-25 是 RHVE 与国内外同类沥青性能对比。

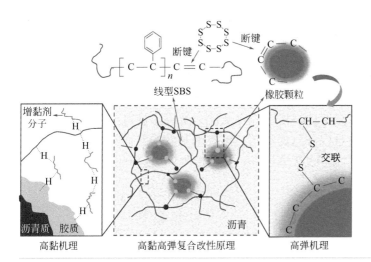

图6-27
高黏高弹改性沥青改性原理和作用机理

表6-25　RHVE 与国内外同类沥青性能对比

技术指标	橡胶沥青	HVA沥青	日本TPS沥青	RHVE沥青
软化点/℃	60～70	80～90	80～85	≥90
延度（5℃）/cm	10～20	40～50	40～50	≥70
60℃黏度/Pa·s	4000～7000	≥50000	20000～50000	≥50000
弹性恢复（25℃）/%	80～90	95～100	90～100	≥95
黏韧性（25℃）/N·m	10～15	≥25	≥25	≥30

在混凝土表面增铺一层沥青镶嵌单级配细集料所组成的界面强化层（图 6-28），通过对沥青性能、沥青厚度、细集料颗粒形态、镶嵌密度等参数调控，实现以下界面功能：①提高水泥与沥青混凝土铺装层之间的黏结和抗剪强度，协同层间变形；②提高混凝土面板防水性能，防止水和除冰盐 Cl⁻ 渗入导致钢筋网以及钢板锈蚀；③吸收耗散混凝土层伸缩（裂）缝处应力集中产生的能量，阻止裂缝反射到沥青混凝土层。该强化层提高了界面黏结强度（≥0.8MPa）和抗剪强度

（≥1.4MPa），初裂疲劳次数达到未设置应力吸收层方案的 50 倍。

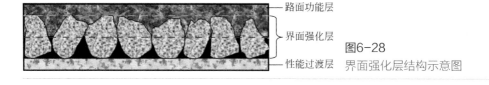

图6-28
界面强化层结构示意图

3．路面功能层材料

用发明的 RHVE 沥青研制出高劲度沥青胶浆（RHVE-SMA），并开发了间断级配嵌锁骨架结构的路面功能材料[56-60]，其技术原理如图 6-29。以高黏高弹沥青为主，加入矿粉、纤维配制的高劲度胶浆，可增大集料表面沥青膜厚与界面黏结性能，提升路面抗水损害、低温抗裂和抗疲劳性能；以大粒径碎石为主配以少量石屑构成间断嵌锁骨架，可减少路面材料高温下的各向变形，提升路面构造深度，从而提高路面抗滑、降噪性能，解决了沥青混凝土耐高温、低温性能及服役耐久性能难以兼顾的难题。该技术开发的路面功能层材料行车舒适性好，抗车辙、水稳性、耐疲劳性好，与国内外同类材料相比具有明显的技术先进性。

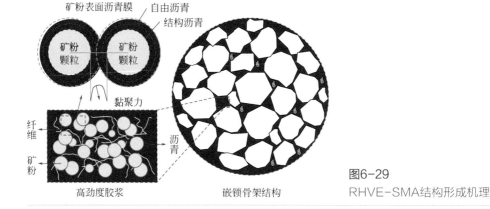

图6-29
RHVE-SMA结构形成机理

4．钢桥面组合铺装结构抗弯拉疲劳性能

采用铺装层设计方案"钢板＋钢筋网＋剪力钉＋轻质高强高韧性水泥基工程复合材料＋应力吸收功能层＋高黏 SMA-13"，依次浇筑轻质高强高韧性水泥基工程复合材料、应力吸收功能层、高黏 SMA-13，成型组合铺装构件。结构参数选取如下：钢板（14mm）、钢筋网（直径 ϕ10mm、网孔为 100×100mm）、剪

力钉（间距400mm，高度45mm，直径ϕ16mm）、轻质高强高韧性水泥基材料（厚度50mm）、应力吸收功能层、高黏SMA-13（厚度50mm）。针对目前国内疲劳性能优异的桥面铺装材料——浇筑式沥青混凝土与环氧沥青混凝土，分别进行对比，如表6-26所示。

表6-26 不同铺装结构疲劳试验指标对比

指标	组合铺装结构	浇筑式沥青混凝土	环氧沥青混凝土
试验温度/℃	20	20	20
加载频率/Hz	10	10	10
加载方式	3点加载	5点加载	3点加载
加载点距支点/mm	150	125	150
应变水平/$\mu\varepsilon$		700	
钢板平面尺寸/mm	550×150	700×200	380×100
钢板厚度/mm	14	14	14
疲劳寿命/万次	>1000	>1000	>1000

由表6-26可知，虽然不同铺装结构试验设计与指标控制略有差别，本文提及的组合铺装结构，采用制备的轻质高强高韧性水泥基工程复合材料作为混凝土铺装层疲劳性能优异，达到1000万次以上，能达到环氧沥青混凝土及浇筑式沥青混凝土同一极佳的抗弯拉疲劳性能层次[61-64]。

四、钢桥面铺装施工技术与工程应用

1. 施工技术

（1）钢结构表面处理　主要包含如下步骤。

① 焊接剪力件。采用挂线布点法设置焊接点，用打磨机将焊点打磨露出金属光泽，逐根用拉弧焊进行剪力件焊接。焊机自动控制焊接参数，陶质瓷环辅助成型。熔深根据钢箱梁顶板厚度设定，通过调整电流及焊接时间确定，一般控制在1～2mm。

② 喷砂除锈、喷涂防锈漆。自动无尘打砂机进行喷砂除锈：到钢板表面无可见的油膜、污物和锈迹等附着物，金属防腐表面清理达Sa2.5级，R_z40～80μm。无气喷涂设备喷涂防锈漆：附着力大于或等于5MPa；干膜厚度控制在75～100μm；要求平整、均匀、无气泡和裂纹。

③ 绑扎钢筋网。采用LL450、ϕ5.5mm、网孔为10cm×15cm冷轧带肋钢筋网，纵向钢筋在上，横向钢筋在下，横向钢筋的中心线距钢桥面板2.2cm。钢筋

网与剪力件交接的地方一律进行绑扎，同时纵向与横向每隔 3 点采用点焊将钢筋网与剪力件焊接，在钢筋网下设置垫块，垫块高度为 2cm。

（2）高强高韧性轻集料混凝土制备　主要包含如下步骤。

① 混凝土配合比确定。经过大量试验以及现场拌合站的现场拌合情况，在满足施工性能和力学性能前提下，提出高韧性轻集料混凝土配合比见表 6-27（推荐的配合比，实际工程中根据原材料情况微调）。轻集料相对普通集料的质量变异性较大，其在使用前需要进行预湿处理，为使实际工程用混凝土与试验配制混凝土具有相同工作性质，需对轻集料混凝土的原材料、生产过程、运输及浇筑工艺等严格把关 [49,65]。

表6-27　轻集料混凝土配合比

水泥	粉煤灰	砂	轻集料	水	聚合物	钢纤维	减水剂	稳定剂MB
			配合比/（kg/m³）				占胶凝材料百分比	
440	80	639	510	150	20	78	1.0%	0.05%

② 原材料的预处理。轻集料的预湿过程，需要严格控制预湿时间，并将预湿后的轻集料处理为饱和面干状态。砂的含水率要精确、现场测定，因为轻集料混凝土对水特别敏感；其次是投料的顺序，应严格按照图 6-30 的顺序进行，这个过程中钢纤维的投料最为关键，为保证其能在干状态下分布均匀，一定是在干料充分搅拌均匀情况下加入钢纤维，钢纤维在使用前要开袋抖散，切不可成堆倒入搅拌机内。

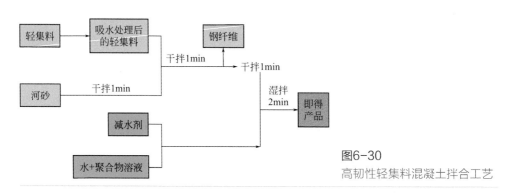

图6-30
高韧性轻集料混凝土拌合工艺

③ 混凝土的生产与施工。a. 拌合：严格控制加料顺序及拌合时间，准确称量水泥、集料、水，防止水灰比出现大的波动。加强拌合物卸料时的坍落度检测，坍落度是控制轻集料混凝土施工质量的重要指标之一，应严加控制。b. 浇筑与振捣：浇筑前将桥面清理干净，提前洒水预湿后，再进行浇筑。振捣过程中先采用拉板、钢铲等工具初步铺平，随后用平板式振动器初步振动至水泥基

材料表面泛浆且停止冒气泡为宜，最后采用滚筒滚平，并派专人监控是否需要补浆。在摊铺过程中如发现钢纤维有结团现象，须及时撕开抖散，并注意摊铺时不出现离析现象。c.收浆：收浆即精面处理，保证桥面平整度，用3m直尺进行检测，不合格处则根据实际情况进行补浆处理。d.养护：混凝土浇筑完毕后应做好养护工作，以防止混凝土早期收缩裂缝。浇筑完毕后应立即覆盖一层薄膜，混凝土初凝后在混凝土表面覆盖湿麻袋或湿草垫。同时因钢纤维混凝土早期强度较高，故应加强早期湿润养护，每天均洒水数次，使其保持潮湿状态[66-70]。

（3）高黏高弹应力吸收黏结层施工

① 应力吸收黏结层的高黏高弹沥青技术要求。用作应力吸收黏结层的高黏高弹沥青要突出防止反射裂缝及界面抗剪性能，主要对针入度、黏度和弹性恢复的要求较高，见表6-28。

表6-28　橡胶改性高黏高弹沥青技术指标要求

测试内容	单位	规范要求	实际控制指标
针入度（25℃，100g/5s）	0.1mm	≥40	40～60
延度（5cm/min）	cm	≥50（15℃）	≥50（15℃） ≥40（5℃）
软化点	℃	≥80	≥90
60℃黏度	Pa·s	≥20000	≥60000
闪点	℃	≥260	≥260
弹性恢复（25℃）	%	≥80	≥90
黏韧性（25℃）	N·m	≥20	≥20
韧性（25℃）	N·m	≥15	≥15

② 应力吸收黏结层技术要求。高黏高弹应力吸收黏结层技术要求见表6-29。

表6-29　高黏高弹应力吸收黏结层技术要求

项目	技术要求	备注
沥青洒布量	1.7～2.0kg/m²	—
碎石洒布量	9.5～13.2mm的碎石，覆盖率为70%～85%	—
拉拔强度	≥0.3MPa（常温） ≥0.2MPa（气温≥35℃）	采用美国数字显示拉拔式附着力测试仪

③ 应力吸收黏结层施工。a.混凝土板处理：对混凝土板进行平整及粗糙化（抛丸打毛）处理，并应保证混凝土路面清洁和干燥。b.原材料的准备：沥青在使用前应保持低温存放，预使用前迅速升温至190～200℃，并将其直接注入沥青碎石洒铺车前方的沥青管中。碎石集料通过拌合楼加热筒，控制碎石集料的加热温度（175～190℃），与SBS改性沥青（油石比0.3%左右）预拌。c.洒铺

工艺：应力吸收层在洒铺过程中洒铺车洒铺速度不应过快，洒铺宽度不宜超过3.5m。沥青洒布量控制 $1.7 \sim 2.0kg/m^2$，并同时撒布粒径 $9.5 \sim 13.2mm$ 的碎石，覆盖率应控制在 70% ～ 85%，具体撒布质量以试验段确定的指标为准。d.碾压：撒布碎石后用轮胎压路机进行碾压，碾压 2 ～ 3 遍，碾压速度不宜过快，压路机应控制与洒铺车接近匀速碾压。

（4）沥青混合料施工

① SMA 混合料技术要求。SMA 铺装实际施工相关指标控制与规范要求对比见表 6-30。

表6-30　高黏SMA混合料技术要求

试验项目	单位	规范要求	实际控制指标
马歇尔试验尺寸	mm	$\phi101.6\times（63.5\pm1.3）$	$\phi101.6\times（63.5\pm1.3）$
击实次数（双面）	次	75	75
空隙率	%	3～4	3～4
稳定度	kN	≥6	≥6
矿料间隙率	%	≥16.5	≥16.5
粗集料骨架间隙率	—	≤VCADRC	≤VCADRC
沥青饱和度	%	75～85	75～85
谢伦堡析漏损失	%	≤0.1	≤0.1
肯塔堡飞散损失	%	≤15	≤5
动稳定度	次/mm	≥3000	>6000
浸水残留稳定度	%	≥80	≥90
冻融劈裂强度比	%	≥80	≥85
渗水系数	mL/min	≤80	≤80
低温弯曲破坏应变	με	≥2500	≥2500

② SMA 沥青的生产与摊铺。a.拌合及施工温度控制：沥青加热温度 165 ～ 175℃；矿料温度 180 ～ 190℃；沥青混合料出厂温度 170 ～ 180℃；运至现场温度 160 ～ 180℃；摊铺温度 160 ～ 170℃；初压温度不得低于 160℃，复压温度不得低于 150℃，终压温度不得低 110℃。b.运输：采用保温性措施较好的大型运料车运输 SMA 混合料。c.摊铺：由于高黏 SMA 沥青混合料产量相对低，摊铺机速度宜控制在 2.0 ～ 3.0m/min。采用高频低幅的振动方式，以兼顾初始压实度并避免集料被振碎。摊铺速度应与拌合机供料速度相适应，保持匀速摊铺。对于局部小面积破坏区域，采用人工摊铺。d.压实：碾压设备采用 10t 静力双钢轮压路机，混合料摊铺后立即初压，采用 2 台双钢轮压路机先初压 2 遍，随后采用 2 台钢轮压路机复压 2 ～ 4 遍，最后采用 1 台双钢轮压路机终压收光 1 ～ 2 遍，以消除表面轮迹，提高铺装层平整度。温度低于 50℃后，方可开放交通。

2. 工程应用

著者团队上述整体技术已成功转化应用（图 6-31），总数量达到 1000 多跨钢梁、100 多万平方米面积。截至目前全部铺装材料耐久性良好，没有损坏的报道，包括：钢结构跨度达 530m 的四川合江长江公路桥，公铁两用枝城长江大桥等。应用时间最长的武汉外环线高速公路高架立交桥已 15 年多，取得了显著的经济和社会效益[71]。

按技术应用方式可分为三种情况：

① 在新桥设计和建造中成果技术整体应用，包括：在新桥设计时直接采用铺装结构连接技术（A 型）和性能过渡层、界面强化层和路面功能层的多层组合结构设计，以及材料制备和配套施工技术。代表工程如：跨越长江的四川合江长江公路桥（主跨 530m）等工程。

② 在新桥和旧桥桥面工程中成果技术整体应用，包括：采用铺装结构连接技术（B 型）和性能过渡层、界面强化层和路面功能层的多层组合结构设计，以及材料制备和配套施工技术。代表工程如：城市大型综合立交桥工程武汉金桥大道（跨越京广铁路汉口站线，跨径 150m）工程等。

③ 在新桥和旧桥桥面工程中成果技术部分应用，包括：采用界面强化层和路面功能层材料铺装技术，混凝土桥面、高韧性轻集料混凝土、高黏高弹改性沥青在桥面修补修复工程的应用。代表工程如：武汉二七斜拉长江桥（主跨 2×650m）、武汉鹦鹉洲悬索长江大桥（主跨 2×650m）、武汉长江一、二桥修复等工程。

(a) 钢梁表面结构连接处理

(b) 混凝土材料层铺装施工现场

(c) 沥青路面施工现场

(d) 武汉外环匝道桥铺装结构

(e) 武汉鹦鹉洲悬索长江大桥铺装结构

(f) 四川合江长江公路桥铺装结构

图6-31　钢桥面-高强高韧性混凝土复合铺装结构应用

3．技术应用效果

① 以"剪力件＋钢筋网＋高强高韧性轻集料混凝土"为下面层，以防滑、降噪沥青混凝土为上面层的耐久性钢箱梁桥面组合铺装层的材料与结构设计方案，可有效解决该类桥面铺装层易发生推移、拥包、开裂的技术难题。

② 研制出可起到钢材与沥青层材料的梯度过渡作用的高强度、高韧性、高耐久轻集料混凝土，有效缓解钢与沥青性能差异较大所造成的不相容问题。混凝土的抗压强度为 50～70MPa，抗折强度大于 7.0MPa，韧性指数 η_{30} 大于 30，90d 干缩率小于 $2.8×10^{-4}$，抗渗等级达 P18，抗冻等级大于 F300，疲劳荷载寿命大于 300 万次。

③ 采用自主研发的高黏度改性沥青制备出具有抗滑移、耐久性好、适宜于钢箱梁桥面铺装上面层的 SMA 沥青混合料，其构造深度≥1.1mm，60℃动稳定度≥9000 次 /mm，70℃动稳定度≥5000 次 /mm，浸水残留稳定度≥9%，冻融劈裂残留强度比（TSR）≥90%，−10℃弯曲应变≥$5×10^{-3}$，浸水飞散损失≤15%。

④ 研制开发了轻集料混凝土的匀质性控制外加剂，实现了钢纤维高强轻集料混凝土 200m 长距离泵送施工；形成了钢箱梁桥面铺装的设计、施工与质量控制成套技术，编制了相应的施工技术工法。

4．技术经济对比

根据理论研究、技术开发成果和大量工程应用实践，进行技术经济对比分析，具体如下。

（1）铺装层材料技术　从表 6-31 可以看出，著者团队研制出的 C50 高韧性轻质混凝土较普通钢纤维混凝土、聚合物混凝土、轻集料混凝土在工作性能上都有较大的提高，混凝土坍落度经时损失小，适宜于长距离泵送；表观密度较 C50 普通钢纤维混凝土减轻了 24%，满足了钢箱梁桥面铺装对铺装层料提出的承载力要求；30d 韧性指数达到 28，韧性较 C50 普通轻集料混凝土提高了 20 多倍，较钢纤维混凝土的韧性也有一定的提高；结合前节研究已知的干缩率和抗渗性能较普通混凝土有大幅度提高，显见，研制的 C50 高韧性轻质混凝土非常适合作为桥面铺装层材料。

表6-31　C50混凝土性能对比

技术内容指标	钢纤维混凝土	聚合物混凝土	轻集料混凝土	高韧性轻质混凝土
密度/（kg/m³）	2500±100	2450±100	1900±50	1900±50
弹性模量调控范围/GPa	35～40	30～38	22～32	20～35
韧性指数/η_{30}	15～20	5～10	1～1.5	25～28
抗弯疲劳次数（应力比0.7，10Hz）/万次	55	40	30	200
坍落度（0h/1h）/mm	200/180	200/180	200/140	240/240

（2）沥青路面材料技术　从表6-32可以看出，比较国内外常用的几种路面材料，著者团队研制的沥青路面材料SMA-13构造深度最大，达1.15mm，具有较好的抗滑能力；其噪声水平为74～78dB，较普通混凝土降低了5～8dB，较GA、EA等也降低了3～4dB，表明SMA-13作为桥面铺装面层材料，具有良好的抗滑、降噪效果，提高桥面行车舒适性和安全性。

表6-32　铺装层沥青混凝土力学性能、路用性能、耐久性对比

测试指标	浇筑（GA）	环氧（EA）	普通（SMA）	SMA-13
上面层横/纵向最大拉应力/MPa	0.41/0.33	0.28/0.22	0.35/0.28	0.10/0.08
冻融劈裂强度比/%	95	88	90	95
动稳定度/（次/mm）	865	12000	7120	8854
构造深度/mm	0.1	0.32	1.0	1.15
抗弯疲劳次数（700με，10Hz）/万次	＞1000	＞1000	510	＞1000
噪声水平/dB	79～83	77～82	77～82	74～78

（3）经济成本对比　从研发材料的性能、工程使用效能、施工便捷性以及工程质量、综合经济等方面，本节所述技术与国内外同类技术对比（见表6-33）具有明显的技术经济先进性。

表6-33　不同钢箱梁桥面铺装材料的使用年限与造价对比

技术内容	SMA/GA	双层SMA	双层EA	本技术
设计使用年限（上/下面层）/年	15/15	15/15	15/15	15/50
一般常见开始维修年限/年	6～10	2	6～10	＞10
造价/（元/m²）	1250	1312（175×7.5）	1450	410

新型钢桥面铺装结构与已有三大类技术相比，其一次性造价成本仅高于双层SMA，远低于GA和EA。但大多数情况下SMA在2左右年后就开始破损，在达到设计使用年限前需要重复修补修复，其实际建造和维护成本远高于本技术。新型铺装材料与结构性能的提高，大大延长了其使用寿命，可有效减少经常性修补修复。特别是采用混凝土作为铺装结构的下层材料，其设计使用寿命高达50年以上，远远长于其他技术的15年。如此，当使用寿命较短的上面层沥青铺装材料修复时，下层不需更换，可进一步节约维修材料和资金。显然，由于本技术良好的稳定性、耐久性，长期使用综合造价成本是所有技术中最低的，仅为其他技术的1/3，具有显著的经济先进性。

（4）社会效益

①如上所述，本技术具有显著的节省资源、保护环境的社会效益。

②桥面铺装材料各种路用功能（降噪、防滑）和耐久性提高，无滑移、拥

包、开裂、坑槽等病害，路面平整，改善了路面质量，提高了行车的舒适性和安全性，可大大减少交通事故，显著提高了桥梁的通行能力，促进地方经济社会发展。

③ 桥面铺装技术提高了铺装层对钢桥桥面防水、防锈的保护能力；铺装材料与钢板的结构式连接，可更好地均匀分布路面荷载，提高了桥面钢板的结构稳定性，有效提高了桥梁结构的安全性。

④ 随着我国经济建设的快速发展，越来越多的城市道路和公路建设将采用自重小、架设便捷、跨越能力大的钢箱梁桥。技术成果形成了具有自主知识产权的钢箱梁桥桥面铺装层材料设计、制备、铺装层组合结构的设计、组配以及工程应用的核心技术体系，对于我国钢箱梁桥面铺装技术奠定了重要的基础，对推动我国新型钢箱梁桥事业的发展具有重大的经济与社会效益。

第三节
抗侵彻与抗爆炸混凝土

一、概述

1. 防护工程结构与性能要求

防护混凝土工程作为防御体系的重要组成部分，其防护能力对国家安全具有举足轻重的意义。科学技术飞速进步，在为人类提供了高度发达文明的同时，也使得进攻型杀伤性武器威力成倍提高，在现代战争中出现了大量高精准、高毁伤的高科技武器。如 2010 年西方国家研制的巨型钻地弹（massive ordnance penetrator，MOP），长度达 6.2m、重约 13.6t，内部装药重达 2.4t，能穿透厚度达 60m 的 C35 钢筋混凝土或 40m 的中等硬度岩石[72]。

目前防护工程，大量使用的是普通强度混凝土，对于抵御现代高科技武器效果有限[73,74]。普通混凝土建造高防护等级工程，一般采用增加混凝土厚度，提高钢筋用量等传统方法，但其实际效果和经济性都不理想，越来越难以满足防护安全的要求。因此，研制具有抵抗强动载毁伤效应的新型防护工程材料，对我国国防防护工程进行升级换代迫在眉睫。此外，重要民用建筑还可能遭到恐怖爆炸袭击、偶然性撞击或燃气爆炸的破坏作用。攻击性武器对建筑物的破坏作用主要包括侵彻和爆炸（简称侵爆），侵彻和爆炸产生的强动载不仅对工程结构造成弯曲、剪切变形甚至倒塌等整体破坏，还会造成侵彻、贯穿、震塌等严重的局部破坏。混凝土防护工程需要解决的是抵抗弹体侵彻、弹丸冲击和炸药的爆炸。混凝土抗侵彻与抗爆炸性能与其强度和韧性密切相关：强度高，抗侵彻冲击能力强；韧性好，抗爆炸震塌能力强。

2. 抗侵爆混凝土主要研发内容

张云升以著者团队超高性能混凝土研究工作为基础，针对抗侵爆的特点，研发了一种新型抗侵彻与抗爆炸混凝土材料[75-77]，简称抗侵爆混凝土。通过掺加高性能减水剂（减水率≥40%）实现极低水胶比；复合多种不同粒径和活性矿物掺合料（硅灰、优质粉煤灰、磨细矿渣粉等）实现紧密堆积；引入高强粗集料（玄武岩、刚玉石、高强陶瓷等粗集料）；掺加大量高强微细钢纤维（$V_f \geq 2\%$）提高材料韧性；硬化后混凝土具备超高强（抗压强度≥150MPa）、超高韧（断裂能≥30000J/m²）和超高抗力（抗爆能力提高30%），具有优良的抗侵彻与抗爆炸性能，是一种提升国防防护工程抗打击能力的理想建筑材料[78]。

本节将对新型抗侵爆混凝土最新研究成果进行介绍，包括抗侵爆混凝土的组成设计与制备技术、抗侵彻与抗爆炸性能和成果技术的应用试验等，为开发新型超高性能抗侵爆混凝土材料研究和新材料在防护工程中的推广应用提供经验。

二、抗侵爆混凝土的组成设计与制备技术

抗侵爆混凝土需要高强度和高韧性以提高抗侵彻和爆炸性能，其组成设计紧紧围绕强度和韧性提升展开。抗侵彻能力主要从两个方面进行提升：一是通过极低水胶比和颗粒最紧密堆积的技术措施，实现最致密基体以提高强度；二是掺加高强的粗集料，在致密基体内形成密实骨架，实现对侵彻弹体的偏航。抗爆炸震塌能力，主要通过掺加大量的高强微细钢纤维增加韧性来提升。抗侵爆混凝土的组成设计原则如下：

1. 极低水胶比

与传统的普通混凝土类似，降低水胶比，可以减少水分在混凝土内部所占的空间，从而提高致密程度。然而，抗侵爆混凝土水胶比并非越低越好。水胶比的确定主要受两个因素的影响，流动性和水化程度。当水胶比过低时，虽然水分所占据的空间减少，但是会造成流动性的大幅度降低，引起新拌浆体的不致密性；另一方面，水胶比降低，可提供给水泥水化反应所需的水分减少，将引起水化产生的水化硅酸钙（C-S-H）凝胶量不足，内部的矿物掺合料、粗集料、细集料和纤维等组分间将不能充分地被黏结，从而导致强度降低。通过大量的试验发现，0.15～0.20是抗侵爆混凝土较为理想的水胶比，可以保持较好流动性的同

时实现较高的强度 [79]。

高性能外加剂是混凝土实现极低水胶比和超高强的重要前提。但与普通混凝土不同，抗侵爆混凝土由于掺加了大量的矿物掺合料，特别是硅灰，颗粒粒径非常小、比表面积极大，造成新拌抗侵爆混凝土表现出了很大的黏聚性，影响施工性能。因此，抗侵爆混凝土中所用的高性能外加剂必须同时具备大减水率和高降黏的性能。通过大量的试验表明，减水率需达 40%、固含量达 45% 以上的高性能外加剂，方可满足抗侵爆混凝土的需求，目前主要使用的是聚羧酸型高性能专用外加剂 [80]。

高性能专用外加剂的减水率与分散官能团种类、构型密切相关，分散官能团对水泥基材料颗粒的作用包括吸附和分散两个过程，主要有空间位阻与静电排斥协同分散作用机理。通过高分散官能团分子裁剪和接枝共聚技术，在主链上引入强极性磷酸根基团，可以显著提高静电排斥力；接枝长聚醚侧链，增强空间位阻效应，显著提高高性能外加剂的颗粒分散能力，减水率高达 40% 以上。如前所述，黏度大是抗侵爆混凝土另一个难题，胶凝材料组分、离子浓度、外加剂特性对新拌浆体黏度都有影响。刘建忠等 [81] 研究发现，水膜层和溶液特性是影响低水胶比浆体黏度的本质。通过在接枝共聚物分子中引入螯合基团，捕获释放的离子并快速吸附于颗粒表面，减少溶液中外加剂和离子残余量，可以降低孔溶液黏度，黏度降低 35% 以上。除了高性能外加剂降黏之外，在混凝土中引入微细球形颗粒，调控胶凝体系空隙率和比表面积，使得浆体水膜层厚度最大化，并发挥球形掺合料颗粒滚珠降阻作用，也可以降低极低水胶比抗侵爆混凝土的黏度。

2. 颗粒最紧密堆积

抗侵爆混凝土的最致密基体，除了减少用水量之外，还需要对水泥、粉煤灰、矿渣粉和硅灰等胶凝材料进行颗粒级配设计来实现最紧密堆积。四种胶凝材料颗粒粒径、外形、活性各不相同，通过科学合理的配伍，以实现最致密堆积、活性互补、潜能激发 [80]。

就颗粒粒径而言，四种胶凝材料中，水泥、粉煤灰和矿渣粉三者的粒径较为接近，平均粒径约为 20 ～ 50μm，比表面积 350 ～ 380m²/kg；硅灰粒径最小，平均粒径约为 1.0μm，仅为前三者的约 1/100，比表面积 20000 ～ 28000m²/kg。因此，在抗侵爆混凝土颗粒填充方面，水泥、粉煤灰、矿渣粉三者之间的空隙由颗粒非常细小硅灰进行填充。硅灰的掺入，可充分发挥其颗粒填充效应，能显著提高材料整体的密实度，从而显著提高强度。

在颗粒形状方面，水泥和矿渣粉粒形相似，都为不规则带棱角的块状形态，表面粗糙；粉煤灰和硅灰都为圆形球体，并且表面光滑。颗粒的形状对于抗侵爆混凝土的流动性有较大的影响，在组分的配伍过程中必须加以考虑。水泥和矿渣粉由于表面粗糙，对于流动性有负面的影响；粉煤灰为玻璃质球形颗粒，不仅表面光滑，而且不易吸水，在新拌浆体中起到"滚珠效应"，可以明显提高新拌浆体的流动性能。然而，值得注意的是，虽然硅灰形状为球体，但由于颗粒粒径极小、比表面积极大，颗粒表面能高，容易吸附大量的水，造成浆体流动性能明显降低、黏度大，对施工性能有负面影响。

矿物掺合料的配伍，除了考虑其粒径和粒形，其化学活性也是重要的方面。矿物掺合料中的活性主要表现为火山灰效应，即与水泥水化产物 $Ca(OH)_2$ 反应生成对强度有贡献的 C-S-H 凝胶。硅灰中 SiO_2 的含量高达 90% 以上，并且具有非常小的粒径和巨大的比表面积，因此硅灰具有很高的活性，能加速水泥水化反应；粉煤灰也具有一定的火山灰效应，但活性较低，对水泥水化起到延缓的作用。因此，粉煤灰、矿渣粉和硅灰三种常用的矿物掺合料中，硅灰的活性最高、矿渣粉居中、粉煤灰最低 [82-84]。通过合理地搭配不同活性矿物掺合料，使得不同掺合料间次第水化并相互促进，组合叠加增强，实现混凝土强度持续增长 [85]。研究表明，硅灰能促进早期强度发展速度，粉煤灰对后期强度增长有显著贡献 [82, 86]。此外，大掺量高活性复合掺合料替代了水泥，突破了国际上使用硅灰和高能耗磨细石英粉以及施压成型和热压养护制备超高性能混凝土的通用技术，摒弃了需要在工厂预制的限制，可以实现大规模的现场化施工；大掺量复合矿物掺合料的使用，提高了有效水灰比，大幅度提高水泥水化程度，减少了极低水胶比浆体中未水化水泥引起体积稳定性差的隐患。

抗侵爆混凝土在不同胶凝材料组分颗粒粒径、粒形和活性分析基础上，通过粒径紧密堆积、空隙分级填充，高、中、低热动力学活性配伍，实现基体的最致密状态。试验结果表明，硅灰掺量在 8% ～ 15%、粉煤灰掺量在 10% ～ 20%、矿渣粉掺量在 10% ～ 20% 之间，抗侵爆混凝土可以达到较为理想的紧密堆积效果和较好的强度值。

3. 高强粗集料密实骨架

高速弹体在侵彻混凝土材料过程中，除了强度之外，材料内部的不均匀性也是影响侵彻深度的重要因素。材料内部不均匀程度高，含有比基体材料弹性模量更高的增强相，在弹体侵彻过程中，将发生弹体偏航现象与磨蚀效应，从而减小侵彻深度 [87]。普通混凝土中，集料和基体之间的界面过渡区强度低、$Ca(OH)_2$ 定向富集生长，是薄弱环节，也是受荷破坏的始发点。因此，为了提高强度，传统的超高性能混凝土（如活性粉末混凝土）需剔除集料来提高均匀性。然而，这对于抗侵爆混凝土抵抗弹体侵彻来说，是不利的，需要引入高强粗集料。

对于粗集料种类的选择，首先考虑的是其强度，根据复合材料理论，应高于水泥基体的强度（≥150MPa）才能起到增强的作用。玄武岩和刚玉是两种理想的用于抗侵爆混凝土的高强粗集料。玄武岩是一种基性喷出岩，多为黑色、黑褐或暗绿色，体积密度为 2.8 ~ 3.3g/cm³，抗压强度高达 180 ~ 300MPa；刚玉，主要成分是 Al_2O_3，具有非常高的硬度、强度和耐磨性能，体积密度为 3.9 ~ 4.0g/cm³，抗压强度高达 220 ~ 380MPa。除强度之外，同样需要考虑颗粒的级配和体积掺量，但与普通混凝土有所不同。抗侵爆混凝土高强集料主要是用于偏航，集料的粒径过小，偏航效果不理想，应选择集料偏大的粒径；然而，粒径过大，对于混凝土的强度不利。因此，需要综合考虑两因素的共同作用，经验表明：高强集料粒径在 15 ~ 20mm 之间时，能起到较好的效果[88]。另外一方面，高强集料的体积掺量不能太高，掺量高也会引起强度的下降，但掺量过低，起不到偏航的效果。

除了选择好合理的粒径、级配和体积掺量之外，基体材料中极低水胶比、矿物掺合料科学配比同样是实现高强集料成功掺入的关键技术措施。掺入高强粗集料并且保持抗压强度不降低，需要减小或消除传统混凝土中界面过渡区这一薄弱环节。界面过渡区强度低，主要是由于集料周围水膜层厚度大、水化产物 $Ca(OH)_2$ 定向富集两个原因所造成。因此，采用极低的水灰比，可以减小水膜层的厚度；通过复合矿物掺合料的颗粒紧密填充，让细小颗粒的硅灰大量填充到粗集料附近，增加界面过渡区的密实程度，从而降低界面过渡区的厚度；最后，发挥活性矿物掺合料的火山灰效应，与水化产物 $Ca(OH)_2$ 充分发生反应生成具有强度的 C-S-H 凝胶，从而增加集料与基体的黏结强度。通过这三个技术手段，可以明显强化粗集料与基体之间的界面过渡区，保持材料的均匀性，使得掺加高强粗集料成为可能[89]，从而可以突破国际上超高性能混凝土无法使用粗集料的限制，为抗侵爆混凝土的制备提供了科学支撑。

4. 高强微细钢纤维增韧

爆炸荷载传递时，主要是初次传递的压缩波以及反射后的拉伸波作用对材料造成破坏。普通混凝土是一种拉压强度比非常低的材料（约为 1/20 ~ 1/10），拉伸波对于混凝土的破坏效应更为明显。因此，提高混凝土的抗拉伸强度、抗裂能力和韧性，是提高材料抗爆炸能力的关键[90,91]。抗侵爆混凝土的抗炸药爆炸能力的提高，主要通过掺加大量的高强微细钢纤维来实现。钢纤维在选择时，需要考虑纤维的长径比、外形和掺量三个主要因素[92,93]。

长径比是影响纤维与基体黏结力的关键因素，长径比大，纤维的表面积大，与混凝土基体的接触面积就大，从而可以有更多的黏结面积，能起到好的抗拉拔效果；然而，长径比太大，长、细的纤维在搅拌过程中容易发生缠绕而成团，严重影响新拌浆体的流动性和纤维分布的均匀性，对强度不利。试验表明，长径比在 30-60 之间时，钢纤维具有较好的增强作用的同时，还可以保持较好流动性。

目前钢纤维的外形主要有平直型、端钩型、半端钩型、哑铃型、扭曲型、螺旋型、刻痕型等。与长径比的影响类似，外形对抗侵爆混凝土的影响也具有两面性：一方面钢纤维表面粗糙和端部异型化，有利于提高钢纤维和基体的黏结力和锚固力。单根纤维拉拔试验表明，端钩型、哑铃型、扭曲型的钢纤维的黏结强度都显著高于光滑的平直型纤维，根据不同的类型能高出 30% ~ 40%。另一方面，表面粗糙和端部的异型化，会显著降低混凝土的流动性能，造成纤维的缠绕和不均匀分散，对强度不利。因此，在选择纤维外形时，需要综合考虑这两方面的影响。目前，把各种不同外形的纤维进行混杂，是一种较好的方法。

钢纤维的掺量，对抗侵爆混凝土材料的抗拉强度和韧性影响最为显著[79,94,95]。随着纤维掺量的增加，抗拉强度明显提高，一般情况下纤维体积掺量 $V_f \geqslant 2\%$ 才能发挥较好的抗爆能力。但钢纤维掺量的选择，还要考虑掺量过大对流动性的影响以及成本过高的问题。大量的试验及现场搅拌数据表明，平直型的钢纤维在 4% 及以下时，可以获得较为理想的流动性的强度值；当超过 4% 以后，纤维容易成团，难以实现现场大模型化施工。

5. 关键制备技术

与普通混凝土相比，抗侵爆混凝土的水灰比低、组分多，搅拌成型困难，制备技术的选择显得非常重要。通过大量的试验总结，提出了一种适用于抗侵爆混凝土的制备成型工艺[78]，过程如图 6-32 所示，包括以下步骤。

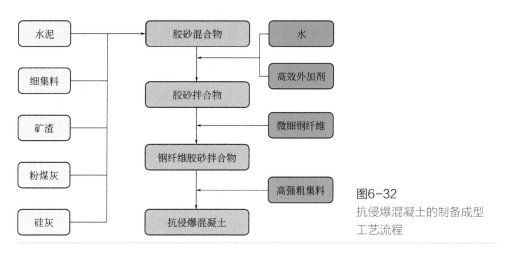

图6-32
抗侵爆混凝土的制备成型
工艺流程

① 将细集料与胶凝材料（水泥、粉煤灰、矿渣粉、硅灰）投入搅拌机，开动搅拌机干搅 30s，形成均匀的胶砂混合物。

② 将称量好的水与减水剂在容器中搅拌均匀，缓慢地加入正在搅拌的胶砂混合物中，搅拌 3min，搅拌时间的长短由配合比来决定，如果水胶比较低，时

间可以适当延长。在这一步骤中，可以看到在前一步骤中往胶凝材料里同时加入细集料的原因。这是因为加入细集料到胶凝材料中后，能明显提高胶砂拌合物与搅拌机内壁之间的摩擦力，同时也能提高胶砂拌合物之间的摩擦力与剪切力。更大的摩擦力与剪切力显著提高水与减水剂的分散速度，使胶砂混合物能快速地搅拌成为均匀的胶砂拌合物。该方法对于超低水灰比大掺量硅灰混凝土的效果更为明显。通过对水灰比为0.15，硅灰掺量为30%的混凝土进行试验发现，普通的成型工艺不能将胶凝材料搅拌成型，而利用新型搅拌方法，搅拌5min后即可搅拌成均匀的浆体。

③将钢纤维匀速地撒入胶砂拌合物中，搅拌1min至钢纤维均匀分散。当钢纤维撒入到已成浆体的胶砂拌合物中时，由于拌合物具备较大的内剪切力，分散于浆体中的钢纤维将不会与后撒入的钢纤维形成缠绕，起到均匀分散的作用。

④将粗集料掺入到钢纤维胶砂拌合物中，搅拌1min至均匀出料。

通过大量的试验证明，该制备工艺能在超低用水量的条件下，制备出流动性良好的混凝土，适合于抗侵爆混凝土的制备。

三、抗侵彻性能

1．试验装置与过程

混凝土抗侵彻性能研究方法主要有三种：理论分析方法、试验方法和数值计算方法。弹体对防护工程材料的撞击及侵彻是一个很复杂的物理过程，影响因素众多，很难通过理论分析或者数学计算的方法得出一个精确的解。因此，对于防护工程材料侵彻规律的研究，最直接、最有效的方法是进行原型试验。但是由于经费、试验条件等方面的限制，常规条件下难以进行原型弹体侵彻试验。目前进行的侵彻试验，以缩尺模型试验为主。为了保证条件缩比模型试验与原型试验结果具备同样的可靠性，在试验设计前应基于量纲分析及相似理论等理论基础上，对缩比试验的可靠性进行分析。根据相似理论，只要原型与模型具有相同的弹体长径比，以及相同的靶厚与弹径比，则原型与模型的侵彻效果也将是几何相似的。中国科学技术大学梁斌等[96]通过数值模拟的方法，研究了靶弹直径比的大小对边界效应的影响，结果发现当靶弹直径比大于等于30，侧面边界对侵彻的影响可以忽略不计。

试验采用缩尺模型试验，装置如图6-33所示。利用弹道滑膛炮发射弹体，采用测速网靶测量弹体初始速度，使用高速摄影机拍摄弹体入靶前的姿态，观察弹体的着靶角度，每秒帧数为18000fps。为了模拟真实钻地弹体侵彻过程，弹体采用新型缩比钻地弹，弹体材料为DT300高强度合金钢，抗拉强度为1810MPa，内部装填物为高分子惰性材料，弹体直径 25mm，长径比为 6，弹壳壁厚与弹径比为 0.15，弹体质量约 340g。由于弹体强度高、抗变形能力强，在试验过程能保持较好的完整性，可以视为刚体。弹体的速度设计为 510m/s 和 820m/s 两个速度；通过装填不同火药用量，调整弹体侵彻速度。

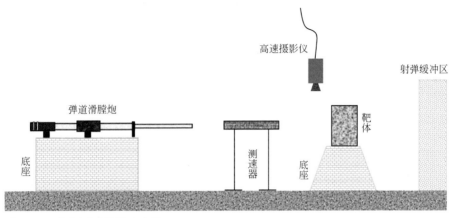

图6-33 侵彻试验装置示意图

试验一共有五个配合比，CF40、C100、CF100、CF150、CF200，编号中数字表示混凝土强度等级，CF 为掺加钢纤维混凝土，C 为不掺加钢纤维混凝土。其中，CF150 和 CF200 为超高性能抗侵爆混凝土，CF40 为普通强度钢纤维混凝土，用以研究强度对于侵彻的影响；C100 与 CF100 为高强混凝土，用于研究钢纤维对侵彻规律的影响，混凝土配合比和 28d 抗压强度如表 6-34 所示。

表6-34 混凝土配合比和28d抗压强度

编号	水泥	硅灰	粉煤灰	矿渣粉	砂	石子	水胶比	外加剂 /%	V_f /%	28d抗压强度 /MPa
			/（kg/m³）							
CF40	250	—	150	—	1120	750	0.45	0.6	1	52.5
C100	240	60	120	180	810	875	0.20	2	0	87.3
CF100	240	60	120	180	810	875	0.20	2	2	99.3
CF150	480	80	80	160	800	800	0.17	2	2	125.2
CF200	654	109	109	218	1090	—	0.16	2	3	154.3

试验首先将靶体吊装就位，靶体着弹面中心对准炮口中心，确保靶体着弹面与水平面垂直，以保证弹体在靶心处垂直侵入靶体；利用高速摄影机拍摄弹体在高速飞行下的动作，观察着靶姿态；仪器准备就绪，炮房封闭，人员清场，开始侵彻试验；侵彻完成后，记录弹体飞行速度，测量靶体上的侵彻深度、弹坑直径、裂缝数量、裂缝长度、裂缝宽度等数据。

2. 试验结果

① 破坏形态。当弹体高速碰撞混凝土靶体后，在着弹点附近产生高应力区，此处靶体材料出现粉碎性破坏。因弹体高速挤入介质而产生的剪切、挤压作用以及靶体的自由面效应，靶表面破碎的混凝土材料介质颗粒剥离而向反向喷射，从而形成弹坑，这一喷射现象可以清楚地在高速摄影照片上观察到，如图 6-34 所示。

图6-34 侵彻过程高速摄影照片

根据不同靶体材料及不同侵彻速度，侵彻后的靶体可分为三种破坏状态：一是靶体着弹面成坑，弹体嵌在靶体内，但弹体仍有一部分外露可见；二是靶体着弹面成坑，弹体深嵌于靶体内部，侵彻隧道可见；三是靶体着弹面成坑，可见侵彻隧道，但弹体没有嵌在靶体上，此情况是在弹体为低速的条件下发生，当弹体撞击到靶体的时候，由于速度不够大，弹体与靶体间产生的摩擦力小于靶体作用于弹体的反弹力时，弹体便会反弹出去，不能嵌入靶体内部。

② 侵彻速度和不同强度混凝土材料对侵彻深度的影响规律如图 6-35 所示。从图中可以看出，随着混凝土强度的增长，弹体的侵彻深度明显减小[78]。CF40 和 CF100 的钢纤维掺量同为 1.5%，抗压强度值分别为 52.5MPa 和 99.3MPa；在中速（510m/s）侵彻的条件下，CF40 的侵彻深度为 158.0mm，CF100 为 124.5mm，后者的抗侵彻能力比前者提高了 27%。在高速（820m/s）侵彻的条件下，CF40 的侵彻深度为 345.5mm，CF100 为 257.5mm，后者的抗侵彻能力比前者提高了 34.2%。没有掺加钢纤维的 C100 靶体，其抗侵彻能力也强于 CF40，中速侵彻条件下提高了 28.0%，高速侵彻条件下提高了 28.4%。由此可知，强度对于靶体的抗侵彻性能有着重要的影响，提高强度可以显著提高其抗侵彻能力，在高速的侵彻条件下表现得更为突出。

然而，靶体强度的增加与抗侵彻能力的提升并非呈线性关系。从图 6-35 中可以看出，无论是中速侵彻还是高速侵彻，当强度小于 90MPa 时，强度的提高能明显减小弹体侵彻的深度；然而，当靶体抗压强度大于 90MPa 以后，曲线趋于平缓，强度的增加对靶体的抗侵彻性能提高不明显。H.Langberg 等[97]通过对 30～200MPa 的混凝土进行侵彻试验发现，当强度超过 150MPa 以后，强度的提高对于降低侵彻深度的效果不明显，出于造价考虑，建议 90MPa 为最合适的抗侵彻强度；另外，M.H.Zhang 等[98]的研究也有相似的规律，建议的强度为 100MPa。

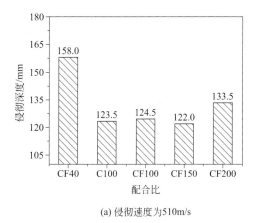
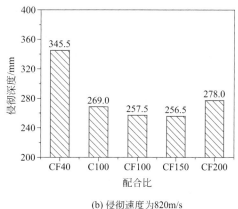

(a) 侵彻速度为510m/s　　　　　　　　(b) 侵彻速度为820m/s

图6-35　靶体强度对侵彻深度的影响

　　CF200 的钢纤维掺量为 3%，CF100 为 1.5%；前者的抗压强度值为 154.3MPa，后者为 125.2MPa。然而，对比图 6-35 中的侵彻深度却发现：在中速侵彻下，CF200 靶体侵彻深度为 133.5mm，CF100 只有 124.5mm，后者的抗侵彻能力高出了 7.2%；在高速侵彻下，CF200 侵彻深度为 278.0mm，CF100 只有 257.5mm，后者的抗侵彻能力高出了 7.9%。对比两者的配合比可以发现，CF200 没有掺加粗集料，而 CF100 掺加了粒径为 5～15mm、抗压强度值为 230MPa 的高强玄武岩。相比较而言，玄武岩集料的强度要比混凝土基体强度高出许多，玄武岩的加入使得混凝土内部材质变得不均匀，弹体在侵彻过程中产生不均匀应力场，使弹体在运动过程中产生偏航，有利于减小侵彻深度，提高抗侵彻能力。因此，对于防护工程的配合比设计，掺加高强的粗集料是非常必要的[87,99]。

　　当弹丸与靶体接触时，因弹丸高速挤入介质而产生的剪切、挤压作用以及靶体的自由面效应，靶表面破碎的混凝土材料介质颗粒剥离呈反向喷射，从而形成弹坑，用弹坑开口直径和冲击漏斗坑深度来表征弹坑的尺寸。图 6-36 为不同配合比混凝土靶体的破坏状态。从图中可以明显看出，CF200 的抗侵爆混凝土弹坑破坏程度最小，C100 混凝土破坏最严重。

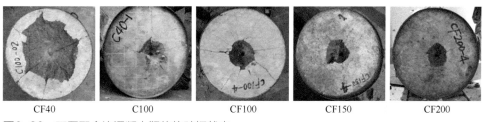

CF40　　　　　　C100　　　　　　CF100　　　　　　CF150　　　　　　CF200

图6-36　不同配合比混凝土靶体的破坏状态

相同冲击速度及钢纤维掺量情况下，提高靶体强度并不能减小漏斗坑的坑口直径和深度，相反还有增大的趋势。这是由于靶体强度增加以后，当弹丸与之碰撞时将产生更大的反作用力，从而导致更加严重的破坏。除了靶体强度会对坑口直径造成影响之外，钢纤维掺量更是影响其大小的重要因素[100,101]。在高速摄影仪中清晰看到，对于C100靶体，弹体侵入时发生了大量的混凝土喷射，而CF200靶体的喷射量明显减小。对于抗侵爆混凝土来说，由于钢纤维的存在，减小了裂缝端部的应力集中，有效阻止了裂缝的引发与扩展；再者，在裂缝开展过程中会有钢纤维从基体中拔出的现象，混凝土中钢纤维与基体之间强大的黏结力有效地阻碍了这一过程，并消耗了大量的能量。宏观上表现为靶体的弹坑直径小、裂缝数量少、裂缝宽度小。因此，抗侵爆混凝土中钢纤维发挥了优越的高韧、高阻裂性能，能有效地抑制靶体破坏，防止靶体材料的崩飞，维持了靶体的完整性，这对于保护防护工程内部人员的安全意义重大。

四、抗爆炸性能

1．试验装置与过程

爆炸试验采用模型试验，采用烈性炸药三硝基甲苯（trinitrotoluene，TNT），爆炸方式为接触式爆炸。将炸药置于靶体表面正中央，全部药量均为有效装药，采用集团装药形式，由制式TNT块叠置并捆扎而成，用起爆器激发电雷管引爆（如图6-37所示）。模拟爆破弹一次直接命中，在遮弹层表面平卧接触爆炸时产生的破坏作用。工况一：1.6kgTNT集团装药接触靶体爆炸，靶体背面均临空；工况二：2.0kgTNT集团装药接触靶体爆炸，靶体背面均临空；工况三：2.0kgTNT集团装药接触靶体爆炸，靶体置于泥土地面上。

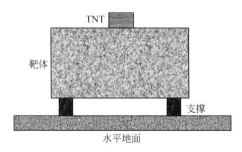

图6-37　爆炸试验装置

2．爆炸试验结果

（1）靶体压缩系数　炸药在爆炸瞬间，由化学反应变成体积大小相同的高温高压气体（称为爆轰产物），其压力高达 2×10^4MPa，温度高达 3350℃。高温高压气体作用于周围介质时，介质将受到巨大的冲击，产生高速的变形，使介质迅速向外膨胀、破碎、飞散。爆轰后直接与装药接触的介质受到强烈的冲击压缩，介质结构完全破坏。介质受瞬时高压形成一个空腔，这个范围称为压缩范围，压缩范围的半径称为压缩半径，记为 r_a。

随着与爆炸中心距离的增大，爆炸能量将向几何空间扩展传给更多的介质，爆炸压力迅速下降。当应力值小于介质材料的极限强度时，介质就不再被破碎或破坏。介质在向四周传播的爆炸压力波作用下，发生径向运动，其环向受拉应力作用。如果拉应力超过介质的抗拉极限强度，介质就会产生径向裂缝。由于混凝土、岩石等介质材料的抗拉极限强度远小于抗压极限强度，所以在压缩范围外就出现了比压缩范围大得多的、以产生裂缝为主的破坏区。因为爆心周围形成了空腔，所以在卸载时介质会向爆心方向作微小膨胀，产生拉伸应力，结果又形成很多环形裂缝。在破坏区域之外，介质只产生弹塑性变形，更远的区域将只发生弹性变形。

试验表明，对单层介质而言，压缩半径 r_a 可用式（6-15）计算：

$$r_a = mk_a\sqrt[3]{C} \tag{6-15}$$

式中　r_a——压缩半径，cm；

　　　m——填塞系数，用来表示填塞条件不同时引起的爆炸效果的差异；

　　　k_a——介质材料的压缩系数；

　　　C——常规武器弹丸等效 TNT 装药量，kg。

根据试验测得的爆坑深度，可计算得到炸药在介质表面爆炸时试验靶体对应的压缩系数，其结果如表 6-35 所示。

表6-35　各靶体压缩系数

试样	靶体编号	靶体强度/MPa	炸药/kg	背面支撑	正面坑深/cm	装药中心高/cm	填塞系数	压缩半径/cm	压缩系数
	CF40-1	52.5			7.1			12.1	0.103
工	C100-1	87.3			11.1			16.1	0.137
况	CF100-1	99.3	1.6	临空	8.9	5	1.002	13.9	0.119
一	CF150-1	125.2			8.3			13.3	0.113
	CF200-1	154.3			6.0			11.0	0.094
	CF40-2	52.5			9.6			14.6	0.113
工	C100-2	87.3			12.4			17.4	0.135
况	CF100-2	99.3	2.0	临空	9.8	5	1.022	14.8	0.115
二	CF150-2	125.2			10.0			15.0	0.116
	CF200-2	154.3			8.4			13.4	0.104
	CF40-3	52.5			8.6			13.6	0.106
工	C100-3	87.3			12.5			17.5	0.136
况	CF100-3	99.3	2.0	置地	8.5	5	1.022	13.5	0.105
三	CF150-3	125.2			8.7			13.7	0.106
	CF200-3	154.3			6.6			11.6	0.090

对高强钢纤维混凝土靶体，靶体抗压强度对材料压缩系数的影响不明显。若不考虑靶体强度因素，从 C100、CF100、CF150、CF200 数据中可分析出钢纤维体积含量对压缩系数的影响规律，如图 6-38 所示。钢纤维体积含量分别为 1.5%、2%、3% 时，压缩系数可分别减小 18%、20% 和 33%。对于工程设计，建议 C100 ～ C200 混凝土（有粗集料，强度不低于 120MPa）取为 0.137，靶体内掺加钢纤维时，体积含量 1.5% 时压缩系数降低 15%，体积含量 2% 时压缩系数降低 20%，体积含量 3% 时压缩系数降低 30%。

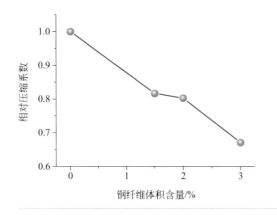

图6-38
相对压缩系数与靶体钢纤维体积含量的关系

钢纤维的掺入能显著降低压缩系数，明显改善靶体的抗爆炸能力[102,103]。这是由于在爆炸过程中爆炸震动、挤压错位，爆炸波在混凝土内部的反射成拉伸波后在混凝土靶体上半部分形成拉应力。此时，掺加于混凝土内部的钢纤维将在混凝土基体发挥"桥接效应"，起到增强、增韧的作用，防止已有裂纹的发展与新裂纹的生成，提高靶体的抗爆炸能力。

最后，靶体的放置方式对压缩系数也会造成较大的影响，临空的放置方式的压缩系数要明显大于置地。对比表 6-35 中的工况二（临空放置）和工况三（置地放置）各靶体压缩系数可得，临空放置方式的压缩系数明显大于置地放置方式，即表明在相同条件下，临空放置对于靶体的损伤程度更大。这是由于炸药爆炸后产生的巨大冲击波在靶体内传播，当波传播到靶体底部时，如果背部临空，靶体背部将是一个自由面，冲击波在自由面将发生很强的反射现象，冲击压缩波将转化成为冲击拉伸波，反射所形成的拉伸波在靶体内部产生非常大的拉应力。众所周知，混凝土是脆性材料，不能承受过高的拉应力，因此靶体将受拉应力破坏。然后，对于置地放置的方式，当冲击压缩波到达靶体背面时，由于靶体与地面接触，大部分的冲击压缩波将通过地面传播出去，只有一小部分会在背面产生反射形成拉伸波，因此所形成的拉伸应力也要小得多。

（2）靶体破坏状态　爆炸震塌破坏分为以下四种情况：其一为当装药量较少

时，爆炸只造成靶体迎爆面中心附近形成压缩漏斗坑，靶体背表面没有明显的破坏现象，或者只有少量裂纹，此为爆炸成坑现象；其二为压缩波到达靶体背面后必然形成反向拉伸波，由于混凝土的抗拉强度远远低于其抗压强度，当拉伸波强度满足一定的屈服条件时就会产生拉伸破坏形成径向和环向裂纹，这些裂纹互相贯通后使部分块体从靶体上剥落，从而在靶体背面形成震塌漏斗坑，此为爆炸震塌现象；其三是当进一步加大装药量或减少板厚时，迎爆面的压缩漏斗坑与背爆面的震塌漏斗坑上下贯通，此为爆炸贯穿现象；其四为当混凝土板特别薄时，在爆炸作用下靶体材料尚来不及形成震塌块就被整体冲切下来，此情况称为爆炸冲切破坏。

图 6-39 所示为不同配合比靶体迎爆面和背爆面的破坏状态。从图中可以看出，所有靶体迎爆面的破坏形态基本类似：靶体表面迎爆坑呈漏斗状，表面裂缝以靶心为

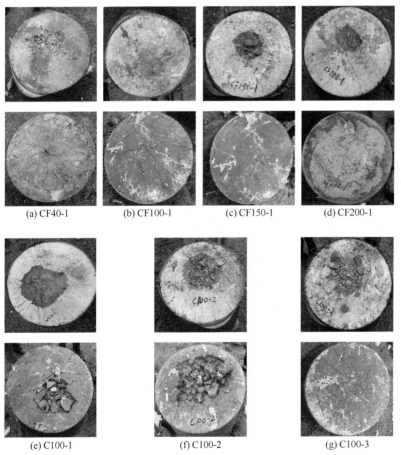

(a) CF40-1   (b) CF100-1   (c) CF150-1   (d) CF200-1

(e) C100-1   (f) C100-2   (g) C100-3

图6-39 靶体爆炸破坏状态（每组试样上图为迎爆面，下图为背爆面）

中心向四周辐射的径向裂纹，最严重的破坏状态为震塌破坏。爆炸漏斗坑是装药接触爆炸时产生的高温高压的爆轰波直接作用于靶体表面造成的。爆炸漏斗坑大小主要受两个因素的影响：其一是炸药的因素，即炸药起爆、装药形状、爆轰波速等特性的影响；再者是靶体的材料特性，即靶体厚度、强度、密度、钢纤维掺量等同样会对爆炸效果造成影响，这是由于爆炸荷载与靶体之间力的作用是相互的。在相同的 TNT 当量、装药方式、装药位置、靶体放置方式、靶体厚度条件下，造成迎爆面不同破坏情况的原因是靶体的材料特征不同所造成，即不同的材料强度、钢纤维掺量等。

根据表 6-35 和图 6-39 中爆炸坑的破坏情况可得以下几点规律。其一，随着 TNT 当量的增加，靶体受损更为严重，对比工况一（临空放置，TNT1.6kg）与工况二（临空放置，TNT2.0kg）可以看出，TNT 当量增加，所形成的爆炸坑坑径尺寸增加，径向裂纹也增多，即表明所受到爆炸冲击的破坏程度加大；其二，临空放置形式的破坏程度大于置地放置形式，临空放置时靶体表面所产生的裂缝数量更多、宽度更大，其原因是临空放置爆炸冲击压缩波将在靶体背面反射形成拉伸波，严重破坏靶体；其三，超高性能纤维增强水泥基复合材料靶体的破坏程度小于普通混凝土靶体，从图中可以看出，CF200 和 CF150 抗侵爆混凝土靶体的爆炸坑径小，此外其靶表面上的径向裂纹数量少、宽度小，反观CF40、C100 和 CF100 靶体，破坏较为严重，其中最为严重的是不掺加钢纤维的 C100 高强混凝土靶体，靶体表面布满了宽度很大的裂纹，裂纹贯穿了整个靶体，靶体内部的混凝土材料结构疏松，靶体呈现为整体性的震塌破坏。

从图中可以看出，各靶体背爆面的破坏情况规律与迎爆面相似。首先，背爆面的破坏程度随着 TNT 用量的增加而加大；其次，临空放置形式比置地放置形式破坏严重；最后，使用 CF150 与 CF200 抗侵爆混凝土靶体破坏程度最为轻微，靶体背面非常完整，上面只有几条宽度很小的裂纹，然而，对于 CF40 普通混凝土靶体、C100 和 CF100 高强混凝土靶体，背部受损较为严重。特别是不掺加钢纤维的C100 靶体，其背爆面的破坏形态为爆炸震塌现象。工况一与工况二条件下的 C100靶体背面有大量的龟裂，混凝土块大量脱落，破坏严重。这是由于反射拉伸波强度大大高于不掺加钢纤维的 C100 的动态抗拉强度，从而造成严重的脆性破坏。

总结以上各靶体在三种不同工况条件下的迎爆面与背爆面破坏情况，可以看出抗侵爆混凝土靶体具备优越的抗爆炸性能，其内部所掺加的超细微钢纤维能有效地发挥增强、增韧的作用，有效抑制已有裂纹的扩展与新裂纹的发生，维持靶体的完整性，显著提高靶体整体的抗爆性。

五、抗侵爆混凝土的工程应用与展望

军用和重要民用基建工程面临高技术武器精确打击、恐怖爆炸袭击以及偶然性冲击爆炸事故的威胁，迫切需要具有超高强和超高韧的抗侵爆混凝土。然而，目前超高强混凝土拌合物流动性差、黏度大，无法现场应用；硬化后脆性大、韧性差，抗力不足，不能满足工程结构抗爆要求，严重制约了工程防护能力提升。著者团队经过近20年的研究，建立了常规浇筑和常温养护条件下超高性能抗侵爆混凝土组成设计方法与制备关键技术，在我国海陆空及二炮等多个防护工程中应用 [图6-40（a）]，解决了重要部位的防护难题，突破了国际上RPC需剔除粗集料、压力成型、高温养护和掺磨细石英粉的复杂制备技术难题，实现了抗侵爆混凝土在现场大规模化浇筑施工，且成本较国外RPC大幅降低。抗侵爆混凝土经过适当调整后，还成功应用于人防防爆门 [图6-40（b）]、桥梁工程、船闸防撞结构、抗撞击纤维混凝土井盖等多个民用工程。

(a) 抗侵爆混凝土机库　　　　　　　　　　　　(b) 抗侵爆混凝土防爆门

图6-40　抗爆炸混凝土工程应用

抗侵彻和抗爆炸混凝土是一种力学性能优越的国防防护工程材料，对提升防护工程防护能力具有重要意义。在未来的研究中，可进一步探索超高速（3～5Ma）条件下以及大当量炸药爆炸条件下，抗侵爆混凝土的抗侵彻和抗爆炸能力，以适应新型超高速及大毁伤武器发展的需求。

研究与应用的经验表明，在材料制备与应用中应重点注意以下几点：

① 抗侵爆混凝土组成设计主要从抗侵彻和抗爆炸两方面进行考虑。抗侵彻能力通过两个技术措施提升：一是通过极低水胶比和颗粒最紧密堆积的技术实现最致密基体以提高强度；二是掺加高强的粗集料，在致密基体内形成密实骨架，实现对侵彻弹体的偏航。抗爆炸震塌能力，主要通过掺加大量的高强微细钢纤维增加韧性来提升。

② 与普通混凝土相比较，抗侵爆混凝土具备优越的抗侵彻能力，能显著地减小弹体对靶体的损伤，有效减小侵彻深度和限制弹坑深度与弹坑直径。钢纤维

能显著降低侵彻造成的裂缝数量及其宽度，有利于维持靶体的完整性，对防护工程内部人员及设备安全具有重大意义。

③ 抗侵爆混凝土的钢纤维体积含量对靶体压缩系数影响显著，钢纤维掺量分别为 1.5%、2%、3% 的靶体压缩系数较素混凝土靶体压缩系数分别减小 18%、20% 和 33%；靶体抗压强度对材料压缩系数的影响不明显；靶体背面支撑状态不同对爆炸压缩系数有影响，靶体临空时压缩系数比靶体置于地面时压缩系数平均大 8%。

第四节
隧道混凝土结构/功能复合材料

一、概述

1. 盾构隧道结构材料技术要求

随着我国经济高速发展和城市化水平不断提高，土地资源日益紧缺，大规模开发利用地下空间进行基础设施建设是必然的趋势。进入 21 世纪以来，跨大江大河、跨海湾及连通海岛等大型隧道工程在我国相继规划及动工建设，这些地下工程与过去相比，规模更大、施工更困难、环境更恶劣、技术难度更高，对工程所用建筑材料也提出了更高的要求和挑战。

盾构隧道是现代大型隧道工程技术的主要发展方向。盾构隧道主体结构是由混凝土管片拼接的管片衬砌结构、混凝土内衬结构和筒体结构构成（图 6-41）。在高水压严酷复杂地质条件下，对大断面盾构隧道结构与材料提出的技术要求：①混凝土管片强度可满足盾构掘进与管片成环的施工要求；②隧道结构具有高强、高抗渗和耐久性能；③隧道结构可抵御各种复杂外力和偶然破坏作用。

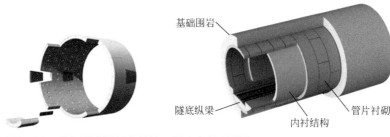

基础围岩

隧底纵梁

内衬结构

管片衬砌

图6-41　盾构隧道混凝土管片、衬砌与筒体结构

2．深水大直径盾构隧道结构材料特点

大直径（10m以上）盾构隧道是新世纪以来在我国隧道工程建设中快速发展的一项重大技术。武汉长江隧道是我国第一条深水大断面盾构隧道，在武汉长江隧道建造之前，国内只有上海穿越黄浦江的大直径盾构隧道，其地层以淤泥质黏土为主，与武汉长江隧道穿越的复合、强透水地层差别很大，国外在类似地层条件的工程经验也很少；其次，国内大直径盾构隧道最大水压力约0.4MPa，国外达到0.6MPa级别也只有东京湾海底隧道等少数几座；另外，大直径盾构隧道一次掘进最长距离，国内约1400m、国外也只有2500m。

盾构隧道混凝土管片是组成砌衬筒体的关键材料，管片的性能和质量至关重要，它影响着隧道的施工安全并决定了隧道的长期安全。混凝土管片不但面临高压富水状况及恶劣服役环境，还需要考虑火灾、爆炸、抗震等偶然因素影响。因此，对混凝土管片不仅仅需要结构性能的设计，还要从管片及其衬砌筒体结构的角度进行综合研究，赋予管片抗渗、抗蚀、抗裂、耐火性、抗爆等多功能，并开发管片拼装结构设计技术与安全性提升技术。深水大直径盾构隧道工程技术难点在于高水压、大断面、长距离对盾构隧道主体结构强度、刚度以及抗渗耐久性能和隧道安全运营提出更高的要求和挑战。既有技术已无法满足隧道建造需要，亟须工程技术和关键建筑材料的新突破。

3．主要研究和技术开发内容

针对深水、大断面、地质条件严酷复杂的盾构隧道工程技术和材料性能要求及其难点，著者团队开展了以下研发工作并取得创新成果：

① 研究创新盾构隧道混凝土结构/功能一体化设计与制备技术，提出隧道混凝土耐久性设计准则，开发高抗渗、耐火、抗爆裂、抗杂散电流与氯离子侵蚀混凝土结构与材料技术，提高隧道抵御各种外界破坏的能力，提高混凝土结构的耐久性和安全性。

② 研究隧道混凝土管片结构分层设计技术，优化组成结构，形成整体性能复合效应，创新适用于此种条件的混凝土管片衬砌结构，开发"管片衬砌＋非封闭内衬"叠合结构新形式，提升盾构隧道整体结构强度，适应大直径长距离隧道施工。

③ 研发高性能大直径盾构隧道混凝土管片生产工艺，研发高温蒸养工艺和分层结构制备技术，提高大尺寸混凝土管片的加工精度和体积稳定性，研发形成从原材料的选择，混凝土的拌合、浇筑、振捣、蒸养等制备工艺及质量控制成套技术，推进成果技术在大量实际工程的应用。

二、隧道混凝土管片与衬砌的结构设计

1．管片功能/结构一体化设计

国内现有的隧道管片材料耐久性差，难以抵御恶劣的环境侵蚀和满足工程需

求。针对武汉长江隧道深水高压、大断面工程对混凝土管片提出的高抗渗、长寿命要求，依据功能梯度材料设计原理，提出混凝土管片功能分层梯度设计的方法[104,105]。功能设计如图6-42（a）所示，在沿水土压力的垂直方向，依次为高防水抗渗功能层、高强结构层、高耐火功能层；管片结构设计如图6-42（b）所示，在沿水土压力的垂直方向，自上而下依次是高致密防水层、高抗渗保护层、钢筋混凝土保护层、高强结构层、防火抗爆层等5个梯度材料层，并组合成三个功能层。其中：高致密防水层、高抗渗保护层、钢筋混凝土保护层共同构成混凝土管片抗渗功能层；钢筋混凝土保护层与高强结构层构成隧道筒体结构功能层；防火抗爆功能层承担隧道的防偶然破坏功能。

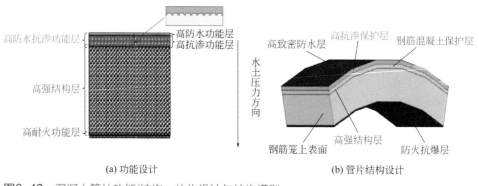

(a) 功能设计　　　　　　　　(b) 管片结构设计

图6-42　混凝土管片功能/结构一体化设计与结构模型

　　同时，为有效提高防水抗渗功能层与高强结构层间的界面黏结性能，将两个功能层间的界面设计为嵌入式折线型界面，这样大大增加了界面接触面积，使不同材料相互渗透，相互咬合、搭接，界面黏结强度、剪切强度等均能得到大幅度提升，保证管片各功能层的性能均匀过渡，实现功能和结构一体化设计。

　　在具体的管片制备中，武汉长江隧道工程所用管片总厚度为500mm，其中外保护层材料厚度25～35mm，结构层465～475mm左右，而在隧道内的内衬层均匀刷涂防火抗爆层材料，从而实现了管片的多功能。

2. 大直径盾构隧道混凝土管片与衬砌结构优化设计

　　（1）受力分析与参数优化　采用梁弹簧模型进行全面的计算分析（图6-43），研究作用在盾构隧道主体结构上的土水压力的量值及规律，探明盾构隧道主体结构与地层的相互作用特征，探明盾构隧道主体结构的实际受力状态和受力特征。研究开发了壳-接头弹簧模型（图6-44、图6-45），用于研究大幅宽管片结构的空间力学特征，为结构的整体计算提供了依据。采用三维实体结构有限元模型进行分析（图6-46），对高水压条件下越江盾构隧道单层装配式管片衬砌的静力学行为进行研究，重点对管片选型、管片厚度、管片分块、管片幅宽、配筋方式等进行系统研究，提出满足结构设计要求的优化设计参数。

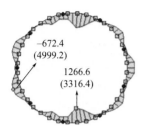
图6-43　梁弹簧模型

图6-44　壳-接头弹簧模型

图6-45　荷载与结构整体示意图

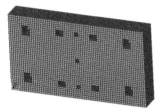
（a）单个管片三维体建模

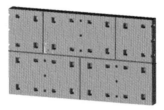
（b）管片结构组合体建模

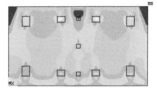
（c）管片的平均应力分布图

图6-46　三维实体结构有限元模型

（2）管片参数设计　提出"通用楔形环、2m环宽、九等分"的衬砌环新结构型式[106]，满足了大直径盾构隧道设计施工要求。在武汉长江隧道工程之前，国内大直径盾构隧道衬砌环最大环宽为1.5m，分块数为八等分或7+1小封顶块方式。该种结构具有以下缺点：由于衬砌环类型多，需要较多的钢模板，不经济；由于环宽越小，管片接缝总长度就越多，防水效果越难保证；衬砌环分块方式与结构刚度直接相关，分块不合理将使结构变形增加，防水难度增加，同时拼装也不方便。结合武汉长江隧道特点，研究提出采用"通用楔形环、2m环宽、九等分"的衬砌环新结构。基于以上优化设计参数，对衬砌环分块方式进行研究设计。

①衬砌环分块　研究了五种通用楔形管片基本拼装方式。表6-36表明，无论采用错缝拼装，或是通缝拼装，总体上来说，9等分方式的整体刚度大，对结构的变形控制与防水有利，特别适用于高水压、强透水地层；同时，所增加的结构内力也不是太大，所需钢筋用量增加很少，所以推荐采用9等分通用楔形

环方案。

表6-36　不同管片分块方案的结构内力和变形分析（基本拼装方式）

编号	分块形式	单点最大变形量/mm	最大正弯矩/kN·m	最大正弯矩对应轴力/kN	最大负弯矩/kN·m	最大负弯矩对应轴力/kN
FK1	7+1	11.815	570.46	1867.6	−326.47	2687
FK2	8等分	11.876	409.46	2035.7	−181.42	2619.8
FK3	8+1	13.555	415.96	2039.7	−181.82	2625.3
FK4	9等分	11.777	596.5	1909.6	−321.98	2652.3
FK5	9+1	11.777	595.6	1992.4	−318.05	2724.3

② 管片厚度　对环宽为2.0m、9等分块的C50钢筋混凝土平板型的四种管片厚度方案进行比较。选取典型断面对各管片厚度方案计算单点最大变形量、最大正负弯矩和相应的轴力。由表6-37可以看出：随着管片厚度的增加，管片环的最大变形量减小、弯矩增大。考虑到隧道处于高水压、强透水的地质环境以及不同厚度下管片结构的受力状态，推荐管片厚度采用0.50m。

表6-37　不同管片厚度的结构内力和变形分析结果

编号	环宽/m	计算条件	单点最大变形量/mm	最大正弯矩/kN·m	最大正弯矩对应轴力/kN	最大负弯矩/kN·m	最大负弯矩对应轴力/kN
H1	0.45		12.571	982.88	3907.8	−503.09	5153.3
H2	0.48	9等分环宽2m	12.082	1106.7	3854.9	−580.34	5313.7
H3	0.50		11.779	1193.2	3819.1	−644.04	5304.6
H4	0.55		11.41	1443.3	3709.8	−861.06	5539.1

③ 管片环宽　管片环宽的选择需综合考虑结构受力、防水、盾构机的制造技术水平及线路曲线条件等因素。以往国内大直径盾构隧道最大环宽均未超过1.5m。对1.0m、1.2m、1.5m、1.8m和2.0m五种环宽方案从受力和防水角度进行了研究比较。采用大环宽管片，由于环宽中央比环宽边缘的最大正负弯矩明显减小，从结构优化和降低工程造价的角度看，可以采用较大的环宽有利；但如果幅宽选择过大，则不仅不利于施工中管片的预制、运输和拼装，而且也会过分增加盾构设备制造难度。因此，根据国外盾构隧道工程类比，推荐采用管片的环宽为2.0m（图6-47）。

3. 管片与衬砌结构拼装设计

创新提出非封闭式内衬（二次衬）与管片的叠合结构，确保了结构设计与不利地质条件、冲淤幅度巨大的河势条件相适应，提高了隧道结构的长期

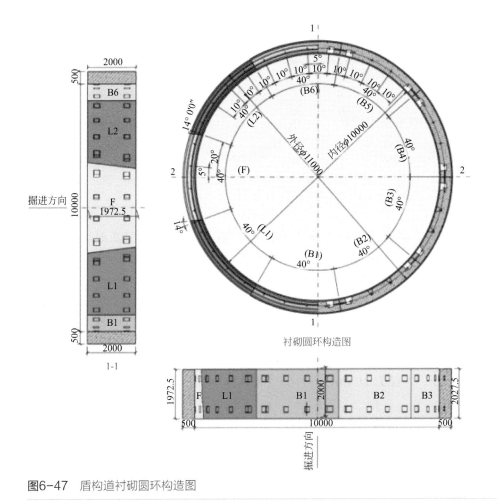

图6-47 盾构道衬砌圆环构造图

安全性[107]。在本工程之前，盾构隧道只有单层管片衬砌、管片衬砌＋全封闭内衬砌两种结构类型。单层管片衬砌是最常见的盾构隧道结构，但刚度小，难以胜任强透水的隧道环境。管片衬砌＋全封闭内衬砌虽然刚度大，防水好，但需增加隧道直径，因而不经济。结合武汉长江隧道条件，研究提出采用非封闭式内衬砌与管片衬砌的叠合结构，即利用圆形隧道侧向及底部富余空间设置非封闭内衬，内衬与管片间通过钢筋连接为叠合结构，该结构既可以加强结构的整体刚度，也可以彻底防止隧道圆心线以下因局部渗漏而发生"管涌"现象，确保地基稳定。对三种衬砌方案进行分析比较如图 6-48 ～图 6-50所示。

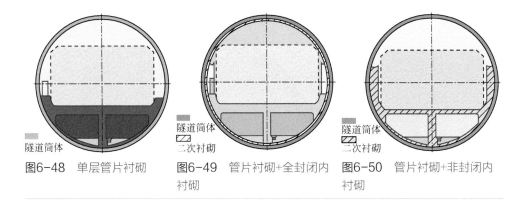

图6-48 单层管片衬砌　　图6-49 管片衬砌+全封闭内　　图6-50 管片衬砌+非封闭内
　　　　　　　　　　　　　　　　　　衬砌　　　　　　　　　　　　衬砌

（1）单层管片衬砌方案（方案1）　隧道采用单层钢筋混凝土管片衬砌
（图6-48），施工期和运营期的全部荷载均由管片衬砌结构承受。隧道内径为
10.0m，外径为11.0m，管片厚0.5m。

（2）管片衬砌+全封闭内衬砌的双层衬砌方案（方案2）　该方案由预制
钢筋混凝土管片衬砌和全环现浇钢筋混凝土二次衬砌组成，内外层衬砌之间不
设置防水板，形成叠合结构（图6-49）。外层管片衬砌承受施工期的外部水土
荷载，运营期的外部水土压力变化荷载由内外层衬砌共同承受。管片衬砌内径
为10.4m，外径为11.4m，管片厚度为0.5m；内衬砌厚0.2m，隧道净空内径为
10.0m。

（3）管片衬砌+非封闭内衬砌的双层衬砌方案（方案3）　该方案是在方案1
的基础上，利用行车道两侧和隧道底部的富余空间设置现浇钢筋混凝土，并与车
道板结构共同组成非封闭内衬砌结构，从而形成管片衬砌+非封闭内衬砌的双层
衬砌结构（图6-50）。非封闭内衬砌与管片衬砌之间不设置防水板，但需设置适
当的锚筋以形成叠合结构。外层管片衬砌承受施工期的外部水土荷载，运营期的
外部水土压力变化荷载由内外层衬砌共同承受。管片衬砌内径为10.0m，外径为
11.0m，管片厚度为0.5m；非封闭内衬砌厚度最薄处为0.2m（隧道底部）、最厚
处为0.5m（隧道侧墙部位），车道板和支撑墙厚0.4m。

全环双层衬砌由于开挖直径最大，且衬砌工程量也最大，因此造价最高；非
封闭内衬双层衬砌开挖直径与单层管片衬砌相同，但衬砌工程量较大，因此造价
居中。初步估算，与单层管片衬砌相比，非封闭内衬双层衬砌结构每延米增加造
价约3000元，全环双层衬砌每延米增加造价约10000元。

综上所述，管片衬砌+非封闭内衬砌的双层衬砌方案与单层管片衬砌结构方
案相比，其施工难度相同，造价、工期增加较少，但防水性能及结构稳定性可得
到大幅度提高，且在河床冲淤变化时结构横向变形小，有利于内部敷贴设施的稳
定；与全环双层衬砌相比，其施工难度较小，造价较低，工期较短，在河床冲淤

变化时结构横向变形相当，同时解决了隧道底部与两侧这些重点部位的防水性能及结构长期稳定性问题。因此，推荐采用管片衬砌＋非封闭内衬的双层衬砌结构方案。

三、混凝土管片性能

1. 混凝土管片材料

（1）提出了高性能管片混凝土设计原则和方法　提出以耐久性能为主要设计指标，具备良好物理力学性能和体积稳定性能，兼顾经济性合理性的高性能管片混凝土设计原则[108]；利用自主研发的混凝土安全性专家系统，根据武汉隧道工程具体特点对管片混凝土进行了优化设计，管片混凝土达到如下指标：①强度等级：28d 抗压强度＞60.0MPa；②徐变系数＜2.0；③抗渗等级 P18；④干缩值：28d 干缩值＜$2.0×10^{-4}$，90d 干缩值＜$2.5×10^{-4}$；⑤碱含量≤2.5kg/m³；⑥集料无碱活性；⑦ Cl⁻ 扩散系数≤$8×10^{-13}$m²/s；⑧抗硫酸盐侵蚀系数≥1.4；⑨快速碳化试验：28d 碳化深度＜1mm。

（2）探明了蒸养对隧道盾构管片混凝土性能的影响　①蒸养对隧道盾构管片混凝土物理力学性能的影响：延长静养时间对高强混凝土后期物理力学性能有促进作用；升温宜缓慢，延长恒温时间和提高恒温温度均提高早期强度[109]。②蒸养对隧道盾构管片混凝土体积稳定性的影响：静养时间的延长能够提高隧道管片混凝土体积稳定，过快的升温速度使水化产物结晶粗大，并使其在混凝土内部分布不均，从而导致混凝土孔结构变差，有害孔增多。四个蒸养参数中升温速度及恒温温度对混凝土体积稳定性影响显著，应进行重点控制。开发了混凝土高能延迟膨胀剂来控制混凝土体积稳定性[110]。③蒸养对隧道盾构管片混凝土耐久性的影响：蒸养对混凝土耐久性能影响显著。延长静养时间可以提高水泥水化程度，增加水泥水化产物，降低升温变形引起的不利影响；减慢升温速度可以降低混凝土温度梯度，提高水化产物分布的均匀程度，减少混凝土内部缺陷；缩短恒温时间和降低恒温温度，可以缓解混凝土中 $Ca(OH)_2$ 的储备降低，减少混凝土内部的气泡膨胀、破裂和连通造成的 CO_2 侵入混凝土便捷通道数量，降低有害孔隙数量，提高混凝土的抗碳化和抗冻性能[111-115]。④蒸养对隧道盾构管片混凝土内部湿度及自收缩的影响：研究了蒸养高强混凝土内部湿度、自收缩及电阻率之间的关系，提出了引入湿度调节多孔材料补偿混凝土内部湿度损失，降低混凝土自收缩，对混凝土体积稳定性进行控制的技术方法；提出了采用检测电阻率简便、准确地表征混凝土内部湿度和自收缩变化规律的方法[116-118]。

（3）杂散电流与氯离子共同作用下混凝土的耐久性设计　地铁隧道工程存在杂散电流问题，在杂散电流作用条件下，混凝土的抗压强度会有一定程度的损失，并随作用时间的延长而加剧，混凝土中内置钢筋的自腐蚀电位和腐蚀电流增大；不同配合比的混凝土在抵抗杂散电流的影响有较大差异，采用辅助矿物掺合料的技术方法，可以提高混凝土在杂散电流作用下的抗渗透能力。研究表明，粉煤灰和矿渣粉复合掺入会明显降低杂散电流作用的影响[119]。

对于地铁隧道混凝土，必须采用更高的抗离子渗透能力设计要求。通过引入矿物掺合料、功能颗粒及集料粒型设计，实现混凝土的密实结构设计，满足混凝土高抗渗性的要求[120]；通过混凝土的高氯离子固化能力设计，提高水泥石对氯离子的固化能力，从而实现抗氯离子侵蚀与杂散电流的高耐久性混凝土设计与制备[121,122]。

2. 高抗渗保护层材料

由于保护层材料需满足管片高抗渗的要求，因而从增加混凝土的密实度考虑，以强化混凝土的界面过渡区，细化混凝土孔隙结构为配制手段，制备出无细观界面过渡区水泥基材料（meso-defect interface transition zone-free cement-based material，MIF）。MIF 材料的设计原则主要是通过原材料选择，剔除粗集料组分、严格控制混凝土骨架组分的颗粒粒径以及超微细颗粒的密实填充，消除混凝土传统意义上的水泥石 - 集料界面过渡区，从而优化混凝土性能，尤其改善其界面传输性能，隔断离子迁移和溶液渗透的快速通道，大大增强其抗渗性能及材料密实度，最终大幅度延长结构的服役寿命[123]。

MIF 主要的材料组成：42.5R 及以上等级的普通硅酸盐水泥或硅酸盐水泥40%～70%；改性增强密实填充组分（modified reinforced dense padding components，MRP）30%～50%；减缩抗裂组分（reduced shrinkage and anti cracking components，SRC）2%～4% 以及主体骨架细颗粒材料（水泥量的 1.0～1.5 倍）。改性增强密实填充组分（MRP）由高硅质纳米级粉体材料、低钙高硅铝质衍生物超细粉体材料及减水分散剂组成，具有密实填充、减水增强等效应；减缩抗裂组分（SRC）由减缩材料及有机混杂纤维（体积掺量 0.1%～0.2%）组成，通过减小毛细孔液面表面张力及纤维增强等起到减缩抗裂作用；主体骨架细颗粒材料为硅质颗粒，粒径范围为 0.2～0.8mm[124,125]。

保护层材料抗渗性能通过测试氯离子渗透性，并以氯离子在混凝土中的扩散系数来定量评价。表 6-38 显示了 MIF 混凝土与普通混凝土抗渗性的对比（Cl⁻ 扩散系数及寿命预测）。由表 6-38 可知，引入 MIF 材料作为混凝土管片的外保护层材料，可以大大提高混凝土管片的抗渗性能，相比普通钢筋混凝土管片，可延长结构的服役寿命 10 倍以上，其结果达到国际同类工程的领先水平[126]。

表6-38　Cl⁻扩散系数及寿命预测

表6-38　Cl⁻扩散系数及寿命预测

材料名称	保护层厚度/mm	Cl⁻扩散系数/（10⁻¹³m²/s）	预测寿命/a
MIF混凝土（FGM设计）	25	2.08	686.7
普通混凝土（单层设计）	50	14.3	52.0
丹麦斯多贝尔特海峡隧道管片	50	6.00	212.5

注：FGM—梯度功能材料（functionally gradient meterial）。

3. 耐火功能层材料

（1）功能材料涂层防火　通过耐火极限试验测试了混凝土材料经受模拟火灾高温作用时，抵抗高温的损伤作用。耐火极限是指在目标温度为800℃的条件下，保证混凝土保护层50mm处钢筋不发生显著破坏的时间，也即混凝土试件保护层厚度处温度达到250℃时的时间。测试了刷防火抗爆层涂料的试件及未经处理的试件，其试验结果如表6-39所示。研究表明，结构层混凝土通过涂刷防火抗爆层涂料，其耐火性能大幅度提升，耐火时间极限由18min上升到85min，是未经处理试件的4.72倍。因此，功能材料防火抗爆涂层可有效提升管片内衬层的防火抗爆性能，用于实际工程，将可扩展地下工程隧道管片的使用性能，体现功能梯度混凝土管片（functionally graded concrete segment，FGCS）的多功能一体化。

表6-39　FGCS内衬层防火抗爆性能

试样	耐火时间极限/min	比例
结构层混凝土	18	1.00
结构层混凝土+13mm涂料	85	4.72

注：混凝土试件为六面受热，因而在试件六面均涂刷13mm的防火抗爆涂料。

（2）聚丙烯纤维增韧与防火　当隧道遭受火灾时，混凝土管片经受高温，当温度超过了聚丙烯纤维的熔点165℃时，聚丙烯纤维挥发逸出，在混凝土中留下相当于纤维所占体积的孔道，使混凝土内部产生的水蒸气和热量顺利排出，避免了管片的爆裂，从而改善了混凝土管片的抗火性能，同时也改善了混凝土管片的抗裂性能。著者团队采用在管片内侧5cm内掺加聚丙烯中空纤维，对管片混凝土进行增韧与防火设计，掺有0.8kg/m³纤维的管片混凝土韧性指数I5为2.1，初裂抗冲击次数为116，分别是普通混凝土的2.1和2.8倍，有效地解决了大尺寸管片的大手孔易开裂问题[127]。经受800℃后（30min）的残余抗压强度仍剩余强度的50%以上，而普通混凝土在600℃时已爆裂，没有强度（图6-51～图6-53）。

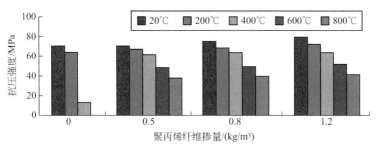

图6-51　不同聚丙烯纤维掺量的混凝土高温后剩余强度比较

图6-52　普通混凝土在600℃（30min）后形态

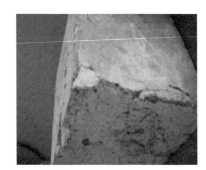 

图6-53　掺有聚丙烯纤维的高性能混凝土800℃（30min）后形态

4. 偶发因素对管片混凝土性能的影响

（1）高温后混凝土抗爆裂性能分析　当采用聚丙烯纤维（polypropylene fiber，PF）和钢纤维（仿钢纤维 HPF，聚丙烯高韧结构纤维）制备的混凝土经过 800℃

高温后，可以明显地从试块表面看到裂纹，而且 PF 甚至会有裂缝、松软、塌落的现象；而 HPF 经过 800℃高温后只有一些裂纹，损坏不明显，如图 6-54 和图 6-55 对照。

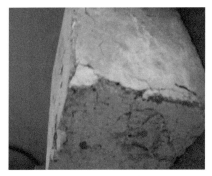
图6-54　800℃后PF形态

图6-55　800℃后HPF形态

图 6-54 表示的是 PF 在 800℃高温作用后，表面出现明显的裂缝，而且也有剥落的现象，导致其残余强度小。图 6-55 是掺入钢纤维后的混凝土经过 800℃高温后的状态，可以从照片中看到其表面只有一些细小的裂纹，并保持其良好的完整性，因此 HPF 的残余强度要比 PF 大得多。

之所以出现上述现象，是因为聚丙烯纤维的熔点为 165℃，当温度超过熔点后，PF 将会挥发逸出，则聚丙烯纤维对强度所起的作用将消失，特别是纤维挥发会在混凝土中引入一定数量的孔道，因此对混凝土的强度不利。在 200～400℃范围内，混凝土由于受到高温的作用，内部蒸汽压力急剧增加，混凝土内形成的孔道正好起到一个均匀散热的功能，增强了混凝土抵抗高温作用的能力。当温度升高到一定程度时，混凝土内只剩下钢纤维对其起着增韧作用，钢丝型钢纤维的黏结力对混凝土起着增强抗拉强度的作用，因此在 800℃高温作用后混杂纤维混凝土试块能保持良好完整性，只出现少许的裂纹，而 PF 混凝土则会出现比较多的裂缝和爆裂的损伤。但以上出现的现象要比普通的混凝土好得多，未掺入纤维的混凝土由于没有 PF 挥发形成的孔道，不能缓解由于水分蒸发而引起的不断增大的内部压力，因此普通混凝土在 400℃以上就很容易出现爆炸的现象，如图 6-56 所示。

（2）爆炸荷载作用下隧道衬砌结构的损伤分析　在炸药爆炸的瞬间，会产生几千度的高温和几万兆帕的高压，形成每秒数千米的爆炸冲击波和数千焦的爆炸能，对周围结构造成严重的破坏。盾构隧道内一旦发生爆炸事故时，由于环境密闭，高温高压气体和爆炸冲击波不能及时疏散，因而对衬砌结构的损伤也更为严重。

图6-56
普通混凝土400℃后形态

图 6-57 为行车道板中部上缘接触爆炸荷载作用下的盾构隧道损伤图，工况一至工况四代表 TNT 条形炸药包半径逐步增加的情况。

爆炸中的工况一对行车道板和衬砌结构损伤很小。而工况二中，由于炸药包爆炸产生较大的爆炸能和爆压直接对衬砌结构作用，因而行车道板与炸药包接触部位迅速发生粉碎性破坏，且在行车道板中部形成一爆炸空腔，而空腔外的行车道板则损伤较小。工况三的损伤区别很大，不仅行车道板中部形成较大的爆炸空腔，而且衬砌结构左、右侧区域损伤严重，顶板近区形成很多的径向裂纹。工况四相对于工况三损伤更加明显，行车道板形成的爆炸空腔更大，行车道板以上衬砌结构径向裂纹更加密集，而且爆炸形成的空腔使得爆炸冲击波在整体衬砌结构间传播，造成行车道板以下衬砌结构也形成一些细小的裂纹。

从工况一至工况四可以看出，TNT 条形炸药包爆炸产生的爆炸能直接传递给衬砌结构，药包与行车道板的接触部位在爆炸冲击波、爆炸能和高温高压爆炸气体共同作用下产生很高的径向和切向压应力，而且压应力远远大于行车道板的动态抗压强度，因此接触部位受到强烈压缩而发生粉碎性破坏，很快在行车道板中部形成一个空腔。同时衬砌结构承受爆炸冲击波、爆炸能和高温高压爆炸气体共同作用，致使衬砌混凝土受到径向压应力的同时在切向方向上受到拉应力，而混凝土材料又是脆性材料，其抗拉强度很低。因此，当切向拉应力值大于混凝土的抗拉强度时，衬砌结构混凝土即被拉断，由此在衬砌结构内缘径向产生了很多径向裂纹，对衬砌结构造成严重的损坏。

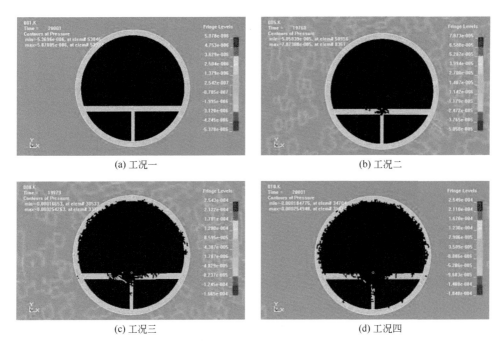

(a) 工况一   (b) 工况二

(c) 工况三   (d) 工况四

图6-57   接触爆炸荷载下衬砌结构损伤

四、功能复合混凝土管片的制备与工程应用

1. 武汉长江隧道工程概况

武汉长江隧道工程是长江第一条越江交通隧道工程，设计为双洞双向四车道，隧道工程的特点：大直径隧道（直径11m）、水压力最高的盾构法隧道（最高0.64MPa）；首次用大直径复合式泥水平衡盾构机施工、一次推进距离最长（2540m）、首次穿越全断面砂层、软硬地质不均复合地层；世界上河床冲淤幅度变化最大（年最大20m）和下穿建筑物最多（5层以上建筑物有54栋）。

2. 武汉长江隧道工程盾构混凝土管片技术要求

武汉长江隧道工程采用对地质适应性很强的复合式泥水平衡盾构施工法，其盾构管片的防水、抗渗等性能要求极高。钢筋混凝土管片采用C50S15混凝土，管片内径为10m，外径为11m，每片弧长约4m。环片厚度500mm，环片宽度2000mm，共约2533环，每环31.75m³混凝土，折合混凝土总立方量约为80423m³。每环管片分为9块，其中封顶块1块、邻接块2块、标准块6块。管片在环纵向均设凹凸榫槽。武汉长江隧道工程对管片性能要求之高在国内外同类隧道工程中均位居前列。

混凝土管片力学与耐久性能指标见表6-40，为保证混凝土管片生产完成后的工程施工精度，对混凝土管片的生产精度要求见表6-41，功能混凝土管片的设计参数见表6-42。

表6-40　混凝土管片力学与耐久性能指标

序号	控制项目	设计指标
1	抗压强度	C50
2	抗渗等级	P12
3	混凝土Cl⁻扩散系数	≤8×10⁻¹³m²/s

表6-41　混凝土管片生产精度要求

项目	精度要求/mm	项目	精度要求/mm
宽度	±0.5	厚度	+3，−1
弧弦长	±1	螺栓孔直径与孔位	±1

表6-42　功能混凝土管片的设计参数

功能层		材料	厚度	性能
第1层	高致密防水层	高效渗透结晶型防水材料	0.8～1.5mm，取1.2mm	Cl⁻扩散系数 ≤0.8×10⁻¹³m²/s
第2层	高抗渗保护层	无细观界面过渡区水泥基材料（MIF）	1.0～3.0cm，取2.0cm	Cl⁻扩散系数 ≤1×10⁻¹³m²/s
第3层	钢筋混凝土保护层	C50混凝土（粉煤灰或矿渣粉等高活性矿物外加剂）	2.0～4.0cm，取3.0cm	Cl⁻扩散系数 ≤15×10⁻¹³m²/s
第4层	高强结构层	C50混凝土（粉煤灰或矿渣粉等高活性矿物外加剂）	42.0～48.0cm，取45.0cm	Cl⁻扩散系数 ≤15×10⁻¹³m²/s
第5层	防火抗爆层	隧道防火涂料	10.0～16.0mm，取12.0mm	耐火极限＞3.5h

3．盾构隧道管片混凝土优化设计

预制盾构管片对抗渗性能、收缩性能和抗碱集料反应性能等耐久性和尺寸精度及外观具有严格的要求，在满足规范和强度要求的情况下，确定以下技术路线：最大限度地减少水泥用量，大量使用掺合料。掺合料不但可以降低水泥水化早期的水化热、减少混凝土自身温度变化和体积变化引起裂缝出现的可能性，以及提高混凝土的体积稳定性；而且可以减少混凝土中的碱含量，预防碱集料反应的发生；还可以利用矿物掺合料的微集料填充效应，使混凝土进一步密实，有利于提高混凝土的抗渗性能和耐久性；同时，能够有效降低混凝土的成本[128,129]。

盾构管片混凝土配合比设计的难点和要点在于：较小坍落度的混凝土在浇筑时有良好的触变性；振动成型过程中石子基本不下沉，分层离析小；混凝土浇筑后能够尽快失去流动度形成初始结构，易于抹面；早期强度高，满足24h周转两次的要求，混凝土脱模强度视起吊工艺的不同要求有所不同，传统起吊需≥25MPa，采用真空起吊工艺需达到 15MPa 左右，要满足碱含量≤2.5kg/m³，28 天干缩值＜2.0×10⁻⁴，90 天干缩值＜2.5×10⁻⁴，Cl⁻扩散系数≤8×10⁻¹³m²/s。

采用密实堆积设计法来设计武汉长江隧道高强管片混凝土。依据强度和耐久性要求设定。选取 YD42.5R 级普通硅酸盐水泥；YL 热电厂Ⅰ级粉煤灰；细度模数为 2.6 的巴河河沙；5～25mm 连续级配的碎石；HWMD150 改性萘系高效减水剂。水胶比在 0.28～0.35；胶凝材料总量 450～500kg/m³；砂率 35%～40%。采用粉煤灰和矿渣粉为掺合料的配合比，分别如表 6-43、表 6-44 所示。

表6-43　粉煤灰管片混凝土配合比

序号	水泥	粉煤灰	砂	石	水	外加剂	强度
			/（kg/m³）				/MPa
1	360	120	692	1128	150	7.2	65.4
2	380	100	692	1128	150	7.2	66.7
3	400	80	692	1128	150	7.2	67.5

表6-44　矿渣粉管片混凝土配合比

序号	水泥	矿渣粉	砂	石	水	外加剂	强度
			/（kg/m³）				/MPa
4	330	130	698	1140	152	6.9	64.8
5	360	100	698	1140	152	6.9	65.6
6	390	70	698	1140	152	6.9	67.6

对上述混凝土的抗渗性能和体积稳定性能进行了检测，Cl⁻扩散系数为 $7.2×10^{-13}$m²/s，28d 干缩值 $1.75×10^{-4}$，90d 干缩值 $2.4×10^{-4}$，均满足管片设计要求。

4．隧道盾构管片制备

（1）管片工厂化生产流程　盾构隧道功能复合混凝土管片 FGCS 的生产严格按照预先制订的生产工艺流程进行，混凝土按先模具两端后中间的顺序进行加料；并按照结构层、保护层的顺序进行浇筑，从而实现分层振捣。结构层混凝土加至合适的量后加盖界面处理盖板，然后浇筑保护层 MIF 材料，并采用平板振捣方式振动成型。FGCS 生产工艺流程如图 6-58 所示。

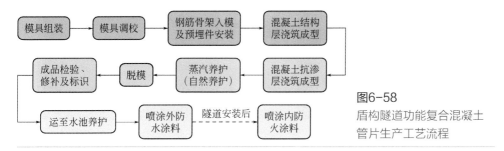

图6-58
盾构隧道功能复合混凝土管片生产工艺流程

（2）施工准备

① 模具组装　彻底清理模具内外表面的残渣，均匀涂抹脱模剂。按端模板、侧模板与底模板的顺序依次将固定螺栓装上，从中间位置向两端顺序拧紧，严禁反顺序操作，以免导致模具变形。

② 模具调校　组装好模具后，对其宽度、弧长、手孔位进行测量，未合格者进行及时调校，必须达到模具限定公差范围，以保证精度。检测方法为：利用 0～2100mm 量程的内径千分尺检测钢模的宽度，误差为 ±0.2～0.4mm；利用 0～5m 量程的钢卷尺检测钢模底板的弧长，误差为 ±1mm。

③ 钢筋骨架入模及预埋件安装用四点吊钩将钢筋骨架按模具规格对号入模。起吊过程必须平稳，不得使钢筋骨架与模具发生碰撞；螺杆头部必须全部插入到手孔座的模孔内，防止连接不紧出现缝隙，造成漏浆现象；检查各附件是否按要求安放齐全、牢固；检查钢筋骨架保护层垫块是否安放正确，保证主筋保护层外侧为 50mm，内侧为 40mm。

（3）结构层混凝土浇捣　混凝土按先模具两端后中间的顺序进行放料，浇捣采用混凝土分批放料，从而实现分层振捣。当混凝土加到合适的量后加压界面处理盖板（图 6-59），采用人工插入式振捣方式，使用振捣棒振动成型。

（4）高抗渗保护层混凝土浇捣　高抗渗保护层采用无细观界面过渡区水泥基材料 MIF，扩展度控制在（140±10）mm 内。经过测试，MIF 材料蒸养 12h 脱模强度 ≥15MPa，7d 出池时抗压强度 >35MPa，且 28d 强度 ≥60MPa；Cl⁻ 扩散系数 ≤0.8×10⁻¹³m²s，抗渗等级 ≥S40。

高抗渗保护层混凝土配合比：水泥 686kg/m³；改性增强密实填充组分 M1 为 51.5kg/m³（5%），M2 为 257.7kg/m³（25%），M3 为 30.9kg/m³（3.0%）；减缩抗裂组分 S1 为 20.6kg/m³（2.0%），S2 为 1.82kg/m³。集胶比 1.33，水胶比 0.24。在结构层浇筑振捣完成后 20min 左右，将搅拌好的保护层混凝土浇筑于结构层之上，压印效果如图 6-60 所示，使用振捣棒进行布点插捣，每个振动点振动时间控制在 10～20s 内，振动密实后振捣棒必须慢慢拔出，然后盖上顶板。

图6-59　FGCS界面处理盖板

图6-60　混凝土表面压印效果

（5）混凝土抹面　打开顶板的时间一般在混凝土浇筑后45min左右，具体时间随气温及混凝土凝结情况而定。①粗抹面。使用铝合金压尺，刮平去掉多余混凝土（或填补凹陷处），使混凝土表面平顺。②中抹面。待混凝土表面收水后使用灰匙进行光面，使管片表面平整光滑。③精抹面。以手指轻按混凝土有微平凹痕时，用长匙精工抹平，力求使表面光亮无灰匙印。混凝土浇筑完1h左右在混凝土表面喷洒混凝土抗裂养护液M1500。

（6）蒸汽养护　采用蒸汽养护提高混凝土脱模强度、缩短养护时间，混凝土初凝后合上顶板，在模具外围罩上一个紧密不透气的养护罩，进行蒸汽养护。混凝土降温后将同期同条件成型混凝土试件进行试压。强度达到15MPa以上时，开始脱模。脱模顺序：松开灌浆孔固定螺杆，打开模具侧模板，打开模具端板，将吊具连上管片，振动脱模。确定蒸养制度见表6-45，在满足混凝土脱模强度的前提下，可以根据气候变化对静养时间等蒸养参数进行适量调整，升温速度和降温速度一般不应进行改变。

表6-45　功能梯度混凝土管片的蒸养制度

项目	蒸养制度	
	春、夏、秋季	冬季
静停时间/h	3	5
升温时间/h	3	5
升温速率/（℃/h）	10～15	10～15
恒温时间/h	4	3
最高蒸养温度/（℃/h）	40～45	55～60
降温时间/h	2	3
降温速率/（℃/h）	＜10	＜10
脱模时与外界的温差/℃	＜20	＜20

（7）喷涂防水涂料　管片脱模水养7d后，进行外层防水涂料喷涂。①保证混凝土基层的防水作用，表面应干净、无油污、灰尘及其他杂物，涂刷的防水涂料完工后48h内不得积水。②防水涂料用量为1.5kg/m^{2}以上。③施工采用喷涂方式，喷涂时喷嘴距涂层要近些，以保证灰浆能喷进表面微孔或微裂纹中。在第1遍防水涂层完成后，用手指轻压无痕，4h后即可进行第2遍防水涂层施工，如太干则应喷水湿润养护。

5．管片质量检验

管片生产过程中，除了按设计和规范要求对原材料、混凝土试件进行抗压、抗渗和耐久性检验外，还需进行以下检验。

（1）单块外观尺寸质量标准　每块功能复合混凝土管片都要进行外观尺寸检

验，外观尺寸质量标准如表6-46所示。采用游标卡尺分别测量功能复合混凝土管片的宽度和厚度，采用钢卷尺测量混凝土管片的弧长，用尼龙线检验功能复合混凝土管片扭曲变形情况。

表6-46 功能梯度混凝土管片单块外观尺寸质量标准

序号	项目		允许误差/mm	检测频率		检测方法
				范围	点数	
1	外形尺寸	宽度	±0.5	每块	内外侧各3点	游标卡尺
		弦长弧长	±1.0	每块	3	钢卷尺
		厚度	+3.0，−1.0	每块	3	游标卡尺
2	螺孔直径及位置		±1.0	每块	3	游标卡尺
3	水泥基复合材料强度		≥设计强度等级	—	—	—
4	水泥基复合材料抗渗		≥设计抗渗标号	—	—	—

（2）管片三环拼装检验 三环拼装检验主要是检验管片模具的精度和整体匹配性，通过三环拼装可以发现每块模具的制作精度是否满足要求。三环拼装需在管片试生产期间进行，三环拼装也是能否由试生产转入正常生产的一个必备条件。管片三环拼装检验结果拼装性能良好，完全满足工程所需要求（图6-61）。

（3）单块管片抗渗检验 单块管片抗渗检验是在管片达到龄期后在专用的抗渗试验台上进行（图6-62），通过在管片外弧面用水加压检验管片的抗渗性能，一定程度上单块管片抗渗检验是检验管片生产的操作水平。按照0.8MPa水压恒压4h，渗漏线不超过管片厚度的1/5。

图6-61 管片三环拼装检验

图6-62 单块管片抗渗检验

通过以上检验试验和各工序质量过程严格控制，能够保证生产出的管片满足设计和规范要求，见表6-47。

表6-47　管片抗渗性能

检验指标	标准值	检验结果	
		普通管片	FGCS
抗渗性能	0.8MPa下恒压4h，渗透深度不超过50mm	0.8MPa下恒压4h，出现一条渗透，渗透深度15mm	0.8MPa下恒压4h，未出现渗透，渗透深度0mm

　　结果表明，相比普通管片，功能复合混凝土管片表现出更为优异的抗渗性能，0.8MPa恒压4h均未渗漏，可较好地满足隧道高压富水环境下高抗渗要求。通过现场检测，采用本研究成果所生产的蒸养高强混凝土管片质量、精度及耐久性指标均达到和超过设计指标，管片外观完全符合盾构施工的要求，用于实际的盾构隧道工程中取得良好的效果。

6. 工程应用情况

　　应用效益：通过采用项目首创的大直径盾构隧道管片和衬砌新型结构体系优化技术，调整管片内侧主筋和外侧钢筋，节省钢材及制安费；减少管片模板购置，节约成本；实现直径超过15m、精度达0.3mm的世界最大级别、结构功能一体化管片规模生产。管片抗渗性、抗变形能力与精度的协同提升，大大提高了管片装配成环的整体结构刚度与抗渗性，由此改变隧道的内衬结构形式，首创了更经济和施工效率更高的半封闭内衬结构，工程造价降低15%以上（图6-63～图6-65）。

图6-63　混凝土管片生产　　**图6-64**　隧道管片衬砌结构　　**图6-65**　隧道内衬砌结构

　　研发的成果技术全部应用于武汉长江隧道，以及武汉相继建成的地铁2号线（首条长江地铁隧道）、8号线（最大单洞双线长江地铁隧道）、7号线（世界首座公-铁共洞超大直径长江隧道），以及推广应用于广深客专狮子洋隧道（世界首条水下高铁隧道，设计时速350km）等众多大型隧道工程（图6-66～图6-68），为复杂严酷工况条件下，为超大直径盾构隧道建设提供重要技术支撑。通过原料精准配选、性能提升、结构优化等方面，累计直接经济效益逾十亿元，社会效益显著。

图6-66　武汉地铁7号线三阳路长江
公铁隧道

图6-67　武汉地铁8号线隧道工程
（一洞双线）

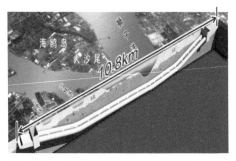

图6-68　高速铁路狮子洋隧道工程

第五节
水泥－沥青复合砂浆材料

一、概述

1. 高速铁路轨道板与CA砂浆

　　高速铁路工程是我国最具影响的科技创新成就。无砟轨道是高速铁路系统技术中最重要的内容之一，水泥沥青复合砂浆（cement and asphalt mortar，CA砂浆）是其关键组成，其用于制作高速铁路板式无砟轨道板（China railway track system，CRTS），主要起调整轨道精度、支撑轨道板及列车荷载、弹性减振等作用。CA砂浆是由水泥、乳化沥青、细集料、水和外加剂经特定工艺搅拌制得的具有特定性能的砂浆，是经水泥水化硬化与沥青破乳胶结共同作用而形成的一种有机无机复合材料[130,131]（图6-69）。CA砂浆的性能直接影响到列车的运行品质、轨道结构的耐久性和运营的维护成本，是现代高速铁路建设的关键工程材料之一。

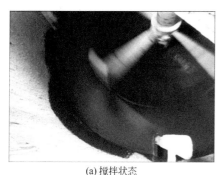

(a) 搅拌状态　　　　　　　　　　(b) 服役状态

图6-69　CA砂浆在不同状态下的表现形式

国际上用于高速铁路的无碴板式轨道结构有两种代表技术[132]，分别是日本新干线板式 [shinkansen slab track，图 6-70（a）] 与德国博格板式 [maxbögl slab track，图 6-70（b）]。这两种高铁轨道板依据地域气候特点形成各自特性相差较大的 CA 砂浆体系，主要不同是日本的 CA 砂浆沥青含量超过40%，弹性模量 100 ～ 300MPa；德国的 CA 砂浆沥青含量约 20%，弹性模量7000 ～ 10000MPa。

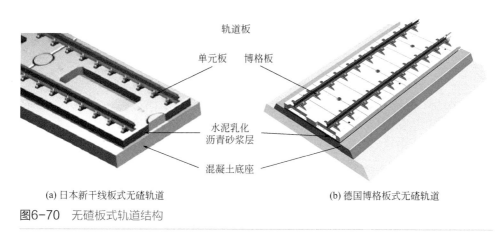

(a) 日本新干线板式无碴轨道　　　　　　　　(b) 德国博格板式无碴轨道

图6-70　无碴板式轨道结构

2．我国 CA 砂浆技术研发现状与问题

我国高速铁路工程建设早期依靠引进国外技术，开发了 CRTS（Ⅰ型和Ⅱ型）

CA 砂浆[133,134]，性能如表 6-48 所示。在实际应用过程中 CA 砂浆材料的生产和现场轨道板施工均存在不相适应的问题：一是沥青含量高，复合砂浆性能对环境更敏感；砂浆水胶比高，材料收缩大，体积不稳定；二是材料在服役过程中的受力复杂、疲劳强度大、结构易损坏以及耐久性差等问题；三是 CA 砂浆灌注充填施工中，砂浆在轨道板下长大扁平密闭空间涉及气 - 液 - 固三相流场控制，极易产生泌水、分层、有害气泡等缺陷。研究表明，既有技术的乳化沥青高温破乳速度快，对水泥适应性差，高温多雨和寒冷结冰耐候性差，难以适应工程沿线地材变化大（水泥矿物组成与颗粒特征）、多类型复杂气候环境（高温潮湿、寒冷干燥多类型交替），造成材料性能波动大、施工质量不稳等问题，制约我国高速铁路整体技术发展。

表6-48　CRTS- Ⅰ 型与CRTS- Ⅱ 型CA砂浆的比较

有机无机复合砂浆	弹性模量/MPa①	有机物体积含量%	水胶比	主要应用领域
聚合物改性水泥砂浆	≥20000	<5	<0.5	防水保温非结构部位
CRTS- Ⅰ 型	100～300	25～30	0.70～0.85	高速铁路主体结构
CRTS- Ⅱ 型	7000～10000	13～18	0.50～0.54	高速铁路主体结构

①Ⅰ型、Ⅱ型CA砂浆的弹性模量差异也与测试方法有关。如按照Ⅰ型CA砂浆弹性模量的测试方法，Ⅱ型CA砂浆的弹性模量约为 800 ～ 1200MPa。

3. 主要研究和技术开发内容

针对以上问题，著者团队开展的主要工作和取得的创新成果包括：

① 研究水泥与乳化沥青的胶结硬化机理，探明乳化沥青对水泥水化、水泥水化对乳化沥青稳定性的影响规律；开发了宽温度范围、水泥适应性好的乳化沥青制备技术。

② 研究开发 CA 砂浆性能设计和材料制备技术，探明多种外加剂适配机理和水泥与乳化沥青胶结速度规律，发明了高含量沥青水泥基复合材料的固化体积稳定、流变性能控制和宽模量水泥基复合材料的性能调控及制备关键技术。

③ 研究 CA 砂浆流变性能调控和性能稳定规律、开发了模量范围宽、高耐候的高速铁路 CA 砂浆轨道板材料制备和工程结构施工技术，为高铁工程技术突破提供了关键技术支撑，并成功应用于京沪、京广等多个国家重点高速铁路工程。

二、水泥与乳化沥青的胶结硬化机理

水泥和乳化沥青作为 CA 砂浆两种主要的胶结材料，乳化沥青是沥青和乳化剂在一定工艺作用下生成的液态沥青。水泥的水化与乳化沥青的破乳两个过程相互影响与制约的作用非常强烈，并影响着 CA 砂浆的硬化过程与硬化体结构。这一胶结硬化过程主要取决于水泥与乳化沥青早期的相互作用，主要包括乳化沥青对水泥水化的影响以及水泥水化对乳化沥青稳定性的影响两方面。

1. 乳化沥青对水泥水化的影响

乳化沥青对水泥水化一般具有缓凝作用，这主要与乳化沥青在水泥颗粒表面的吸附，阻碍离子溶出与水泥水化有关[135,136]。图 6-71 是不同 A/C［即 $m(A)/m(C)$］比的水泥 - 阳离子乳化沥青浆体的水化放热曲线，可以看到，当 A/C 由 0 增加到 0.8 时，复合浆体的最大放热速率逐渐减缓，水泥水化诱导期逐渐延长。阳离子乳化沥青在水泥颗粒表面的吸附可以由水泥 - 阳离子乳化沥青浆体的 Zeta 电位变化来侧面印证（图 6-72），当 A/C 由 0 增加到 0.6 时，浆体的 Zeta 电位绝对值由 20.2mV 减少到 4.36mV。随着 A/C 的增加，水泥 - 乳化沥青浆体的破乳速度加快，使某些数据无法测出。阴离子乳化沥青对水泥水化同样表现出缓凝作用，并且比阳离子乳化沥青更为显著。这与阴离子沥青在水泥颗粒表面的高吸附量以及乳化剂中羧基的络合作用有着密切的关系[137]。

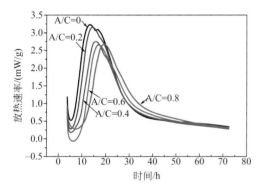

图6-71 不同A/C比对水泥乳化沥青浆体水化放热的影响规律　图6-72 A/C比对水泥乳化沥青浆体Zeta电位的影响规律

值得注意的是，乳化沥青中的自由溶液也会对水泥的水化产生影响。乳化沥青是沥青颗粒分散在水中的水包油乳液，在实际生产中，乳化剂的掺量需要远大于理论最低掺量以保证良好的乳化效果及乳化沥青的稳定性；此外，常用的离子乳化剂往往不溶于水，需要加入酸或碱调整才能够水解，因此乳化沥青中的自由溶液往往是含有自由乳化剂分子与酸（或碱）的溶液。

如图 6-73 所示，经过离心后得到的阳离子乳化沥青上清液对水泥浆体表现出了明显的缓凝作用[138]，水化放热速率峰值的出现时间由空白样的 11.65h 推迟至 21.70h，且放热速率的峰值也由空白样的 3.34mW/g 降低到 2.90mW/g。这说明乳化沥青自由溶液延长了水泥水化的诱导期。如图 6-74 所示，阳离子乳化剂的掺入使 S2 水泥浆体（2.0% 阳离子乳化剂 +0.5% 非离子乳化剂溶液拌合）和 S3 水泥浆体（2.5% 阳离子乳化剂溶液拌合）的负电性减弱，Zeta 电位绝对值由 S1 样品的 20mV，分别减少到 12.33mV（S2）和 8.33mV（S3）；而 0.5% 非离子乳化剂溶液对水泥浆体（S5）的 Zeta 电位影响不大。这表明阳离子乳化剂可能在水泥颗粒表面的活性溶解位点发生了吸附，阻碍了水泥颗粒的溶解，抑制了水化。

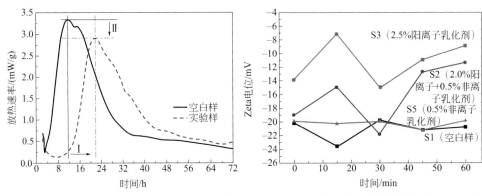

图6-73 乳化沥青上清液对水泥水化的影响规律

图6-74 A/C比对水泥乳化沥青浆体Zeta电位的影响规律

2. 水泥水化对乳化沥青稳定性的影响

水泥对乳化沥青稳定性的影响主要体现在以下几个方面：①水泥水化消耗水与乳化沥青稳定需水的矛盾。乳化沥青是种水包油状的乳状液，其中水的含量约占 40%，一定含量的水是乳化沥青稳定存在的前提。当乳化沥青的固含量超过一定范围时，就会发生"水包油"向"油包水"的相转变，沥青破乳失稳。水泥水化会消耗大量的自由水，压缩沥青颗粒间的距离，增大沥青颗粒相互聚集的概率，对乳化沥青的稳定有着不利的影响。②水泥水化快速溶解释放出的 Ca^{2+}、Na^+、K^+ 会使溶液的碱度迅速升高，对乳化剂分子结构以及沥青颗粒的双电层会产生不利的影响，如阳离子乳化剂分子在酸性环境下才能稳定存在，Ca^{2+} 是阴离子乳液中沥青颗粒双电层的反离子，反离子浓度过高会影响其稳定性。

在上述两种作用影响中，水泥水化快速溶解释放出的 Ca^{2+} 对阳离子与阴离子乳化沥青的稳定性影响不大。由图 6-75 可以看到，当 Ca^{2+} 浓度增加到 1.5g/L

时，阳离子乳化沥青 C1 和 C2 的 Zeta 电位分别从 16.33mV 和 8.18mV 小幅增加到 20.07mV 和 8.38mV。阴离子乳化沥青 A1 的 Zeta 电位随 Ca^{2+} 浓度的变化亦不明显。水泥水化引起的高碱性主要对阳离子乳化沥青的稳定性有一定的影响，但对阴离子乳化沥青的稳定性影响不大。随着 pH 的升高，两种阳离子乳化沥青 C1、C2 的 Zeta 电位均出现了下降（图 6-76），这可能是由于高碱性环境破坏了阳离子乳化剂稳定存在的条件，显微结构（图 6-77）也表明随着碱度的增大，阳离子乳化沥青中出现了明显的沥青颗粒聚集现象。

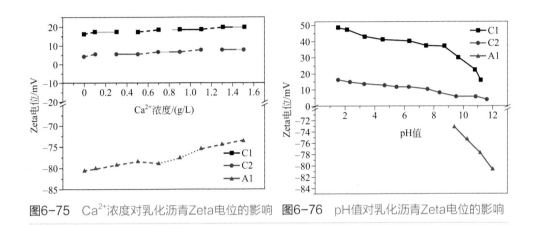

图6-75 Ca^{2+}浓度对乳化沥青Zeta电位的影响　**图6-76** pH值对乳化沥青Zeta电位的影响

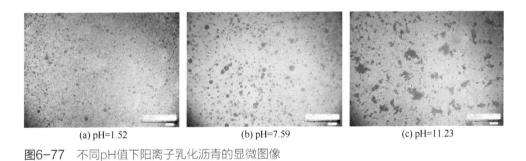

(a) pH=1.52　　　　　　(b) pH=7.59　　　　　　(c) pH=11.23

图6-77 不同pH值下阳离子乳化沥青的显微图像

　　水泥水化的快速消耗自由水，对阳离子与阴离子乳化沥青的稳定性均有很大的影响[139]。乳化沥青在 3000r/min 的离心转速下分别离心 15min 和 30min，然后吸出上部的自由溶液，其下部浊液的 Zeta 电位出现了显著的降低（图 6-78）。阳离子乳化沥青 C1 的 Zeta 电位由 48.38mV 分别减少到 23.34mV 和 7.87mV；阴离子乳化沥青 A1 的 Zeta 电位绝对值也由 73.16mV 分别减少到 53.93mV 和 28.15mV。两种乳化沥青均出现明显的沥青颗粒聚集现象，表明乳化沥青的稳定性受自由水失去的影响较大。在 A/C=0.4 的新拌水泥 - 乳化沥青浆体中，也观察到了明显的沥青颗粒聚集现象（图 6-79）。

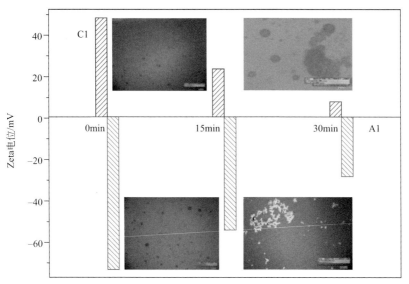

图6-78　离心时间对乳化沥青Zeta电位的影响

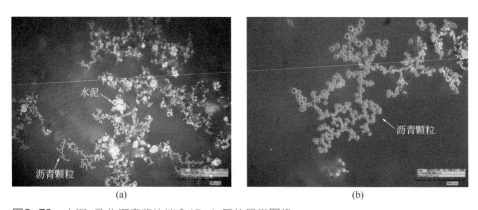

(a)　　　　　　　　　　　　　　(b)

图6-79　水泥–乳化沥青浆体拌合15min后的显微图像

　　通过上述分析，可以将乳化沥青与硅酸盐水泥拌合时的相互作用过程（以阳离子乳化沥青为例）分为如图 6-80 所示的四个阶段[140]：①在水泥与乳化沥青拌合初期，两者以颗粒的形式稳定分散，体系中有水泥颗粒、阳离子乳化沥青颗粒及富余的自由乳化剂分子，这一阶段为理想阶段 [图 6-80（a）]；②乳化沥青自由溶液中富余的乳化剂分子首先吸附在水泥颗粒表面，这一吸附作用会对水泥的水化有一定的延缓作用[图6-80（b）]；③乳化沥青中的沥青颗粒与水泥颗粒由于电荷性质的不同相互作用，阳离子乳化沥青颗粒吸附在水泥颗粒表面，部分阻止了水泥的水化[图6-80（c）]；④随着水泥水化带来的高碱环境、自由水消耗及反离子对沥青颗粒的影响，乳化沥青逐渐失去稳定性，在水泥颗粒表面破乳凝结[图6-80（d）]，进而阻止水泥颗粒与水接触水化，未吸附沥青的水泥颗粒则继续水化使整个结构更加密实，最终水泥水化产物与沥青膜形成互穿的网络结构。

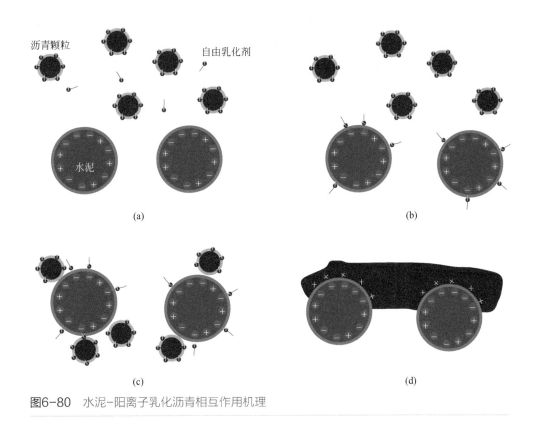

图6-80 水泥-阳离子乳化沥青相互作用机理

三、水泥沥青复合砂浆的制备

1. 原材料的优选

（1）乳化沥青 乳化沥青是 CA 砂浆的关键组成，是影响砂浆性能的重要因素。CA 砂浆中使用的乳化沥青与公路领域使用的乳化沥青相比，在技术指标增加了水泥适应性的要求，即在规定的乳化沥青与水泥质量比例下制备的水泥 - 乳化沥青复合浆体不会发生乳化沥青的快速破乳。这主要是由于 CA 砂浆需要在一定时间内保持稳定而不会发生破乳，有足够的可工作时间充填到轨道板与底座板之间的空间。可以说，水泥适应性指标是 CA 砂浆用乳化沥青最为重要也是最为严格的技术指标。

为了提高乳化沥青与水泥拌合时的稳定性，需要乳化沥青在水泥水化快速消耗自由水时能保持稳定，这可以通过如图 6-81 所示的乳化沥青的缓释水设计来实现[141]。通过引入含有乙烯氧基团（EO）的乳化剂，在沥青颗粒表面形成强吸水保护层以束缚自由水，调控乳化沥青在水泥水化环境中的释水速度，提高乳化沥青的水泥适应性。EO 数的选择需要恰当，避免过少不能起到应有的调控效果，过多影响复合浆体的强度，合适的 EO 数范围一般在 30 ～ 60 之间。

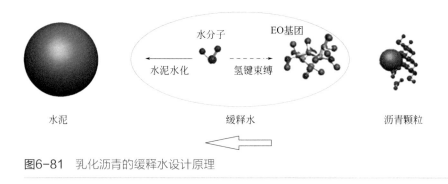

图6-81　乳化沥青的缓释水设计原理

此外，乳化沥青在 CA 砂浆中破乳后成膜，其性质对 CA 砂浆的性能有重要的影响。沥青具有较强的温度敏感性，而我国气候具有明显的地域性特点：东北地区严寒华南地区炎热；华北、华中地区，夏季炎热、冬季又十分寒冷。已有 CA 砂浆所用乳化沥青采用针入度为 40 ～ 140（0.1mm）的普通沥青乳化而得，其蒸发残留物软化点低、低温延度低，无法满足我国复杂的气候条件；而采用高掺量（≥4%）苯乙烯 - 丁二烯嵌段共聚物（styrene-butadiene-styrene block copolymer，SBS）改性沥青耐高温性能虽好，但需要加热温度太高，热沥青与乳化用皂液混合时将使皂液严重汽化而难以均匀乳化。著者团队王发洲等开发了一种具有优良温度适应性的乳化沥青[142]，通过增压增沸原理，发明了高剪切速率配合乳化系统增压乳化工艺，有效解决了乳化过程中皂液汽化问题，实现了 SBS 掺量达到 3% 以上的改性沥青乳化，蒸发残留物软化点大于 70℃，5℃延度大于 20cm，可制备适于高温差地区高耐久性能要求的 CA 砂浆。

（2）水泥　水泥是 CA 砂浆中的主要胶结材料与强度来源，会显著影响 CA 砂浆的物理力学指标、耐久性等。一般采用强度等级不低于 42.5 的硅酸盐水泥或快硬硫铝酸盐水泥；在严寒地区低温施工时，为了增加早期强度，保证砂浆质量，提高施工效率，建议优先采用 P Ⅱ 52.5 的水泥。

（3）细集料（砂）　细集料是 CA 砂浆中的骨架组分，一般采用河砂、或机制砂，不得使用海砂；并且，细集料的最大粒径不应超过 2.50mm（Ⅰ型）与 1.18mm（Ⅱ型）砂浆，这主要是为了保证新拌 CA 砂浆良好的工作性能和硬化后的匀质性。此外，技术规范中还对 CA 砂浆用细集料的颗粒级配、吸水率、含泥量等指标做了具体的规定[143,144]。

（4）外加剂　在 CA 砂浆的制备过程中，在综合考虑工作性、膨胀性、耐久性要求等基础上，还需要合理选用不同类型与掺量的外加剂。如提高工作性加入的聚羧酸减水剂、提高抗冻性加入的引气剂、消除 CA 砂浆中多余气泡的消泡剂以及调控体积性能的膨胀剂等[145]。

2. 配合比设计与优化

合理的配合比设计是保证 CA 砂浆施工性能和服役性能的前提条件。由于 CA 砂浆的工作性、体积稳定性及力学性能等指标均有明确范围，因而材料组成与配合比均固定在较小范围内。随着我国高速铁路的快速发展与 CA 砂浆研究的深入，目前两种砂浆的配合比基本已固定，Ⅰ型砂浆中乳化沥青与水泥的质量比（聚灰比）一般为 0.85～0.90，水与水泥的质量比（水灰比）一般为 0.75～0.80；Ⅱ型砂浆中聚灰比一般为 0.25～0.30，水灰比一般为 0.50～0.55[146]。

3. 搅拌工艺的优化

搅拌是 CA 砂浆制备过程中的必备又经常容易被忽视的环节。搅拌的首要目的是使砂浆拌合均匀，同时在砂浆材料配比确定的情况下，也是控制砂浆含气量的重要手段。CA 砂浆在搅拌过程中容易引入大量的气泡，这主要来自于所使用聚羧酸减水剂的引气组分、乳化沥青中的乳化剂以及搅拌引入的气泡等。一定量的气泡含量有利于降低 CA 砂浆的模量，提高抗冻性能；但过高的含气量不但会影响强度，还会影响砂浆层与轨道板的黏结效果，需要通过消泡剂与搅拌工艺来控制。一般来说，高速搅拌 15～20s CA 砂浆就会拌合均匀，然后进入低速搅拌，其目的是消除高速搅拌引入的有害气泡；在搅拌时间上要把握好，达到能消除有害气泡，节约时间，保留微气泡的效果。

四、水泥沥青复合砂浆的性能

1. CA 砂浆的物理力学性能

物理力学性能是工程材料的基本性质。CA 砂浆中不同的沥青／水泥的质量比例决定着沥青的分布形式，进而决定着其微结构与宏观性能。由于大量沥青相的存在，CA 砂浆的力学性能与普通的水泥砂浆有很大差别，呈现明显的黏弹特性，特别是 Ⅰ 型 CA 砂浆中沥青占砂浆体积 30% 以上，黏弹性与温度敏感性更加明显，对其长期服役影响更大。在本节中，着重介绍 Ⅰ 型 CA 砂浆的黏弹性机理与物理力学性能。

（1）CA 砂浆的黏弹性机理　沥青在 CA 砂浆基体中的分布状态对于揭示 CA 砂浆的黏弹性本质具有重要意义。CA 砂浆中乳化沥青破乳后在无机材料（砂、水泥及其水化产物等）形成的沥青膜可以分为结构沥青（structural asphalt）与自由沥青（free asphalt）两类 [147]，如图 6-82 所示。其中，结构沥青是无机材料表面形成的一层扩散结聚性沥青薄膜；自由沥青为分散在结构沥青之间的其他沥青。结构沥青的黏度和强度都较高，性能受环境因素（时间、温度等）的影响较小；自由沥青成容积状，其性能受环境因素的影响较大。

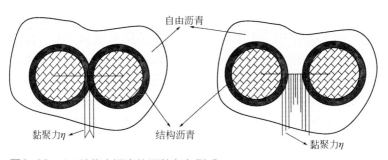

图6-82　CA砂浆中沥青的两种存在形式

假定乳化沥青颗粒在无机材料表面呈现最小化堆积状态时的那一层沥青薄膜为结构沥青，其厚度 FT_{SA} 可根据乳化沥青颗粒破乳成膜理论进行计算。沥青颗粒的最小堆积状态就是单层沥青颗粒的堆积，在此条件下的膜厚显然是最小的，且沥青颗粒与最小膜厚之间具有明显的几何关系，设沥青颗粒半径为 R，则此结构的膜厚 $FT_1=2R$。由于沥青膜厚是由相近两个无机填料颗粒共用，因而平均到单个无机填料颗粒表面的沥青膜厚为 $FT_2=R$。

另外，由乳液固含量体系的理论计算结果可知，类似于沥青颗粒的体积临界含量是体系的 60%，即沥青破乳后成的膜体积只有原来乳液体积的 60%，因而在水泥颗粒之间的实际膜厚缩小40%（图6-83）。在不考虑孔隙的情况下，无机填料颗粒表面的理论最小沥青膜厚$FT_3=R×0.6$。假定所用乳化沥青的平均粒径为2.6μm，当沥青颗粒呈现最小化堆积状态时，沥青膜厚$FT_3=0.78$μm。实际上，当乳化沥青破乳并在高比表面积的无机相表面成膜时，沥青颗粒的铺展程度远高于图6-83所示的情况。此时，可以将这种状态下的理论最薄沥青膜视为结构沥青的最大厚度，即结构沥青向自由沥青过渡的临界值，即$FT_{SA-max}=0.78$μm。

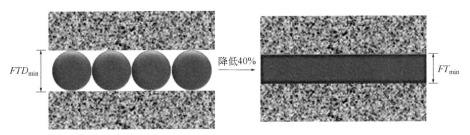

图6-83 填料颗粒间沥青颗粒的堆积与成膜

沥青在无机材料表面形成的总膜厚FT，等于总的沥青体积与总的无机材料比表面积之商。为简化计算，此处假定沥青均匀等厚地包裹在无机材料颗粒表面，则沥青膜厚FT为[132]：

$$FT = \frac{m_a\beta}{\rho_A\left[m_cS_m + \dfrac{6}{\rho_s}\left(\dfrac{m_1}{d_{av1}} + \dfrac{m_2}{d_{av2}} + \cdots + \dfrac{m_n}{d_{avn}}\right) + \dfrac{3kV_{CA}}{r_p}\right]} \tag{6-16}$$

式中　FT——沥青膜厚度，μm；

　　　m_a——每方CA砂浆中乳化沥青用量，kg；

　　　β　——乳化沥青的固含量，%；

　　　ρ_A——沥青密度，kg/m³；

　　　m_c——每方水泥乳化沥青砂浆中水泥用量，kg；

　　　S_m——水泥比表面积，m²/kg；

　　　ρ_s——细集料密度，kg/m³；

　　　m_1，m_2，$\cdots$，m_n——各筛孔通过细集料质量，kg；

　　d_{av1}，d_{av2}，$\cdots$，d_{avn}——各筛孔间平均粒径，m；

　　　　　　k——含气量，%；

　　　　V_{CA}——砂浆的体积，m³；

　　　　　r_p——气孔平均半径，m。

由公式（6-16）可以计算固定组成CA砂浆的沥青膜厚情况，通过对A/C为1.0、1.3和1.6的情况下沥青膜厚计算可得，沥青总膜厚 FT 分别为 1.81μm、2.35μm 和 2.89μm[133]。这表明乳化沥青掺量越高，则自由沥青含量越高。自由沥青无论是黏度还是自身强度均较紧紧黏附在无机材料表面的结构沥青要小，也正是这一点使得自由沥青成为 CA 砂浆结构中的润滑剂，赋予 CA 砂浆一定的变形性能和吸振功能；但过多的自由沥青也导致无机相与有机相间的黏聚力对外界环境的依赖性加强，表现出显著的黏弹性与温度敏感性。

（2）抗压强度的时温依赖性　温度对 CA 砂浆的抗压强度影响比较显著，由图 6-84 可以看到，在 0～60℃的范围内，不论乳化沥青与水泥的相对质量比例如何，抗压强度均随着温度的升高而呈下降趋势，并表现出良好的线性相关性（相关系数 R^2 均在 94% 以上），两者之间的关系可以近似用 $y=kx+b$ 的形式描述，其中直线的斜率 k 可以用来表征 CA 砂浆抗压强度的温度稳定性。k 的绝对值越大，表明 CA 砂浆的抗压强度随温度变化的趋势越明显，其温度稳

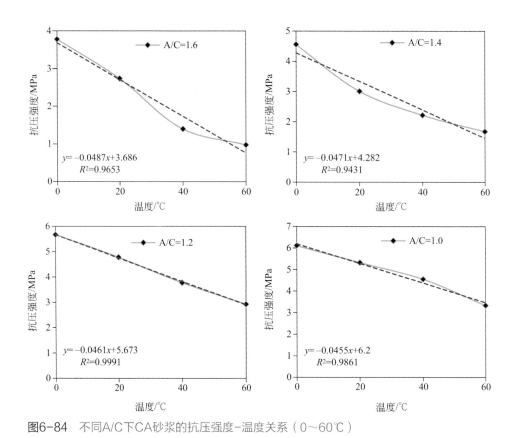

图6-84　不同A/C下CA砂浆的抗压强度-温度关系（0～60℃）

定性越差。

作为一种黏弹性材料，其力学性质是时间和温度的函数，而且温度和时间对其力学性能具有等效性，即较长的作用时间或较慢的作用频率（此处为加载速率）对应于较高的温度，而较短的作用时间或较快的作用频率则对应于较低的温度，此即时温等效原理法则。因此，加载速率对 CA 砂浆抗压强度的影响应等同于温度的影响。图 6-85 也证实了这一点，对于三种依次增大的加载速率（1mm/min、5mm/min、15mm/min），CA 砂浆的抗压强度也呈递增趋势。例如，在 A/C=1.4 时，CA 砂浆的抗压强度在 1mm/min、5mm/min 和 15mm/min 的加载速率下分别为 3.01MPa、4.93MPa 和 6.28MPa。

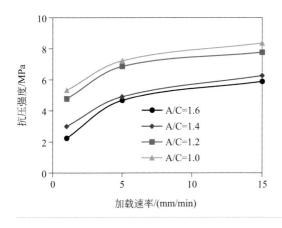

图6-85

不同A/C和加载速率下CA砂浆的抗压强度

由上一节计算可知，随着 A/C 的增加，沥青膜厚逐渐增加，这也解释了为什么高 A/C 的 CA 砂浆的抗压强度对温度和加载速率的变化更为敏感。因此，改变沥青的存在形式或改善沥青自身的温度敏感性是提高 CA 砂浆抗压强度，乃至其他力学性能的关键所在。

（3）弹性模量的时温依赖性　在讨论 CA 砂浆的弹性模量特性时，必须要考虑 CA 砂浆所处的温度环境和承受的加载时间。CA 砂浆在服役过程中既要经受炎热地区夏季 60℃以上的高温，又要抵御寒冷地区冬季 -30℃以下的低温；同时，CA 砂浆不仅要承受高速列车轮轨作用带来的 10^2 数量级高频瞬时荷载，在转弯或车站等低速路段还可能承受十年之久的自重蠕变荷载。可以说，CA 砂浆的弹性变形行为是在时间轴 - 温度轴 - 应力与应变响应轴的三维空间里所发生的，但对于这样广泛的温度-时间变化范围，即使采用最现代的试验设备和研究手段，也很难对 CA 砂浆在各种条件下的力学行为直接测定。通过利用时温等效原理法则，不仅可以把必须用三维空间处理的材料特性映射到二维空间处理，更为重要的是，可以将一定时间和温度范围内的测试结果外推到更加广域的空间中去，大大减少材料研究的试验工作量与对试验装置的技术要求。

通常采用加载时间或加载速率 T 为横坐标，以某一力学性能 F 为纵坐标来讨论时间-温度等效法则。通过将不同温度下得到的 F-T 曲线沿水平方向平行地左右移动一定距离 α_T 可以得到一条在某一参考温度下的光滑曲线（图6-86），称这一移动量 α_T 为移位因子，所得的光滑曲线为主曲线。对不同加载频率（0.1Hz、0.5Hz、2.5Hz、10Hz）和温度（-20°C、0°C、20°C、40°C、60°C）下的 CA 砂浆弹性模量作图，其分布见图6-87。

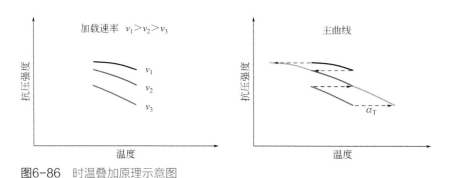

图6-86 时温叠加原理示意图

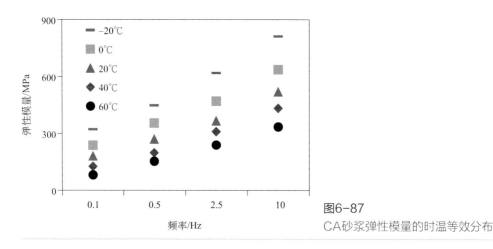

图6-87
CA砂浆弹性模量的时温等效分布

将各曲线进行平移可以得到在参考温度 20°C 下的弹性模量主曲线，再通过 sigmoidal 函数可以将主曲线向 x 轴两端延伸至更广域的频率范围，得到图6-88。由图6-88可知，随着荷载作用频率的增加，CA 砂浆的弹性模量呈指数增加，而列车速度越快，其作用频率也越高，CA 砂浆的等效弹性模量也越大，这也说明 CA 砂浆的低弹性模量对板式无砟轨道运行稳定性的重要性。通过时温等效原理，可以对 CA 砂浆在接近于零加载频率（类似静止）状态下的弹性模量进行预测，为其高温静态蠕变提供参考；同时可以对 CA 砂浆在超高频荷载作用下的弹性模量进行预测，为其低温抗裂性能提供参考。

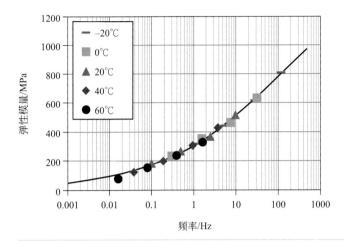

图6-88

CA砂浆频率与弹性模量的时温等效拟合曲线

（4）应力 - 应变曲线的时温依赖性　材料的受压应力应变关系是最基本的力学性能，可以为研究和分析材料和构件的承载力和变形提供必要的参数，同时也为改善其性能提供材性依据。作为一种有机 - 无机复合材料，CA 砂浆的应力 - 应变关系兼具两者的特点。从应力 - 应变曲线随温度（图 6-89）和加载速率的变化（图 6-90）规律也直接反映了 CA 砂浆力学性能对时间和温度的依赖性规律：一方面，在相同应力条件下，温度越高，加载速率越大，则相应的应变越大；另一方面，温度和加载速率越高，CA 砂浆体系中沥青的相对含量越高，即 A/C 越大，相应各应力-应变曲线间离散的程度越大，也就是CA 砂浆性能受温度的影响越显著。

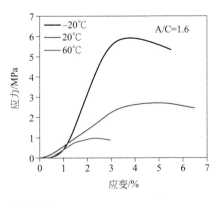

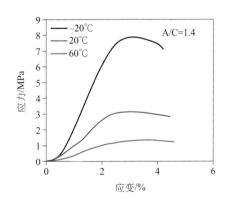

图6-89

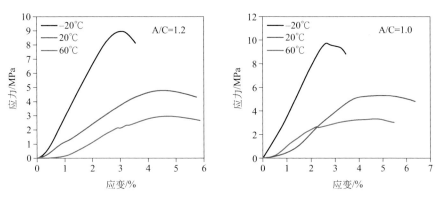

图6-89　CA砂浆在不同温度下的应力-应变曲线

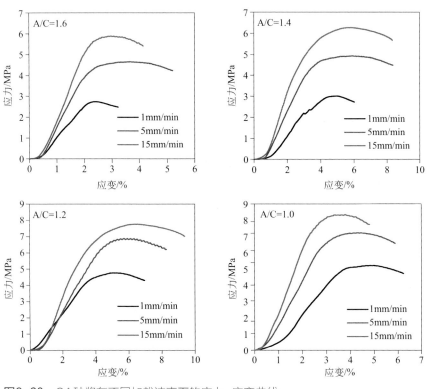

图6-90　CA砂浆在不同加载速率下的应力-应变曲线

（5）疲劳性能的时温依赖性　CA砂浆作为板式轨道中的弹性调整层，虽然不受列车轮轨的直接冲击作用，但荷载通过钢轨与轨道板仍会传递到砂浆层。CA砂浆的疲劳是在荷载重复作用下产生不可恢复的强度衰减积累所引起的一种现象。显然，荷载的重复作用次数越多，强度的损伤也就越剧烈，它能承受的应力或应变值就愈小，反之亦然。图 6-91 反映了 CA 砂浆在高温 40℃、常温 20℃和低温 −20℃三个环境温度与不同应力水平（0.90、0.85、0.80、0.75、0.70、0.65）下的疲劳性能。可见温度对 CA 砂浆的疲劳性能有显著的影响，表现在相同应力条件下环境温度越低，疲劳寿命 N 越小。例如，同在 0.65 应力水平下，20℃时 CA 砂浆的疲劳寿命高达 4167698 次，而在 −20℃时仅为 91152 次。这是因为，沥青材料随着温度的降低，材质变脆，这对 CA 砂浆在负温环境中的疲劳性能有一定的负面影响。

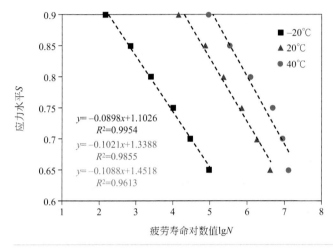

图6-91
CA砂浆在不同温度下的疲劳曲线

2. CA 砂浆的流变性能

CA 砂浆作为一种大流动度的灌浆材料，对流变性能要求较高，要求流动度和分层度必须相匹配，前者反映砂浆的可灌注性能，后者反映砂浆的匀质性。流动度取决于 CA 砂浆的剪切屈服应力，屈服应力越小，其流动性越好；分层度取决于 CA 砂浆的黏度，黏度越大，其砂粒下沉或沥青上浮趋势越弱，分层度越小，均质性越好。因此，期望 CA 砂浆具有较小的屈服应力和较高的浆体黏度，以此为目标，研究开发了针对 CA 砂浆流变特性的专用流变改性剂。

图 6-92 为硅灰（silica fume，SF）和粉煤灰（fly ash，FA）两种矿物掺合料对 CA 浆体流变性的影响曲线。从图 6-92 可以看出，随着硅灰掺量的增加，CA 浆体黏度显著增加，触变性增大；随着粉煤灰掺量的增加，CA 浆体黏度略降低。其原因主要与硅灰和粉煤灰两种矿物掺合料的形貌效应、分散效应和颗粒效应有关。硅灰比表面积大，具有较强增稠作用；而粉煤灰具有减水作用，能够降低 CA 浆体的黏度。通过硅灰、粉煤灰与膨润土的复配，开发出无机流变助剂

（CMC），可以使原来分层离析（分离度 >3%）、收缩较大的 CA 砂浆不分层离析（分离度 <0.5%），同时能减少其收缩和增加其早期强度[148]。

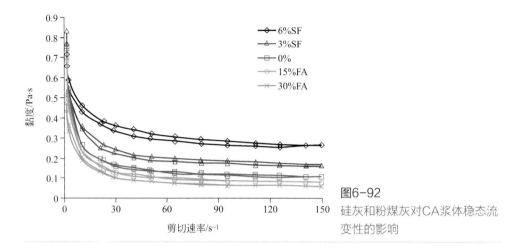

图6-92

硅灰和粉煤灰对CA浆体稳态流变性的影响

通过研究有机类流变改性剂（聚丙烯酰胺类、聚乙烯醇类、聚氨酯类、纤维素醚类）种类、掺量与浆体流变参数以及保水性的关系，研制出既可保持浆体的均质性又不使浆体黏度增加幅度过高的流变助剂（VMA），其最佳掺量为水泥用量的 0.1% ～ 0.3%，以协调砂浆的流动性与均质性，其不同掺量对 CA 浆体流变性的影响见图 6-93。

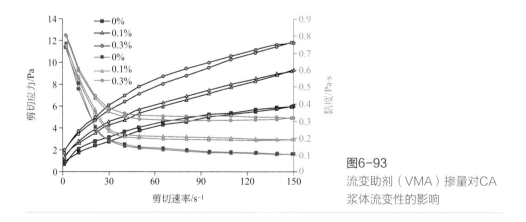

图6-93

流变助剂（VMA）掺量对CA浆体流变性的影响

通过使用有机与无机复合流变剂，砂浆表现出适宜流动性能和黏聚力，既具有优良均质性（≤1%）（表 6-49），又便于流态控制并获得理想的灌注质量，灌注砂浆硬化后结构完整、表面无气泡缺陷和泌水现象。

表6-49　流变助剂对砂浆流态的控制效果

编号	VMA	CMC	流动度/s	扩展度/mm	t_{280}/s	分离度/%
CAM-1	0	0	90	350	5	2.8
CAM-2	√	√	115	320	8	0.4

注：t_{280} 为扩展度达到 280mm 时的时间。

3．CA砂浆的体积膨胀性能

CA砂浆需要具有一定的膨胀性以保证与轨道板之间有良好的黏结性，避免充填层与轨道板离缝（脱粘、脱空）；但膨胀值又不能过高，以避免影响轨道板标高与后续铺轨精度。因此精确控制砂浆体积变形是确保高速铁路无砟轨道结构施工精度的关键。

CA砂浆的体积膨胀可以通过硅酸盐水泥与硫铝酸盐水泥复合来实现[149]；此外，最常见的技术路线是掺加膨胀剂。CA砂浆的早龄期膨胀主要通过掺加铝粉来控制，利用铝粉与水泥的水化产物 $Ca(OH)_2$ 发生化学反应产生氢气泡引发膨胀。铝粉的形状、细度、表面活性、掺量等均会影响砂浆膨胀率，一般来说，铝粉颗粒越细，膨胀速率快，但膨胀能较低，需要通过提高掺量产生较大体积膨胀；铝粉颗粒越粗，膨胀速率越慢，但膨胀能高，微小掺量可产生较大膨胀量。铝粉一般选用鳞片状、400目通过率大于30%，质量掺量范围0.010%～0.020%。

在控制CA砂浆早期膨胀的基础上，为解决砂浆的长期体积稳定性问题，集成应用硫铝酸钙类膨胀剂研制出高效能复合膨胀剂[150]。不同复合膨胀组成（表6-50）对CA砂浆早期变形与后期变形的影响分别如图6-94、图6-95所示。掺加复合膨胀剂后，砂浆24h内膨胀规律与单掺铝粉相似；铝粉膨胀结束后，硫铝酸钙类膨胀剂开始膨胀，在0～7d砂浆内持续膨胀，7d时达到最大，后出现收缩，90d后基本趋于稳定，其范围约为（35～100）×10^{-6}。

表6-50　CA砂浆中铝粉和U型膨胀剂掺量[1]

名称	编号									
	0S	0B	7S	7B	8S	8B	9S	9B	10S	10B
铝粉/‰	0.00	0.00	0.19	0.19	0.21	0.21	0.19	0.19	0.21	0.21
硫铝酸钙类膨胀剂/%	0	0	12	12	12	12	15	15	15	15

① 字母 S 与 B 前面的数字代表配合比编号，S 代表室内自然养护，B 代表标准养护。

施工环境温度影响砂浆固化速度、铝粉化学反应速率和发气效率，进而影响砂浆早期膨胀性能。图6-96为CA砂浆在不同环境温度与铝粉掺量下的早期膨胀行为，可以看到温度对CA砂浆24h膨胀率的影响很显著。例如，在0.017%的铝粉掺量下，CA砂浆24h膨胀率从10℃的2.51%降至30℃的1.01%；当温度为 30℃时，CA 砂浆在 0.013% 的铝粉掺量下 24h 膨胀率仅为 0.66%。因此在实际施工中，应根据不同施工温度通过选配铝粉类别、微调铝粉掺量、优化搅拌工艺的集成调控技术控制 CA 砂浆的早期膨胀性能（图 6-97）。

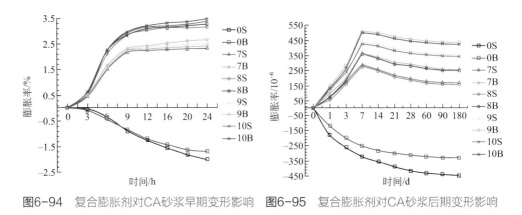

图6-94　复合膨胀剂对CA砂浆早期变形影响　图6-95　复合膨胀剂对CA砂浆后期变形影响

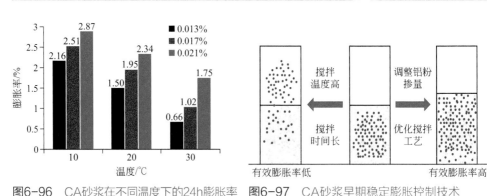

图6-96　CA砂浆在不同温度下的24h膨胀率　图6-97　CA砂浆早期稳定膨胀控制技术

五、水泥沥青复合砂浆的工程应用

CA 砂浆是一种高流态的灌浆材料，依靠自身的重力灌注到混凝土底座板与轨道板间的巨大狭长扁平空间［以Ⅱ型轨道板为例，砂浆灌注尺寸约为 $6450×2550×(20～40)\ mm^3$］。灌注效果对砂浆的服役性能有重要的影响，只有灌注饱满充盈，砂浆与轨道板及底座板的黏结才能良好致密。Ⅰ型砂浆是在预先铺设的特制灌注袋中进行，而Ⅱ型砂浆的灌注是在上下接触面均为混凝土的空间内进行，伴随着砂浆逐渐填充板下空间完成固 - 气交换，这一灌注过程较Ⅰ型砂浆难度更大，极易出现灌注不饱满、表面有大量大气泡等问题（图 6-98）。本节着重介绍Ⅱ型 CA 砂浆的灌注工艺。

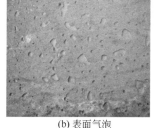

(a) 灌注空腔   (b) 表面气泡   (c) 贯穿气泡

图6-98 CRTS-Ⅱ型CA砂浆灌注病害

    著者团队提出了 CA 砂浆灌注精细控制技术[151]，使其在灌注过程中按照设定的流态流动、充填。采用流体力学模型分析方法（图 6-99）与灌板试验相结合的研究方法[152]，分析发现砂浆在轨道板下空间按照全断面状态流动既容易填充轨道板下空间，又有利于排出空腔内气体，从而避免砂浆中形成大气泡，保证灌板质量。在精确控制灌注的工艺中，主要控制砂浆充填过程到达空腔各关键位置的时间（图 6-100 中 t 值）以及灌注压头（图 6-100 中 H 值）。

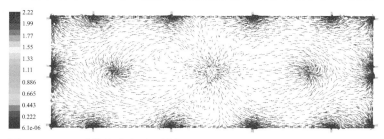

图6-99 CA砂浆的灌注过程模拟

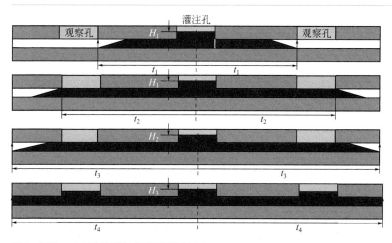

图6-100 CA砂浆灌注过程精细控制

著者团队研制开发出的高性能 CRTS-Ⅰ、CRTS-Ⅱ型 CA 砂浆以及配套的施工工艺不仅在国家重点工程京沪高速铁路南京大胜关引桥与徐州段得到应用（图 6-101），并作为技术咨询单位指导了石武客运专线湖北段的施工，产品质量与砂浆灌注施工技术获得业主、施工建设单位与监理单位的好评。

(a)   (b)

图6-101 　京沪高速铁路南京大胜关引桥（a）与徐州段（b）

CA 砂浆是典型的有机-无机复合材料，对水泥-乳化沥青的复合机理以及砂浆性能的研究可以指导低模量水泥基修补材料的开发与应用，并可以拓展应用于半柔性公路路面领域。此外，沥青本身是优异的防水材料，可以进一步拓展研究 CA 砂浆的抗渗防水性能以提高普通混凝土的耐久性。

第六节
高强轻集料混凝土结构材料

一、概述

1. 高强轻集料混凝土

高强轻集料混凝土（high strength lightweight aggregate concrete，HSLC）是一种具有高强、轻质、体积稳定性和耐久性优良性能的混凝土[153-158]。与普通混凝土相比，HSLC 能够在保持较高强度的基础上，使混凝土的自重降低 20% 以上，最主要的特点是可以用于承重结构，对于一些特种工程和结构恒载占有较大比例的高层建筑、大跨度桥梁、海洋工程等现代大型工程，HSLC 具有很强的市场竞争力，因此高强轻集料结构混凝土成为轻集料混凝土应用的一个重要的研究和发展方向。普通混凝土结构自重大、比强度低，这一直是制约其被更广泛应用于结构工程，充分发挥混凝土材料作用的一个短板，HSLC 被认为是混凝土向轻质、高强、高性能方向发展的重要途径[62,69,159]。

2. 轻集料混凝土用于结构的主要问题

轻集料混凝土一直难以在大型和整体结构工程上取得应用突破，其关键技术难点：一是轻集料含有大量的孔隙，同时轻集料在烧成制备过程中极易形成裂纹缺陷，它们是轻集料强度低和性能差的主要原因，并直接影响着混凝土材料的薄弱区域——集料与水泥石的界面结构，造成混凝土强度低、性能差难以满足结构工程的技术要求；二是轻集料混凝土与普通混凝土相比存在弹性模量、徐变、脆性、收缩等性能方面较大的差异，在用于结构工程时必须掌握与其特性相适应的设计方法、标准、规范等技术，才能保证混凝土构件和结构的安全性并能发挥其特性优势；三是轻集料质轻、多孔，在混凝土制备时集料易上浮、均质性差等问题突出，在混凝土泵送施工时集料与拌合物中的含水量很难控制，因而造成泵送施工的极度困难和混凝土质量不稳定等问题，这些问题严重制约了轻集料混凝土在结构工程的应用。

正是存在以上这些问题，长期以来轻集料主要用于制作混凝土砌块、墙板等。国外曾有过轻集料混凝土在结构工程上应用的报道，其解决问题的主要方法是采用高性能的轻集料和特别的混凝土制备和施工技术。这些技术对原料品质要求高、能耗大、工艺复杂、成本高，同时也还存在着质量不稳定和适应性等问题，难以大规模推广应用。国内尚未有系统开展轻集料混凝土用于大型结构工程的研究工作。

3. 主要研究和技术开发内容

基于以上情况，围绕结构工程应用轻集料混凝土的问题，著者团队开展了以下研发工作并取得创新成果：

① 研究轻集料与水泥石强度和混凝土密度的优化匹配关系；研究高强轻集料混凝土的脆性机理与增韧技术，发明轻集料-水泥石界面结构强化技术；开发了高性能轻集料混凝土性能设计与改性技术，满足了结构工程所需的混凝土强度、密度和性能匹配设计与制备的技术要求。

② 根据轻集料混凝土的特性和材料复合结构变化规律，采用梯度设计方法，发明轻集料混凝土预应力构件锚固端防裂技术和钢板（箱梁）-轻集料混凝土组合结构；掌握轻集料混凝土结构和构件的设计与制备关键技术，解决了轻集料混凝土结构开裂的关键难题。

③ 研究影响轻集料混凝土均质性的关键因素及规律，开发轻集料混凝土拌合物均质性控制技术和检测与评价方法；重点突破轻集料混凝土泵送施工关键技

术难点；掌握轻集料混凝土在大型结构工程应用中的施工关键技术，推进轻集料混凝土在大型结构中的应用。

二、高强轻集料混凝土设计与制备关键技术

1. 轻集料混凝土的强度设计

（1）轻集料结构与密度、吸水率的关系　密度与吸水率是轻集料的关键性能指标。轻集料的密度由轻集料的材质、孔隙结构决定。对于同种材质的轻集料，结构孔隙率越大，密度越小；吸水率取决于轻集料的孔隙率与孔结构连通率。著者团队提出采用轻集料内部孔隙连通率 ϕ[式（6-17）] 来表征轻集料的孔隙连通程度[65]。在密度等级相同的情况下，轻集料的 ϕ 值越大，表明孔隙连通率越高，吸水率越大，且随饱水时间的延长，吸水率持续增加，直至接近真空饱水状态。表 6-51 中轻集料 A 的连通率只有 61%，而轻集料 B 的达到 84%，这正是它们具有不同吸水率 - 饱水时间关系的原因。

表6-51　轻集料的吸水率特性及其与结构孔隙连通率的关系

轻集料	吸水率/%				真空吸水率/%	连通率/%	堆积密度/（kg/m³）
	5min	30min	60min	24h			
A	4.1	4.1	4.3	4.3	7.0	61	758
B	10.0	12.2	14.1	19.4	23.0	84	746

$$\phi = \frac{w_{24h}}{w_{vac}} \times 100\% \qquad (6-17)$$

式中　w_{24h}——轻集料24h吸水率，%；
　　　w_{vac}——轻集料 24h 真空饱水率，%。

（2）混凝土强度与密度的匹配设计　密度与强度是轻集料混凝土设计的重要指标。研究得到轻集料混凝土的强度与密度的关系表明，对于各密度等级的混凝土，均有与之匹配的最佳强度范围（图 6-102）。混凝土密度等级越高，强度设计范围越大。在设计制备轻集料混凝土时，要使混凝土的强度与密度相互匹配。

（3）轻集料、水泥石与混凝土的强度匹配设计　混凝土是由水泥石、集料及其界面过渡区组成的多相复合材料。水泥石、集料以及界面过渡区各相的强度及其匹配性决定了混凝土的强度。通过研究分析轻集料、水泥石与混凝土的强度之间的关系，提出了强度匹配设计方法[154,160,161]：

① 轻集料混凝土与水泥石的强度匹配设计　根据混凝土中集料与水泥石两相材料的弹性模量相对大小，可将混凝土分为复合硬基材料（$E_a > E_m$）和复合软基材料（$E_a < E_m$）两类。两类材料受力时内部各相组成的应力分布、应变大小不同。

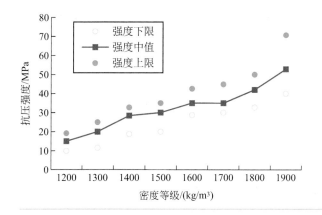

图6-102
轻集料混凝土强度与密度的匹配
关系

　　研究得到混凝土与水泥石砂浆的强度匹配关系（图6-103）。E_a、f_a、E_m、f_m分别表示混凝土中集料与水泥石的弹性模量和强度。图中 OA 段，混凝土的强度较低，BC 段轻集料已遭受破坏。根据软基复合材料理论，要制备出高强混凝土必须使水泥石的强度远远高于设计的混凝土强度。虽然可以采用高掺水泥等方法达到目的，但将给混凝土的耐久性造成不利影响。我们认为，图中 AB段，水泥石与混凝土的强度具有较好的匹配性，研究得到它们之间的关系见式（6-18）。

$$f_m = ae^{bf_c} \quad f_{ma} < f_m < f_{mb} \qquad （6-18）$$

式中　f_m——水泥石砂浆强度，MPa；

　　　f_c——混凝土强度，MPa；

　a，b——常数；

　　　f_{ma}——图 6-103 中 A 点所对应的水泥石砂浆强度，MPa；

　　　f_{mb}——图 6-103 中 B 点所对应的水泥石砂浆强度，MPa。

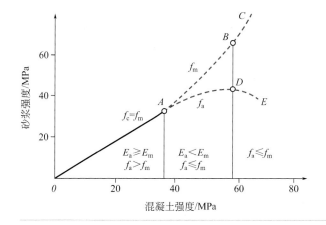

图6-103
轻集料混凝土与砂浆强度的匹配
关系

② 轻集料与水泥石的强度匹配设计　轻集料的筒压强度与弹性模量较低，在制备高强混凝土时，需要采用强度与集料强度匹配的水泥石。根据轻集料混凝土与水泥石的强度关系研究得到，对于某强度为f_a的轻集料，存在一个与f_a相匹配的水泥石强度区间。

经回归分析确定了水泥石强度的上限f_{mb}与f_a的关系：

$$f_{mb} = ce^{df_a} \qquad\qquad (6\text{-}19)$$

式中　　f_a——轻集料筒压强度，MPa；

c，d——常数。

在设计、制备高强轻集料混凝土时，可根据混凝土强度设计要求以及式（6-18）和式（6-19）的匹配关系，对轻集料种类、水泥石组成进行优化设计，以使轻集料、水泥石与混凝土三者之间的强度相互匹配，从而经济合理地制备出高强混凝土。

2. 轻集料与水泥石界面结构强化技术

根据轻集料混凝土强度设计方法，采用筒压强度为7.0MPa的高强轻集料，匹配强度为60～70MPa的水泥石，理论上可制备出强度达到LC50～LC60的高强混凝土。但实际上，由于轻集料在冷却、破碎的制备过程中表面产生了大量的原始缺陷，导致轻集料在较低的荷载应力水平下就遭受破坏，因而实际应用中难以制备出LC50～LC60高强混凝土。针对该问题，我们研发出通过轻集料与水泥石界面结构强化技术解决表面缺陷的方法[154,162]。

（1）技术原理　设计建立一种水泥石与轻集料界面作用机制，使轻集料与水泥石之间产生相互作用；通过界面强化工艺使轻集料与水泥石的界面形成结构致密的高强水泥石结构，改善轻集料的受力方式，对轻集料起到增强作用。

（2）界面强化工艺　利用图6-104所示工艺对轻集料与水泥石界面进行强化，其中主要包含以下两个步骤。

a. 轻集料预湿处理：采用喷淋或浸泡方法预湿轻集料，预湿程度达到20%以上；

b. 轻集料表面增强：增强剂为由硅灰、粉煤灰、矿渣粉等超细无机粉体材料组成的混合粉料，平均比表面积大于500m²/kg。在轻集料预湿处理后进行预拌，然后进行二次拌合。

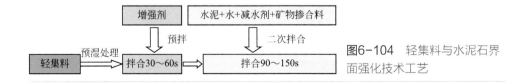

图6-104　轻集料与水泥石界面强化技术工艺

（3）技术效果　选用筒压强度为 7.5MPa 的高强轻集料，比较了不加增强剂、直接将增强剂与水泥混合、界面强化三种技术的效果（表 6-52）。可见应用本技术后，混凝土的强度得到显著提高，渗透性显著降低，氯离子渗透系数可达到低于 $5×10^{-13}m^2/s$ 的水平（表 6-53）。

表6-52　不同工艺对轻集料混凝土的增强效果比较

编号	增强剂B	工艺	坍落度/cm	扩展度/cm	抗压强度/MPa	
					7d	28d
A	不用	普通拌合工艺	18	55	46.5	60.0
B	掺加	普通拌合工艺	24	65	44.0	64.0
C	掺加	界面强化工艺	22	64	56.2	72.1

注：水胶比 0.30，胶凝材料用量 530kg/m³，粉煤灰掺量 10%，砂率 0.40。

表6-53　界面强化技术对轻集料混凝土抗渗性能的影响

编号	增强剂/%		导电量/C	氯离子渗透系数/（×10⁻¹³m²/s）
	粉体A	粉体B		
A	—	—	2495	14.9
C1	10	10	742	6.2
C2	10	5	414	4.6
C3	—	10	1467	9.8

注：水灰比 0.30，胶凝材料用量 530kg/m³，粉煤灰掺量 10%，砂率 0.40。

图 6-105 比较了界面强化技术与普通工艺制备的轻集料与水泥石界面区 Si/Ca，表明采用界面强化技术，通过火山灰反应显著提高了界面区的 Si/Ca 比[160]；增强剂与 $Ca(OH)_2$ 反应生成的水化硅酸钙凝胶填充界面区水泥石的空隙，使界面区水泥石结构更趋密实，这种效果使得轻集料与水泥石界面区的显微硬度有较大的增加（图 6-106）。通过这种作用在集料表层形成致密、高强的水泥石结构，起到阻碍裂缝扩展的作用。以上综合作用使轻集料混凝土的强度与抗渗性得到显著提高。

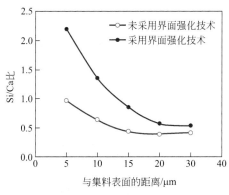

图6-105　界面区Si/Ca比

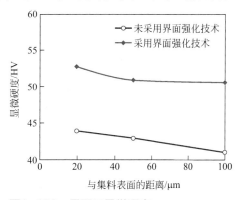

图6-106　界面区显微硬度

3．轻集料预处理技术

轻集料使用前的预处理是不同于普通混凝土生产工艺的特殊之处。预处理工艺得当，可改善混凝土的工作性，提高混凝土的力学性能、体积稳定性和耐久性能，但若控制不当也会产生一些负面影响，因此预处理工艺非常关键[65]。轻集料预湿处理原则如下：

① 对于 30min 吸水率小于 8% 的轻集料，可以不进行预湿处理而直接用于制备混凝土。为了防止轻集料在拌合过程中吸水造成混凝土工作性降低，需要在混凝土拌合时加入一定数量的外加水，外加水的用量（W）按式（6-20）计算。

$$W=QR \qquad (6-20)$$

式中 Q——每方混凝土轻集料的用量，kg/m^3；

  R——轻集料 30min 吸水率，%。

② 对于 30min 吸水率高于 8% 的轻集料，应对其进行预湿处理。预湿处理前应首先掌握轻集料的吸水特性，绘制吸水率 - 饱水时间关系图，然后根据施工技术要求与环境条件确定最佳的预湿程度 [根据式（6-21）计算] 控制范围，再根据轻集料吸水率 - 饱水时间关系确定最佳预湿时间 D。

$$D = \frac{w_t}{w_{vac}} \times 100 \qquad (6-21)$$

式中 w_t——轻集料饱水 t 时间的吸水率，%；

  w_{vac}——轻集料饱水 t 时间的真空饱水率，%。

根据施工条件，预湿处理方法可采用喷淋、浸泡、热差处理、真空饱水等。经过预湿处理后的轻集料表面附着有一定数量的水分，这部分水加入混凝土中会给混凝土的性能造成一定影响，需要采用沥干或晾干的方法使其表面达到饱和面干状态。

4．轻集料混凝土拌合物均质性控制技术

混凝土拌合物中集料、水泥胶结材和水等组成材料的密度有一定的差异，在拌合过程中会产生密度较小的物质上浮、密度较大的物质下沉的外分层现象，这种外分层作用的强弱影响了混凝土的均质性。轻集料的密度较水泥石小，轻集料在混凝土拌合物中易出现上浮现象。由于轻集料与水泥浆体的密度差较普通碎石集料与水泥浆体的密度差要大得多，轻集料混凝土的外分层作用较强，因此在制备轻集料混凝土时若不采取有效的均质性控制技术，大量轻集料将上浮至混凝土结构的中上层，造成混凝土结构不均质而影响混凝土的物理力学性能与耐久性。因此，均质性控制是制备高强轻集料混凝土的核心技术之一。

（1）轻集料在混凝土拌合物中的运动规律　轻集料在混凝土拌合物中的运动速度是影响混凝土均质性的重要因素，运用流体力学原理分析得到了轻集料在混凝土拌合物中的颗粒运动方程，并推导出轻集料在混凝土拌合物中上浮速度 v 表达式：

$$v = \frac{Kr^2 g(\rho - \rho_c)}{\eta}$$ （6-22）

式中　ρ——轻集料的表观密度，g/cm^3；

　　　ρ_c——水泥浆体的表观密度，g/cm^3；

　　　r——颗粒半径，cm；

　　　η——混凝土的黏性系数，$Pa \cdot s$；

　　　v——轻集料的运动速度，cm/s；

　　　K——影响因子，大小与轻集料表面性态、材质等因素有关。

由此得到影响轻集料混凝土拌合物均质性的主要因素依次为：轻集料粒径、水泥浆体黏度、水泥浆体与轻集料的密度差。

（2）均质性控制关键组分研制与均质性控制技术　通过轻集料混凝土流变特性的系统研究表明，配制均质性优良的高流态轻集料混凝土，其水泥浆体的塑性黏度应控制在 1.5 ～ 2.5Pa·s 之间，屈服应力应控制在 4 ～ 10Pa 之间[163-166]。著者运用材料复合的技术方法，复合增黏、保水、密度调节组分，研制开发出了均质性控制组分——稳定剂 MB，其技术效果见表 6-54。

表6-54　MB 的作用效果

编号	MB/%	分层度/%	坍落度/cm		扩展度/cm		加压6.0MPa泌水量/mL	
			初始	90min	初始	90min	V_{10}	V_{140}
0	0	14.6	23	16	58	36	8.0	34
1	0.1	12.4	24	22	60	55	5.0	22
2	0.3	5.8	24	22	58	56	4.0	20
3	0.5	4.6	22	18	55	53	3.5	19

注：分层度为混凝土均质性指标，采用专用试验装备测试。分层度越小混凝土均质性越好。V_{10}、V_{140} 分别表示加压 10s 和 140s 的泌水量。

由表 6-54 可见，使用稳定剂 MB 可显著改善新拌轻集料混凝土均质性，改善泵压作用下混凝土的保水性能，减小轻集料混凝土坍落度的经时损失，对于高性能轻集料混凝土的拌制与泵送施工具有重要作用。此外，系统研究了混凝土水灰比、砂率、轻集料粒径、矿物掺合料等对轻集料混凝土均质性影响规律，确定了制备高性能轻集料混凝土的关键技术参数。通过对混凝土制备参数优化，以及调整 MB 的组成与掺量，可实现对不同强度与密度等级、不同流动度轻集料混凝土均质性的有效控制。

三、高强轻集料混凝土性能设计与改性技术

1. 高强轻集料混凝土的脆性机理与增韧技术

（1）轻集料混凝土的脆性机理 由于轻集料的弹性模量一般小于水泥石，在轴压荷载下，集料上、下部位产生拉应力，侧边产生压应力。在上下受拉、两侧受压的应力状况下轻集料混凝土的破坏最先从出现于水泥石中的张拉裂缝开始，随后扩展至集料，由于轻集料强度低、脆性大，裂缝很快贯穿集料，使得整个破坏过程消耗的能量较小，导致轻集料混凝土的脆性高于同强度等级的普通集料混凝土，且混凝土强度越高，脆性越突出[158]。

（2）高强轻集料混凝土的增韧技术 主要通过以下技术对高强轻集料混凝土进行增韧处理：

① 轻集料与混凝土基体聚合物增韧技术 轻集料的筒压强度低，材质脆性突出，阻碍裂缝扩展的能力较差，是影响混凝土脆性的重要因素。利用聚合物在轻集料内部破乳成膜的作用原理对轻集料进行增韧改性，以提高轻集料自身抵抗裂缝扩展的性能[167-170]。聚合物采用改性聚合物乳液（JBX），首先将轻集料倒入一抽真空的容器（真空度 0.1MPa），然后将配制好一定浓度的 JBX 乳液注入容器中，1min 后将轻集料取出，空气中晾干至表面饱和面干状态后用于制备混凝土。同时，还进一步研究了混凝土基体聚合物增韧与轻集料聚合物韧化技术的协同作用效果，其技术效果见表 6-55。

表6-55 采用聚合物预处理轻集料的混凝土韧性

制备方法	28d抗压强度/MPa	28d抗折强度/MPa	折压比
基准混凝土	49	3.1	0.063
轻集料经过JBX处理	50	3.8	0.076
基体掺加20%JBX，轻集料未经聚合物处理	52	4.2	0.081
轻集料经过聚合物处理，基体掺加20%JBX	56	4.8	0.086

注：胶凝材料 500kg/m³，粉煤灰掺量 15%，水胶比为 0.3，砂率 40%。

轻集料经过韧化改性处理，真空状态下聚合物可进入轻集料内部开口孔隙中，轻集料经过干燥处理后，聚合物在轻集料内部孔壁破乳成膜，搭接成网，在裂缝扩展至轻集料时可起到阻碍裂缝扩展的作用。因此采用 JBX 对轻集料处理后，可使轻集料混凝土的韧性有一定提高。基体掺加 20%JBX，混凝土的韧性较基准混凝土有比较显著的提高；在混凝土基体掺入 20%JBX，同时采用 JBX 对轻集料进行处理，可使聚合物网络贯穿整个混凝土，其增韧作用达到最佳。

图6-107与图6-108是聚合物增韧作用效果比较。由图可见，采用聚合物增韧处理后，轻集料与水泥石界面区水化产物的密实性得到有效改善。

图6-107　未经改性的界面水泥石结构

图6-108　经过改性的界面水泥石结构

② 钢纤维与聚合物纤维混杂增韧技术　系统研究了掺加钢纤维、聚合物纤维对于高强轻集料混凝土的增韧效果（表6-56），研究表明：随着钢纤维的掺入，混凝土的韧性显著提高，在钢纤维掺量为1.0%时，混凝土的折压比达到0.096，弯曲韧性指数相比基准混凝土提高15倍以上；但是，随着钢纤维的掺入，轻集料混凝土的密度增加；相比之下，聚合物纤维的增韧效果较钢纤维差，但其对混凝土密度的影响较小。试验结果表明，通过混掺钢纤维与聚合物纤维，混凝土的弯曲韧性指数相比基准混凝土可提高14～16倍，而密度相比基准混凝土仅有小幅增加[50,70,171]。混掺钢纤维与聚合物纤维，可在达到相同增韧效果的前提下减少钢纤维的用量，既可降低使用成本，又可减轻混凝土的重量，从而发挥轻集料混凝土轻质高强的技术优势。

表6-56　混掺纤维对轻集料混凝土力学性能的影响

编号	钢纤维体积掺量/%	聚丙烯腈/（kg/m³）	28d抗压强度/MPa	28d抗折强度/MPa	折压比	断裂韧性指数	密度/（kg/m³）
0#	—	—	49	3.1	0.063	1.26	1887
16#	1.0	—	57	5.5	0.096	20.4	1970
20#	—	1.0	53	4.3	0.081	1.70	1890
27#	0.6	1	58	5.6	0.097	21.0	1925

2. 轻集料混凝土的弹性模量、徐变、干缩改性

混凝土的弹性模量、徐变与干缩率是进行结构设计的重要参数，它们对于混凝土结构性能有重要影响。轻集料的弹性模量一般不到20GPa，由此造成其制备的混凝土具有较低的弹性模量（一般小于30GPa）和较大的干缩与徐变。针对该

问题，开展了轻集料混凝土弹性模量、徐变、干缩改性技术研究[156,172-176]。

（1）普通集料与轻集料复合技术　混凝土的弹性模量与干缩、徐变体积变形特性有一定的相关性。弹性模量的提高有利于抑制混凝土的收缩和徐变。普通集料的弹性模量大，将其引入轻集料混凝土中可增加混凝土的弹性模量，但其表观密度较大，引入混凝土会造成混凝土密度增加，并使混凝土工作性变差。因此，技术关键在于普通集料引入量的控制与颗粒级配设计。

① 普通集料引入量设计　研究得到普通集料引入量（V_{NA}）与混凝土弹性模量（E）之间的关系式：

$$E = \frac{E_{NA}E_{LC}}{[E_{NA} - V_{NA}(E_{NA} - E_{LC})]} \tag{6-23}$$

式中　V_{NA}——普通集料在混凝土中的体积含量，%；

　　　E_{NA}——普通集料弹性模量，MPa；

　　　E_{LC}——高强轻集料混凝土的弹性模量，MPa。

考虑到普通集料与轻集料复合使用对混凝土的均质性的影响，研究得到 V_{NA} 与混凝土均质性的关系式 [式（6-24）]。为了保证混凝土具有良好的均质性（$FCD \in [5\% \sim 10\%]$），应将 V_{NA} 控制在 20% ～ 30%。

$$FCD = 0.180V_{NA}^2 - 0.202V_{NA} + 0.103 \quad R^2 = 0.980 \tag{6-24}$$

式中　FCD——混凝土的分层度，%；

　　　V_{NA}——普通集料在混凝土中的体积含量，%。

② 集料的级配设计　理论分析与试验研究得到，轻集料和普通集料的粒径区间应控制在同一粒径区间或者接近同一粒径区间，并尽可能在保证普通集料体积不变情况下提高普通集料粒子的数目，即减小普通集料颗粒平均粒径。普通集料与轻集料复合技术效果见表6-57。

表6-57　普通集料引入量对混凝土性能的影响

编号	V_{NA}/%	28d抗压强度/MPa	28d抗拉强度/MPa	表观密度/（kg/m³）	弹性模量/GPa
1	0	55.4	3.5	1900	26.2
2	20	57.4	3.7	2080	29.7
3	30	59.8	3.8	2160	32.9

注：胶凝材料 530kg/m³，粉煤灰 10%，水胶比 0.3，砂率 40%。

（2）胶凝材料优化设计　研究粉煤灰、硅灰等矿物掺合料的单一与复合作用效果发现，通过复合掺加粉煤灰与硅灰既可显著提高轻集料混凝土的强度与弹性模量，又可降低混凝土的干缩与徐变（表 6-58）。考虑到普通集料与轻集料复合使用增加了混凝土的密度，研究了粉煤灰超量代砂的方法对混凝土密度的影响

（表 6-59）。

表6-58　矿物掺合料对混凝土性能的影响

编号	矿物掺合料/%		28d抗压强度/MPa	弹性模量/GPa
	粉煤灰	硅灰		
A	—	—	55.0	26.2
B	10	—	55.4	27.5
C	10	5	64.1	28.8

注：胶凝材料用量530kg/m³，粉煤灰10%，水胶比0.30。

表6-59　粉煤灰取代砂对混凝土性能的影响

编号	粉煤灰代砂率/%	砂率/%	表观密度/（kg/m³）	28d抗压强度/MPa	弹性模量/GPa
FA15	0	40	2080	57.4	29.7
DS05	5	38	2050	54.8	28.7
DS10	10	36	2020	55.7	30.1
DS20	20	32	1980	56.7	30.5

注：V_{NA} 为 20%，胶凝材料用量530kg/m³，粉煤灰15%，水胶比0.30。

由表可知，采用粉煤灰取代砂可以使混凝土在保持较高弹性模量的前提下降低混凝土的表观密度，且粉煤灰取代砂率越大效果越明显。

（3）纤维体积增稳技术　研究比较了纤维对轻集料混凝土体积变形、徐变与弹性模量的影响，结果表明掺加聚合物纤维可减小轻集料混凝土的塑性收缩，而且纤维的弹性模量越高对轻集料混凝土体积收缩的抑制作用越明显，掺加1%聚丙烯腈纤维（弹性模量17100MPa）的轻集料混凝土28d干缩率为2.8×10⁻⁴；掺加体积分数1%钢纤维（弹性模量200000MPa）的轻集料混凝土28d干缩率2.4×10⁻⁴。

综合应用以上改性技术，比较了技术改性前后混凝土的弹性模量、干缩与徐变指标（表 6-60、表 6-61）。

表6-60　轻集料混凝土的改性技术效果

编号	聚合物/（kg/m³）	纤维/（kg/m³）	掺合料/（kg/m³）	V_{NA}/%	弹性模量/GPa	徐变系数	28d干缩率/10⁻⁴
1	0	0	0	0	26	1.2	4.0
2	60	0	0	0	24	1.2	3.6
3	0	50	0	0	26	1.2	3.0
4	0	0	70	0	28	1.1	2.8
5	60	50	70	0	30	1.1	2.4
6	0	0	0	30	32	1.0	2.2
7	0	0	70	30	35	1.0	2.0

表6-61　轻集料混凝土的改性前后技术指标对比

混凝土	性能	弹性模量/GPa	徐变系数	28d干缩率/10⁻⁴
普通混凝土	指标范围	30~40	1.0~1.2	2.0~2.4
轻集料混凝土	改性前指标范围	20~30	1.2~1.4	大于4.0
	改性后指标范围	12~35	1.0~1.2	2.0~4.0

四、高强轻集料混凝土结构和构件的设计与制备技术

1. 高强轻集料混凝土的应力应变关系

混凝土的应力应变关系是进行结构设计的基础数据，采用刚性试验机以应变控制模式加载的方法研究得到了高强轻集料混凝土的应力应变关系[式（6-25）、式（6-26）]。

$$y = ax + bx^2 - cx^3 \quad (x \leqslant 1) \tag{6-25}$$

$$y = \frac{x}{d(x-1)^2 + ex} \quad (x \geqslant 1) \tag{6-26}$$

式中
x——$\dfrac{\varepsilon}{\varepsilon_c}$；

y——$\dfrac{\sigma}{f_c^*}$；

ε_c——峰值应变；

f_c^*——峰值应力；

a, b, c, d, e——常数，对于LC40轻集料混凝土，表达式中 $a=1.2$，$b=0.6$，$c=0.8$，$d=15$，$e=1$；对于LC50轻集料混凝土，$a=1.1$，$b=0.8$，$c=0.9$，$d=20$，$e=1$。

2. 高强轻集料混凝土构件性能

构件是结构的基本单元，通过系统开展抗弯、抗剪与预应力三类典型构件的性能实验，掌握了高强轻集料混凝土构件的设计方法及其性能变化规律[63,155,177-179]。

（1）高强钢筋轻集料混凝土抗弯构件　轻集料混凝土抗弯构件结构设计见图6-109，分别研究了配筋率、混凝土强度等级对构件的正截面承载力、挠度等的影响（表6-62）。

图6-109　抗弯构件的结构设计（单位：mm）

表6-62　高强钢筋轻集料混凝土抗弯构件性能研究

编号	混凝土抗压强度/MPa	配筋率/%	开裂阶段荷载		屈服阶段荷载		实测极限荷载/kN
			理论/kN	实测/kN	理论/kN	实测/kN	
LC60-10		0.45	32.00	29.17	55.53	56.29	76.46
LC60-16	72.1	1.16	33.46	31.25	110.77	125.54	157.29
LC60-16-16		2.56	34.60	33.93	191.61	202.14	224.29
LC60-16-20		3.37	35.20	37.50	243.62	260.71	282.14
LC50-16	60.9	1.16	27.88	28.16	110.11	120.42	150.42
LC40-16	48.5	1.16	24.96	25.00	109.01	116.25	132.92
NC50-16	54.7	1.16	29.12	29.20	107.72	117.08	142.08

注：LC—轻集料混凝土，NC—普通混凝土。

由表6-62可见，屈服阶段的构件实测荷载高于理论值，表明所采用正截面抗弯承载力设计方法是安全可靠的。在相同强度等级条件下，轻集料混凝土构件的抗弯承载力比普通混凝土略高，其大小随着配筋率的增加和混凝土强度的提高而提高。研究表明，在相同配筋率和相同强度等级条件下，轻集料混凝土梁的挠度大于普通混凝土梁。但其在使用荷载作用下的最大挠度仍满足规范规定的正常使用要求。在配筋率相同和混凝土强度相同的条件下，轻集料混凝土构件的裂缝分布比普通混凝土构件均匀，间距小，宽度细，表明轻集料混凝土构件具有优良的抗裂性能。

根据研究结果，修正了高强轻集料混凝土矩形截面梁开裂弯矩 M_{cr} 计算公式。对于高强轻集料混凝土（ $48.5\text{MPa} \leqslant f_{cu} \leqslant 72.1\text{MPa}$ ）矩形截面梁，有：

$$M_{cr} = 1.50\xi W_0 f_{tk} \tag{6-27}$$

式中　W_0——受拉边缘的截面弹性抵抗矩；

　　　ξ——截面高度影响系数，$\xi = 0.7 + 120/h$（$h \leqslant 400\text{mm}$ 时，取 $h = 400$；当 $h \geqslant 1600\text{mm}$ 时，取 $h = 1600\text{mm}$）；

　　　f_{tk}——混凝土抗拉强度，MPa。

（2）高强钢筋轻集料混凝土抗剪构件　抗剪构件的结构设计见图6-110，分别研究了剪跨比、配箍率及有无腹筋、混凝土强度等级等对构件的抗剪承载力、挠度等的影响（表6-63和表6-64）。

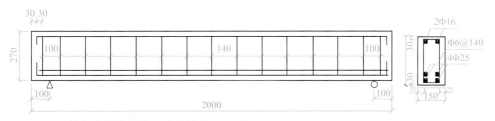

图6-110　抗剪构件的结构设计（单位：mm）

表6-63 高强钢筋轻集料混凝土抗弯构件性能试验方案

编号	截面有效高度/mm	剪跨比	主筋/mm	主筋配筋率 μ/%	受压钢筋/mm	箍筋	配筋率 μ_k/%
LC60-1	200	1	4Φ25	6.55	2Φ16	Φ6@140	0.27
LC60-2	200	2	4Φ25	6.55	2Φ16	Φ6@140	0.27
LC60-3	200	3	4Φ25	6.55	2Φ16	Φ6@140	0.27
LC60-4	200	4	4Φ25	6.55	2Φ16	Φ6@140	0.27
NC50-3	200	3	4Φ25	6.55	2Φ16	Φ6@140	0.27
LC50-3	200	3	4Φ25	6.55	2Φ16	Φ6@140	0.27
LC40-3	200	3	4Φ25	6.55	2Φ16	Φ6@140	0.27
LC60-120	200	3	4Φ25	6.55	2Φ16	Φ6@120	0.31
LC60-100	200	3	4Φ25	6.55	2Φ16	Φ6@100	0.38
LC60-N	226.5	3	2Φ25	2.89	—	—	—
LC50-N	226.5	3	2Φ25	2.89	—	—	—

注：LC 为轻集料混凝土有腹筋梁；1、2、3、4 分别指剪跨比为 1、2、3、4；LC60-100，LC60-120 分别指箍筋间距为 100mm 和 120mm，其余梁箍筋间距均为 140mm；NC50-3 为普通混凝土有腹筋梁，剪跨比为 3；LC60-N、LC50-N 为轻集料混凝土无腹筋梁。

表6-64 抗剪构件性能试验主要结果

编号	f_{cu}/MPa	梁开裂时跨中弯矩/kN·m	斜裂缝开裂剪力/kN	临界斜裂缝剪力/kN	极限剪力/kN	破坏形式
LC60-1	73.1	19.5	98	247	345.9	斜压
LC60-2	73.2	32.4	87	132	250.1	剪压
LC60-3	69.9	52.2	81	122	194.3	剪压
LC60-4	68.5	48.0	60	113	149.0	斜拉
NC50-3	54.7	48.0	80	100	199.0	剪压
LC50-3	60.9	37.2	62	114	181.1	剪压
LC40-3	48.5	45.0	75	97	171.0	剪压
LC60-120	68.8	53.4	89	126	211.5	剪压
LC60-100	67.3	51.6	86	124	219.7	剪压
LC60-N	65.6	40.8	60	68	103.6	斜拉
LC50-N	60.9	38.1	56	65	101.3	斜拉

研究发现，在相同剪跨比下高强轻集料混凝土构件的极限抗剪承载力比普通混凝土构件要小，其极限抗剪承载力随剪跨比增加而减小，随混凝土强度或配箍

率的提高而提高；构件挠度随剪跨比的增大而增大，而混凝土强度、配箍率对挠度影响较小；轻集料混凝土构件与普通混凝土构件有相同的破坏形式，剪切破坏时表现出明显的脆性，破坏面较光滑；对于无腹筋梁，构件破坏时表现出明显的脆性，破坏形式为斜拉破坏。研究表明，《轻骨料混凝土应用技术标准》（JGJ/T 12—2019）中规定的抗剪承载力计算公式用于估算高强轻集料有腹筋梁的抗剪承载力是安全、适用的。

（3）预应力轻集料混凝土构件　设计 LC40 轻集料混凝土预应力构件（图 6-111）。构件长 20m，预应力钢筋采用高强度、低松弛钢绞线，标准强度 R_y^b =1860MPa，弹性模量 E=1.95×10^{5}MPa，张拉应力 $\sigma_k = 0.73R_y^b$。结构设计荷载标准为汽车——超 20 级，挂车 ——120。研究表明，在按照正常使用状态计算的最大荷载（218kN）作用下，构件跨中最大挠度为 14.03mm，其最大挠度与承载力满足《公路桥梁规范》（JTG D62—2012）设计要求。在加载过程中构件底部无可见裂缝，卸载后构件跨中截面残余变形为 -0.26mm，其与总变形的比值在 2% ～ 4% 之间，均满足规范要求和承载力设计。在加载与卸载过程中，预应力轻集料混凝土构件表现出良好的弹性变形性能（图 6-112）。

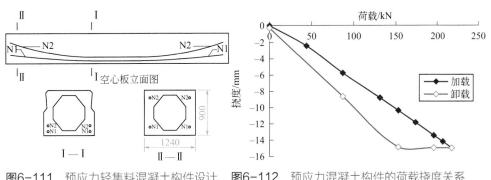

图6-111　预应力轻集料混凝土构件设计　　图6-112　预应力混凝土构件的荷载挠度关系

3. 高强轻集料混凝土结构梯度设计

高强轻集料混凝土轻质高强的技术特点非常适合大跨度结构工程，但其脆性大、抗剪承载力较普通混凝土差、弹性模量小、收缩变形大，使其用于大跨度结构工程有一定的不利影响。

为了解决轻集料混凝土在大跨度结构应用的技术问题，提出了结构梯度设计的方法[180]，其原理是充分利用混凝土密度、弹性模量可设计的特点，在结构沿长度方向采用不同性质的混凝土，使结构性能呈梯度变化，以改善结构受力特性，提高结构跨度与使用性能（图 6-113）。

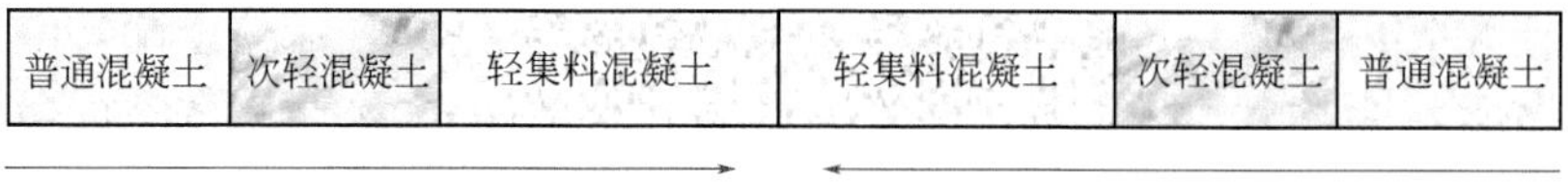

普通混凝土	次轻混凝土	轻集料混凝土	轻集料混凝土	次轻混凝土	普通混凝土

图6-113　结构梯度设计原理

以大跨度连续刚构桥梁为例，根据该类普通混凝土桥的设计经验，箱梁墩顶区段、桥梁跨径 1/8 截面处主梁是全桥应力最集中也是应力最复杂的部位。通过有限元计算模拟分析，应用结构梯度的设计方法，设计出主桥跨径（85+150+85）m 的大跨度连续刚构桥梁（图6-114），该桥的边跨支架现浇段8.8m、墩顶15m 及两边各 5 个 2.5m 节段共 40m 使用了 C50 普通混凝土，跨中与边跨均采用 LC60 轻集料混凝土。通过与全桥采用普通混凝土或轻集料混凝土的技术方案比较，认为该设计方案具有更好的安全性与经济性。

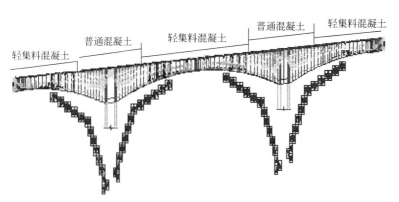

图6-114　大跨度结构的材性梯度设计技术

4．预应力轻集料混凝土构件锚固端防裂技术

混凝土构件锚固端在预应力张拉过程中易出现局部承压力不足而开裂的问题。与同强度等级普通混凝土相比，轻集料混凝土的脆性高、抗拉强度低，因此轻集料混凝土构件在预应力张拉过程中较容易出现端部开裂的问题。针对该问题，发明了预应力轻集料混凝土构件锚固端防裂技术[181]。

（1）预应力轻集料混凝土构件有限元模型建立　根据设计的预应力轻集料混凝土构件尺寸，采用轻集料混凝土材性参数，运用 ANSYS 系统建立了可靠的预应力轻集料混凝土构件有限元模型（图 6-115）。

（2）预应力构件锚固端应力分析　利用有限元模型对其锚固端在预应力张拉和加载过程中的应力分布进行了分析（图 6-116），发现在张拉过程中锚固区混凝土最大应力为 24.0 ～ 33.8MPa，可能会超过 LC40 轻集料混凝土的轴压强度设计值，并将造成预应力构件端部开裂。

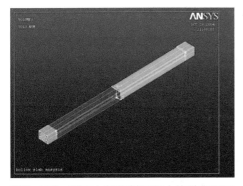
图6-115　预应力轻集料混凝土构件有限元模型

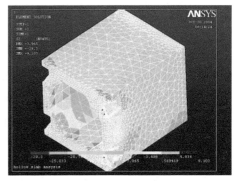
图6-116　预应力轻集料混凝土构件锚固端云图

（3）预应力混凝土构件端部防裂技术　应用结构梯度设计方法，结合轻集料混凝土增韧改性技术，发明了图 6-117 所示的预应力轻集料混凝土构件端部防裂设计方法。在构件的中段采用高强轻集料混凝土，在构件端部采用抗拉强度较高、抗裂能力好的高强次轻混凝土。端部高强次轻混凝土的长度 L 按照式（6-28）选取。

$$L=(0.8～1.2)B \qquad （6-28）$$

式中　L——构件端部使用次轻混凝土的长度，m；
　　　B——构件端部高度，m，构件越长，L 取上限，构件越短，L 取下限。

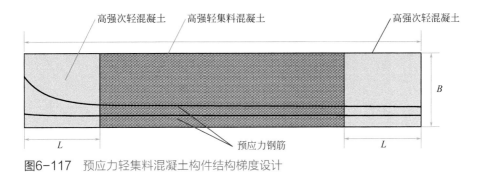
图6-117　预应力轻集料混凝土构件结构梯度设计

采用有限元模拟分析的方法得到，对于 20m 预应力轻集料混凝土构件的端部使用次轻混凝土最佳长度为 1m。由于在预应力构件端部使用了高韧性、高抗裂性的次轻混凝土，显著改善了锚固区应力分布，减小端部集中应力，有效防止了预应力构件的端部在预应力加载过程中出现的开裂现象。

五、高强优质轻集料混凝土施工技术与工程应用

1. 轻集料混凝土均质性评价方法

此前，混凝土的均质性一般通过观察混凝土拌合物的工作状态进行判断，存在主观性较大的弊病。轻集料的密度小于水泥浆体，在新拌混凝土中具有自发向上运动的趋势，轻集料上浮将造成其在混凝土内部分布不均匀，产生混凝土结构的上部轻集料富集、下部轻集料稀少的分层现象。针对轻集料混凝土施工中容易出现集料上浮的问题，而此前又缺乏科学、合理的均质性评价方法，发明了可定量评价轻集料混凝土均质性的试验方法与装置[166]。

（1）均质性评价指标——分层度　分层度是指轻集料在混凝土拌合物中分布的不均匀程度。分层度越高，混凝土的均质性越差。反之，混凝土的均质性越好。

（2）分层度试验方法与装置　设计开发了分层度试验方法与装置。分层度的试验设备由一个 S 型流动仪和一套五节 ϕ10cm×10cm 或 ϕ20cm×20cm 圆柱体钢模组成（图6-118）。混凝土拌合后灌入 S 型流动仪中，通过 S 型流动仪混凝土流入分层度装置中，然后在混凝土振动台振捣 30s，采用水冲洗法分别筛选出各层中的轻集料，烘干后进行称量（精确到 0.1g）。

图6-118
均质性评价装置

（3）分层度评价方法　根据混凝土在 S 型流动仪流动的时间可评价混凝土的流动性；根据试验得到的各层中轻集料的重量数据，采用式（6-29）可计算得到混凝土的分层度。

试验表明，对于坍落度小于180mm的混凝土，分层度FCD小于5%时混凝土一般具有良好的均质性；对于坍落度要求大于180mm，分层度在5%～10%时混凝土一般具有良好的均质性。

$$FCD = \frac{\sqrt{\sum_{i=1}^{n}(G_i - \bar{G})^2}}{n-1} \times 100\%$$ （6-29）

式中　FCD——分层度，%；

　　　　G_i——各层中轻集料的质量，g；

　　　　$\bar{G}$——1～n层轻集料质量的平均值，g；

　　　　n——层数，n=2，3，4，5。

本方法为轻集料混凝土的试验和施工过程均质性评价与质量控制提供了量化指标。建立了分层度评价方法与坍落度、扩展度试验相结合的轻集料混凝土的工作性评价体系。工程试验证明，该评价体系具有简便、适用和有效的特点。

2．超高、超长距离均质泵送技术

轻集料混凝土的特性决定了其泵送具有相当技术难度，而且轻集料混凝土的密度越小或强度越高，混凝土的泵送越困难。通过大量工程试验研究，形成了系统的轻集料混凝土均质泵送技术[68,69,163,164,182]：

（1）材料性能设计　混凝土的初始坍落度控制180～240mm，扩展度控制450～600mm，90min坍落度经时损失小于60mm，拌合物分层度5.0%～10.0%。

（2）原材料优选　优选高压力下吸水率较小的轻集料；根据轻集料吸水率大小以及施工条件确定轻集料预处理工艺；控制轻集料的最大粒径小于16mm；优选水泥、减水剂、矿物掺合料；细集料选用细度模数大于2.6以上的中粗砂；使用泵送剂。

（3）混凝土配合比优化设计　优化混凝土的水胶比、胶集比、砂率、减水剂、泵送剂掺量等制备技术参数。

（4）泵送工艺　主要包括如下步骤：①泵机与泵管选择。根据泵送距离选择泵压与排量可调节的泵机；选择直径150～200mm的泵管，泵送距离越高，泵管直径越大越有利于泵送。②泵管架设法。泵管布置尽量减少弯管，尤其是90°弯管，以降低混凝土泵送阻力。泵机出口混凝土工作状态变化较大，为防止轻集料大量吸水造成堵泵，应适当延长泵机出口处的直线距离。③泵前润管法。在泵送混凝土之前，先用水润湿泵管，然后用掺有一定比例粉煤灰、减水剂的水泥砂浆润滑泵管。④稳压中排量连续泵送法。开始泵送时，控制泵机中排量或中泵压工作，并使混凝土泵处于慢速、匀速并随时可反泵的稳定工作状态；正常泵送时，可适当提高泵压与排量，并保证混凝土施工的连续性，尽量避免停泵；超长或超高距离泵送时，泵压逐步由低到高转变。

（5）泵送过程控制　控制初始坍落度、扩展度与分层度以及坍落度经时损失；观察、严格控制泵压变化；加强出泵混凝土二次搅拌；监控出泵混凝土坍落度变化。泵送过程中，还应加强泵送后混凝土密度、强度等指标检测监控，应将泵送后密度增加值控制在 10 ～ 20kg/m³、强度损失在 10% 以内。

3．施工关键工艺

针对轻集料性能变异性相对较大，施工前需要预处理，以及拌合物在运输、振捣过程中容易发生离析，混凝土质量对原材料的性能稳定性，以及施工操作各环节影响质量因素的变化更加敏感的特点，对轻集料混凝土的施工工艺（搅拌、运输、泵送、振捣与养护）、施工现场组织、设备选型与布置、施工方案设计、施工过程与质量控制等进行了系统、全面的研究，提出了外加剂投料法、稳压中排量连续泵送法、高频低幅密间距振捣法等轻集料混凝土施工关键技术，解决了施工技术难题。施工关键工艺包括：

（1）外加剂投料法　对于经过预湿处理和未经预湿处理的轻集料，外加剂的加料顺序是不同的：若轻集料经过预湿处理，外加剂可以与其他原材料一同加入；若轻集料使用前未经过预湿处理，外加剂应最后加入。

（2）高频低幅密间距振捣法　高频低幅密间距振捣法具体包括插入振捣密实、高频低幅振捣、振捣时间与振点密间距控制等振动工艺，采用该振捣工艺可使混凝土密实而不离析。

（3）保湿保温养护工艺　当混凝土暴露面较大或处于炎热气候条件或风速较大的情况下，采取连续的潮湿养护（如湿麻袋或喷湿的塑料薄膜）；若混凝土施工完毕 3 ～ 7d 以内遇到负温天气，需要采用保温防冻养护措施。

4．工程应用

（1）技术应用概况　著者团队通过系统研究和技术创新，在大量结构工程推广应用的基础上，总结集成成套技术，形成完整的自主知识产权创新成果体系。已掌握高强、高性能轻集料混凝土制备与结构工程设计、施工的成套技术，采用本技术所制备的优质轻集料，或采用普通轻集料通过本技术所提供的增强、增韧改性技术处理，可稳定生产强度等级在 LC20 ～ LC60，密度在 1200 ～ 1950kg/m³ 范围内能满足各种结构工程用混凝土，将轻集料混凝土应用于各种结构工程建筑和路面铺装层结构。首次设计建造了整体高层建筑结构大楼（29 层）——宜昌滨江国际花园；建造了超大面积结构楼板——武汉天河机场航站楼二期工程候机厅楼板单层整面达 120000m²；大跨度桥梁桥面结构——京珠高速公路汉江大桥（跨度 180m×24m）；高速公路桥梁梁体结构——湖北孝襄高速公路团山河大桥结构（跨度 80m）；超高层（330m）钢结构建筑楼板组合结构——武汉证券大厦 64 ～ 68 层楼板；以及十个钢箱梁桥面组合铺装结构工程——武汉中环线西环段高架桥钢箱梁桥面铺装层和武汉绕城公路东西湖钢箱梁桥等；实现轻集料混凝土在水平距离大于 200m——武汉琴台大剧院工程、垂直高度大于 180m——武汉锦绣长江大厦工程的超长超高泵送施工。部分工程见图 6-119。

(a) 武汉琴台大剧院（楼板与装饰架结构）　　　　(b) 武汉天河机场二期工程（候机厅楼板结构）

(c) 武汉证券大厦　　　　　(d) 宜昌滨江国际花园大楼　　　　　(e) 锦绣长江大厦
（64～68层楼板结构）　　　（全轻集料混凝土结构）　　　　　（超高程泵送）

图6-119 典型高强轻集料混凝土工程

　　高强轻集料结构混凝土技术的突出特点是：①强度与密度可调控范围广，强度调控范围 LC20～LC60，密度调控范围 1200～1900 级；②混凝土的均质性好、工作性优，工作性保持调控时间长；③混凝土可泵送性能好，设计的 LC7.5～LC60、1200～2200 级混凝土均可以采用泵送技术施工，实际工程应用中水平泵送距离达到 300m，垂直距离达到 180m 以上；④耐久性优，氯离子抗渗系数小于 $5×10^{-13}$ m²/s；⑤施工工艺简单，可不对轻集料进行预湿处理；⑥经济效益突出，通过在结构工程应用轻集料混凝土，减轻了结构自重，在不对基础处理的条件下，增加结构高度，节省了加固费用，增加了建筑使用面积；⑦社会效益显著，因使用轻集料而节省对天然集料的使用，应用了大量淤泥、粉煤灰制备的轻集料，有效利用了淤泥，改善了城市环境，同时还减少了天然集料的开采。

　　（2）工程应用实例　高强轻集料混凝土先后成功应用于京珠高速武汉蔡甸汉

江大桥工程和宜昌滨江国际花园工程。

①京珠高速武汉蔡甸汉江大桥工程　蔡甸汉江大桥是国家重点工程京珠（北京—珠海）高速公路和武汉市外环线的交通要道，全长1607m，主跨为预应力箱形钢筋混凝土结构，桥梁最大跨度为400m，其中主跨180m，两侧跨度均为110m（图6-120）。因设计变更，需要减重600t以上，决定采用8cm左右的轻集料混凝土1200m³作为桥面层结构高性能轻集料混凝土，其重量约为2280t。与普通混凝土相比，重量减轻600t以上，达到设计要求。

图6-120　蔡甸汉江大桥轻集料结构工程及轻集料桥面结构施工

工程的设计要求是：a.混凝土干表观密度小于1900kg/m³；b.强度等级达到LC40以上，抗折强度大于6.0MPa，此外还要求具有较好的抗震、抗裂、耐磨性能，以及较小的干缩；c.要求采用泵送施工，泵送水平距离大于200m，垂直距离50～70m。

根据以上技术要求，确定原材料分别为：a.HX525#水泥；b.FDN9001高效减水剂；c.DLNT纤维，长度为6mm；d.碎石型页岩陶粒；强度标号为40MPa，筒压强度大于7.0MPa，陶粒级配为5～20mm连续级配，堆积密度平均值为795kg/m³；e.二级粉煤灰。经过试配确定的施工配合比见表6-65。

表6-65　蔡甸汉江大桥泵送轻集料混凝土施工配合比

水	水泥	粉煤灰	轻集料	砂	DLNT纤维	FDN/%	坍落度/cm	扩展度/cm
配合比/（kg/m³）								
160	477	73	506	619	1.0～1.2	0.8	18～22	55～60

研制的纤维增强轻集料混凝土完全能够满足泵送施工要求：活塞前泵压5.5～8.0MPa，泵送前混凝土坍落度为18cm，泵送后为16cm；混凝土坍落度损失较小；新拌混凝土的7d抗压抗压强度45.5MPa，28d达到58MPa；经泵送后，混凝土7d抗压强度44.0MPa，28d抗压强度达55.0MPa以上；混凝土28d抗折强度6.8MPa；抗渗性能达到P12以上，混凝土的表面没有发现裂缝，混凝土的耐久性能得到明显改善，使桥面更加坚固耐用。

② 宜昌滨江国际花园工程 宜昌滨江国际花园工程建筑总高 101.1m，为 29 层，总建筑面积 36197.9m²，地面裙房（商业）四层以上全部采用轻集料混凝土建造。该工程首创了我国在结构体系上（筒体、剪力墙、梁、柱、板）全部采用轻集料混凝土的记录，同时实现了轻集料混凝土垂直高度达 101m 的高层高强泵送技术。工程所用轻集料为宜昌宝珠陶粒开发有限公司生产，著者团队为该企业攻关开发高强轻集料提供技术指导，中国建筑设计研究院为此次建筑结构工程的建设提供了技术指导。

第七节
低温升抗裂大体积混凝土

一、概述

1. 大体积混凝土

大坝电站、港口码头、交通工程和大型建筑物基础设施等均为大体积混凝土结构。目前，各国关于大体积混凝土的定义不尽相同，美国混凝土协会（American Concrete Institute，ACI）将大体积混凝土定义为：混凝土的尺寸非常大，必须要处理胶凝材料的水化放热和混凝土硬化过程中的体积变形问题，以减小开裂的风险，称为大体积混凝土。日本建筑学会标准（Japanese Architectural Standard Specification 5，JASS5）的定义：混凝土结构的断面尺寸在 80cm 以上，同时因为水化放热引起混凝土内部最高温度与外界温度之差大于 25℃的混凝土，称为大体积混凝土。我国《大体积混凝土施工规范》（GB 50496—2018）中定义："混凝土结构物实体最小尺寸不小于 1m 的大体量混凝土，或预计会因混凝土中胶凝材料水化引起的温度变化和收缩而导致有害裂缝产生的混凝土"称为大体积混凝土[183,184]。

2. 大体积混凝土温升开裂问题

根据水泥水化反应机理，水泥等胶凝材料水化时放热，会造成混凝土内部升温。在通常情况下，水化反应一段时间内混凝土结构内部的温度高于混凝土构件或构筑物的外部环境温度，如此形成混凝土结构材料的内外部温度差现象。大体积混凝土尺寸较大，而混凝土为热的不良导体，内部热量不宜释放，内外温差产生结构材料的温度应力，当温度应力大于同龄期的劈裂抗拉强度时，混凝土将会出现开裂，这是大体积混凝土结构开裂的主要原因和工程安全的重要问题。

传统解决大体积混凝土开裂的方法主要是系统降温技术，包括采取对混凝土原材料的各种冷却降温方法，在混凝土制备和输送环节的冷却降温措施，以及在混凝土结构中设置专门的冷却降温装置等。工程实践表明，这些外在降温方式虽然可以解决大体积混凝土温升开裂问题，但因降温技术涉及内容和环节多、施工工艺复杂，对技术应用的条件和管理水平要求高，相应增加了工程成本。

3．主要研究内容

著者团队根据材料学原理和高技术混凝土特点，研究开发了低温升抗裂大体积混凝土技术，即依据混凝土产生热源的水化机理入手，采用设计原材料组成，通过调控水化反应种类和方式，以减少或减缓水化热集中释放，使混凝土材料形成过程呈水化低温升状态，减少温升速率和解决温升开裂问题。开展的研发工作并取得创新成果如下：

① 研发低温升混凝土原材料配方和水泥颗粒分散技术。系统研究混凝土水化反应温升机理，探明水泥与其他胶凝材料、辅助胶凝材料水化反应规律，开发混凝土低温升原料配方设计技术；研究水泥颗粒之间的空间位阻效应，促使相互黏结的水泥颗粒充分分散，降低水泥掺量，从本质降低混凝土温升。

② 研发密实骨架堆积法大体积混凝土结构技术。依据密实骨架堆积原理，优化水泥石和混凝土结构，合理匹配胶凝材料和砂石集料的组成，有效降低胶凝材料的用量，提高混凝土结构的强度，抑制混凝土开裂。

③ 研发辅助胶凝材料降低水化热技术。研究矿渣、粉煤灰等辅助胶凝材料取代部分水泥，降低混凝土的绝热温升，提高辅助胶凝材料自身的微集料效应和二次水化作用，提高混凝土的结构致密性，抑制混凝土中微裂缝的扩展，提高混凝土耐久性能。

二、大体积混凝土的开裂敏感性

大体积混凝土水泥在水化过程中会产生大量的热量，混凝土构件内部热量散失速度远低于构件表面的热量散失速度，造成构件内部与表面存在较大温度差，产生温度应力使混凝土结构开裂。大体积混凝土易开裂的原因有[185]：

（1）水化温升高，体积变化大　混凝土体积越大，水泥水化产生的热量越不易散发，温升越高，引起的体积变化也越大。裂缝产生的最根本的原因是水化温升产生较大的体积变化。混凝土的水泥用量一般为 $300 \sim 550\text{kg/m}^3$，水泥水化热引起混凝土内部的绝热温升为：

$$T_{\max} = \frac{WQ}{\gamma_h C} = \frac{400 \times 450 \times 10^3}{2450 \times 0.96 \times 10^3} = 76.5℃ \qquad （6-30）$$

式中　W——单位水泥用量，取400kg/m³；

　　　Q——42.5普通硅酸盐水泥最终水化热，取 $450×10^3$kJ/kg；

　　　γ_h——混凝土的密度，取 2450kg/m³；

　　　C——混凝土的比热容，取 $0.96×10^3$kJ/（kg·℃）。

考虑上、下表面一维散热，散热系数 0.5 ～ 0.6，取 0.6，则因水化热引起的温升值 T_1：

$$T_1 = 0.6T_{max} = 0.6×76.5 = 45.9℃ \tag{6-31}$$

环境温度 10 ～ 20℃，平均差值 T_2：

$$T_2 = (20-10)/2 = 5℃ \tag{6-32}$$

混凝土的冷缩值 S_t：

$$S_t = \alpha(T_1 + T_2) = 1.0×10^{-5}×(45.9+5) = 5.09×10^{-4} \tag{6-33}$$

式中　α——混凝土的热膨胀系数，取$1.0×10^{-5}$/℃。

由此可见，水泥所产生的绝热温升很高，当环境温差变化较大时，大体积混凝土基础底板不按热工计算采用温控措施，会使混凝土内外温差升高且大于25℃，因而产生较大温度应力（产生冷缩）而开裂。同时，混凝土温度的升高也加剧了混凝土表面水分蒸发，引起干缩。干缩是一个长期的过程，若干年后才达到稳定，在大气中混凝土总的干缩率一般在（5 ～ 10）×10^{-4}。混凝土早期若及时洒水养护，早期干缩值较低。因此，在混凝土浇筑初期，温度变化引起的冷缩往往大于干缩。

（2）受约束，产生拉应力　混凝土体积变化受到约束时产生内应力，约束有两种：一是外部约束；二是内部约束。混凝土浇筑在地基基础上，其体积变化将受外部地基基础的约束，初期因水泥急剧水化升温，体积膨胀，处于受压状态，但因混凝土（强度低）弹性模量低，产生的压应力很小；后期水泥水化热减小，散发热量大于水化热量，温度降低，体积收缩，受地基基础的约束，由受压状态变为受拉状态，产生拉应力。内部约束是由于内部水泥水化热不易散发，表面则易散发，特别是遇气温骤降使表面温度低于内部。相对而言，内部体积膨胀受表面约束处于受压状态，表面则体积收缩，受内部约束，产生拉应力。

（3）抗拉强度低　混凝土是脆性材料，抗压强度较高，抗拉强度较低。抗拉强度仅为抗压强度的1/10左右；极限拉伸应变也很小，通常不足 1×10^{-4}。大体积混凝土温度变形受约束时产生的拉应变（或拉应力）很容易超过极限拉伸应变（或抗拉强度）而产生裂缝。

（4）施工与养护不良　基础底板混凝土在浇灌振动过程中，会产生大量泌水，若不采取措施及时排除，会降低混凝土质量和抗裂性；混凝土浇筑、振捣的均匀性不良，以及供水保湿、保温养护不足或不及时，都是大体积混凝土产生裂缝的直接原因。

三、大体积混凝土低温升抗裂技术

普通大体积混凝土水泥和胶凝材料用量较高，虽能保证混凝土的强度与工作性能，但提高了水泥的水化放热总量，使混凝土的绝热温升、内外温差与自收缩增大，容易使混凝土因温度应力与收缩变形耦合作用产生裂缝，导致其耐久性能降低。

本节通过密实骨架堆积原理及水泥分散增强组分设计出大体积混凝土低温升复合配合比，水泥及胶凝材料的用量较少，同时强度满足设计要求。为防止大体积混凝土在温度应力与收缩变形耦合作用下产生温度裂缝，需降低水泥及胶凝材料的用量，而胶凝材料用量的降低，将导致混凝土抗压强度降低、工作性能差、耐久性不佳等问题，混凝土不能满足施工要求。研究表明混凝土中有10%～20%左右的水泥由于团聚不能均匀分散，仅在混凝土中作为集料起到填充的作用，而水泥分散增强组分为一种小分子的表面活性物质，能够充分分散水泥，提高水泥的水化程度与胶结性能，以提高混凝土强度，在满足强度设计要求下，可进一步减少水泥和胶凝材料总用量。但在混凝土中引入水泥分散增强组分后，提高了水泥的早期放热速率，使混凝土早期放热量增多，水化温升提高，且水泥及胶凝材料用量减少，混凝土工作性能降低，因此，需对混凝土温峰放热时间、保塑性能、黏聚性能进行调整，制备出低水泥和低胶凝材料用量、水化放热低、收缩小、工作性能优良的低温升抗裂大体积混凝土[185-187]。

1．试验材料

① 水泥：华新 P·O42.5 普通硅酸盐水泥，细度（0.08mm 方孔筛的筛余）2.7%，水泥 3d 水化放热量 233kJ/kg，7d 水化放热量 261kJ/kg，水化放热曲线见图 6-121，技术性能指标见表 6-66。

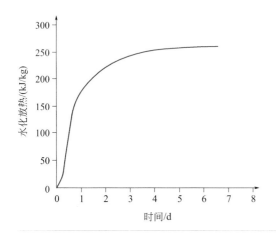

图6-121
水泥水化放热曲线

表6-66 水泥的主要技术性能指标

细度（0.08筛余）/%	凝结时间/min		抗折强度/MPa		抗压强度/MPa		安定性
	初凝	终凝	3d	7d	3d	7d	
2.7	133	277	5.6	7.8	27.7	50.6	合格

② 粉煤灰：Ⅱ级粉煤灰，烧失量为5.8%，需水量比为96%，细度为9.7%（0.045mm 筛余），粉煤灰的主要性能指标见表6-67。

表6-67 粉煤灰的主要性能指标

粉煤灰	细度（0.045mm筛余）	需水量比	烧失量
Ⅱ级粉煤灰	9.7%	103%	6.8%

③ 矿渣粉：S95级矿渣粉，比表面积450m²/kg，流动度比为99%，7d活性指数为89.1%，28d活性指数为100%。

④ 细集料：天然砂（S），表观密度 $\rho_a=2680kg/m^3$，堆积密度 $\rho=1589kg/m^3$，细度模数2.81，含泥量0.4%。

⑤ 粗集料：碎石（G），5～20mm连续级配碎石，压碎值8.9%。

⑥ 外加剂：减水剂为上海三瑞化学有限公司 VIVID-500（C）型高效聚羧酸减水剂，固含量30%，减水率27%；分散增强组分。

2．密实骨架堆积法设计大体积混凝土配合比

密实骨架堆积法是通过寻找混凝土原材料的最大堆积密度来实现最小孔隙率，并利用曲线拟合得出集料间的最佳比例。粉煤灰的密度和细度均比混凝土中的细集料小很多，由材料的堆积理论得知，利用密度小的材料填充密度大的材料，堆积密度曲线会出现具有一个峰值的二次函数形式图。现通过粉煤灰填充细集料空隙、得出致密系数 α，再以 α 比例的细集料（包含粉煤灰）填充粗集料，得到最大堆积因子 β，由此得出最大堆积密度 U_w 和最小空隙率 V_v，利用富余浆体理论，确定水泥浆体的放大倍数 N，得出所需的润滑和填充水泥浆量。最后，利用大体积混凝土水胶比的大概取值范围：C30 混凝土的水胶比可在 0.36～0.40之间选取，C40、C45 混凝土的水胶比在 0.31～0.36 之间选取，依据强度和耐久性要求设定水胶比，求出拌合水量，从而达到减少混凝土中水泥用量和单位用水量的目的。

（1）材料堆积密度与致密系数 α、β 间的关系

$$\alpha=W_f/（W_f+W_s）\tag{6-34}$$

$$\beta=（W_f+W_s）/（W_f+W_s+W_a）\tag{6-35}$$

式中　W_f——粉煤灰的质量，kg；

　　　W_s——砂的质量，kg；

　　　W_a——碎石的质量，kg。

以不同比例混合的集料和粉料分别对应不同的致密系数与堆积密度 U_w。将粉煤灰与砂按一定的致密系数 α 混匀，装入 5L 的试验筒中，振实、压平，让粉煤灰充分填充入砂的空隙，得到混合后的堆积密度，直至堆积密度 U_w 的最大值出现（表 6-68）。然后作出 U_w 与 α 的关系曲线，一次微分求得 U_w 极大值时对应的致密系数 α_0；再以致密系数为 α_0 均匀混合的粉煤灰和砂与碎石按不同致密系数 β 进行充填，从而获得三者的最大堆积密度 U_{w1}。粉煤灰与砂混合填充实验的数据结果见表 6-67，U_w 与 α 的关系曲线见图 6-122。

表6-68　粉煤灰、砂填充数据结果

α	$U_w/$（kg/m³）	α	$U_w/$（kg/m²）
0.06	1749.6	0.13	1891.5
0.08	1801.8	0.14	1892.7
0.10	1835.2	0.15	1893.6
0.11	1873.9	0.16	1885.8
0.12	1882.6	0.17	1873.0

如图 6-122 所示，将 U_w 与 α 的曲线方程进行一次求导，并令导数为零，得 $\alpha_0=0.143$，以 $\alpha_0=0.143$ 比例的粉煤灰、砂与碎石按不同致密系数 β 进行充填，粉煤灰、砂与石的填充数据见表 6-69，U_w 与 β 的关系曲线见图 6-123。

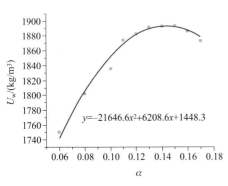

图6-122　U_w与α的关系曲线

$y=-21646.6x^2+6208.6x+1448.3$

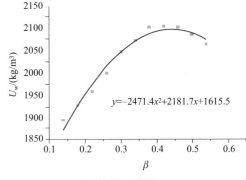

图6-123　U_w与β的关系曲线

$y=-2471.4x^2+2181.7x+1615.5$

表6-69　混合物填充实验结果

β	U_w/（kg/m³）	β	U_w/（kg/m³）
0.14	1892.4	0.38	2100.5
0.18	1925.6	0.42	2102.7
0.22	1956.7	0.46	2100.6
0.26	1997.8	0.50	2083.8
0.30	2045.7	0.54	2062.4
0.34	2071.7		

将 U_w 与 β 的曲线方程进行一次求导，并令导数为零，得 β_1=0.441。当 β_1=0.441 时，粉煤灰、砂与碎石三者的最大堆积密度 $U_{w1} \approx 2097$kg/m³。

则最紧密堆积时，碎石、砂、粉煤灰在单位体积内的质量分别为：

$$W_a = U_{w1}(1 - \beta_1) \tag{6-36}$$

$$W_s = U_{w1}\beta_1(1 - \alpha_0) \tag{6-37}$$

$$W_f = U_{w1}\beta_1\alpha_0 \tag{6-38}$$

（2） N 值的确定　粉煤灰与砂、石在最紧密堆积状态下的最小孔隙率：

$$W_v = 1 - (W_f / \gamma_f + W_s / \gamma_s + W_a / \gamma_a) \tag{6-39}$$

式中　γ_f——粉煤灰表观密度，kg/m³；

γ_s——砂的表观密度，kg/m³；

γ_a——碎石的表观密度，kg/m³。

以不同放大倍数体积的水泥浆体加以润滑，按实际配制的混凝土工作状态确定适宜的 N 值：

$$V_p = NV_v \tag{6-40}$$

$$V_{agg} = 1 - V_p \tag{6-41}$$

式中　V_p——水泥浆体的体积，m³；

V_{agg}——骨材的体积，m³；

V_v——混合材料的最小孔隙率，%，即在最紧密堆积状态下的孔隙率。

由公式（6-40）、式（6-41）得，水胶比一定时，若 N 值较小，水泥浆量随之减小，集料所占比例大，浆体量不能完全包裹集料，使混凝土工作性能和力学性能无法满足施工要求；若 N 值较大，水泥浆体所占比例大，集料比例减少，尽管工作性能良好，但胶凝材料用量过多，经济性和耐久性不佳，所以需要确定合适的 N 值。由表 6-70 与表 6-71 可知，当 C30 混凝土 N 值为 1.1 时，混凝土工作状态良好，C40、C45 混凝土 N 值为 1.2 时，混凝土工作状态良好。

表6-70　N值与C30混凝土工作性能关系

N值	混凝土工作性能
1.0	浆料不能完全包裹砂、石，坍落度与扩展度小，且经时损失较大，基本无流动性，不适宜泵送
1.1	浆料可以完全包裹砂石集料，坍落度与扩展度满足设计要求，经时损失小，并且适宜于泵送
1.2	浆料可以完全包裹住砂石集料，且有很多富余，坍落度和扩展度较大，但胶凝材料用量过多，不满足经济性要求

表6-71　N值与C40、C45混凝土工作性能关系

N值	混凝土工作性能
1.1	浆料不能完全包裹砂、石，坍落度与扩展度小，且经时损失较大，基本无流动性，不适宜泵送
1.2	浆料可以完全包裹住砂石集料，坍落度与扩展度满足设计要求，经时损失小，并且适宜于泵送
1.3	浆料可以完全包裹住砂石集料，且有很多富余，坍落度和扩展度较大，但胶凝材料用量过多，不满足经济性要求

（3）混凝土原材料用量计算　由于水泥浆量被放大，故集料与粉煤灰的质量需进行调整，并进一步算出水泥与水的用量：

$$W_s' = \frac{V_{\mathrm{agg}}}{\dfrac{1}{\gamma_s} + \dfrac{1-\beta_1}{\gamma_a \beta_1 (1-\alpha_0)} + \dfrac{\alpha_0}{\gamma_f (1-\alpha_0)}} \qquad (6\text{-}42)$$

$$W_a' = \frac{(1-\beta_1)W_s'}{\beta_1(1-\alpha_0)} \qquad (6\text{-}43)$$

$$W_f' = \frac{\alpha_0 W_s'}{1-\alpha_0} \qquad (6\text{-}44)$$

$$W_c = \frac{V_p - \left(\dfrac{\lambda}{\gamma_w} + \dfrac{1}{\gamma_f}\right)W_f'}{\dfrac{\lambda}{\gamma_w} + \dfrac{1}{\gamma_c}} \qquad (6\text{-}45)$$

$$W_w = \lambda W_f + \lambda W_c \qquad (6\text{-}46)$$

式中　W_s'——校正后砂的单方用量，kg；

$\quad\quad W_a'$——校正后碎石的单方用量，kg；

$\quad\quad W_f'$——校正后粉煤灰的单方用量，kg；

$\quad\quad W_c$——水泥单方用量，kg；

$\quad\quad W_w$——水的单方用量，kg；

$\quad\quad \gamma_c$——水泥的表观密度，kg/m³；

γ_w——水的表观密度，kg/m^3；

λ——水胶比。

初步确定 C30 混凝土水胶比取 0.39，C40 混凝土取 0.35，C45 混凝土取 0.33，由式（6-42）至式（6-46）可得 C30、C40、C45 混凝土的初始配合比，见表 6-72。

表6-72　混凝土初始配合比　　　　　　　　　　　　　　　　　　　　　单位：kg/m^3

编号	水泥	粉煤灰	砂	石	水
C30	220	150	761	1095	144
C40	240	180	782	1081	147
C45	300	150	798	1103	148

（4）不同水胶比对混凝土性能的影响　同一强度等级的混凝土，不同水胶比强度差别较大，现在对密实骨架堆积原理设计的初始配合比基础上进行水胶比优化，设计如表 6-73 所示的实验，结果如表 6-74 所示。

表6-73　不同水胶比的混凝土配合比　　　　　　　　　　　　　　　　单位：kg/m^3

编号	水胶比	水泥	粉煤灰	砂	石	水	减水剂
C30-1	0.37	220	150	761	1095	137	1.6%
C30-2	0.39	220	150	761	1095	144	1.4%
C30-3	0.41	220	150	761	1095	152	1.3%
C40-1	0.33	240	180	782	1081	139	1.8%
C40-2	0.35	240	180	782	1081	147	1.6%
C40-3	0.37	240	180	782	1081	155	1.5%
C45-1	0.31	300	150	798	1103	140	2.0%
C45-2	0.33	300	150	798	1103	148	1.8%
C45-3	0.35	300	150	798	1103	158	1.7%

注：减水剂以胶凝材料百分比计。

表6-74　不同水胶比的混凝土性能

编号	坍落度/mm	扩展度/mm	抗压强度/MPa		
			7d	28d	60d
C30-1	150	450	31.3	45.2	50.9
C30-2	160	450	28.1	41.6	47.7
C30-3	170	460	24.7	37.5	42.8
C40-1	160	460	38.8	55.3	59.2
C40-2	180	470	34.3	51.4	56.2

编号	坍落度/mm	扩展度/mm	抗压强度/MPa		
			7d	28d	60d
C40-3	190	480	31.5	46.2	51.3
C45-1	160	450	45.6	63.9	67.2
C45-2	180	460	41.3	58.6	63.3
C45-3	180	480	37.5	54.7	58.5

从试验结果可以看出,同一强度等级的混凝土,随着水胶比的增大,强度不断降低,水胶比较低时,混凝土强度富余系数较大,不利于大体积混凝土抗裂。因此确定 C30、C40、C45 混凝土的水胶比分别为 0.39、0.35、0.33。

(5)不同胶凝材料组成对混凝土性能的影响 水泥的用量对混凝土的强度有至关重要的作用,过高的水泥用量虽能满足强度要求,但增大了混凝土的水化放热量,使其绝热温升提高,混凝土易产生温度裂缝,降低其耐久性能。矿渣粉作为一种混凝土常用矿物掺合料,等量取代部分水泥和粉煤灰后,其自身的微集料效应和二次水化作用,能显著提高混凝土的结构致密性,从而大幅提高混凝土耐久性能;并且矿渣粉与水泥相比能大幅降低水化放热量,显著降低混凝土的绝热温升,降低大体积混凝土开裂的风险,所以通过掺入矿渣粉替代部分水泥和粉煤灰进行胶凝材料体系优化。试验配合比见表6-75,试验结果如表6-76 所示。

表6-75　不同胶凝材料组成的混凝土配合比　　　　　　　　　　　　　　　　单位:kg/m³

编号	水泥	粉煤灰	矿渣粉	砂	石	水	减水剂
C30-4	120	150	100	761	1095	144	1.4%
C30-5	100	150	120	761	1095	144	1.4%
C30-6	80	150	140	761	1095	144	1.4%
C40-4	210	100	110	782	1081	147	1.6%
C40-5	210	60	150	782	1081	147	1.6%
C40-6	170	150	100	782	1081	147	1.6%
C40-7	150	150	120	782	1081	147	1.6%
C40-8	130	150	140	782	1081	147	1.6%
C45-4	210	130	110	798	1103	148	1.8%
C45-5	190	130	130	798	1103	148	1.8%
C45-6	170	130	150	798	1103	148	1.8%

注:减水剂以胶凝材料百分比计。

表6-76　不同胶凝材料组成的混凝土性能

编号	坍落度/mm	扩展度/mm	抗压强度/MPa		
			7d	28d	60d
C30-4	180	490	26.2	39.5	44.7
C30-5	170	480	24.1	38.3	42.4
C30-6	160	460	22.2	37.6	40.7
C40-4	190	490	36.4	54.7	59.3
C40-5	190	480	38.5	56.8	61.5
C40-6	190	480	34.3	51.5	56.6
C40-7	180	470	30.5	48.4	53.2
C40-8	180	470	28.4	45.7	50.3
C45-4	190	490	41.3	58.4	63.6
C45-5	180	470	38.3	54.6	57.3
C45-6	170	480	33.5	49.4	53.8

由表6-76可以看出，混凝土配合比利用矿渣粉优化后，强度略有降低，对于同一标号的混凝土，抗压强度随着水泥用量的减少而降低。水泥用量较高时，混凝土虽有较大的强度富余系数，但会产生大量的水化热，引起较大的温度应力，易产生开裂，不利于混凝土的耐久性和经济性。因此，C30混凝土最佳胶凝材料用量为水泥100kg/m³、粉煤灰150kg/m³、矿渣粉120kg/m³；C40混凝土最佳胶凝材料用量为水泥150kg/m³、粉煤灰150kg/m³、矿渣粉120kg/m³；C45混凝土最佳胶凝材料用量为水泥190kg/m³、粉煤灰130kg/m³、矿渣粉130kg/m³。

根据《大体积混凝土施工规范》（GB/T 50496—2018）中的绝热温升计算公式进行C30、C40、C45混凝土的绝热温升理论计算：

水泥水化热计算公式：

$$Q_0 = \frac{4}{\dfrac{7}{Q_7} - \dfrac{3}{Q_3}} \tag{6-47}$$

式中　Q_7，Q_3——龄期7d和3d时的累积水化热，kJ/kg，由图6-121可知，水泥3d水化热Q_3为233kJ/kg，7d水化热Q_7为261kJ/kg；

Q_0——水泥水化热总量，kJ/kg。

由公式（6-47）计算出水泥的水化热总量Q_0为286.9kJ/kg。

胶凝材料水化热总量：

$$Q = kQ_0 \tag{6-48}$$

式中　Q——胶凝材料水化热总量，kJ/kg；

k——矿物掺合料水化热调整系数。

水化热调整系数计算公式：

$$k = k_1 + k_2 - 1 \qquad (6-49)$$

式中　k_1——粉煤灰掺量对应的水化热调整系数（见表6-77）；

　　　k_2——矿渣粉掺量对应的水化热调整系数（见表6-77）。

表6-77　矿物掺合料对应的水化热调整系数

掺量	0	10%	20%	30%	40%
k_1（粉煤灰）	1	0.96	0.95	0.93	0.82
k_2（矿渣粉）	1	1	0.93	0.92	0.84

C30 混凝土的粉煤灰掺量为 150/370=0.4，矿渣粉掺量 120/370=0.32，由表 6-77 得，k_1 为 0.82，k_2 约为 0.90，由公式（6-49）得 k=0.72，公式（6-48）得 Q_{C30}=206.6kJ/kg；

C40 混凝土的粉煤灰掺量为 150/420≈0.36，矿渣粉掺量 120/420=0.29，由表 6-77 得，k_1 为 0.87，k_2 为 0.92，由公式（6-49）得 k=0.79，公式（6-48）得 Q_{C40}=227kJ/kg；

C45 混凝土的粉煤灰掺量为 130/450=0.29，k_1 取 0.93，矿渣粉掺 130/450=0.29，k_2 取 0.92，由公式（6-49）计算得 k=0.85，由公式（6-48）得 Q_{C45}=244kJ/kg。

混凝土绝热温升计算公式：

$$T(t) = \frac{WQ}{C\rho}(1 - e^{-mt}) \qquad (6-50)$$

式中　$T(t)$——龄期为t时，混凝土的绝热温升，℃；

　　　W——每立方米混凝土的胶凝材料用量，kg/m³；

　　　C——混凝土比热容，取 1.0kJ/（kg·℃）；

　　　ρ——混凝土的质量密度，取 2450kg/m³；

　　　m——与水泥品种、浇筑温度等有关的参数，取 0.4d⁻¹；

　　　t——龄期，d。

由公式（6-50）计算得，C30 混凝土的绝热温升为 T_{C30}=31.4℃，C40 混凝土的绝热温升为 T_{C40}=38.4℃，C45 混凝土的绝热温升为 T_{C45}=43.8℃，因此，由密实骨架堆积原理设计的混凝土与同标号混凝土相比绝热温升均较低，均符合《大体积混凝土施工规范》（GB/T 50496—2018）中"混凝土实际温升不超过50℃"的规定。

3．水泥分散增强组分设计

研究表明，通常情况下混凝土中有 10%～20% 左右的水泥在水泥拌合中由于无法分散，不能参与水化，仅作为微集料起到填充的作用，这部分水泥无法发挥水泥胶结性能的作用[184]。水泥分散增强组分为一种带有酰胺基团的小分子表面活性物质，掺入混凝土中，能通过改变水泥颗粒的固-液表面张力和分子之间的静电斥力，以提高水泥颗粒之间的空间位阻效应，使原来相互黏结的水泥颗粒充分分散，相互保持独立状态，促进水泥颗粒的水化，充分激发每一个单位水泥组分的胶结作用，在保持相同混凝土强度的前提下降低水泥掺量。

（1）水泥分散增强组分掺量分析　在保证水胶比与砂率不变的基础上，对设计的编号为 C30-5 混凝土减少 10kg/m³ 水泥和 10kg/m³ 粉煤灰；C40-7 混凝土减少 20kg/m³ 水泥；C45-5 混凝土减少 30kg/m³ 水泥和 10kg/m³ 矿渣粉，同时通过引入一定量的水泥分散增强组分，充分分散水泥颗粒和提高其颗粒之间的胶结作用，以提高混凝土抗压强度。分析不同水泥分散增强组分对混凝土的强度影响，配合比如表 6-78 所示，试验结果如表 6-79 所示。

表6-78　混凝土配合比

编号	原材料用量/（kg/m³）							水泥分散增强组分
	水泥	粉煤灰	矿渣粉	砂	石	减水剂	水	
C30-0	90	140	120	771	1098	1.4%	136	0
C30-3	90	140	120	771	1098	1.4%	136	0.3%
C30-6	90	140	120	771	1098	1.4%	136	0.6%
C30-10	90	140	120	771	1098	1.4%	136	1.0%
C40-0	130	150	120	795	1095	1.6%	140	0
C40-3	130	150	120	795	1095	1.6%	140	0.3%
C40-6	130	150	120	795	1095	1.6%	140	0.6%
C40-10	130	150	120	795	1095	1.6%	140	1.0%
C45-0	160	130	120	820	1126	1.8%	135	0
C45-3	160	130	120	820	1126	1.8%	135	0.3%
C45-6	160	130	120	820	1126	1.8%	135	0.6%
C45-10	160	130	120	820	1126	1.8%	135	1.0%

表6-79　混凝土力学性能

编号	坍落度/mm	扩展度/mm	初凝时间/h	抗压强度/MPa		
				7d	28d	60d
C30-0	170	460		21.5	36.6	39.6
C30-3	170	460	16	23.3	38.4	43.2
C30-6	170	470		24.5	39.8	44.8
C30-10	180	470		24.1	38.5	43.7
C40-0	180	480		28.3	44.7	48.2
C40-3	180	480	15.7	31.2	46.7	50.6
C40-6	180	480		32.7	49.5	53.5
C40-10	190	490		31.5	47.8	52.9

编号	坍落度/mm	扩展度/mm	初凝时间/h	抗压强度/MPa		
				7d	28d	60d
C45-0	170	480		33.4	48.9	52.8
C45-3	180	480	15.5	36.2	51.3	56.6
C45-6	190	480		37.8	53.6	57.8
C45-10	190	480		36.1	51.5	56.9

由表 6-79 可以看出，随着水泥分散增强组分掺量的增加，C30、C40、C45 混凝土强度出现了先增加后减少的趋势，当水泥分散增强组分掺量为 0.6% 时，混凝土强度出现最大值，均高于未降低水泥及胶材用量前的抗压强度。当水泥分散增强组分掺量超过 0.6% 时，混凝土强度均出现下降。根据表 6-79 数据结果可知，确定 C30、C40、C45 混凝土水泥分散增强组分的最佳掺量均为 0.6%。

利用绝热温升计算方法，得到优化后的 C30 混凝土的绝热温升为 T_{C30}=29.3℃，C40 混凝土的绝热温升为 T_{C40}=35.6℃，C45 混凝土的绝热温升为 T_{C45}=38.7℃；与优化前相比，混凝土绝热温升进一步降低，抗裂能力进一步增强。

分析水泥分散增强组分提高混凝土强度的原因可知，其作为一种小分子的表面活性物质，自身带有的酰胺基团与水泥颗粒接触，覆盖在颗粒表面，酰胺基团与混凝土中的拌合水接触，使原本水泥颗粒表面形成水膜的张力改变，释放出拌合水，同时使水泥颗粒之间带有相同电荷，相互之间产生静电排斥作用，提高了水泥颗粒之间的空间位阻效应，使其相互保持独立状态，充分分散水泥颗粒，使每个水泥颗粒充分与水接触，促进水泥的水化，提高了水泥颗粒之间的胶结作用。但当掺量过多时（超过 0.6%），自身带有的酰胺基团会使混凝土的含气量增大，使其强度下降。

（2）水泥分散增强组分对混凝土水化放热的影响　由试验结果可知，在降低水泥及胶凝材料用量时，掺入水泥分散增强组分，可明显提高混凝土的强度，使其强度满足施工要求，并有较高的安全系数。但通常认为强度的提高会加大混凝土的水化放热速率，随之带来的问题是混凝土绝热温升提高，温度应力增大，易使大体积混凝土产生开裂。相关研究表明，水泥的水化过程是一系列复杂的物理与化学反应，并且水泥的水化伴随着放热过程，随着水泥水化不断进行，放热量不断增多。利用美国 TA 公司生产的八通道 TAM Air 型水化微量热仪进行胶凝材料水化热试验，该仪器可以对胶凝材料水化放热速率和放热量进行测量，测量精确度为 ±20μW，测量范围为 5～90℃，散热良好的状态下持续测试时间可达数星期。现对不同水泥分散增强组分掺量（0、0.3%、0.6%、1.0%）的胶凝材料进行水化热测定，分析其对混凝土水化放热特性的影响。实验结果见表 6-80 和图 6-124。

表6-80　胶凝材料水化放热特性

编号	1d放热量/（J/g）	3d放热量/（J/g）	最大放热速率/×10⁻³W	温峰出现时间/h
C30-0	105.45	189.86	2.016	17.66
C30-3	112.14	190.74	2.444	17.62
C30-6	115.45	196.21	2.446	17.57
C30-10	118.04	198.99	2.694	17.56
C40-0	116.15	192.24	2.167	17.18
C40-3	129.43	206.56	2.427	17.14
C40-6	133.86	212.36	2.624	17.05
C40-10	135.25	212.61	2.793	17.04
C45-0	124.75	198.70	2.292	16.72
C45-3	136.20	211.41	2.718	16.65
C45-6	140.50	215.27	2.812	16.78
C45-10	145.19	218.61	2.997	16.61

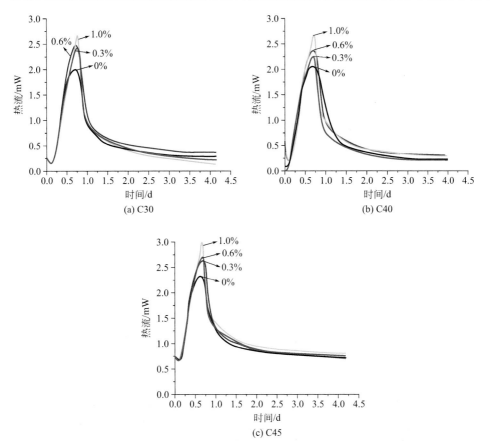

图6-124　C30、C40及C45混凝土水化放热特性

由表 6-80 与图 6-124（a）可知，C30 混凝土中未掺水泥分散增强组分的空白组 1d、3d 放热量分别为 105.45J/g、189.86J/g，最大放热速率为 2.016×10^{-3}W，温峰出现时间 17.66h。掺入水泥分散增强组分后，对 1d、3d 和温峰出现时间基本无影响，但最大放热速率有明显提高，并随着水泥分散增强组分掺量的增加，最大放热速率值不断升高，当掺量为 0.6% 时提高 21.3%。由表 6-80 与图 6-124（b）～（c）可知，水泥分散增强组分对 C40、C45 混凝土有同样的影响结果，当掺量为 0.6% 时，对 C40、C45 混凝土最大放热速率分别提高 21.1%、22.7%。分析原因可知，水泥分散增强组分能充分分散水泥颗粒，使颗粒与拌合水充分接触，加快了水泥的水化速率，提高了混凝土的最大放热速率。

（3）水泥分散增强组分对混凝土水化程度的影响　配合比编号为 C30-0、C30-6、C40-0、C40-6 的 7d 水化产物 SEM 照片如图 6-125～图 6-128 所示。

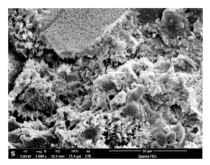

图6-125　C30-0配合比的混凝土微观形貌（7d）

图6-126　C30-6配合比的混凝土微观形貌（7d）

图6-127　C40-0配合比的混凝土微观形貌（7d）

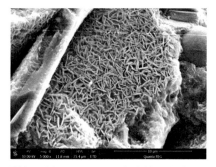

图6-128　C40-6配合比的混凝土微观形貌（7d）

掺入水泥分散增强组分后 C30 与 C40 混凝土水化产物的结晶程度与未掺水泥分散增强组分时相比得到大幅度提高，未掺水泥分散增强组分时，AFt 主要形态为晶须状分布，结晶效果比较差，同时，有很多未参与水化的水泥颗粒团聚在 C-S-H 凝胶之间；而掺了水泥分散增强组分的混凝土的 AFt 主要是以很明显的针棒状形式存在，说明结晶效果良好，同时未发现有大量的未参与水化的水泥颗粒团聚现象，水泥颗粒分散比较均匀，由此说明水泥分散增强组分能使水泥颗粒分散更均匀，更好地促进水泥的水化，促进水化产物的形成。

对比分析图 6-125 与图 6-127 可知，图 6-125 胶凝材料中水泥含量的比例较图 6-127 的高，图 6-125 中 $Ca(OH)_2$ 形态为不规则的板状六面体，而图 6-127 中由于水泥的含量高，水化后 $Ca(OH)_2$ 含量也较高，由于矿物掺合料与水化产物 $Ca(OH)_2$ 发生"二次水化"，高含量的 $Ca(OH)_2$ 促进了矿物掺合料的水化。图 6-127 中 $Ca(OH)_2$ 与凝胶相互缠绕，形成一个较密实的整体，由此说明水泥掺量的提高能促进 C-S-H 凝胶的生成。

图 6-129 ～图 6-132 为 C30-0、C30-6、C40-0 与 C40-6 四组配合比混凝土 28d 水化产物的 SEM 照片。

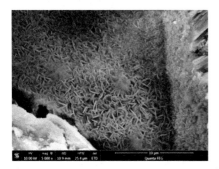

图6-129 C30-0配合比的混凝土微观形貌（28d）

图6-130 C30-6配合比的混凝土微观形貌（28d）

图6-131 C40-0配合比的混凝土微观形貌（28d）

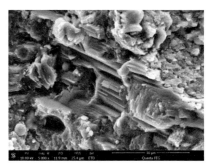

图6-132 C40-6配合比的混凝土微观形貌（28d）

对比分析 7d、28d 的微观形貌发现，28d 时四组中 $Ca(OH)_2$ 含量均较 7d 时有较大增加，说明混凝土的 28d 水化程度比 7d 高，未参与水化的水泥颗粒明显减少。掺了水泥分散增强组分的混凝土比未掺的空白组 $Ca(OH)_2$ 含量有所增加。在

图 6-129 与图 6-131 中，可以观察到有未水化的水泥颗粒与球形状的粉煤灰颗粒，而在图 6-130 与图 6-132 中，没有观测到球状形态的粉煤灰和水泥颗粒团聚现象，这主要是水泥分散增强组分更好地分散了水泥颗粒，促进了水泥的水化。同时，粉煤灰内部产生的凝胶使其体积变大，膨胀后胀破了原有的球形外壳，与 Ca(OH)$_2$ 发生二次反应，最终粉煤灰整体都被反应产生的凝胶所覆盖，因此，使混凝土的微结构更加密实，成为一个整体，由此说明，水泥分散增强组分可提高混凝土的强度。

四、大体积混凝土低温升抗裂技术工程应用

1. 嘉绍跨江大桥低温升抗裂大体积混凝土应用

嘉绍跨江大桥Ⅳ标，即北侧主桥下部（Z3 ～ Z5 承台）索塔及钢箱梁安装施工；主航道桥为六塔独柱四索面分幅钢箱梁斜拉桥。索塔基础采用圆形承台，承台顶面设计标高为 4.5m。Z3 索塔承台直径为 39.0m，厚 6.0m；Z4 ～ Z5 索塔承台直径为 40.6m，厚 6.0m；Z3 ～ Z5 塔座厚 2.5m，总方量约为 1216m^3；下塔柱高 9m，总方量约为 2578m^3。

嘉绍跨江大桥采用低温升抗裂大体积混凝土设计方法对各部位大体积混凝土的配合比进行了优化设计[188]，高掺粉煤灰和矿渣粉取代部分水泥，降低了混凝土的水化温升，提高了混凝土的耐久性能和力学性能。采用了有限元分析软件对各部位大体积混凝土的温度场和温度应力场进行了计算，根据计算结果，本工程承台大体积混凝土部位通过使用优化设计后的大体积混凝土配合比，采取合理的分层施工，可实现取消冷却水管施工。同时对嘉绍跨江大桥承台及塔柱等大体积混凝土部位进行了内部温度监控，根据监测结果指导混凝土的浇筑和养护工作。表 6-81 是嘉绍跨江大桥大体积混凝土配合比，表 6-82 是嘉绍跨江大桥大体积混凝土物理力学性能，图 6-133 所示为嘉绍跨江大桥大体积混凝土施工现场和整体效果。

表6-81　嘉绍跨江大桥大体积混凝土配合比

强度等级	材料用量/（kg/m^3）						
	水泥	粉煤灰	矿渣粉	砂	石	水	减水剂
C30	96	159	163	795	1055	142	3.80
C40	140	140	150	802	1073	148	4.73
C50	230	130	120	815	1067	153	5.28

表6-82　嘉绍跨江大桥大体积混凝土物理力学性能

强度等级	坍落度/mm		抗压强度/MPa		劈裂抗拉强度/MPa	
	0h	1h	7d	28d	7d	28d
C30	220	205	24.8	41.8	1.63	3.22
C40	220	200	36.2	50.6	2.15	3.53
C50	210	195	45.3	61.1	2.43	3.86

(a) 大体积承台混凝土　　　　　　　(b) 大体积塔柱混凝土

图6-133 嘉绍跨江大桥大体积混凝土施工现场和整体效果

根据现场实测的温控数据进行有限元分析处理后，发现各部位混凝土的抗拉强度均大于同龄期降温时产生的拉应力，具有较高的抗裂安全系数。在共同作用下，所控的大体积混凝土施工质量良好，温控效果良好，没有产生温度裂缝。

2．港珠澳大桥承台大体积混凝土温控方案

港珠澳大桥是一座连接香港、珠海与澳门的迄今世界最长跨海大桥，总长约36公里。设计使用寿命120年。大桥承台呈六边形，顺桥向宽12～12.5m，横桥向宽16m，高4.5～5m，采用C45混凝土在预制场预制方案进行施工，一次浇筑完成，属于典型的海工大体积混凝土。考虑温控及施工需要，参考设计图纸，承台连同2m高的墩身一同浇筑。

（1）承台大体积混凝土配合比及性能　见表6-83和表6-84。

表6-83 承台C45混凝土配合比

编号	原材料用量/（kg/m³)						
	水泥	粉煤灰	矿渣粉	砂	碎石	外加剂	水
C45	190	130	120	820	1126	2.9%	145

注：由于承台混凝土对的耐久性要求较高，水泥用量190kg/m³；外加剂中复掺了0.6%（胶材质量分数）的水泥分散增强组分、2%（减水剂质量分数）的缓凝组分、0.02‰（胶材质量分数）保塑黏度调节组分与0.5%（胶材质量分数）的减缩增韧组分。

表6-84 承台C45混凝土性能

编号	坍落度/mm		抗压强度/MPa				劈裂抗拉强度/MPa			28d碳化深度/mm	28dCl 扩散系数/（×10⁻¹²m²/s）	抗蚀等级
	0h	2h	7d	28d	60d		3d	7d	28d			
C45	220	200	43.9	61.1	65.8		1.79	3.29	3.89	5.1	3.0	≥KS150

（2）边界条件参数

构件尺寸：12.2m×16.0m×5.0m；

模板材质：钢模板；

浇筑温度：参考《公路桥涵施工技术规范》（JTGT F50—2011）要求，"大体积混凝土的浇筑温度不宜高于28℃，冬天浇筑入模温度应不低于10℃"，现浇筑温度控制为28℃；

冷却水：直取水；

冷却水管：冷却水管型号ϕ40mm×2.5mm，水平管间距100cm，垂直管间距100cm；

养护方法：顶面蓄水或覆盖塑料薄膜，其表面等效表面放热系数取为1200kJ/（m²·d·℃），混凝土上表面散热系数取为1900kJ/（m²·d·℃）。

承台连同2m高的墩身一同浇筑。采用有限元软件对承台进行建模及大体积混凝土温度计算，计算模型（网格剖分图）见图6-134。

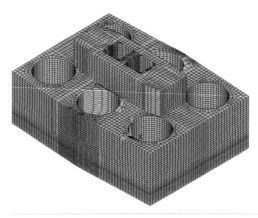

图6-134
港珠澳大桥承台及墩身计算模型

（3）计算分析结果

① 承台混凝土温度场分析　在以上设定条件下，相应龄期温度场分布见图6-135，承台内部最高温度及最大内表温差结果见表6-85。

表6-85　承台混凝土温度计算结果

部位	内部最高温度/℃	最大内表温差/℃
承台	65.9	22.3

由图6-135、表6-85可以看出，承台混凝土内部最高温度计算值符合《公路桥涵施工技术规范》（JTGT F50—2011）"海工混凝土不得高于75℃"、《大体积混凝土施工规范》（GB/T 50496—2018）"混凝土实际温升不超过50℃"的规定。内表温差符合《公路桥涵施工技术规范》（JTGT F50—2011）"大体积混凝土内表温差控制在25℃以内"的规定。

② 承台混凝土应力场分析　在以上设定条件下，通过温度应力分析，承台大体积混凝土最大温度应力见表6-86。

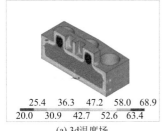
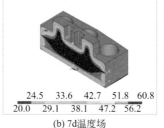
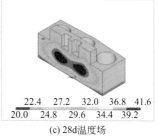

| 25.4 | 36.3 | 47.2 | 58.0 | 68.9 | 24.5 | 33.6 | 42.7 | 51.8 | 60.8 | 22.4 | 27.2 | 32.0 | 36.8 | 41.6 |
| 20.0 | 30.9 | 42.7 | 52.6 | 63.4 | 20.0 | 29.1 | 38.1 | 47.2 | 56.2 | 20.0 | 24.8 | 29.6 | 34.4 | 39.2 |

(a) 3d温度场　　　　　　　　　(b) 7d温度场　　　　　　　　　(c) 28d温度场

图6-135 承台混凝土温度场分布图（单位：℃）

表6-86 承台大体积混凝土温度应力计算结果

部位	项目	温度应力/MPa		
		3d	7d	28d
承台	仿真结果	0.69	1.04	1.79
	允许应力	1.79	3.29	3.89

由图 6-135、表 6-85、表 6-86 可以看出，承台部分最高温度为 65.9℃，内外温差为 22.3℃，大体积混凝土结构内部最高温度小于 70℃，内外温差小于 25℃，根据温度应力分析结果，混凝土内部温度应力均小于同龄期下的混凝土劈裂抗拉强度，具有较高的抗裂安全系数。

由图 6-135 及表 6-86 可以看出，承台 3d 最大温度应力为 0.69MPa，混凝土浇筑 3d 以后，由于表面散热，混凝土温峰及内表温差开始下降，开始出现收缩，7d 最大温度应力为 1.04MPa，28d 时混凝土温度应力发展与劈裂抗拉强度匹配增长，并发展至稳定状态，最大温度应力 1.79MPa。

各龄期温度应力较相应龄期的劈裂抗拉强度参考值小，混凝土抗开裂能力较强，有较大的安全系数，说明此种预定的施工方案较正确、合理。同时，施工质量满足力学性能、耐久性能要求，施工质量良好，未出现温度裂缝。图 6-136 是港珠澳大桥承台大体积混凝土现场施工情况。

图6-136 港珠澳大桥承台大体积混凝土现场施工情况

3. 虎门二桥大体积混凝土典型应用

虎门二桥为世界上跨径最大的钢箱梁悬索桥。项目锚碇、主塔、索塔等大多为大体积混凝土结构。

（1）1.8万方锚碇底板大体积混凝土一次性浇筑　采用大体积混凝土低温升抗裂工程技术成果后，虎门二桥东锚碇顺利完成了1.8万方锚碇底板混凝土一次性浇筑，一次性浇筑施工图如图6-137所示。施工方共投入了3台72m臂长泵车、21台16方混凝土搅拌运输车，超过150名作业人员共同参与。浇筑持续作业时间长达96h，创下了中国桥梁建筑大体积混凝土单次浇筑方量新纪录。锚碇底板大体积混凝土未出现有害温度裂缝，应用效果良好。

图6-137
东锚碇底板一次性浇筑

（2）低温升高耐久海工大体积混凝土在承台中应用　虎门二桥S2标主塔承台呈哑铃形，尺寸为82.55m×25.0m×6.0m，采用C40混凝土浇筑，总方量为9273.7m³。承台C40混凝土配合比如表6-87所示。

表6-87　承台C40混凝土配合比　　　　　　　　　　　　　　　　单位：kg/m³

使用部位	水泥	粉煤灰	矿渣粉	砂	碎石	水	外加剂	疏水化合孔栓物
承台内部	130	150	120	795	1095	140	10.8	—
承台底层	190	60	150	795	1095	120	11.2	20

混凝土设计强度等级为C40，分两层浇筑3m+4m，其中承台底层及边部对混凝土抗渗性能要求高（28d Cl⁻扩散系数<4.0×10⁻¹²m²/s，电通量<600C），需掺加疏水化合孔栓物提高混凝土的抗渗性能。

制备出的低温升、抗裂、耐蚀C40大体积混凝土现场温度监测结果表明，混凝土内部最高温度均<60℃，且最大内外温差<18℃，拆模后未出现温度裂缝，混凝土28d抗压强度达到47～55MPa，28d电通量低于600C，满足虎门二桥混凝土耐久性设计要求，并成功应用于S2标大沙水道桥（悬索桥、跨径1200m）

承台和 S4 标坭洲水道桥（悬索桥、跨径 1688m）承台，施工图如图 6-138 所示，应用结果表明，该混凝土具有低温升、高抗裂、抗渗性能。

(a) 虎门二桥S2标大沙水道桥承台　　　　(b) 虎门二桥S4标坭洲水道桥承台

图6-138　低温升、抗裂、耐蚀海工大体积混凝土的应用

（3）低温升抗裂大体积混凝土在锚碇中应用　虎门二桥 S2 标混凝土结构包括重力锚、索塔及引桥，结构类型多样，混凝土方量巨大。该桥锚碇为重力式结构，由锚体和锚固系统两部分组成。图 6-139 是虎门二桥锚碇大体积混凝土浇筑施工图，锚体包括锚块、散索鞍支墩等。锚块 C35 总方量为 40251m³，2.44m 分层高度单层最大浇筑方量 2234m³。支墩 C30 总方量 8368m³，单层最大浇筑方量 973m³。

图6-139　虎门二桥锚碇大体积混凝土浇筑施工图

锚碇混凝土浇筑和养护过程中，采用布设冷却水管、覆盖养护等措施，锚块各层最高温度为 53.9 ～ 64.5℃，最大内表温差为 20.8℃。支墩各层最高温度为 57 ～ 64.5℃，最大内表温差 22.4℃。所控的锚碇施工质量良好，温控效果良好，混凝土未产生有害温度裂缝。

4．棋盘洲长江大桥北锚碇大体积混凝土温控防裂技术

棋盘洲长江公路大桥是一座在湖北黄石和黄冈境内跨越长江的特大型单跨吊

钢箱加劲梁悬索桥，桥跨布置为340m+1038m+305m。黄冈侧北锚碇为重力式嵌岩锚，由锚块、散索鞍支墩扩大基础、散索鞍支墩等组成[189]，其中锚块尺寸为60.0m×35.357m×33.064m，混凝土强度和抗渗等级设计为C30·P12，为大体积混凝土结构。图6-140是棋盘洲长江大桥大体积混凝土施工图。

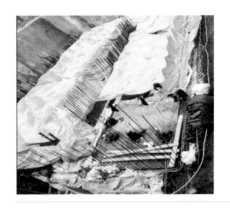

图6-140
棋盘洲长江大桥大体积混凝土施工图

棋盘洲长江大桥锚块大体积混凝土施工和温控的特点：①混凝土方量巨大（41811m³），工期持续时间长，历经一年中的最高温季节和低温季节。高温季节混凝土浇筑温度控制难，低温季节混凝土外表面保温难且内表温差不易控制。②锚块断面尺寸巨大，需分成15层进行施工，一旦层间浇筑间歇期过长，先浇层将对后浇层产生较大约束。③锚块长宽比接近2:1，长宽方向变形不一致，易于长边中间部位开裂。

（1）锚碇的配合比及性能　见表6-88和表6-89。

表6-88　锚碇C30大体积混凝土配合比

| 浇筑部位 | 混凝土配合比/（kg/m³） | | | | | | | | | 坍落度/mm | 扩展度/mm |
	水泥	粉煤灰	矿渣粉	抗渗剂	河砂	碎石	水	聚丙烯纤维	减水剂		
锚块主体	167	113	68	22	793	1094	144	0	3.885	215	515
锚块分层浇筑面和永久暴露面	167	113	68	22	793	1094	144	0.75	3.885	200	480

表6-89　锚碇C30大体积混凝土性能试验结果

| 浇筑部位 | 抗压强度/MPa | | 劈裂抗拉强度/MPa | | | | 绝热温升/℃ | | 抗渗等级 |
	7d	28d	3d	7d	28d	180d	7d实测值	最终推测值	
锚块主体	32.7	47.1	1.7	2.2	2.6	3.1	35.8	37.4	>P12
锚块分层浇筑面和永久暴露面	33.8	48.6	—	—	—	—	—	—	>P12

（2）锚碇大体积混凝土温控防裂措施　在北锚块大体积混凝土施工中，从混

凝土的拌合、运输、浇筑、振捣到通水、养护、保温等全过程实行了严格控制，特别是对混凝土的分层分块、混凝土入模温度、浇筑间歇期、通水冷却和养护等进行了有效监控，以达到控制混凝土浇筑质量、混凝土内部最高温度、混凝土内表温差、构件表面及结合面的约束应力，从而控制温度裂缝形成及发展的目的。

① 混凝土浇筑分层、分块控制。锚块分层分块依据如下：a. 考虑预埋件埋设位置；b. 考虑混凝土单次浇筑能力；c. 分层面尽量避开变截面；d. 尽量减薄分层以控制混凝土水化热温升。北锚块水平分 2 块，中间设 2m 宽后浇带，左右幅又各分 15 层（次）浇筑，浇筑分层厚度为：2.2m×2+1.9m+2.2m×2+1.9m+2.2m×8+2.864m。

② 混凝土入模温度控制。北锚块大体积混凝土分 30 个浇筑块于 2017 年 12 月至 2018 年 10 月先后施工，经历冬季低温和夏季高温施工。在夏季高温季节，为降低混凝土的入模温度，采取一系列措施降低原材料温度，包括通过提前备料将水泥和矿渣粉温度降低至 60℃以下、砂石集料搭设遮阳棚、粗集料采用深层江水冲淋降温至 30℃以下、拌合水中加入一定数量的块冰或碎冰将水温降低至 1℃以下等。冬季低温季节施工，则通过采用电热棒加热水池中的拌合水至 15～25℃、罐车筒体采用帆布包裹等措施提高混凝土的入模温度，以降低混凝土受冻风险。通过采用以上原材料温度控制措施，北锚块各层混凝土入模温度为 6～30℃，基本符合温控标准对各个浇筑层的入模温度≥5℃（冬季）、≤28℃（夏季）的要求。

③ 浇筑间歇期控制。混凝土浇筑后会产生一定的温度收缩和干燥收缩变形，如该变形受到下层混凝土的固结约束，且约束引起的拉应力超过了混凝土相应龄期的抗拉强度则会产生裂缝。控制浇筑间歇期的主要目的是降低新老混凝土结合面约束，避免结合面应力集中，从而降低混凝土开裂风险。锚块混凝土各层的浇筑间歇期基本控制在 7～10d 范围，最长不超过 14d。

参考文献

[1] 胡曙光. 钢管混凝土 [M]. 北京：人民交通出版社，2007: 1-12.

[2] 胡曙光，丁庆军，吕林女，等. 一种精细控制钢管混凝土膨胀的方法 [P]. CN 200510019476.0. 2007-05-23.

[3] Hu S, Wu J, Yang W, et al. Relationship Between Autogenous Deformation and Internal Relative Humidity of High-Strength Expansive Concrete[J]. Journal of Wuhan University of Technology (Materials Science Edition), 2010, 25: 504-508.

[4] Lu L, Li Y, Ding Q, et al. The Hydration Characteristics and Expansion Impetus of Expansive Cement at Low *w/b* Ratio[J]. Journal of Wuhan University of Technology (Materials Science Edition), 2003, 18:80-83.

[5] Hu S, Li Y. Research on the Hydration and Hardening Mechanism and Microstructure of High Performance Expansive Concrete[J]. Cement and Concrete Research, 1999, 29: 1013-1017.

[6] Li Y, Hu S. The Microstructure of the Interfacial Transition Zone Between Steel and Cement Paste[J]. Cement and Concrete Research, 2001, 31: 385-388.

[7] 吕林女, 何永佳, 李悦, 等. 高强微膨胀钢管混凝土的界面过渡区结构 [J]. 华中科技大学学报 (自然科学版), 2003, 31: 89-91.

[8] Li Y, Hu S, Ding Q. Properties of Ettringite Type Expansive Agent[J]. Journal of Wuhan University of Technology (Materials Science Edition), 2001, 16: 53-56.

[9] Hu S, Guan X, Ding Q. Research on Optimizing Components of Microfine High-Performance Composite Cementitious Material[J]. Cement and Concrete Research, 2002, 32: 1871-1875.

[10] Lu Z, Li S, Chen Y. Experiment Study on Self-Stress of High-Strength, Low-Heat and Micro-Expansion Concrete-Filled Steel Tube[J]. Journal of Wuhan University of Technology (Materials Science Edition), 2001, 16: 83-86.

[11] 胡曙光, 丁庆军, 王红喜, 等. 一种封闭混凝土高能延迟膨胀剂及其制备方法 [P]. CN 200510019477.5. 2007-05-09.

[12] 丁庆军, 牟廷敏, 李超, 等. 一种 C30 自密实微膨胀钢管混凝土及其制备 [P]. CN 201510500483.6. 2017-08-25.

[13] 胡曙光, 何永佳, 吕林女. 调节混凝土内部相对湿度的释水因子技术及其用于配制钢管高强膨胀混凝土的研究 [J]. 铁道科学与工程学报, 2006, 3: 11-14.

[14] 胡曙光, 丁庆军, 吕林女, 等. 高活性补偿收缩矿物掺合料及其制备方法 [P]. CN 200510018820.4. 2007-02-14.

[15] 胡曙光, 丁庆军, 何永佳, 等. 持续稳定膨胀的钢管混凝土及其施工工艺 [P]. CN 200410012910.8. 2005-12-28.

[16] 李悦, 胡曙光, 丁庆军. 钢管膨胀混凝土的研究及其应用 [J]. 山东建材学院学报, 2000, 14: 189-192.

[17] 胡曙光, 丁庆军, 邹定华, 等. 膨胀可设计的高强钢管混凝土及其制备方法 [P]. CN 200510019475.6. 2007-02-14.

[18] 胡曙光, 丁庆军, 彭艳周, 等. 用于钢管混凝土的缓凝高效减水保塑剂 [P]. CN 200510019478.X. 2007-07-04.

[19] 彭艳周, 丁庆军, 吕林女, 等. 早强微膨胀泵送 C50 钢管混凝土的研制 [J]. 武汉理工大学学报, 2006, 28:39-42.

[20] 胡曙光, 丁庆军, 何永佳, 等. 一种钢管混凝土的施工工艺 [P]. CN 200510018794.5. 2007-07-04.

[21] Ding Q, Hu S, Guan X. Application of Large-Diameter and Long-Span Micro-Expansive Pumping Concrete Filled Steel Tube Arch Bridge[J]. Journal of Wuhan University of Technology (Materials Science Edition), 2001, 16: 73-76.

[22] 李悦, 张丽慧. 自密实微膨胀钢管混凝土的研制与应用 [J]. 北京工业大学学报, 2005, 31: 496-499.

[23] 谭立新, 丁庆军, 何永佳. 南宁永和大桥微膨胀钢管混凝土设计与施工 [J]. 国外建材科技, 2005, 26: 14-15.

[24] 丁庆军, 李悦, 胡曙光, 等. 免振捣高强膨胀混凝土的研究 [J]. 武汉工业大学学报, 2000, 22: 1-4.

[25] 丁庆军, 陈江, 李悦, 等. 龙潭河大桥钢管混凝土配合比设计与施工[J]. 建筑材料学报, 2001, 4: 265-269.

[26] 李悦, 丁庆军, 胡曙光. 钢管膨胀混凝土力学性能及其膨胀模式的研究 [J]. 武汉工业大学学报, 2000, 22: 25-28.

[27] 李悦, 胡曙光, 丁庆军. 钢管混凝土的体积形变及其膨胀模式的研究 [J]. 河北理工学院学报, 1999, 21: 70-75.

[28] 刘沐宇, 袁卫国, 任飞. 大跨度钢管混凝土拱桥安全性模糊综合评价 [J]. 武汉理工大学学报, 2003, 26: 33-35.

[29] 任飞，刘沐宇，袁卫国，等. 钢管混凝土拱桥安全性智能评价系统研究 [J]. 武汉理工大学学报，2003，26: 28-30.

[30] 刘沐宇，何祖亮. 不确定层次分析的钢管混凝土拱桥安全性评价 [J]. 武汉理工大学学报，2004, 26: 25-28.

[31] 刘沐宇，袁卫国. 基于模糊神经网络的大跨度钢管混凝土拱桥安全性评价方法研究 [J]. 中国公路学报，2004, 17: 55-58.

[32] 任志刚，胡曙光，丁庆军. 太阳辐射模型对钢管混凝土墩柱温度场的影响研究 [J]. 工程力学，2010, 27: 246-250, 256.

[33] 任志刚，胡曙光. 轴对称变温下钢管混凝土平面应变问题解析解 [J]. 华中科技大学学报 (自然科学版)，2012, 40: 34-38.

[34] 梁鸣，刘沐宇，冯仲仁. 钢管混凝土超声波检测与评价试验研究 [J]. 武汉理工大学学报，2001, 23: 44-46.

[35] 王发洲，胡曙光，丁庆军，等. 新型轻质桥面混凝土的研究与应用 [J]. 公路交通科技，2005, 22(3): 86-88.

[36] 丁庆军，谯理格，赵明宇，等. 一种桥面铺装方法 [P]. CN 201510027419.0. 2016-09-14.

[37] 丁庆军，李潜，黄绍龙，等. 一种钢梁桥面铺装层的铺装方法 [P]. CN 200910063292.2. 2011-12-14.

[38] 胡曙光，林汉清，丁庆军，等. 一种钢桥面组合层的铺装方法 [P]. CN 200410061407.1. 2007-09-19.

[39] 刘沐宇，曹玉贵，丁庆军. 新型钢桥面铺装结构的力学性能分析 [J]. 华中科技大学学报 (城市科学版)，2008, 25(4): 21-25.

[40] 丁庆军，王发洲，黄绍龙，等. 桥面铺装层材料设计 [J]. 武汉理工大学学报，2002, 24(4): 55-58.

[41] 丁庆军，张锋，林青，等. 轻质混凝土钢桥面铺装研究与应用 [J]. 中外公路，2006, 26(4): 188-190.

[42] 胡曙光，谢先启，丁庆军，等. 一种大跨径钢箱梁桥面抗推移组合结构的铺装方法 [P]. CN 200810197027.9. 2010-08-04.

[43] 胡曙光，张汉华，林清，等. 一种防止钢箱梁桥面沥青混凝土推移的铺装方法 [P]. CN 200510019039.9. 2007-12-12.

[44] 胡曙光，卢吉，赵明宇，等. 镶嵌冷铺抗滑磨耗层材料性能研究 [J]. 武汉理工大学学报，2015, 37(03): 1-7.

[45] 黄修林，丁庆军，胡曙光. 新型钢箱梁桥面抗推移铺装材料试验研究 [J]. 建筑材料学报，2009, 12(3): 276-280.

[46] 王发洲，胡曙光，丁庆军，等. 高性能超薄桥面铺装层材料的研究 [J]. 公路，2001(7): 105-107.

[47] 丁庆军，胡曙光，谢先启，等. 抗滑、耐磨轻质钢箱梁桥面铺装层的制备方法 [P]. CN 200810046968.2. 2010-09-08.

[48] 牟廷敏，丁庆军，沈凡，等. 用于桥面铺装的高韧性低收缩抗裂混凝土及其制备方法 [P]. CN 201210566338.4. 2014-07-02.

[49] 丁庆军，黄修林，马平，等. 高强次轻混凝土的设计及其在钢桥面铺装中的应用 [J]. 施工技术，2007, 36(12): 64-66.

[50] 张锋，丁庆军，林青，等. 钢箱梁桥面铺装钢纤维轻集料混凝土的研究 [J]. 混凝土，2005(11): 46-49.

[51] 丁庆军，王小磊，胡曙光，等. 钢箱梁桥面轻集料混凝土的性能研究 [J]. 公路，2009(4): 60-65.

[52] 丁庆军，李潜，黄绍龙，等. 一种防水粘结应力吸收桥面铺装材料的制备方法 [P]. CN 200910063308.X. 2011-06-08.

[53] 韩宏伟，黄绍龙，张厚记，等. 运用高粘度改性沥青配制 OGFC 的研究 [J]. 武汉理工大学学报，2005, 27(3): 41-43.

[54] 刘新权，丁庆军，姚永永，等. 高粘度改性沥青配制钢箱梁桥面 SMA 铺装层的研究 [J]. 公路，2007(9): 97-100.

[55] 胡曙光，李潜，孙政，等. 基于防水黏结应力吸收层的高黏高弹改性沥青的研制与性能研究 [J]. 公路，

2010(2): 134-137.

[56] 丁庆军, 陆超, 徐波, 等. 一种钢箱梁桥面用水泥基复合材料及其制备和铺装 [P]. CN 201310419625.7. 2015-05-27.

[57] 丁庆军, 沈凡, 黄绍龙, 等. 一种钢桥面用水性环氧改性乳化沥青混凝土及其制备方法 [P]. CN 201110003603.3. 2013-06-12.

[58] 胡曙光, 黄绍龙, 张厚记, 等. 开级配沥青磨耗层 (OGFC) 的研究 [J]. 武汉理工大学学报, 2004, 26(3): 23-25.

[59] 丁庆军, 徐敏, 黄绍龙, 等. 抗滑阻燃沥青路面降噪性能的研究与应用 [J]. 武汉理工大学学报 (交通科学与工程版), 2010, 34(5): 1044-1048.

[60] 胡曙光, 丁庆军, 吕林女, 等. 黑色轻质桥面铺装层混凝土 [P]. CN 03128045.5. 2004-12-22.

[61] 丁庆军, 胡曙光, 黄修林, 等. 一种树脂灌注式沥青混凝土钢箱梁桥面组合结构铺装方法 [P]. CN 200710053025.8. 2009-12-02.

[62] 刘沐宇, 李鸥, 丁庆军, 等. 高强轻集料钢筋混凝土梁抗弯性能试验 [J]. 华中科技大学学报 (自然科学版), 2006, 34(10): 100-103.

[63] 刘沐宇, 尹华泉, 丁庆军, 等. 高强轻集料钢筋混凝土梁抗剪性能试验 [J]. 哈尔滨工业大学学报, 2008, 40(04): 620-624.

[64] 牟廷敏, 丁庆军, 周孝军, 等. 钢纤维混凝土桥面铺装疲劳性能试验研究 [J]. 武汉理工大学学报 (交通科学与工程版), 2005, 36(05): 988-990.

[65] 胡曙光, 王发洲, 丁庆军, 等. 轻集料的吸水率与预处理时间对混凝土工作性的影响 [J]. 华中科技大学学报 (城市科学版), 2002, 19(02): 1-4.

[66] 丁庆军, 管理, 牟廷敏, 等. 矿渣集料制备的桥面铺装混凝土及其生产方法 [P]. CN 201310121722.8. 2015-09-30.

[67] 丁庆军, 张峰, 林青, 等. 轻质混凝土钢桥面铺装研究与应用 [J]. 中外公路, 2006, 26(04): 188-190.

[68] 丁庆军, 张勇, 王发洲, 等. 泵送高强轻集料混凝土的研究 [J]. 武汉理工大学学报, 2001, 23(09): 4-6.

[69] 丁庆军, 张勇, 王发洲, 等. 高强轻集料混凝土桥面施工泵送技术 [J]. 混凝土, 2002, 1: 58-60.

[70] 张春晓, 丁庆军. 钢纤维轻集料自密实混凝土的配制及其在钢桥面铺装中的应用 [J]. 混凝土, 2011, 3: 59-62.

[71] 丁庆军, 王小磊, 林青, 等. 汉蔡钢箱梁桥桥面铺装层材料设计及施工工艺研究 [J]. 混凝土, 2008, 12: 108-112.

[72] 王振宇, 冯进技, 张殿臣. 国外小型钻地核武器的发展及防护建议 [C]// 长春 : 中国土木工程学会防护工程分会第五届理事会暨第九次学术年会论文集, 2004, 66-69.

[73] 岳万英. 从近几场局部战争看防护工程在未来战争中的作用和地位 [C]// 长春 : 中国土木工程学会防护工程分会第五届理事会暨第九次学术年会论文集, 2004, 1-9.

[74] 何典章. 防护工程科研现状及发展趋势 [C]// 长春 : 中国土木工程学会防护工程分会第五届理事会暨第九次学术年会论文集, 2004, 19-29.

[75] 张云升, 张文华, 陈振宇. 综论超高性能混凝土 : 设计制备, 微观结构, 力学与耐久性, 工程应用 [J]. 材料导报, 2017, 31(23): 1-16.

[76] 张云升, 张国荣, 李司晨. 超高性能水泥基复合材料早期自收缩特性研究 [J]. 建筑材料学报, 2014, 17(01): 19-23.

[77] 张文华, 张云升. 一种高强、高韧、高抗冲击、高耐磨水泥基复合材料及其浇筑方法 [P]. CN 201410076391.5. 2014-07-02.

[78] 张文华. 超高性能水泥基复合材料微结构形成机理及动态力学行为研究 [D]. 南京 : 东南大学, 2013.

[79] Zhang W, Zhang Y, Zhang G. Static, Dynamic Mechanical Properties and Microstructure Characteristics of Ultra-High Performance Cementitious Composites[J]. Science and Engineering of Composite Materials, 2012, 19(03): 237-245.

[80] Zhang Y, Sun W, Liu S, et al. Preparation of C200 Green Reactive Powder Concrete and its Static-Dynamic Behaviors[J]. Cement and Concrete Composites, 2008, 30(09): 831-838.

[81] 刘建忠. 超高性能水泥基复合材料制备技术及静态态拉伸行为研究 [D]. 南京：东南大学，2013.

[82] 张文华，张云升. 高温养护条件下现代混凝土水化、硬化及微结构形成机理研究进展 [J]. 硅酸盐通报，2015(1): 149-155.

[83] Zhang Y, Zhang W, She W, et al. Ultrasound Monitoring of Setting and Hardening Process of Ultra-High Performance Cementitious Materials[J]. NDT & E International, 2012, 47: 177-184.

[84] Zhang W, Zhang Y, Liu L, et al. Investigation of the Influence of Curing Temperature and Silica Fume Content on Setting and Hardening Process of the Blended Cement Paste by an Improved Ultrasonic Apparatus[J]. Construction and Building Materials, 2012, 33: 32-40.

[85] 张文华，张云升. 高温条件下超高性能水泥基复合材料水化放热研究 [J]. 硅酸盐通报，2015, 34(04): 951-954.

[86] Zhang W, Zhang Y. Apparatus for Monitoring the Resistivity of the Hydration of Cement Cured at High Temperature[J]. Instrumentation Science & Technology, 2017, 45(02): 151-162.

[87] 张文华，张云升，陈振宇. 超高性能混凝土抗缩比钻地弹侵彻试验及数值仿真 [J]. 工程力学，2018, 35(07): 167-175.

[88] Zhang W, Zhang Y. Research on the Static and Dynamic Compressive Properties of High Performance Cementitious Composite (HPCC) Containing Coarse Aggregate[J]. Archives of Civil and Mechanical Engineering, 2015, 15(03): 711-720.

[89] Liu Z, Chen W, Zhang W, et al. Complete Stress-Strain Behavior of Ecological Ultra-High-Performance Cementitious Composite Under Uniaxial Compression[J]. ACI Materials Journal, 2017, 114(05): 783-794.

[90] 张文华，张云升. 超高性能水泥基复合材料动态冲击性能及数值模拟 [J]. 混凝土，2015, 10: 60-63.

[91] 张文华，张云升. 超高性能水泥基复合材料抗爆炸试验及数值仿真分析 [J]. 混凝土，2015, 11: 31-34.

[92] 佘伟，张云升，张文华，等. 较好韧性的超高强混凝土的制备及性能 [J]. 建筑材料学报，2010, 13(03): 310-314.

[93] 张云升，孙伟，秦鸿根，等. 基体强度和纤维外形对混凝土抗剪强度的影响 [J]. 武汉理工大学学报，2005, 27(01): 36-39.

[94] 戎志丹，孙伟，张云升. 钢纤维掺量和应变率对超高性能水泥基复合材料层裂的影响 [J]. 解放军理工大学学报 (自然科学版)，2009, 10(06): 542-547.

[95] Zhang W, Zhang Y, Zhang G. Single and Multiple Dynamic Impacts Behavior of Ultra-High Performance Cementitious Composite[J]. Journal of Wuhan University of Technology (Material Science Edition), 2011, 26(06): 1227-1234.

[96] 梁斌. 弹丸对有界混凝土靶的侵彻研究 [D]. 绵阳：中国工程物理研究院，2004.

[97] Langberg H. High Performance Concrete-Penetration Resistance and Material Development[J]. Norwegian Defense Construction Service, 1999: 933-941.

[98] Zhang M H, Shim V, Lu G, et al. Resistance of High-Strength Concrete to Projectile Impact[J]. International Journal of Impact Engineering, 2005(7): 825-841.

[99] Zhang W, Zhang Y. Experiment Study on Resistance of Ultra-High Performance Cementitious Composites Subjected to the Deep Penetration Scaled Earth Penetrator[J]. Advanced Materials Research, 2010, 163-167: 4585-4589.

[100] 戎志丹，孙伟，张云升，等. 高性能钢纤维增强混凝土的抗侵彻行为及数值模拟 (英文)[J]. 硅酸盐学报，2010, 38(09): 1723-1730.

[101] 戎志丹，孙伟，张云升，等. 高与超高性能钢纤维混凝土的抗侵彻性能研究 [J]. 弹道学报，2010，22(03): 63-67.

[102] 戎志丹，孙伟，张云升，等. 超高性能水泥基复合材料的抗爆炸性能 [J]. 爆炸与冲击，2010, 30(03): 232-238.

[103] 佘伟，张云升，孙伟，等. 绿色超高性能纤维增强水泥基防护材料抗侵彻、抗爆炸试验研究 [J]. 岩石力学与工程学报，2011, 30(S1): 2777-2783.

[104] 胡曙光，丁庆军，曾波，等. 一种低收缩防火高抗渗盾构隧道管片材料及其制备方法 [P]. CN 200610125591.0. 2009-07-01.

[105] 马保国，王信刚，王凯，等. 一种功能梯度盾构管片及其制备方法 [P]. CN 200610019656.3. 2010-05-12.

[106] 肖明清，邓朝辉，裴利华，等. 一种 7+1 分块方式的盾构隧道衬砌环 [P]. CN 201020235113.7. 2011-03-23.

[107] 肖明清，邓朝辉，鲁志鹏，等. 一种采用非封闭二次衬砌的盾构隧道衬砌结构 [P]. CN 201120134800.4. 2012-01-18.

[108] 马保国，王信刚，胡曙光，等. 盾构隧道衬砌管片及其制备方法 [P]. CN 200510120533.4. 2009-04-29.

[109] 彭波，丁庆军，胡曙光. 影响盾构隧道管片混凝土强度的因素 [J]. 建筑技术开发，2007, 11: 25-26.

[110] 彭波，丁庆军，王红喜，等. 水泥与混凝土制品的蒸汽养护生产关键技术进展 [J]. 国外建材科技，2007, 3: 21-24.

[111] 田耀刚，彭波，丁庆军，等. 蒸养参数对高强混凝土碳化性能的影响 [J]. 建筑材料学报，2009, 12(06): 720-723.

[112] 田耀刚，彭波，丁庆军，等. 蒸养高强混凝土的碳化性能及其预测模型 [J]. 武汉理工大学学报，2009, 31(20): 34-38.

[113] 田耀刚，李炜光，彭波，等. 蒸养参数对高强混凝土抗冻性能的影响 [J]. 建筑材料学报，2010, 13(04): 515-519.

[114] 田耀刚，彭波，丁庆军，等. 蒸养参数对高强混凝土抗硫酸盐侵蚀性能的影响 [J]. 混凝土与水泥制品，2010, 3: 1-4.

[115] 彭波，胡曙光，丁庆军，等. 蒸养参数对高强混凝土抗氯离子渗透性能的影响 [J]. 武汉理工大学学报，2007, 5: 27-30.

[116] 胡曙光，马杰，丁庆军，等. 武汉长江隧道抗裂混凝土的研究 [J]. 施工技术，2008, 37(12): 1-3.

[117] Nie S, Zhang W, Hu S, et al. Improving the Fluid Transport Properties of Heat-Cured Concrete by Internal Curing[J]. Construction and Building Materials, 2018, 168: 522-531.

[118] Shen P, Lu L, He Y, et al. Experimental Investigation on the Autogenous Shrinkage of Steam Cured Ultra-High Performance Concrete[J]. Construction and Building Materials, 2018, 162: 512-522.

[119] 胡曙光，金宇，谢先启，等. 盾构管片高抗渗混凝土掺合料及其制备方法 [P]. CN 200710051238.7. 2009-06-03.

[120] Nie S, Hu S, Wang F, et al. Internal Curing - A Suitable Method for Improving the Performance of Heat-Cured Concrete[J]. Construction and Building Materials, 2016, 122: 294-301.

[121] 胡曙光，耿健，丁庆军. 杂散电流干扰下掺矿物掺合料水泥石固化氯离子的特点 [J]. 华中科技大学学报 (自然科学版)，2008, 3: 32-34.

[122] 丁庆军，吴雄，耿健. 抑制杂散电流对水泥石固化氯离子能力的影响 [J]. 建筑材料学报，2008, 1: 80-83.

[123] 王红喜，陶文涛，杜先照，等. 在不同介质条件下渗透结晶型防水涂料对水泥基材料性能的影响 [J]. 中国建筑防水，2013, 1: 4-7.

[124] 吕林女，胡曙光，丁庆军，等. 高性能阻裂抗渗外加剂的研究 [J]. 新型建筑材料，2003, 11: 4-7.

[125] 吕林女，胡曙光，丁庆军. 高性能阻裂抗渗外加剂的研制及其对混凝土性能影响的研究 [J]. 硅酸盐通报，2003, 4: 16-20.

[126] 王信刚，马保国，张爱萍. 梯度结构混凝土的传输性能与寿命预测 [J]. 材料导报，2009, 23(20): 78-81.

[127] 丁庆军，曾波，彭波，等. 大手孔隧道混凝土管片裂纹的成因分析及改善措施 [J]. 混凝土，2006, 7: 59-60+68.

[128] Huang X, Hu S, Wang F, et al. The Effect of Supplementary Cementitious Materials on the Permeability of Chloride in Steam Cured High-Ferrite Portland Cement Concrete [J]. Construction and Building Materials, 2019, 197: 99-106.

[129] Ding Q, Geng J, Hu S. The Influence of Mineral Admixtures on Concrete Anti-Chloride Ion Permeability with Stray Current[C]//Miao C, Ye G, Chen H. 2008: 50-Year Teaching and Research Anniversary of Professor Sun Wei. Nanjing: Advances in Civil Engineering Materials, 2010: 71-79.

[130] Hu S, Zhang Y, Wang F. Effect of Temperature and Pressure on the Degradation of Cement Asphalt Mortar Exposed to Water[J]. Construction and Building Materials, 2012, 34: 570-574.

[131] Wang F, Liu Z, Wang T, et al. A Novel Method to Evaluate the Setting Process of Cement and Asphalt Emulsion in CA Mortar[J]. Materials & Structures, 2008, 41(04): 643-647.

[132] 张运华. 水泥乳化沥青砂浆的水损机理及其防治技术研究 [D]. 武汉：武汉理工大学，2012.

[133] 王涛. 高速铁路板式无砟轨道 CA 砂浆的研究与应用 [D]. 武汉：武汉理工大学，2008.

[134] 刘志超. 板式无砟轨道 CA 砂浆材料的粘弹性原理及其性能研究 [D]. 武汉：武汉理工大学，2009.

[135] 刘云鹏. 水泥沥青 (CA) 砂浆用沥青乳液的制备及性能研究 [D]. 武汉：武汉理工大学，2010.

[136] 杨进波，阎培渝，孔祥明，等. 水泥沥青胶凝材料的硬化机理研究 [J]. 中国科学，2010, 40(08): 959-964.

[137] Zhang Y, Kong X, Hou S, et al. Study on the Rheological Properties of Fresh Cement Asphalt Paste [J]. Construction and Building Materials, 2012, 27(01): 534-544.

[138] Liu Y, Liu M, Wang F, et al. Effect of Water Phase of Cationic Asphalt Emulsion on Cement Early Hydration [J]. Advances in Cement Research, 2016, 28(01): 43–50.

[139] Wang F, Liu Y, Hu S. Effect of Early Cement Hydration on the Chemical Stability of Asphalt Emulsion[J]. Construction and Building Materials, 2013, 42: 146-151.

[140] 王发洲，刘云鹏，胡曙光. 硅酸盐水泥与阳离子乳化沥青颗粒的相互作用机理 [J]. 材料科学与工程学报，2013, 31(2): 186-190.

[141] 王发洲，刘云鹏，胡曙光，等. 一种用于高温复杂工况的水泥沥青砂浆及其制备、施工方法 [P]. CN 201110320103.2. 2012-06-20.

[142] 胡曙光，王发洲，张运华，等. 一种优良温度适应性改性乳化沥青及其制备方法 [P]. CN 200910063812.X. 2010-02-20.

[143] 李海燕，江成，吴韶亮，等. 客运专线铁路 CRTS I 型板式无砟轨道水泥乳化沥青砂浆暂行技术条件 [M]. 北京：中国铁道出版社，2008.

[144] 谢永江，郑新国，江成，等. 客运专线铁路 CRTS II 型板式无砟轨道水泥乳化沥青砂浆暂行技术条件 [M]. 北京：中国铁道出版社，2008.

[145] Wang F, Liu Z, Hu S. Early Age Volume Change of Cement Asphalt Mortar in the Presence of Aluminum Powder[J]. Materials & Structures, 2010, 43: 493-498.

[146] 宋昊，谢友均，龙广成. 水泥乳化沥青砂浆研究进展 [J]. 材料导报 A: 综述篇，2018, 32(03): 836-845.

[147] Wang F, Liu Z, Wang T, et al. Temperature Stability of Compressive Strength of Cement Asphalt Mortar[J]. ACI Materials Journal, 2010, 107: 27-30.

[148] 王发洲，胡曙光，王涛，等. 一种可有效防止 CA 砂浆分层离析的复合添加剂 [P]. CN 200610018440.5.

2007-09-19.

[149] 胡曙光，王涛，王发洲，等．一种高早强自膨胀 CA 砂浆材料 [P]．CN 200610018439.2. 2007-08-29.

[150] 丁庆军，王发洲，王涛，等．一种膨胀可控的 CA 砂浆材料 [P]．CN 200610018437.3. 2007-08-29.

[151] 王发洲，张运华，胡曙光，等．一种水泥乳化沥青砂浆精细灌注工艺 [P]．CN 201110325039.7. 2014-04-19.

[152] 熊文涛．CRTS- Ⅱ型水泥乳化沥青砂浆灌注过程气泡产生机理与控制技术 [D]．武汉：武汉理工大学，2012.

[153] 胡曙光，王发洲．轻集料混凝土 [M]．北京：化学工业出版社，2006.

[154] 王发洲．高性能轻集料混凝土的研究与应用 [D]．武汉：武汉理工大学，2003.

[155] 叶家军．高强轻集料混凝土构件优化设计与性能研究 [D]．武汉：武汉理工大学，2005.

[156] 丁庆军．高强次轻混凝土的研究与应用 [D]．武汉：武汉理工大学，2006.

[157] 张利华．高强轻集料混凝土连续刚构桥结构特性研究 [D]．武汉：武汉理工大学，2007.

[158] 姜从盛．轻质高强混凝土脆性机理与改性研究 [D]．武汉：武汉理工大学，2010.

[159] 任志刚，王发洲．高强轻骨料混凝土大跨径桥梁结构设计参数分析 [J]．国外建材科技，2005, 26(03): 104-107.

[160] 王发洲，周斌，彭艳洲，等．轻集料与水泥石界面区元素分布特征研究 [J]．武汉理工大学学报，2005, 27(03): 30-33.

[161] 胡曙光，王发洲，丁庆军．轻集料与水泥石的界面结构 [J]．硅酸盐学报，2005, 33(06): 713-717.

[162] 胡曙光，丁庆军，何永佳，等．具有表面反应活性的高强轻集料及其制备方法 [P]．CN 200410012911.2. 2006-07-19.

[163] 王发洲，胡曙光，丁庆军，等．一种轻集料混凝土泵送剂 [P]．CN 00710053099.1. 2010-05-19.

[164] 胡曙光，丁庆军，王发洲，等．一种泵送轻集料混凝土的制备方法 [P]．CN 200710053101.5. 2010-05-19.

[165] 丁庆军，张勇，王发洲，等．高强轻集料混凝土分层离析控制技术的研究 [J]．武汉大学学报 (工学版)，2002, 35(03): 59-62.

[166] 丁庆军，胡曙光，王发洲，等．一种轻集料混凝土均质性的测试方法 [P]．CN 200710053100.0. 2010-11-24.

[167] 丁庆军，胡曙光，田耀刚，等．高强高韧性轻集料混凝土的制备方法 [P]．CN 200710053634.3. 2010-02-24.

[168] 王涛．高强轻集料混凝土的脆性与增韧技术研究 [D]．武汉：武汉理工大学，2004.

[169] Jiang C, Wang T, Ding Q. Influence of Polymer Addition on Performance and Mechanical Properties of Lightweight Aggregate Concrete[J]. Wuhan University Journal of Natural Sciences, 2004, 9(03): 348-352.

[170] Tian Y, Shi S, Kan J, et al. Mechanical and Dynamic Properties of High Strength Concrete Modified with Lightweight Aggregates Presaturated Polymer Emulsion [J]. Construction and Building Materials, 2015, 93: 1151-1156.

[171] 丁庆军，王涛，张锋，等．混掺纤维增强轻集料混凝土研究 [J]．武汉理工大学学报，2004, 26(01): 42-45.

[172] 丁庆军，田耀刚，王发洲，等．集料组成对次轻混凝土宏观性能影响的研究 [J]．武汉理工大学学报，2005, 27(05): 37-39.

[173] 胡曙光，田耀刚，丁庆军，等．轻集料对高强次轻混凝土物理力学性能的影响 [J]．混凝土与水泥制品，2007, 6:1-4.

[174] 王发洲，丁庆军，陈友治，等．影响高强轻集料混凝土收缩的若干因素 [J]．建筑材料学报，2003, 6(04): 431-435.

[175] 田耀刚，丁庆军，王发洲，等．高强轻集料混凝土的早期自收缩研究 [J]．混凝土，2005, 2: 29-31.

[176] Ding Q, Tian Y, Wang F, et al. Autogenous Shrinkage of High Strength Lightweight Aggregate Concrete[J]. Journal of Wuhan University of Technology (Materials Science Edition), 2005, 20(04): 123-125.

[177] 刘沐宇，尹华泉，丁庆军，等. 高强轻集料钢筋混凝土梁抗剪承载力计算 [J]. 华中科技大学学报 (自然科学版)，2008, 36(3): 46-49.

[178] 刘沐宇，刘巧丽，丁庆军，等. 后张法轻集料混凝土空心板梁的局部承压分析 [J]. 华中科技大学学报 (城市科学版)，2006, 23(2): 13-16.

[179] 刘沐宇，刘巧丽，丁庆军，等. 预应力轻集料混凝土空心板梁的有限元模型 [J]. 武汉理工大学学报，2006, 28(4): 56-59.

[180] 刘沐宇，丁庆军，高宗余，等. 一种混凝土密度梯度变化的连续刚构桥结构 [P]. CN 200710052952.8. 2009-10-07.

[181] 胡曙光，丁庆军，王发洲，等. 一种预应力轻质混凝土构件锚固端防裂方法 [P]. CN 200510018123.9. 2006-11-29.

[182] 王发洲，周宇飞，王军，等. 超轻集料混凝土配合比设计与泵送施工技术 [J]. 施工技术，2008, 37(9): 109-111.

[183] 彭波. 高强混凝土开裂机理及裂缝控制研究 [D]. 武汉：武汉理工大学，2002.

[184] 胡建勤. 高性能混凝土抗裂性能及其机理的研究 [D]. 武汉理工大学，2002.

[185] 吕寅. 低温升抗裂大体积混凝土研究与应用 [D]. 武汉：武汉理工大学，2012.

[186] 陶瑞鹏. 低温升高抗渗海工大体积混凝土的研究与应用 [D]. 武汉：武汉理工大学，2015.

[187] 丁庆军，耿春东，罗超云，等. 一种低温升耐蚀海工大体积混凝土及其制备方法 [P]. CN 201611147876.4. 2019-05-17.

[188] 丁庆军，何真，胡曙光，等. 一种桥梁承台大体积混凝土结构施工方法 [P]. CN 201210257051.3. 2012-10-24.

[189] 张晖. 棋盘洲长江大桥北锚碇大体积混凝土温控防裂技术 [J]. 铁道建筑技术，2019(09): 82-87.

第七章

新型功能混凝土

第一节
导电混凝土

一、概述

导电混凝土（conductive concrete）是通过在混凝土材料制备过程中加入具有良好导电性能的介质，使混凝土的电阻率大大降低，具有一定导电性能的混凝土。导电混凝土在保持普通混凝土力学性能的基础上，同时具有导电功能，在众多领域中有广阔的应用前景，如电磁干扰屏蔽、工业防静电、电力设备接地工程、机场和道路融雪化冰、建筑采暖、大型结构无损检测等。

制备导电混凝土的关键在于导电相材料的种类并且其体积含量在混凝土中要达到逾渗阈值，从而相互搭接形成导电网络。现有导电相材料可以分为金属系、非金属介质和复合介质三类[1]。金属系导电材料主要以钢纤维为代表，不但导电性能优异，还能提高混凝土的抗拉、韧性等力学性能。但钢纤维在混凝土的高碱性环境下会发生钝化及在氯离子侵蚀下会发生锈蚀，导致电阻率增加。非金属介质主要是以石墨、炭黑、碳纤维等为代表的碳基导电相材料，这些材料导电性能优异，在高碱性环境下稳定，但大多强度较低、亲水性差，在混凝土中难以分散均匀，往往会降低混凝土的强度。复合导电相材料是指通过两种或两种以上不同材质或不同形貌特征的导电相材料复合，兼顾混凝土的导电性能与力学性能。

二、导电功能集料混凝土的设计与制备

目前导电混凝土主要通过在混凝土中直接加入上述导电相材料来制备。而在混凝土的体积组成中，2/3 以上被砂石集料占据，水泥石体积不到 1/3，这些砂石集料导电性能差且对导电介质形成阻隔，对导电混凝土的导电性能产生较大影响。因此，著者团队何永佳等提出导电功能集料 - 水泥石导电相协同复合的导电混凝土设计新思路[2]，如图 7-1 所示。即在传统的硅铝质集料高温烧成中掺加导电相材料制备导电功能集料（导电相材料在导电集料中的分布如图 7-2 所示）并利用制备的导电集料辅以碳纤维作为辅助导电相材料形成导电网络，从而实现导电混凝土的功能性与结构性能的协同设计。

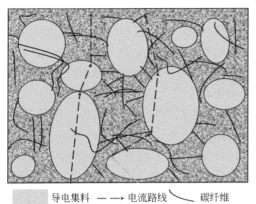

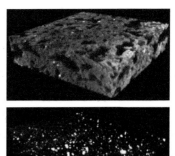

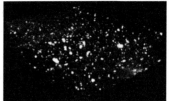

□ 导电集料　— —▶ 电流路线　＼碳纤维

图7-1　导电集料的设计制备思路[2]

图7-2　导电相材料在导电集料中的分布

1. 导电功能集料的设计与制备

导电功能集料的制备工艺如下：将导电相材料（如铁氧体粉、超细羰基铁粉、石墨等）按照设计的体积掺量掺入黏土粉、页岩粉等成陶基体组分中，经过成型、焙烧后得到导电功能集料[3]。通过加入聚丙烯酸酯-苯乙烯共聚物连接黏土颗粒，或者采用混合料干压成型后烧结的工艺可以提高导电功能集料的强度，以保证导电混凝土的力学性能[4]。在固定材料组成下，烧成制度直接影响到集料的密度、强度、孔隙率等重要指标，是导电功能集料制备的核心工艺。因此，需要根据导电相的类型、掺量、颗粒细度、基体的组成，合理选择煅烧气氛、煅烧温度、煅烧时间等煅烧制度[5,6]。

导电相材料在导电功能集料中仍需要一定的掺量达到逾渗阈值。以石墨功能集料为例（图7-3），导电相体积掺量从6%提高到10%，导电集料的导电性能迅

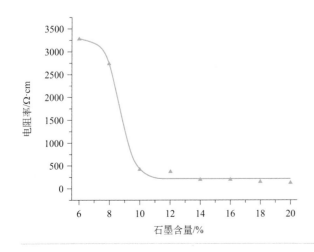

图7-3

不同石墨体积掺量下的导电集料电阻率

速提高，电阻率由 6% 时的 3273.3Ω·cm 迅速降低到 10% 掺量时的 410.8Ω·cm，导电性提高效果十分明显；当导电相掺量 >10% 时，随着导电相掺量的提高，集料导电性能仍逐渐提高，但提高的速度大大减缓；从掺量 10% 到 20% 的过程中，导电相掺量提高了 1 倍，然而集料的电阻率仅从 10% 的 410.8Ω·cm 降低到了 118.7Ω·cm。这表明 10% 是该导电功能集料中导电相的逾渗阈值[7]。

在导电集料中使用石墨作为导电相，由于石墨自身强度较低，影响了制备的功能集料强度，限制了其使用范围，仅能用于对强度要求不高的导电混凝土中。著者团队以黏土和打印碳粉（printer toner，PT）为原料，在最高温度 1040℃ 和氮气气氛下，烧结制备了具有高机械强度与导电性能的导电功能集料。打印碳粉的主要成分为 Fe_3O_4、有机树脂、炭黑等混合物，有机树脂被应用于制备复合导电材料中，能增加材料的机械强度和影响陶瓷孔隙率，同时烧结后形成的碳化合物具有良好的导电性；Fe_3O_4 烧结时能与黏土发生反应生成铁铝固溶体，促进材料烧结；同时还能被含碳物质还原生成铁，这些物质均具有良好导电性和机械强度。另一方面，打印碳粉的颗粒精细均匀，颗粒直径一般为 5 ~ 10μm，具有很大的比表面积，能与黏土充分反应，并能有效加速烧结。

图 7-4 所示为导电（功能）集料的体积电阻率随导电相打印碳粉掺量的变化曲线。可以看到，电阻率随着导电相质量掺量的增加而减小，当掺量到达 3.5% 时，导电性突变，电阻率大幅度减小；掺量大于 10% 时，材料电阻率缓慢降低。材料逾渗阈值区间在 3.5% ~ 10%，当导电相掺量为 10% 时，电阻率约为 10Ω·cm。同时，掺 PT 的导电集料抗折强度高于掺纳米炭黑（carbon black，CB）和碳纤维粉（carbon fibre，CF）（图 7-5），特别是当导电相质量掺量高于 10% 时，掺纳米炭黑、碳纤维粉的导电集料强度较低，掺打印碳粉的导电集料还能保持较高强度，抗折强度达到 14MPa[8]。

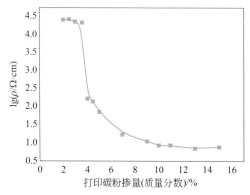

图7-4 导电功能集料的体积电阻率随导电相打印碳粉掺量的变化曲线

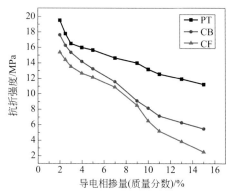

图7-5 导电集料的抗折强度随不同导电相掺量的变化

2. 导电集料与水泥石的协同导电设计

由图 7-6 可知，在不同的碳纤维掺量下，导电集料与少量碳纤维复合制备的混凝土，其电导率较普通集料混凝土降低了约 1 ～ 2 个数量级。如在碳纤维体积掺量 0.6% 下，使用导电集料混凝土的电阻率仅为 79Ω·cm，而普通集料混凝土的电阻率高达 1995Ω·cm，表明导电集料与碳纤维复合形成的导电网络（图 7-7），可以有效地提高混凝土的导电性能 [9]。

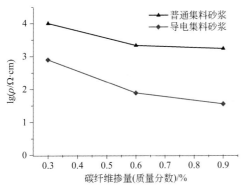

图7-6 两种混凝土在不同碳纤维掺量下的电阻率

图7-7 碳纤维在水泥石中的分散情况（×200，碳纤维体积掺量0.6%）

3. 导电集料混凝土的压敏特性

导电集料混凝土同时还具有良好的压敏特性，如图 7-8 所示。在加载循环中，导电集料混凝土电阻随加载压力增大而减小，随加载压力变小而增加，可用于建筑物结构安全的监测。图 7-9 为相同电阻率情况下导电集料 - 碳纤维混凝土与普通

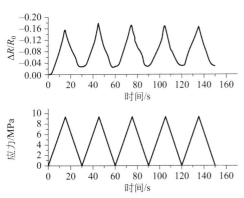

图7-8 导电集料混凝土的压敏特性（碳纤维体积掺量0.6%-导电集料体积掺量0.3%）

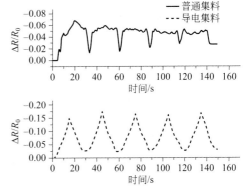

图7-9 相同电阻率下不同集料混凝土的压敏特性

集料 - 碳纤维混凝土的压敏特性图。可以看到，普通集料碳纤维混凝土变化数量级仅为百分之一，压敏特性灵敏度较低，这主要是由于虽然通过碳纤维掺量的提高可以提高导电混凝土的导电性能，但不能弥补普通集料带来的导电网络不连续的缺陷。而导电集料混凝土由于导电网络连续完善，压敏特性的灵敏度有了明显的提升[10]。

三、导电混凝土的发展趋势

采用上述导电功能集料的设计与制备方法，进而与碳纤维导电水泥石协同复合，可以制备出结构性能 - 导电功能一体化的混凝土。下一步还可通过优化导电集料的性能以及导电集料与导电相的分布与结合方式，使导电混凝土的性能进一步得到提升；此外，还可进一步开展利用高导电物质含量工业废渣等制备导电集料及其复合水泥基材料的工作，提高技术的实用性。

第二节
水泥基压电复合材料

一、概述

混凝土服役过程的结构演变以及损伤发展对其服役安全与寿命有重要的影响，一些重要的混凝土结构需要定期检测，但离线检测往往存在操作不便、成本高以及检测延后的问题，采用结构功能一体化材料对重大土木工程建筑物实施在线健康监测，对其振动、形变和损伤进行主动监控，从而使建筑物实体本身具有自感知、自判断、自适应等智能行为具有十分重要的意义。智能传感器分为很多种，较常见的是压力传感器、温敏传感器等。而在建筑物的健康检测中常用到的是压力传感器，通过检测建筑材料内部应力分布来分析材料的健康状况。传统的压电陶瓷传感器存在与混凝土性能差异较大而不相容的现象，在使用过程中容易脱落导致信号检测不准确。因此，通过将压电陶瓷与水泥复合制备水泥基压电传感器的技术应运而生。

水泥基压电复合材料属于嵌入式智能材料，即在基体材料中嵌入具有传感、动作和处理功能的原始材料。基体材料用来保护、支撑传感材料，传感材料采集和检测外界环境给予的信息，控制处理器指挥和激励驱动传感材料，执行相应的动作。它是以水泥为基体，掺入压电陶瓷材料作为功能体而制备的一种新型功能复合材料，既具备压电陶瓷的压电特性，同时与混凝土材料具有天然的相容性、良好的阻抗匹配关系和一致的变形行为，减少压电传感器发出或接收的波信号在传感器与混凝土界面上的反射，从而增加产生信号的准确性。另外，水泥基压电复合材料既可作为驱动源，也可作为接收源，集驱动、传感和控制功能于一身，具有自感知、自诊断的功能特性，适用于监测混凝土的损伤、变形、内部应力和应变分布等。因此，水泥基压电复合材料在建筑物安全智能化健康检测领域有着广阔的发展和应用前景。

水泥基压电复合材料的主要智能功能包括：①传感功能，能够感知外界环境或自身所处的环境条件，如荷载、应力、应变、振动、热、光、电、磁、化学、核辐射等的强度及其变化；②反馈功能，可通过传感网络，对系统输入与输出信息进行对比，并将其结果提供给控制系统；③信息识别与积累功能，能够识别传感网络得到的各类信息并积累；④响应功能，能够根据外界环境和内部条件变化适时动态地作出相应的反应，并采取必要行动；⑤自诊断功能，能通过分析比较系统现状与过去情况，对诸如系统故障与判断失误等问题进行自诊断并予以校正。

压电复合材料按照压电相与基体的不同连通方式可以分为十种基本类型，即0-0、0-1、0-2、0-3、1-1、1-2、1-3、2-2、2-3、3-3 型[11]，研究较多的水泥基压电复合材料主要有 1-3 型、2-2 型和 0-3 型三种，其中 0-3 型水泥基压电复合材料研究得最为广泛，著者团队王发洲等开展了 0-3 型水泥基压电复合材料的研究。

二、0-3型水泥基压电复合材料的制备和性能

0-3 型水泥基压电复合材料是指具有压电活性的陶瓷颗粒分散于三维连续的水泥基体中形成的复合材料，其优点是制备容易、成本低且组成可控。0-3 型水泥基压电传感材料是一种多相复合材料，其组成和结构复杂多变，因此影响其压电性能、介电性能和强度的因素繁多复杂。高性能压电复合材料的设计与制备关键主要包括压电相优选、压电相与基体的理想结构以及制备工艺的优化等。

1. 压电相优选

压电复合材料根据颗粒尺寸与样品厚度之间的相互关系可以简化为串联和并联两种模型[12]，如图 7-10 所示。当压电陶瓷颗粒粒径远小于试样厚度时，水泥基体与压电陶瓷颗粒之间的联结方式可看作是串联式。此时水泥基体将压电陶瓷颗粒紧紧包裹起来，致使极化时大部分极化电压作用在水泥基体上，而使压电陶瓷颗粒无法达到饱和极化状态；当压电陶瓷颗粒粒径与试样厚度相当时，水泥基体与压电陶瓷颗粒之间的联结方式可看作是并联式。此时压电陶瓷颗粒彼此相互接触，有些较大颗粒甚至可以贯穿整个试样，极化时施加在复合材料上的电场强度，就会有大部分极化电压作用在压电陶瓷颗粒上，使得复合材料可以获得较高的压电性能。因此，为了获取更好的压电效应，压电陶瓷颗粒粒度一

般控制在 75 ～ 200μm 范围内 [13-16]，主要出于以下几个考虑：①较粗的压电陶瓷颗粒能够带来明显的机电耦合效应，尽可能减少压电陶瓷颗粒与水泥基体之间以串联的方式连接，增加压电陶瓷颗粒相互接触的概率，从而使水泥基压电传感材料的连通方式变串联为并联；②随着压电陶瓷颗粒粒度的减小，压电陶瓷颗粒的比表面积随之增加，导致颗粒表面层的压电性降低或失去压电性。当压电陶瓷颗粒粒度过大，虽然压电陶瓷颗粒彼此之间的接触面积增大，但颗粒间界面的黏结强度十分脆弱；并且经过球磨后，压电陶瓷颗粒的形状不规则，容易形成较大的空隙，给极化带来难度，也弱化了水泥基压电复合材料的强度。常用的压电陶瓷锆钛酸铅陶瓷（PZT）的 XRD 图谱和微观形貌分别如图 7-11 和图 7-12 所示。

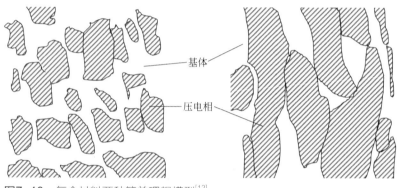

基体

压电相

图7-10　复合材料两种简单理想模型[12]

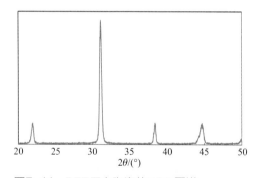

图7-11　PZT压电陶瓷的XRD图谱

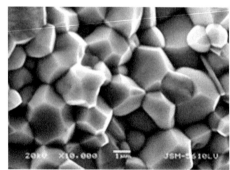

图7-12　PZT压电陶瓷的微观形貌

2．理想结构模型

以往的研究者主要从提高导电率的角度通过掺杂的方式来改善 0-3 型压电传感材料的极化性能，进而改善其压电性能。掺杂材料主要有炭黑、碳纤维、碳纳米管、锶铁氧体和钡铁氧体等导电性材料。宋岩等 [13-15] 基于高性能活性粉末混凝土材料的技术原理，从提高水泥基体介电性能角度出发，设计理想结构模型及材料组成体系，如图 7-13 所示。利用水泥水化过程中电学性质的变化规律，当其介电常数 ε_r 适当升高时，对水泥基压电传感材料施加极化，可大幅度降低外加极化电压，提高极化效率，从而提高 0-3 型水泥基压电复合材料的压电性能。因此，引入一种介电常数较高且颗粒粒度较小的粉体作为增强相有利于提高水泥基体的介电常数，进而增大极化程度；同时粒度小的粉体可充当空隙填充物，改善粉体颗粒级配，使材料基体结构更加致密，且增强相的二次水化反应进一步优化了压电陶瓷颗粒与水泥基体间的界面过渡区。一般选用硅灰作为水泥基压电材料的增强相。由图 7-14 可知，掺入硅灰增强相后，硅灰的活性被激发，消耗界面过渡区的片状 Ca(OH)$_2$，转而形成大量的 C-S-H 凝胶，使得界面过渡区更加致密，可以保证基体和 PZT 颗粒的有效黏结，增强水泥基压电复合材料的强度。

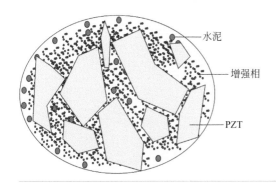

图7-13
材料组成体系

(a) 无增强相 (b) 掺加20%的增强相

图7-14 不同增强相质量掺量下样品的微观形貌

3. 制备工艺优化

在压电相优选与材料体系设计的基础上，通过制备工艺的优化可以进一步提升水泥基压电复合材料的压电与力学性能。将原材料搅拌均匀后，通过压制成型的方法，使材料呈现紧密堆积状态，采用热养护方式对其进行养护，促进水泥水化，减弱水泥长期水化过程对功能相压电性能的不良影响；同时，热养护能促进增强相活性的发挥，形成致密的基体结构和界面过渡区，从而最大化接近理想结构模型。

极化工艺对水泥基压电材料的压电性能也有重大影响。当极化电压在某一范围内增大时，材料的压电应变常数 d_{33} 先随极化电压的增大而缓慢增大，超过某一临界值后快速增大进而趋于稳定，如图 7-15 所示。这是因为当极化电压小于临界值时，随着极化电压增加，电畴发生偏转的驱动力就越大，并且剩余极化强度就越大，材料的压电性能就越好。当极化电压达到某临界值，此时电场强度达到饱和电场强度，剩余极化强度不再随极化电压增加而增加；同时，外加电场逐渐增加，材料内部空隙中的空气容易被击穿产生弱导电离子，在外加电场作用下发生移动，产生漏电流，降低极化效率，材料的压电性能开始显著降低。

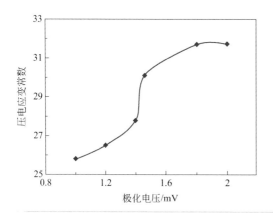

图7-15
极化电压对样品压电应变常数的影响

基于以上制备准则，王浩等通过热压养护和 1.5kV/mm 的极化电压下制备得到压电应变常数 d_{33} 值高达 90.6pC/N，压电电压常数 $g_{33}×10^3$ 值高达 46.14V·m/N 的水泥基压电复合材料[14,15,17]，如表 7-1 所示。

表7-1　水泥基压电复合材料配合比设计原则

PZT（体积分数）/%	水胶比	增强相掺量	减水剂掺量	成型压力/MPa	d_{33}/（pC/N）	$g_{33}×10^3$/（V·m/N）
60	0.20	0.20	0.025	100	90.6	46.14

三、水泥基压电复合材料的发展趋势

本节对 0-3 型水泥基压电传感材料的压电性能及其主要影响因素进行了研究，并建立了一种新的材料组成体系，实现在低极化条件下制备出高性能 0-3 型水泥基压电传感材料；在新的材料组成体系中，研究了 0-3 型水泥基压电传感材料的压电性能，优化其制备工艺，热养护制度可有效地改善其压电性能；研究了 0-3 型水泥基压电传感材料的长效性能，为该种材料的设计和制备提供了重要的理论依据。但为了加快其在土木工程结构中的规模化应用，仍需要尽快将开发的压电传感材料器件化，尤其在以下两个方面需要进一步开展研究：

① 水泥基压电传感器的开发，包括结构优化设计、数学模拟、理论模型的建立以及水泥基压电传感器在不同类型路面以下的布设、信号处理和分析；

② 开展水泥基压电传感器在复杂环境条件下输出性能的稳定性和长久性方面的工作，系统研究传感器的输出特性与温度循环、振动条件以及结构质量变化等因素之间的关系，建立起更加准确的定量关系，为其大规模应用提供一定的理论指导和实践经验。

第三节
吸波混凝土

一、概述

随着现代信息技术的发展以及无线通信和电子电器设备的广泛应用，公共电磁环境污染和电磁信号泄漏等导致的失泄密安全问题日趋严重。为了防止外部的电磁干扰和电磁信号的泄漏，削减电磁波对人体的伤害以及电磁波对建筑物的探测能力，研究具有优良吸波效能的水泥基复合材料在国防、民用，乃至保护人体健康方面都具有重要意义。

吸波混凝土是以水泥、粉煤灰、钢渣等反应生成的水化凝胶作为胶结基体，通过引入各种吸波组分或者对结构进行设计复合而成的一种具有电磁损耗功能的建筑结构材料。通过在混凝土中引入超细微粉（铁氧体、铁粉、羰基铁/镍粉等）、功能纤维（碳纤维、连续玄武岩纤维布、含铁纤维等）以及纳米材料（纳米 TiO_2）等吸波剂，从而赋予混凝土一定的吸收电磁波的性能，使其在电磁屏蔽、防电磁污染防治、雷达隐身等方面起到重要作用，既能达到结构与功能一体化的效果，又能节省能源和材料，是特种混凝土材料发展的一个方向，具有非常广阔的发展应用前景。著者团队开展了基于功能集料的吸波混凝土研究。

二、电磁波吸收与屏蔽机理

　　吸波材料的吸波机理是依靠介质材料吸收入射的电磁波能量，将电磁波能量转化为热能或其他形式的能量。对于电磁屏蔽，要求材料透过的能量越小越好，实现此目标的基本途径是提高材料的导电性能，这就是当前常用的金属屏蔽材料实现电磁屏蔽的基本原理，如图 7-16 所示。而对于一些领域的特殊需求，还要求材料对于电磁辐射是高吸收低反射。材料实现低反射和高吸收的途径需要电磁波较好地进入到吸波材料内部而不被反射，材料与空间的波阻抗匹配。要想材料有良好的吸波性能，先要尽可能使电磁波进入到材料内部。当材料与自由空间波阻抗相等时，电磁波才能完全进入到材料内部，这一理想状况对于混凝土来说是难以达到的，需采取一些方式使混凝土表面与自由空间之间波阻抗尽可能匹配。其次材料要具有好的电磁衰减特性，使进入的电磁波能被迅速地衰减吸收掉。电磁波进入到材料内部后，材料要尽可能衰减电磁波，就需要吸波材料有较大介电常数虚部和磁导率虚部。对于混凝土来说，常是在水泥浆体中添加吸波剂来提高混凝土的介电常数虚部和磁导率虚部，而使混凝土具有较好吸波性能。

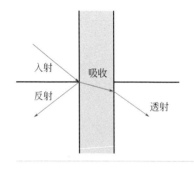

图7-16
电磁波与材料相互作用示意图

　　因此，在设计吸波材料时，既要充分考虑材料的电磁参数，又要考虑波阻抗匹配特性。在实际设计制备吸波材料时可以发现，材料能高效吸收电磁波和波阻抗匹配通常是自相矛盾的。往往是将吸波材料设计成双层或多层阻抗渐变型材料，各层材料的电磁参数从底层向表层逐渐减小，材料与自由空间的波阻抗匹配较好，电磁波能最大程度进入到材料内部，并能较好地损耗电磁波能量[18-21]。

三、吸波功能集料混凝土的制备与性能

　　普通混凝土自身的吸波性能较差，远不能达到电磁防护的要求。水泥浆体和集料是混凝土最主要组成部分，目前是在混凝土的水泥浆体中添加不同种类的吸波剂来提高混凝土的吸波性能，但往往存在吸波频段窄和结构性能差等缺点，在混凝土材料中形成包括集料在内的完整电磁波吸收功能结构，将显然有助于解决

上述问题。有的研究者将磁铁矿石或铁尾矿砂等作为集料掺入混凝土中试图实现这一目的，但由于其矿物成分波动大、电磁参数和防护功能可调性差而难以达到理想效果。因此，设计制备一种吸波功能集料混凝土将有助于解决上述问题。

1．吸波功能集料混凝土的制备

目前具有衰减电磁波的集料有三大类：无机多孔集料、有机多孔集料和金属多孔集料。这三类集料大多是利用集料孔腔内的多重散射、反射吸收电磁波，材料本身介电常数和磁导率较小，不具电磁损耗功能。利用普通黏土和 TiO_2 制备一种功能集料，其成本低廉、易获得，烧结后有良好的机械强度。吸波功能集料中含有 TiO_2，TiO_2 有较大的介电常数虚部，当电磁波在集料介质中传播时，集料中的 TiO_2 会通过电介质极化损耗电磁波。制备的集料存在大量的气孔，每个气孔与材料形成微型密闭壳 - 核谐振腔。当电磁波入射到气孔中时，经过集料介质时继续产生电介质损耗衰减电磁波。而且制备的集料机械强度较高，可作为承重集料与水泥石共同承受荷载，提高混凝土强度。以黏土为集料基体材料，掺入不同量的 TiO_2 作为吸波剂，经成型、煅烧制得吸波功能集料。研究吸波剂掺量、煅烧制度对功能集料性能的影响。结果表明，吸波功能集料烧成制度为升温速率为 5℃ /min，煅烧温度为 1200℃，然后保温 1h，随炉冷却至室温。功能集料有较好的物理力学性能和电磁损耗性能，筒压强度大于 15MPa，介电常数虚部较大[22]。

图 7-17 所示为掺 30%TiO_2 的功能集料的电磁参数。在测试频段内，尤其是 12 ～ 18GHz 高频区域，介电常数虚部和电损耗角正切较大，而磁导率虚部和磁损耗角正切相对较小，说明集料有较好的电介质损耗性能和一定的磁损耗性能；从集料成分来分析，集料中含有大量的 TiO_2 电介质吸波剂和少量的其他金属氧化物，这些物质在电磁场中会极化吸收电磁波。此外，集料中含有少量的含铁氧化物，这些物质具有一定的磁损耗性能。集料厚度为 8mm 时，在 13.9 ～ 16.7GHz 频段内反射率均小于 −10dB，最小反射率值达 −18.6dB，功能集料吸波性能最优[23,24]。

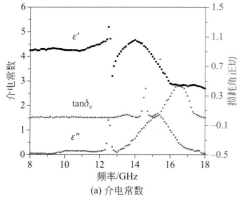
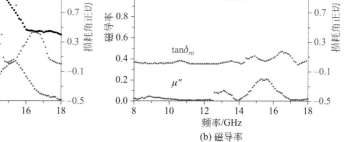

图7-17 掺30%TiO_2的功能集料的电磁参数

(a) 介电常数　　(b) 磁导率

2．吸波功能集料混凝土的性能

吸波材料的设计需兼顾电磁损耗和阻抗匹配特性，要提高材料的吸波性能，前提是减少电磁波在材料表面反射，使电磁波尽可能地进入到材料内部。混凝土浆体相对介电常数与相对磁导率相差较大，混凝土表面与自由空间的波阻抗匹配性较差，电磁波入射到混凝土表面时，大多数电磁波会在混凝土表面反射，导致普通混凝土的吸波效能较差[18]。因此，为了提高混凝土吸波效能、拓宽吸收频带，需设计双层吸波混凝土（如图 7-18 所示），表层为匹配层，电磁参数较小，与自由空间波阻抗匹配性较好，能引导电磁波进入材料内部；底层为电磁损耗层，有较大的介电常数虚部、磁导率虚部，或为多孔结构，能通过各种方式损耗电磁波。

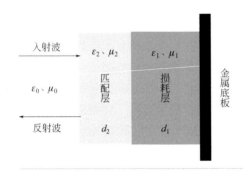

图7-18
双层吸波材料示意图

吸波混凝土对电磁波的吸收受材料自身的电磁参数、材料与空间波阻抗和试样厚度影响。电磁损耗越大的集料对电磁波的衰减越大，但阻抗匹配性较差，添加匹配层后能改善混凝土空间波阻匹配性。由于干涉作用可以引起能量的损耗，因此材料存在最佳的吸波厚度，一般最佳厚度为 1/4 波长奇数倍。双层吸波混凝土损耗层上添加了一层厚度为 10mm 的掺 50%（体积分数）珍珠岩的匹配层。损耗层的吸波剂为掺 30%TiO_2 的吸波功能集料与不同掺量的高结构炭黑、镍锌铁氧体或锰锌铁氧体复合。

吸波功能集料混凝土有较好的力学性能。吸波功能集料自身机械强度较好，孔腔结构提高水泥水化程度以及集料与水泥浆体之间界面黏结强度，使混凝土有较好力学性能，水灰比 0.4 的吸波混凝土，28d 抗压强度大于 30MPa[22]。

吸波剂的掺量、匹配层和试样厚度对混凝土吸波性能有较大影响（图 7-19）。当双层混凝土厚度为 30mm 时，掺 20% 镍锌铁氧体的混凝土的吸波性能最佳，13.7 ～ 18GHz 频率范围内反射率小于 -10dB；当双层混凝土厚度为 20mm 时，掺 10% 镍锌铁氧体的吸波混凝土的吸波性能最佳，8 ～ 8.3GHz，11.4 ～ 14.6GHz 和 17.2 ～ 18GHz 频率范围内反射率小于 -10dB，小于 -10dB 吸收频带达 4.6GHz，

最小值达 −11.9dB，根据反射率曲线变化趋势可以预测在小于 8GHz 频率范围，吸波性能更佳[25-29]。

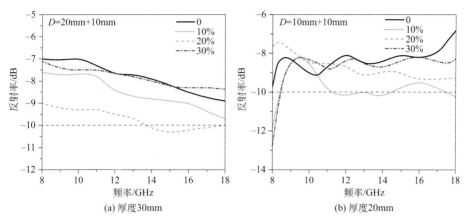

图7-19　不同掺量镍锌铁氧体对双层复合混凝土吸波性能影响

　　当双层混凝土厚度为 30mm 时，掺 1.5% 炭黑的吸波混凝土的吸波性能最佳，8～18GHz 频率范围内反射率约为 −7.5～−8dB；当双层混凝土厚度为 20mm 时，同样掺 1.5% 炭黑的吸波混凝土的吸波性能最佳，10～18GHz 频率范围内反射率约为 −9.5～−10dB，反射率小于 −9dB 频带达 8.8GHz（图 7-20）。

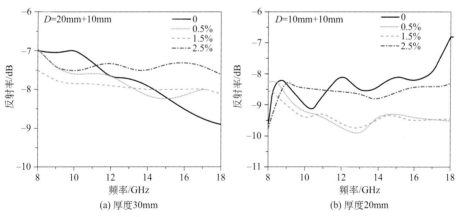

图7-20　炭黑掺量对双层复合混凝土吸波性能影响

　　由此可见，掺吸波剂、功能集料复合吸波混凝土有较好的力学性能。高结构炭黑、镍锌铁氧体、锰锌铁氧体和纳米二氧化钛在最优吸波性能掺量下，吸波混凝土 28d 强度分别为 36.1MPa，34.8MPa，28.1MPa，43.6MPa，满足大型电磁防护建筑对强度的要求[4,30-33]。

四、吸波功能集料混凝土的发展趋势

吸波混凝土中吸波功能集料的自身结构与性能很大程度上决定了吸波混凝土的性能。将具有核-壳谐振腔结构即在粉煤灰微珠表面包覆纳米四氧化三铁和二氧化钛的吸波剂掺入水泥基材料中，以增强水泥基材料的吸波性能。而掺加包覆纳米四氧化三铁和二氧化钛的粉煤灰空心微珠的水泥基材料的力学性能、兼容性以及在粉煤灰空心微珠表面负载不同类型的吸波剂还需进一步研究。通过溶胶凝胶在陶粒表面与孔径中负载一层磁性吸波剂，形成具备谐振腔功能的吸波体，可提高水泥基复合材料的吸波性能。但如何更进一步增加陶粒表面钡铁氧体的负载量，在陶粒表面负载不同类型的吸波剂，以及如何提高复合材料的抗压强度，扩展应用领域，尚需进一步深入研究。大宗固体废弃物高铁高碳粉煤灰、钢渣粉和锰渣（均含有电磁吸收组分）等可用来制备吸波功能集料，其原理和技术方法需深入研究，以提升其经济性和推广应用价值。

第四节
防辐射混凝土

一、概述

防辐射混凝土又称为防射线混凝土、防核辐射混凝土、屏蔽混凝土，它能有效屏蔽辐射，是原子能反应堆、粒子加速器及其他含放射源装置常用的防护材料。辐射是指以高速粒子或电磁波的形式向周围空间或物质发射并在其中传播能量的现象，辐射所产生的放射性能造成对人体组织的伤害，因此对存在危险辐射源的地方必须进行防辐射保护。依辐射能量的高低或其电离物质的能力，分成电离辐射和非电离辐射，防辐射主要是防止能使物质发生电离作用破坏的电离辐射，电离辐射源包括 α 射线、β 射线、γ 射线、X 射线和中子辐射。

防辐射的材料结构与装置有多种方法，防辐射混凝土材料具有较好的防护性能、施工便利性及技术经济性，成为现代辐射场景中最常用的技术方法。因中子的辐射和吸收机理与 α、β、γ、X 辐射有较大差别，在中子与轻物质发生弹性散射，其损失的能量要比重物质作用时多很多，即含有结晶水或轻核元素的物质对中子射线有较好的吸收作用，像水和石蜡是屏蔽中子的最好材料，但它们在混凝土组成结构中不便应用，实际防护工程多采用在混凝土外另加覆层结构的方法，这不属于混凝土结构的问题，故本节所研究的防辐射混凝土针对 α、β、γ、X 辐射源的场景。

从混凝土材料的组成和结构上，防辐射混凝土技术的主要方法是引入能与辐射源发生反应，可有效吸收射线能量的物质。配制防辐射混凝土时，常采用各种铁矿石，如磁铁矿、赤铁矿、褐铁矿、钢段、铁丸、重晶石、蛇纹石等特殊集料。高密度天然矿石储量有限，无法满足日益增长的工程需求，且大量地开山取石必然导致资源匮乏和生态环境破坏，而钢段、铁粉、铅粉等作为金属材料价格昂贵，均不适宜于大量使用。另一方面，由于这类集料密度大，所制备的混凝土易离析，混凝土施工性能差，混凝土易开裂，耐久性差，防辐射混凝土屏蔽性能降低；同时，密度大的集料导致防辐射混凝土密度增大，提高了对承载混凝土构件的强度要求[34]。著者团队丁庆军等提出了以具有防辐射功能集料制备防辐射混凝土的技术思路，开展了利用一些工业废弃物生产功能集料的研究，并采用掺入矿物掺合料提高混凝土的密实性和提高抗开裂能力，增强混凝土的耐久性，制备防辐射混凝土[35]。

二、基于功能集料防辐射混凝土

防辐射混凝土在原材料的组成和性质上有别于普通混凝土，在配合比设计和施工中存在及需要考虑的主要问题是：①原材料及其性能指标是否满足防辐射混凝土的性能要求；②防辐射混凝土性能影响因素及其影响规律，尤其注意不同屏蔽辐射源性能差异；③混凝土的施工性能、匀质性，以及屏蔽效果；④射线长期辐射作用下混凝土的结构和性能变化规律。辐射不但会导致混凝土温度升高，影响混凝土的结构和性能，并且可能对水泥水化产物，例如 C-S-H 凝胶、钙矾石、$Ca(OH)_2$ 及孔结构产生影响。防辐射混凝土选择水泥时应考虑混凝土表观密度与混凝土强度。屏蔽层一般比较厚重，水泥水化放热导致混凝土温升对其性能的影响必须予以充分考虑，宜采用低水化热的胶凝材料。

防辐射混凝土的功能集料的性能对防辐射混凝土的屏蔽性能有决定性的影响，表观密度、化合水含量、硼含量是防辐射混凝土的重要技术指标。重金属元素对高能射线具有优良的屏蔽性能，丁庆军等利用工业排放的含有 Cr、Cu、Zn、Ba 等重金属的污泥烧制人工集料，可有效解决富含重金属污泥处置率低、污染环境等问题，且该人工集料可代替天然矿石制备防辐射混凝土，可减少天然高密度矿石的开采，保护自然环境，并解决天然高密度矿石配制混凝土匀质性不良的问题[34-37]。

1．利用钢铁废水污泥烧制防辐射功能集料

以钢铁废水污泥烧制人工集料代替天然矿石制备防辐射混凝土。以钢铁废水污泥为主要原料，利用高岭土和石英砂进行化学组分校正，并以表观密度作为目标值，通过对预烧温度、预烧时间、焙烧温度、焙烧时间、升温速率、冷却方式等集料烧成影响因素研究，提出集料烧成方案为：预烧温度为600℃，预烧30min，焙烧温度为1100℃，焙烧30min，升温速率为10℃/min，在空气中自然冷却[34-36,38,39]。对不同Si/Al下的生料球进行功能集料制备，测试其基本性能，详见表7-2和表7-3。对比表7-3中各种集料对γ射线的屏蔽性能可知：利用钢铁废水污泥烧制的防辐射功能集料的屏蔽性能高于玄武岩，且可达重晶石的60%以上[40,41]。

表7-2 不同Si/Al比下钢铁废水污泥烧制防辐射功能集料的化学组成　　　　　　　　　单位：%

编号	Si/Al	Al_2O_3	SiO_2	MgO	CaO	Fe_2O_3	Cr_2O_3	ZnO	SO_2	其他
M1	2.0	23.52	47.03	0.39	0.28	7.67	13.72	6.01	0.05	1.32
M2	2.5	20.20	50.50	0.37	0.28	7.63	13.75	5.99	0.04	1.24
M3	3.0	17.70	53.10	0.36	0.28	7.60	13.77	5.98	0.03	1.17

表7-3 钢铁废水污泥烧制的防辐射功能集料性能

编号及名称	屏蔽系数/cm^{-1}	抗压强度/MPa	表观密度/(g/cm^3)
M1	0.1703	61.3	2.33
M2	0.1694	57.6	2.28
M3	0.1677	55.6	2.25
玄武岩	0.0481	315.0	2.71
铁矿石	0.1911	—	3.76
重晶石	0.2617	—	4.37

2．利用铜渣烧制防辐射功能集料

在使用铜渣和湖底淤泥制备防辐射功能集料时，由于铜渣富含铁元素，容易使得集料在高温焙烧时发生铁氧化物还原反应，使得功能集料发生膨胀，功能集料的屏蔽性能与力学性能均会降低，故应降低集料的焙烧温度。烧成制度设置为：500℃预烧15min，经10℃/min的升温速率至1140℃焙烧20min。利用湖底淤泥对铜渣进行化学组成调整，其生料组成见表7-4，在此

烧成制度下，对不同组分的防辐射集料的性能进行研究，见表7-5。随铜渣掺量增加，集料射线屏蔽性能逐渐增加。这是因为铜渣掺量增加，集料中铜、锌、铁等电子密度和原子序数较高的重金属元素含量增加，对 0.662MeV 的 γ 射线屏蔽性能提高；另一方面由于铜渣掺量增加导致集料密度增加，集料的结构更为密实，高能 γ 射线同集料中各原子的作用概率增加，从而功能集料的射线屏蔽性能增加[38,42]。

表7-4　铜渣烧制的防辐射功能集料化学组成　　　　　　　　　　　　　　单位：%

编号	Al_2O_3	SiO_2	MgO	CaO	Fe_2O_3	Cr_2O_3	ZnO	其他
A-1	20.05	55.50	2.76	5.68	9.18	0.28	0.53	6.02
A-2	18.72	53.03	2.82	7.31	10.53	0.55	1.04	6.01
A-3	17.39	50.57	2.87	8.93	11.87	0.83	1.54	6.00
A-4	16.06	48.11	2.92	10.55	13.21	1.1	2.05	5.99
A-5	14.73	45.65	2.98	12.18	14.56	1.38	2.56	5.98
A-6	13.40	43.18	3.03	13.80	15.90	1.66	3.07	5.97

表7-5　铜渣烧制的防辐射功能集料性能

编号	表观密度/（g/cm^3）	抗压强度/MPa	屏蔽系数/cm^{-1}
A-1	2.03	21.4	0.141
A-2	2.05	32.7	0.161
A-3	2.13	41.3	0.168
A-4	2.19	45.7	0.184
A-5	2.26	46.1	0.185
A-6	2.31	44.6	0.188

3. 利用电镀污泥烧制防辐射功能集料

利用电镀污泥和页岩烧制防辐射功能集料时，因电镀污泥烧失量较大，且含有一定的铁氧化物，高温下的膨胀反应与液相回填烧失孔过程对集料的表观密度影响较大。通过烧成制度对防辐射功能集料性能影响规律的研究，提出利用电镀污泥烧制防辐射功能集料烧成制度为：预烧温度 500℃，预烧时间 40min，焙烧温度 1150℃，焙烧时间 40min，在空气中自然冷却。其生料组成见表7-6，在此烧成制度下，对不同电镀污泥掺量的防辐射功能集料的性能进行研究[34,38,39]，见表 7-7。

表 7-7 试验结果表明：随着电镀污泥掺量增加，烧制的集料表观密度和屏蔽性能提高，而抗压强度降低。当电镀污泥掺量为 60% 时，集料抗压强度为 47.05MPa，屏蔽系数 μ 约为 0.23cm^{-1}，与重晶石相近。随电镀污泥掺量的增加，集料中重金属含量增加，助熔组分增多，促进固相反应中的传质过程，

集料更为密实，屏蔽性能提高，但集料中的 Si、Al 元素减少，故其抗压强度降低。

表7-6 电镀污泥烧制的防辐射功能集料化学组成 单位：%

编号	Al_2O_3	SiO_2	MgO	CaO	Fe_2O_3	Cr_2O_3	ZnO	其他
S1	14.83	34.42	0.45	1.56	2.01	10.67	7.88	28.18
S2	12.54	28.95	0.55	1.92	2.32	13.34	9.85	30.53
S3	10.26	23.48	0.65	2.29	2.70	16.00	11.81	32.81
S4	8.00	18.00	0.75	2.66	2.93	18.68	13.78	35.20
S5	5.68	12.53	0.86	3.03	3.23	21.34	15.75	37.60

表7-7 电镀污泥烧制的防辐射功能集料性能

编号	电镀污泥掺量/%	表观密度/（g/cm³）	抗压强度/MPa	屏蔽系数/cm⁻¹
S1	40	2.27	56.54	0.152
S2	50	2.47	56.12	0.201
S3	60	2.68	47.05	0.229
S4	70	2.77	38.40	0.249
S5	80	2.89	31.40	0.262

利用上述烧制的防辐射功能集料和重晶石制备了 C40 混凝土，各组 C40 混凝土的胶凝材料组成、水胶比、砂率均相同，混凝土坍落度为 160～180mm。并进行混凝土的匀质性实验。试验结果：钢铁废水污泥 M2（表 7-2）、铜渣 A5（表 7-4）、电镀污染 S3（表 7-6）的分层度分别为 5.7%、5.8%、6.1%，而重晶石混凝土分层度约为 15%，说明利用富含重金属污泥烧制的防辐射功能集料在混凝土中的匀质性优于重晶石。利用上述富含重金属污泥烧制的防辐射功能集料，其重金属毒性浸出量符合国家标准 GB 5085.3—2007《危险废物鉴别标准　浸出毒性鉴别》要求 [43-45]。

三、功能集料防辐射混凝土的发展趋势

通过实验室研究以及试生产已制备出多种性能优良的防辐射功能集料，这为开发功能集料防辐射混凝土技术奠定了基础，工程应用试验也表明了技术经济的有效性。但由于功能集料的物理与化学性能不同于普通混凝土的集料，其必将对混凝土的制备与性能产生影响；另一方面，工业废弃物中所含重金属离子种类不同，将对防辐射功能产生较复杂影响，这些问题还需要进一步研究。随着我国经济的高质量发展和环境保护水平的提高，工业废弃物的安全化处理和综合利用已成为一个重要发展方向，同时越来越多的防护工程需要建设，天

然重密度集料原料越来越匮乏，如此形势背景为功能集料混凝土技术的发展提供了新的机遇。

第五节
储热混凝土

一、概述

　　太阳能是取之不尽的能源，相比核能、氢能等新型能源形式而言，其利用能量转换环节较少，工艺过程简单，生产安全可靠，应是人类解决能源问题的根本出路。目前用太阳能发电的两大方式是光伏发电和光热发电[46]。光伏发电技术目前存在光电转换率较低、原料硅的开采和硅片生产环境污染和总体技术经济性低的问题。太阳能光热发电是利用大规模阵列抛物或碟形镜面收集太阳热能，通过换热装置提供蒸汽，结合传统汽轮发电机的工艺，从而达到发电的目的。采用太阳能光热发电技术，避免了昂贵的硅晶光电转换工艺，可以大大降低太阳能发电的成本。其特点是将日光辐射充足时的热能储存起来，在日光辐射不足或夜间时释放出来发电；或在电力需求不足之时将热能储存起来，在有电力需求时释放热能发电，具有技术运行持续性、可靠性和经济性的特点[47]。

　　在太阳能光热发电中，能量的储存转换系统与材料是关键技术之一，著者团队何永佳等开展了以混凝土作为储热转换材料的创新研究。储热混凝土具有优异的耐久性和经济性的优点。储热混凝土结构（模块）的工作原理如下。太阳能发电站通常会有一个集热器，在阳光充足的情况下，对储热介质进行加热，储热介质加热到一定温度后通过管道流入储热混凝土模块中，高温的介质在储热混凝土中进行一系列的热交换，介质中的大部分热量会储存在混凝土中。然后从储热混凝土另一端的管道中流出，此时的介质温度就降低很多。低温介质就会重新循环流入太阳能集热器中被加热。当阳光不够充足的时候，介质不能达到应有的温度，这时低温状态下的储热介质通过管道流入混凝土储热模块中，混凝土的温度高于管道内的介质的温度，此时介质就和储热混凝土进行热交换，储热混凝土中的热量被储热介质所吸收，介质被加热到一定的温度时，介质就把混凝土中储存的热量带了出来。这时从混凝土中流出来的介质就能够进入到涡轮机中，为太阳能电站进行热量的供应。

二、储热混凝土制备关键技术

混凝土作为高温蓄热材料应当具有如下的特性：在 200 ～ 450℃（甚至更高）能够长期正常服役；与传热导管有良好的热膨胀系数一致性，避免两者之间出现裂缝影响传热；在储／释热循环过程中热应力开裂小；混凝土材料热容尽可能大；传热导管与混凝土之间，以及混凝土内部的热传导性能要好。储热混凝土的制备需要解决以下关键技术问题：

（1）混凝土的开裂、强度下降和收缩问题　普通的硅酸盐水泥水化产物在高温下的分解将大大削弱其胶结能力，且储热混凝土初升温时内部毛细孔的自由水在 100℃以上即会汽化蒸发，产生的大量水蒸气积聚起来，若无法及时排出将产生巨大的蒸汽压力，使混凝土崩裂而破坏。

（2）混凝土热导率较低的问题　热导率对储热混凝土的热交换效率有重要作用，不仅关系到与导热管之间的热交换效率问题，也影响热量在混凝土内部的传递，总体影响到整个太阳能热电系统的效率和成本。

（3）储热混凝土的成本问题　光热发电储热混凝土体积方量巨大（可达数万立方米），尽管对强度性能要求不高，但由于其巨大的体积方量使其仍然占据了太阳能热电厂投资成本中的相当大部分，成为该技术实际应用的主要障碍之一。

（4）储热混凝土的施工工艺问题　高温储热混凝土中导热管密布，相邻管的间距通常在几厘米到十几厘米之间，且新拌混凝土浇筑时考虑到导热管的保护问题而不能过度振捣，因而对新拌混凝土的工作性能有较高要求。

另外，高温储热混凝土还要解决运行过程中的温度等参数的监测监控，以及导热管材料选择与布设、储热混凝土块体的外保温等问题。高温储热混凝土的主要技术路线包括以下三个方面：①采用集料密实堆积配合比设计降低胶凝材料用量，采用矿渣水泥或碱激发矿渣等耐热胶凝材料。一方面降低硬化浆体与集料之间由于热膨胀系数和热传导率差异带来的应力，另一方面减少水分含量以降低加热时产生的蒸汽压力。②采用有机-钢混杂纤维。一方面利用有机纤维 160 ～ 200℃左右熔融形成连通的孔道，排解高温蒸汽压力；另一方面利用钢纤维的高热导率提高混凝土导热性。③选用玄武岩、石英砂等导热性能好的集料配制混凝土，必要时适当加入石墨块、高含铁钢渣颗粒等作为集料，进一步提升混凝土导热性。

三、储热混凝土材料开发

1. 水泥－矿渣复合储热混凝土

考虑到硅酸盐水泥水化产物中含有 20% 左右体积含量的 $Ca(OH)_2$，在 400 ～

450℃温度区间急剧分解，对水化浆体的微结构破坏显著，因此可以采用矿渣水泥来改善胶凝材料体系组成[48,49]。水泥-矿渣复合储热混凝土的配合比见表7-8。

表7-8　水泥－矿渣复合储热混凝土配合比　　　　　　　　　　　　　　　　单位：kg/m³

编号	水泥	矿渣粉	粗集料	细集料	石墨	有机纤维	减水剂	水
Ⅰ	350	0	1170	780	—	—	2.8	140
Ⅱ	175	175	1170	780	—	—	2.8	140
Ⅲ	175	175	1170	780	—	0.8	2.8	140
Ⅳ	175	175	820	780	350	0.8	2.8	140

储热混凝土 28d 龄期加热前后抗压强度及损失率如图 7-21 所示（加热制度为 60℃作用 12h，接着 105℃作用 12h，然后 5℃/min 升温至 450℃，最后室温冷却后测强度，对比样为标准养护）。热导率按 GB/T 10297—2015 所述方法测试，见图 7-22。对加热之后试块开裂情况进行观察，结果见表 7-9。

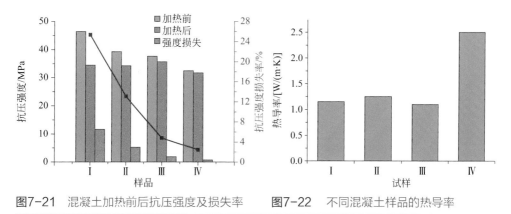

图7-21　混凝土加热前后抗压强度及损失率　　　　图7-22　不同混凝土样品的热导率

表7-9　混凝土高温开裂情况

编号	单位面积裂缝数目/（条/m²）	最大裂缝宽度/mm	裂缝平均开裂面积/mm²
Ⅰ	159	0.53	5.65
Ⅱ	78	0.32	3.23
Ⅲ	31	0.12	1.12
Ⅳ	22	0.15	0.98

由图 7-21 可见，加热前后强度损失率最低（0.8%）的是掺加了矿渣粉、有机纤维和石墨集料的Ⅳ样品，同时从图 7-22 和表 7-9 可见其导热性能和抗高温

开裂性能最好。矿渣粉的作用有可能是发挥火山灰效应消耗了 Ca(OH)$_2$ 量，从而降低了其在高温下分解生成 f-CaO 导致强度下降的风险。有机纤维在高温下熔融形成的通道减少了蒸汽压力引起的开裂（掺加纤维对混凝土加热前后微观形貌的改变见图 7-23、图 7-24）。但由于石墨颗粒本身强度低，导致 Ⅳ 样品抗压强度较低，但 28d 强度也超过了 30MPa，满足储热混凝土使用要求。

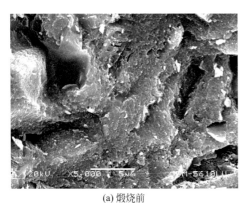

(a) 煅烧前　　　　　　　　　　　　　(b) 煅烧后

图7-23　未掺纤维的试样煅烧前后局部断面SEM图像

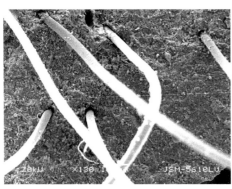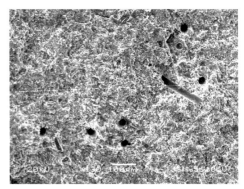

(a) 煅烧前　　　　　　　　　　　　　(b) 煅烧后

图7-24　掺纤维的试样煅烧前后局部断面SEM图像

2. 碱激发矿渣储热混凝土

混凝土很多时候在高温下的强度丧失，很大程度上与胶凝材料的分解有关。著者团队通过利用一种耐高温、环保的胶凝材料取代水泥，即矿渣基地聚合物胶凝材料制备储热混凝土，其耐高温性能远强于水泥，并且利用工业高炉废渣，既节约成本又能消耗废弃物，是极好的环保材料[50,51]。同时，在混凝土制备过程中掺入聚丙烯纤维，通过加热使其挥发而留下孔洞，可以在很大程度上提高混凝土的耐高温性能，保证混凝土在服役过程中能够拥有稳定的力学性能。碱激发矿渣储热混凝土的配合比见表7-10。

表7-10　碱激发矿渣混凝土配合比　　　　　　　　　　　　　　　　　　　　单位：kg/m³

编号	矿渣粉	碱液	水	砂	碎石	石墨	纤维	减水剂	Zn(NO₃)₂
G0F	450	168	40	750	1170	—	0.9	7.5	4.5
G10F	450	168	40	750	1053	117	0.9	7.5	4.5
G20F	450	168	40	750	956	234	0.9	7.5	4.5
G30F	450	168	40	750	819	351	0.9	7.5	4.5
G10F0	450	168	40	750	1053	117	—	7.5	4.5
G0F0	450	168	40	750	1170	—	—	7.5	4.5

石墨掺量占集料质量0、10%、20%及30%时，储热混凝土3d、7d及28d龄期加热前后抗压强度如图7-25所示（加热制度为60℃作用12h，接着105℃作用12h，然后3℃/min升温至450℃保温2h，最后室温冷却后测强度，对比样为标准养护）。热导率按GB/T 10297—2015所述方法测试，结果见图7-26所示。从图7-25可见，碱激发矿渣储热混凝土早强高，3d均达45MPa以上。但各龄期强度随石墨掺量的增加而降低。通过对比28d龄期样品在450℃下煅烧前后的强度，发现总体而言强度损失率较低，石墨掺量为10%时甚至有少许上升，说明碱激发矿渣胶凝材料具有良好的热稳定性。从图7-26可见，随石墨掺量的增加碱激发矿渣储热混凝土热导率增加明显，掺加30%石墨时热导率提升近60%，表明石墨颗粒对改善碱激发矿渣储热混凝土的热学性能有着积极的作用。

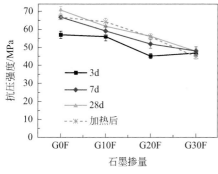

图7-25　石墨掺量对混凝土抗压强度影响

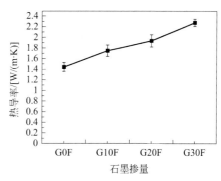

图7-26　石墨掺量对混凝土热导率影响

图 7-27 所示为纤维对碱激发矿渣储热混凝土部分试样抗压强度和受热前后抗压强度损失率的影响。由图可见，在掺入纤维之后混凝土强度相比于未掺纤维的混凝土样品有所下降，其主要原因为聚丙烯纤维的掺入会增加混凝土的含气量，减小混凝土的密实度，且高温熔融后留下的孔道会增加混凝土内的毛细孔使混凝土基体内部缺陷增多，对强度有一定不利影响。但是正是由于聚丙烯纤维在加热之后熔融所留下的孔，加快了混凝土在高温加热时内部水分的扩散，降低了蒸汽压力对混凝土内部的破坏，缓解了其造成的热损伤。可见掺入聚丙烯纤维对混凝土的耐热性能有着明显的提高，加之碱激发矿渣胶凝材料本身的耐热性能好，因此制备的储热混凝土在经历高温后强度损失率低。

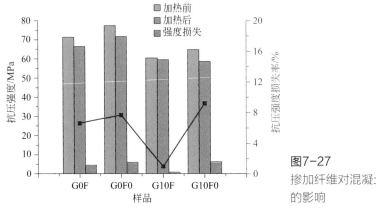

图7-27
掺加纤维对混凝土抗压强度及损失率的影响

四、储热混凝土的发展趋势

研究表明，混凝土是一种优良的固体高温显热储热介质，其比热容较高，单位热量储存成本低，材料来源广泛，特别是在我国适宜太阳能光热发电的荒芜地区可就地取材，且建造成本低廉，维护较易，是极具发展前景的一类储热材料。我国太阳能资源丰富，全国总面积 2/3 以上地区年日照时间大于 2000h。中国科学院电工研究所的调研显示，中国现有沙漠戈壁 130 多万平方公里，超过 30 万平方公里的沙漠戈壁适宜光热发电[52]。2020 年我国投产及处于调试的太阳能热发电项目与多能互补项目规模达到 550MW[53]。

随着太阳能热电实际应用要向更大规模、更高效率发展，热介质工作温度将由原来的 300℃左右提升到 400 ～ 500℃甚至更高，研究开发新的混凝土储热材料及体系具有重要的理论意义和实用价值。本节提出的利用水泥 - 矿渣复合储热混凝土，以及碱激发矿渣储热混凝土的设计制备方法，获得较高热导率和强度性能的储热混凝土，可满足太阳能光热发电站的使用需要。但应进一步研究采用各种冶金工业废渣来制备储热混凝土，以进一步提升其热传导性能的同时降低生产制备成本。另外，对储热混凝土模块热工模型的建立和模拟、高温储热混凝土模块的保温等问题，仍须进一步深入开展研究工作。

第六节
高热阻混凝土

一、概述

高热阻混凝土是一类通过改变自身结构、选用低热导的原料或与低热导的材料复合而具有较低热导率，对冷、热流具有显著阻抗性能并具有一定物理、力学性能的混凝土，它具有良好的保温性、隔热性、隔声性、耐火性和耐候性。其热导率越小，保温隔热性能越好。

混凝土的热导率主要受到含水率、集料类型、胶凝材料的类型、相变材料的使用和混凝土密度等因素影响[54]：①一般来说，增加水分含量会增加热导率值，混凝土水分每增加 1%，热导率就会增加约 6%；②集料约占混凝土体积的 60% ～ 80%。使用轻质集料，由于轻质集料的多孔性，降低了混凝土的热导率，混凝土孔隙率增加 1%，热导率降低约 0.6%；③用辅助胶凝材料代替硅酸盐水泥可以降低混凝土、砂浆和水泥浆的热导率；④相变材料胶凝材料的热导率低于常规胶凝材料，当仅掺入水泥体系总质量的 5% 的相变材料时，水泥复合材料的热导率降低了 10% 以上；⑤一般来说，混凝土的密度越高，热导率越高。

二、高热阻混凝土设计与制备技术

高热阻混凝土可以分为水泥基墙体复合保温材料和墙体自保温材料[54]。著者团队在水泥基保温材料方面的工作主要有碱激发多孔水泥基墙体保温材料（alkali-activated porous cement-based wall insulation materials，APCM）[55]，在墙体自保温方向的研究工作主要有泡沫混凝土和轻集料结构保温一体化混凝土等。

1. 碱激发多孔水泥基墙体保温材料

在深入研究水泥基复合材料特点的基础上，提出了 APCM 的设计原理：碱激发反应、硅酸盐蒸压水热反应、发气反应共同作用形成 APCM 基体，碱激发反应生成高耐久性的沸石类矿物，同时促进硅酸盐水热反应，提高其反应程度，硅酸盐蒸压水热反应生成的托勃莫来石和 C-S-H（Ⅰ）为 APCM 强度主要来源；发气反应在 APCM 基体中引入大量均匀细小的气孔，提高 APCM 的保温性能；掺入集料增强 APCM 的体积稳定性。

在此基础上，提出了 APCM 的设计方法：①碱激发剂：钠水玻璃；②碱激发反应与水热反应胶凝材料：粉煤灰，偏高岭土，水泥和石灰；③发气剂与稳泡剂：铝粉和自制皂素稳泡剂；④增强功能组分：污泥超轻集料。最终得到了一种具有优异性能的保温材料：干密度 429kg/m³；热导率 0.12W/（m·K）；抗压强度 4.6MPa；收缩值 0.20mm/m。

APCM 制备流程如图 7-28 所示。

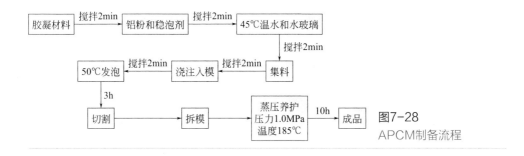

图7-28
APCM制备流程

2. 泡沫混凝土

著者团队采用预制泡沫法对泡沫混凝土试样进行制备，组成主要包括胶材、水和泡沫等，在泡沫混凝土配合比设计方面，遵循固体体积计算方法，依照设计干密度、设计水胶比和掺合料种类和取代量来计算泡沫掺量，对各组分所占的空间体积比例进行调整[56]。

首先将发泡剂与水按照体积比 3:47 配制成浓度固定的发泡剂水溶液，采用物理搅拌的方法发泡。与此同时将粉体、拌合水和减水剂等原料搅匀。再将制好的泡沫加入浆体中，搅拌约 3～5min 直至泡沫分布均匀。测定新拌浆体密度，调整配合比直至达到预期要求。最后将浆体浇入模具中成型，放入标养室中（20℃±2℃，相对湿度 95%）养护，48h 后脱模，之后继续标养至规定龄期。所得泡沫混凝土内部结构如图 7-29 所示。

3. 轻集料混凝土

著者团队在利用 500 级煤矸石陶粒（混凝土断面见图 7-30）或 500 级和 700 级页岩陶粒的条件下，研究了粉煤灰掺量和体积砂率对 LC15 ～ LC30 强度等级轻集料混凝土性能的影响，并通过调整粉煤灰掺量和体积砂率对轻集料混凝土进行轻质化[57]。

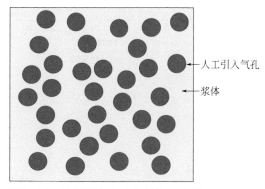

图7-29 泡沫混凝土内部结构示意图

图7-30 煤矸石陶粒混凝土断面

对轻集料混凝土进行配合比设计时，确定水胶比、单位用水量、砂率等相关参数，设计不同砂率、不同粉煤灰掺量和不同密度等级陶粒下的对比组配合比，得到所需强度等级下最小干表观密度的轻集料混凝土。如图 7-31 所示，当轻砂取代普通砂 45% 以内均能满足 LC25 强度要求。由图 7-32 可知，在净水胶比为 0.30 和 0.36 时，全轻煤矸石陶粒混凝土的抗压强度均随粉煤灰掺量的逐渐增加先增大后减小，粉煤灰掺量为 20% 时强度最高。

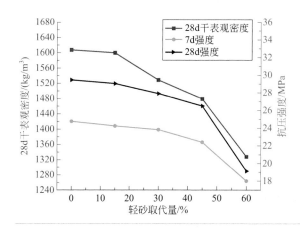

图7-31
轻砂混凝土的强度和干表观密度随轻砂掺入量的变化规律

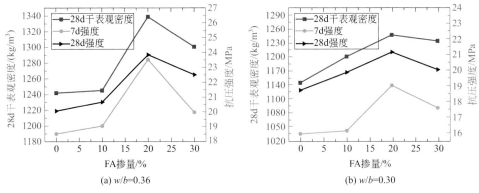

图7-32 不同粉煤灰掺量下强度和干表观密度的变化规律

三、高热阻混凝土的性能

1. 碱激发多孔水泥基墙体复合保温材料

APCM 干湿强度系数（15 次干湿循环）≥1，具有优良的耐水性能。钠水玻璃、偏高岭土、稳泡剂及污泥超轻集料掺入对 APCM 的抗冻性能影响较大，钠水玻璃和偏高岭土掺入提高材料自身强度，稳泡剂掺入优化气孔结构，污泥超轻集料掺入缓解水结冰时产生的压力，三者共同作用提高 APCM 抗冻性能。优化设计的 APCM 经 15 次冻融循环质量损失率为 0.9%，抗压强度损失率为 8.7%，具有优良的抗冻性能。APCM 经碳化后强度损失率随着沸石类矿物含量的增加而降低，优化设计的 APCM 碳化系数达到 0.89，具有优良的抗碳化性能[55]。

2. 泡沫混凝土性能

泡沫稳定性由泡沫含水量决定，泡沫混凝土抗压强度随泡沫稳定性的提高而上升，可以使气孔分布更为均匀，降低气孔尺寸。用粉煤灰取代水泥后，泡沫混凝土各龄期强度均有下降。用矿渣粉取代水泥对强度影响机制较为复杂，取代量在 20% ~ 30% 时对泡沫混凝土后期强度有益。

泡沫混凝土热导率主要受孔隙率影响，随孔隙率提高，热导率降低。样品放大实验、模拟施工浇筑高度实验、石膏板夹层保温结构实验表明泡沫混凝土浆体稳定性高，不易塌模，与石膏板结合性好，具备良好的应用价值[56]。

3. 轻集料混凝土性能

制备的轻集料混凝土，在使用 500 级煤矸石陶粒的条件下，通过调节粉煤灰掺量和体积砂率，LC15、LC20 和 LC25 级的最小的干表观密度分别为 1145kg/m³、1220kg/m³ 和 1297kg/m³，均比行业标准《轻骨料混凝土应用技术标准》（JGJ/T

12—2019）中对应的最小干表观密度小一个密度等级。得到 LC30 级最小的干表观密度为 1357kg/m³，靠近 1400 级，比标准中的最小干表观密度轻一个等级。

轻质化后 LC15～LC30 强度等级下对应的热导率分别为 0.1941W/(m·K)、0.2050W/(m·K)、0.2341W/(m·K)、0.2479W/(m·K)；轻质化后 LC15～LC25 强度等级具有最小干表观密度的轻集料混凝土的钢筋握裹强度分别为 6.91MPa、7.83MPa、8.97MPa；研究的 LC15～LC30 级轻集料混凝土的抗冻融性能良好，经过 300 次循环后，质量损失率均小于 2%，相对动弹性模量均在 80% 以上，符合工程耐久性要求[57]。

四、高热阻混凝土的发展趋势

APCM 批量工业化过程中材料组成、成型工艺、养护制度等对材料性能的影响需要进一步研究，以形成工业化生产成套技术。APCM 原材料中偏高岭土、石灰、水泥成本较高，需要研究利用钢渣、锰渣、磷渣、电石渣等工业废渣替代这些材料降低成本，实现资源节约综合利用[55]。

由于泡沫掺量过高，导致新拌泡沫混凝土浆体的工作性能下降，存在现场浇筑困难的问题；超轻泡沫混凝土耐久性不佳，特别是后期吸水率增加导致的力学、热学性能降低比较明显。今后还应针对不同应用领域与环境条件，研究饱和、非饱和条件下泡沫混凝土的迁移性质，为实际应用提供指导[56]。

全世界每年排放的 CO_2 中超过 30% 来自住宅取暖，2019 年我国建筑能耗达到了 9.47 亿吨标准煤，占全国能源消费比重 21.11%，碳排放 20.44 亿吨，建筑行业节能减排刻不容缓。建筑物运行过程的能耗中采暖、空调、通风的能耗占 2/3 以上。普通混凝土的热导率高于 1.6W/(m·K)，其作为墙体材料保温性能较差，而若使用高热阻混凝土材料可使墙体结构的传热损失降低为原来的 1/3 以下，该技术具有广阔的开发应用前景。

第七节
高阻尼混凝土

一、概述

混凝土结构阻尼功能低的特点严重影响其在动荷载及外部激励作用下的使用性、安全性和耐久性。因此，开发高阻尼高强混凝土（damping and high strength concrete，DHSC），对于承受移动荷载的交通土建工程结构物的发展和设计建造具有十分重要的理论和实际意义。关于工程结构中最常用混凝土材料的阻尼功能研究，最早的报道始于 19 世纪 30 年代 Gehler 和 Hort 对于大块混凝土板阻尼功能的研究，1940 年 Thomson 等以阻尼作为混凝土强度的无损检测评价指标的研究，发现混凝土的动弹性模量与其抗压强度之间具有良好的相关性，并建立了两者之间的关系，而混凝土阻尼与其强度不相关，这一成果引起了人们对于混凝土阻尼功能研究的关注。著者团队根据阻尼器原理，设计制备了适用于混凝土结构的功能阻尼器材料，并将阻尼器材料作为混凝土材料的组成，融入混凝土结构，研究了高阻尼混凝土的相关性能和材料制备技术。

二、高阻尼混凝土的设计与制备

1. 高阻尼混凝土的设计思路

应用结构振动控制与阻尼器减振原理，将阻尼器设计成一定尺度且具有较高力学性能的颗粒，并将其作为组成材料引入混凝土内部进行设计，无疑是提高混凝土材料阻尼功能的有效方法。设计流程见图 7-33，首先设计制备出具有较高阻尼功能与承载能力且不影响混凝土强度的阻尼器，然后将其作为组分引入混凝土体系，在此基础上对混凝土的基本组分和改性组分进行优化设计，最终制备出具有阻尼功能的高强混凝土。

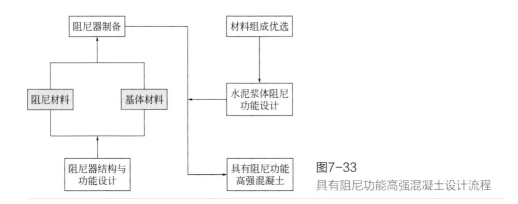

图7-33
具有阻尼功能高强混凝土设计流程

在阻尼功能高强混凝土理想结构模型中，具有阻尼功能和集料承载性能的阻尼单元作为阻尼器，均匀地分散在混凝土体系中，与水泥石形成良好黏结，不影响混凝土材料的各项力学性能；通过混凝土性能优化设计引入到浆体中的纤维或高分子化合物改性材料均匀分布在水泥浆体中，硬化后在水泥石中形成网络，将阻尼器连接起来，在混凝土体系中形成节点式空间网络结构，受到外部激励荷载作用时，阻尼器一方面在局部改善材料的阻尼功能，另一方面通过节点式空间网络结构连接在一起，相互牵制，进一步协同发挥阻尼功能作用。

2．高阻尼混凝土的制备方法

高阻尼混凝土原材料要求见表7-11。

表7-11　高阻尼混凝土原材料要求

项目	原材料	备注
轻集料	黏土颗粒或破碎页岩陶粒或粉煤灰陶粒	粒径为5~20mm，筒压强度≥6.5MPa
聚合物乳液	羧基丁苯乳胶或聚乙烯醇聚合物乳液	
减水剂	聚羧酸高效减水剂或萘系磺酸盐FDN系列高效减水剂	减水率为20%~40%
普通粗集料	花岗岩、玄武岩或辉绿岩	最大粒径为25~32.5mm
细集料	河砂或机制砂	细度模数为2.6~3.1
矿物掺合料	粉煤灰、矿渣粉或硅灰	任意配比

（1）阻尼器的制备[58]　将轻集料置入密封容器内，用真空泵抽真空至负压0.05~0.1MPa，然后向容器中注入聚合物乳液，在负压下保持0.5~3h，然后将轻集料捞出并沥去表面溶液，通过减振处理轻集料；按质量比为水：水泥：硅灰=1：（3.00~3.40）：（0.30~0.60），选取水、水泥和硅灰；按水泥用量的5%~10%（质量）选取聚合物乳液；按水泥和硅灰用量的0.6%~1.5%（质量）选取高效减水剂，按水泥的体积用量为1.0~1.5kg/m³选取聚丙烯纤维；将上述原料搅拌均匀制成封闭与增强处理浆体，将充液减振处理轻集料置于浆体中，搅拌1~3min后捞出，在相对湿度90%±5%，温度25℃±2℃条件下养护3天，得预处理轻集料，即聚合物-轻集料阻尼器。

（2）高阻尼混凝土的制备　水、普通粗集料、预处理轻集料、水泥、细集料和矿物掺合料的质量比为1：（2.50~5.20）：（1.45~3.20）：（2.85~3.35）：（3.80~4.35）：（0.15~0.65）；按矿物掺合料和水泥用量的5%~15%（质量）选取聚合物乳液；按矿物掺合料和水泥用量的0.6%~1.5%（质量）选取高效减水剂；按预处理轻集料的体积用量为1.0~1.5kg/m³选取聚丙烯纤维；将水、普通粗集料、预处理轻集料、水泥、细集料、矿物掺合料、纤维、聚合物乳液和高效减水剂搅拌均匀，得高强高阻尼混凝土。

三、高阻尼混凝土的性能

1．高阻尼混凝土的振动疲劳特性

为了避免混凝土的原材料、配合比与水灰比等因素对混凝土的疲劳性能有影响，在制备混凝土试件时，严格控制混凝土的砂率、胶凝材料总量，保持水胶比不变。试验配合比见表 7-12，DC 是掺入水 - 页岩阻尼器（WSD）制备的混凝土，FDC 是掺入聚合物 - 页岩阻尼器（BSD）配制的混凝土，NC 为高强普通（集料）混凝土[59,60]。

表7-12　混凝土疲劳试验配合比

试验编号	C /（kg/m³）	FA /（kg/m³）	S /（kg/m³）	阻尼器掺量/%	体积砂率/%	W /（kg/m³）	Wr /（kg/m³）
NC	430	70	715	/	40	155	4
DC	430	70	715	30	40	155	4
FDC	430	70	715	30	40	155	4

注：C—水泥；FA—粉煤灰；S—硅灰；W—水；Wr—减水剂。

（1）静载试验　图 7-34 是具有阻尼功能高强混凝土 FDC、DC 与高强普通混凝土 NC 的荷载 - 挠度曲线。由图所示结果可知，三种混凝土的载荷 - 挠度曲线很相似，基本上呈线性。混凝土的荷载位移曲线只有上升段，这是因为素混凝土是脆性材料，一旦试件断裂，则迅速破坏，而且断裂前没有先兆，破坏断面完全断开。在低应力作用条件下，FDC、DC 与高强普通混凝土的变形基本一致，刚度相当，随着应力不断提高，FDC 和 DC 的变形增大，刚度降低不明显。这主要是因为 FDC 和 DC 中存在的阻尼器是低弹性模量的多孔材料，其内养护作用增强了混凝土体系中集料与水泥石的黏结强度。在较低应力作用时，混凝土体系由于材料的内养护增强作用，抵消了自身弹性模量低的不利影响，三种混凝土表现出相当的刚度，随着应力不断增大，混凝土体系的变形也随之增大，此时，混凝土中的低弹性模量多孔减振组分难以抵抗变形进一步发展，变形增大，具有阻尼功能高强混凝土 FDC 的极限承载力大于 DC，所以其极限变形也最大。

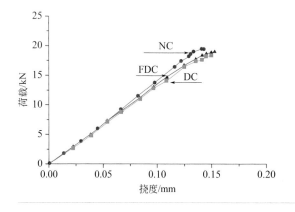

图7-34
混凝土荷载−挠度曲线

（2）振动疲劳寿命　具有阻尼功能高强混凝土（DC）的疲劳试验结果见表 7-13。由于混凝土疲劳性能离散性随应力水平降低而显著增大。为了能够准确反映具有阻尼功能高强混凝土与高强普通混凝土疲劳性能的差异，选取 S_{max}=0.75 进行了疲劳试验，结果见表 7-14。对比表 7-13 和表 7-14 具有阻尼功能高强混凝土和高强普通混凝土的疲劳试验测试结果可知，在相同加载方式和应力水平条件下，混凝土的振动疲劳寿命随着其阻尼功能提高而增大，同强度等级的 FDC 混凝土疲劳寿命最长、DC 混凝土次之，而 NC 混凝土最短。

表7-13　具有阻尼功能高强混凝土（DC）的疲劳试验结果

编号	应力水平/S_{max}				
	0.90	0.85	0.75	0.70	0.65
1	27	486	（973）	53768	197981
2	66	729	20327	79769	278495
3	95	874	31824	110808	453494
4	108	981	44841	154827	678537
5	151	1262	50683	194729	748527
6	172	1373	62894	216852	985769
7	183	1863	81862	298637	1356249
平均	115	1081	48739	158484	671293

注：括号内试验数据不合理，剔除。

表7-14　S_{max}=0.75不同种类混凝土的振动疲劳试验结果

加载频率	编号	1	2	3	4	5	6	平均
	FDC	31863	34457	47883	53638	65752	91327	54153
10Hz	DC	20327	31824	44841	50683	62894	81862	48739
	NC	21792	27537	32718	49527	61843	72327	44291
	FDC	28689	33743	46676	52964	64687	88638	52566
2Hz	DC	21894	28472	40836	48639	59732	75957	45922
	NC	22578	25745	30983	44639	59842	67485	41879

振动疲劳试验过程是试件在一定频率动态荷载作用下的振动运动，阻尼器的存在提高了混凝土的阻尼功能，大大降低了混凝土材料在振动疲劳荷载作用下的动态响应，从而增加了其内部原始微裂缝扩展的难度。因此，阻尼功能高强混凝土 DC 及 FDC 的振动疲劳性能也比高强普通混凝土 NC 优良。在不同振动频率疲劳荷载作用下，三种混凝土的振动疲劳寿命有相似的变化规律，混凝土的疲劳寿命随着振动加载频率的提高而略有增大。这主要是因为荷载作用循环数量相同

时，振动疲劳荷载频率越高，混凝土承受振动疲劳荷载的作用时间越短，混凝土内部变形积累相对越小，其疲劳寿命相对增加。

2. 高阻尼混凝土的耐久性

高阻尼混凝土具有优异的抗渗性、抗硫酸盐侵蚀和抗冻性[61,62]。一方面是阻尼器中含有大量水分，可为混凝土体系中大量存在的未水化水泥颗粒提供水化用水，提高水泥的水化程度，优化水泥石及增强界面过渡区的性能与结构，使混凝土结构更加密实；另一方面阻尼器基体材料的弹性模量低，能释放侵蚀产物产生的膨胀能，减少混凝土内部的裂缝，阻断侵蚀粒子侵入混凝土内部的便捷通道，同时有效缓解因冰冻而产生的膨胀应力。

四、高阻尼混凝土的发展趋势

开发高阻尼高强混凝土，对于承受移动荷载的交通土建工程结构物的发展和设计建造具有十分重要的理论和实际意义。近些年来，随着混凝土技术的不断提升，国内外的学者在高阻尼混凝土材料的研究方面取得了一定的成果，对推进高阻尼混凝土的发展起到了积极作用，但在实际应用方面存在一些不足，特别是混凝土阻尼性能与力学性能的兼容问题等。过去曾研究尝试了多种方法来实现在保持聚合物混凝土具有的柔韧性、耐久性、黏弹性等优越性能的同时，来弥补其在强度方面的不足，但迄今为止，国内外学者都未能寻找到解决聚合物混凝土强度和阻尼功能不可兼顾这一问题的较好手段，这方面工作还需加强研究。

第八节
声障混凝土

一、概述

根据声波传播的原理，降噪材料多选用多孔结构设计和共振结构设计达到吸声降噪的目的。多孔吸声材料的结构特征是材料内部具有大量的微小气孔或间隙，这些气孔和间隙相互连通，而且在材料内部均匀分布[63]。多孔吸声材料的吸声机理是当声波入射到材料表面时，声波的一部分在材料表面反射，另一部分则透入到材料内部向前传播，在传播过程中，引起气孔和间隙中的空气运动，与形成孔壁的固体结构发生摩擦，由于空气的黏滞性和热传导效应，将声能转变为热能消耗掉。声波被刚性壁面反射后，从材料内部回到材料表面，同样一部分声波透射回空气当中，其余则又反射回材料内部，被重新吸收。声波通过这种反复传播，使能量在不断转换过程中消耗殆尽，从而表现出材料"吸收"部分声能的特性。

轻集料是一种多孔材料，依据多孔降噪材料的工作原理，轻集料具有制备降噪材料的潜力。著者团队采用淤污泥生产的集料制备声障混凝土，研究了轻集料孔结构与降噪的关系、淤污泥集料的声屏障材料制备技术以及性能。

二、淤污泥集料的声屏障材料制备技术

淤污泥是一种以含水铝硅酸盐为主的黏土质资源，理论上具备烧制集料的条件，若将其制备成集料并应用于实际工程，意义重大。但淤污泥的成分波动大，含水量高，并含有杂质，不能直接入窑烧制轻集料，使用前需要对其进行处理，以保证成分的均匀性，提高集料的质量，降低利用成本。

经过除杂与预均化工艺之后，对淤污泥浆进行陈化、干燥处理，淤污泥在沉积池中沉积，通过自然沥水或抽水方式使其干燥。当淤污泥的含水率降至20%以下时，将淤污泥从沉积池中取出，运送至集料生产厂，淤污泥原料的堆放与取料按照"平铺直取法"进行二次均化，进一步保证淤污泥成分的均匀性。淤污泥烧制出的集料性能指标见表7-15[64]。

表7-15　淤污泥集料性能指标

序号	项目名称	国标500级	淤污泥集料
1	堆积密度/（kg/m³）	410~500	488
2	筒压强度/MPa	1	2.0
3	吸水率/%	≤20	15.4

经过测试，粒径为 0.6 ~ 1.18mm、1.18 ~ 2.36mm、2.36 ~ 4.75mm 的集料制备的多孔降噪材料分别在 1200Hz、1000Hz 和 800Hz 三个声波频率附近达到吸收声波峰值，并不完全符合声波在细管中传播的理论计算值，但实际上设计的多孔降噪材料内部孔洞相通，形成了支管吸声结构，并且集料的粒径大小不一，在堆积的过程不可能形成孔径完全相同的孔洞，当大孔径与小孔径孔洞相连通时，形成的是号角型细管吸声结构，这两种吸声结构并不等同于单一细管吸声结构，因此实际测得的结果与理论值会有所偏差，但是其规律性一致，并且简化的细管吸声模型得出的理论最小细管半径的计算值可以指导多孔降噪材料的集料粒径设

计，通过计算得出，级配为 1.18 ～ 2.36mm 集料成型的多孔降噪材料在声波频率 800 ～ 1200Hz 的平均吸声系数达到 0.77，且声波吸收峰值频率出现在 1000Hz 附近，吸声系数高达 0.94。

淤污泥集料制备的降噪材料的抗压强度明显高于膨胀珍珠岩制备降噪材料，其中级配为 0.6 ～ 1.18mm 淤污泥集料制备的降噪材料抗压强度最高可达 3.4MPa；除此之外，淤污泥集料制备的降噪材料的耐久性也明显优于膨胀珍珠岩制备降噪材料，在 25 次冻融循环后强度损失最高只有 13.2%[65]。

三、轻集料声屏障材料的性能

对于多孔性降噪材料体系，影响其吸声特性的因素主要有以下几个方面：一是多孔吸声材料的孔结构。材料孔隙率增大，利于高频范围的吸声性能提高，但使低频吸声效果下降；提高材料的孔隙率，减小孔径，可以提高材料吸声性能；相反，当孔径过大，则吸声效果将会变差；材料内的封闭孔不利于吸声。二是多孔吸声材料的厚度。材料的厚度增加，可以提高低频吸声系数，但对高频吸声系数影响不大；当材料厚度过大时，材料的吸声性能变化不明显。三是吸声材料背后的空气层。吸声材料在安装时背后留有一定的空气层，相当于增加了材料的厚度，可以提高吸声效果，当空气层厚度等于 1/4 波长的奇数倍时，可以获得最大的吸声系数。但是多孔结构在提高材料吸声性能的同时，也对材料的强度、耐久性造成了一定的影响，高速公路声屏障一般都设置在野外露天环境中，这意味着淤污泥集料制备的降噪材料将面临风吹雨淋，结冰上冻的服役环境，这就要求在设计时，需要考虑到降噪材料的强度、抗冻性等性能。

根据表 7-16 的配比方案制备的降噪材料的吸声系数如表 7-17 所示[66]。

表7-16　淤污泥集料制备降噪材料不同水胶比、不同单一级配试验方案

编号	水胶比	淤污泥集料级配
D1		0.6～1.18mm
D2	0.25	1.18～2.36mm
D3		2.36～4.75mm
D4		0.6～1.18mm
D5	0.3	1.18～2.36mm
D6		2.36～4.75mm
D7		0.6～1.18mm
D8	0.35	1.18～2.36mm
D9		2.36～4.75mm

表7-17　不同水胶比、不同单一级配淤污泥集料制备降噪材料吸声系数

编号	声波频率/Hz					
	250	500	800	1000	1200	2000
D1	0.111	0.331	0.686	0.880	0.775	0.442
D2	0.122	0.265	0.631	0.831	0.661	0.355
D3	0.113	0.201	0.811	0.822	0.512	0.253
D4	0.153	0.363	0.836	0.980	0.834	0.522
D5	0.128	0.267	0.701	0.932	0.681	0.335
D6	0.109	0.195	0.813	0.845	0.631	0.251
D7	0.151	0.362	0.773	0.962	0.831	0.511
D8	0.125	0.261	0.711	0.921	0.694	0.355
D9	0.111	0.177	0.823	0.811	0.621	0.252

研究单一级配对降噪材料吸声性能的影响发现，粒径为 0.6 ～ 1.18mm 的淤污泥集料制备的降噪材料的吸声性能最为优异，主要原因是粒径小，形成孔隙小，因而吸声性能好。但是由于这种粒径范围的集料生产较为复杂，而且产量比较低，采用复合级配设计淤污泥集料降噪材料有利于抗压强度的提高，粒径相差越大，集料复合混掺后抗压强度提高越多，粒径 2.36 ～ 4.75mm 与 0.6 ～ 1.18mm 两种集料复合成型的多孔吸声材料抗压强度最高，吸声系数下降得不多。实验发现增加试件厚度能够提高材料吸声性能，但增加厚度并不能无限提高材料吸声性能，而且厚度的增加还会在 1000 ～ 2000Hz 范围内降低吸声性能，综合其吸声性能以及产品的经济性，选择试件厚度为 4cm 最为合适。

多孔吸声材料的吸声性能与材料的流阻密切相关，材料孔隙率较高、孔径大，则材料的流阻小，声波很容易通过材料，相反如果材料的流阻大，即材料孔隙率较低，孔径较小，则材料能够较好地吸收声波。所以吸声材料的流阻存在一个最佳值，使其既利于声波进入材料内部，又能使材料具有较好的声波损耗性能。显然，单一的材料结构很难满足此条件，而梯度结构能很好地解决这个问题，即制备逐渐从大孔径向小孔径过渡的梯度分布结构，其结构如图 7-35 所示。

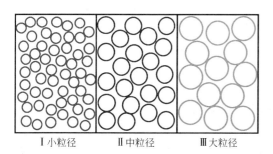

Ⅰ小粒径　　Ⅱ中粒径　　Ⅲ大粒径

图7-35
梯度结构示意图

通过分层装模成型完成对材料结构控制，使其呈梯度状，形成逐渐从大孔径向小孔径过渡的梯度集料分布结构，其大孔径部分可以降低材料表面与空气的特性阻抗差别，使声波能够大量进入多孔吸声材料内部，而小孔径部分则构成声波吸收的主要结构，其试验方案见表7-18。

表7-18　多孔吸声材料结构梯度设计试验方案

编号	不同尺寸淤污泥集料梯度厚度比例		
	0.6~1.18mm	1.18~2.36mm	2.36~4.75mm
T1	—	2	1
T2	—	1	1
T3	—	1	2
T4	2	1	—
T5	1	1	—
T6	1	2	—
T7	2	—	1
T8	1	—	1
T9	1	—	1

淤污泥集料制备降噪材料的梯度结构试件如图 7-36 所示。

图7-36

淤污泥集料制备降噪材料的梯度结构试件

从图 7-37 可以看出，不同梯度设计的多孔吸声材料吸声性能较单一粒径的集料制备的试件吸声性能有所改善，各梯度设计试样的吸声性能基本介于所用两种单一粒径集料制备试件的吸声性能之间。不同梯度设计的多孔吸声材料吸声性能受集料粒径影响较大，其随着粒径较小的集料比例的增大而提高。这种现象是因为多孔材料的吸声结构主要是材料内部的连通孔，粒径较小的集料增加，使材料的内部孔洞变小，孔隙更多，利于吸声性能的提高。梯度设计后的多孔吸声材料吸声性能更为均衡，在较宽的范围内具有更好的吸声性能，但是其吸声峰值有所下降。相对其他梯度设计，试件 T4 表现出较为均衡的吸声性能，在 800 ～ 1200Hz 集合了单一粒径 0.6 ～ 1.18mm 和 1.18 ～ 2.36mm 两种淤污泥集料制备的多孔吸声材料吸声性能的优势，在这个声波频率范围平均吸声系数达到0.78，具有较为优异的吸声性能[67]。

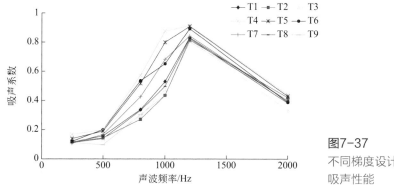

图7-37
不同梯度设计多孔吸声材料的吸声性能

由于淤污泥集料制备的多孔吸声材料中的孔洞比较大，能够较好地缓解冻融过程产生的压力，在冻融循环过程中，基本不改变材料的孔结构，因此对材料的吸声性能影响较小。而且淤污泥集料制备的多孔吸声材料的透水性能比较好，积水容易排出，因此材料在经过雨淋后能够保持原来的吸声性能不变。

四、轻集料声屏障材料的发展趋势

降低交通噪声对人们日常生活的影响，已成为当今高速公路规划与建设的重要内容，我国已建和在建的高速公路均开始使用声屏障作为降低交通噪声的手段[68]。目前声屏障多采用混凝土材料，同时朝着轻质、多孔、预制方向发展，研究表明，用多孔轻集料生产声屏障材料是一条可行的技术路线，采用淤污泥制备集料生产声屏障降噪混凝土具有可行性。

采用淤污泥生产的集料制备声屏障多孔降噪材料，一方面能够充分利用水泥基材料价格低廉，性能稳定，经久耐用的特点，通过合理的材料设计达到环境友好、降噪效果优异的要求，在利用淤污泥生产的集料制备声屏障降噪材料的同时，有效缓解淤污泥所带来的巨大环境压力，节约用于填埋的土地。另一方面，淤污泥中有机物含量较高，煅烧过程可以助燃，能够降低集料生产过程的能耗。采用淤污泥集料制备声屏障降噪材料能够降低声屏障的造价，其原材料采用废弃物，成本较低，有利于声屏障的大规模应用，同时规模化应用能够带动淤污泥产业发展，符合循环经济的要求。

第九节
超疏水混凝土

一、概述

　　混凝土是一种表面分布有纳米至毫米级孔的多孔材料，在水与混凝土接触后，水会被微孔的毛细作用吸附到混凝土的外表面，随后水会逐步地渗透进混凝土结构中。此时，水中若含有 Cl^- 和 SO_4^{2-} 等对混凝土有侵蚀作用的离子，则会随水渗透进入到混凝土内部，从而导致钢筋锈蚀、结构性膨胀开裂以及耐久性下降，缩短建筑物的寿命，这种损害在海洋环境中尤其严重。

　　超疏水表面是一种极端润湿性表面，具有自洁净、耐腐蚀、抗结冰结霜等优良性能。混凝土表面的超疏水化可以防止侵蚀性介质的渗透侵入，避免有害化学反应的发生，从而提高混凝土材料的耐久性。疏水性水泥基材料的制造为渗透性问题提供了一种新的解决方法。著者团队刘鹏等依据超疏水原理，针对硅酸盐水泥的特点，开展超疏水混凝土研究，应用于提高混凝土结构的耐久性能[69]。

　　在自然界中，荷叶表面存在直径约为 10μm 的微乳突，除此之外，荷叶的表面呈现的是双层结构，微乳突上具有纳米级的纤维状结构，从而增加了荷叶表面的超疏水性能（图7-38）。荷叶表面的水的接触角甚至超过了150°，并且水的滚动角极低。因此，当水滴滴在荷叶表面上时，会迅速滚落，并带走表面的尘埃颗粒。根据超疏水的行为特性，水滴在超疏水表面不会黏附并极容易滚落，从而使表面具有自洁性。

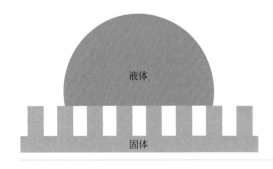

液体

固体

图7-38
荷叶表面疏水模型

　　如果将荷叶结构复制到水泥材料的表面，水泥材料的表面微观结构与荷叶结构相似，水泥材料也将具有超疏水性。超疏水性可以防止水渗透到水泥结构中，从而阻止有关水的物理和化学破坏过程，除此之外，水泥石表面将具有自清洁功能，每当水滴落在水泥石表面都会带走一定的灰尘。所以，水泥材料的超疏水性可以使其具有预防被水侵蚀和自我清洁的功能[70]。

二、超疏水混凝土设计和制备技术

图 7-39 展示了一种使用纳米铸造技术将荷叶表面的结构复制到水泥石表面的技术，以期望制备具有超疏水性能的水泥石表面。在此过程中，以聚二甲基硅氧烷（polydimethysiloxane，PDMS）为阴模模板来复制荷叶表面的结构。由于 PDMS 具有良好的流变性能，可用于微型模具的制作。据文献报道，在 PDMS 加入催化剂固化后，可以将大约 20nm 的特征尺寸转移到其表面上。因此，PDMS 可以很好地复制荷叶表面的结构[71]。

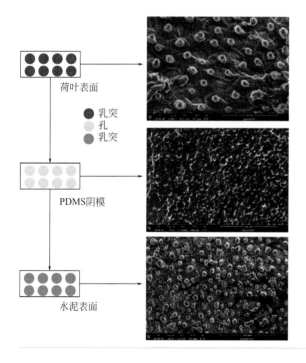

图7-39
荷叶状结构复制到水泥石表面的过程

在图 7-39 中，可以清晰地观察到荷叶表面的微观结构，即在荷叶的表面存在分层结构，其表面并不是平整的，并且存在着微米级的丘陵状乳突，直径约为 10μm；将荷叶表面的结构通过纳米铸造技术复制到 PDMS 表面，从图 7-39 中可以看出，原始的荷叶结构的反向结构被复制到软材料阴模模板 PDMS 上，即原来荷叶表面的凸起处相应在 PDMS 上为凹陷处；将水泥浆前驱体浇筑在阴模板 PDMS 上，待水泥固化后，荷叶状结构便被成功地复制到水泥石表面上，对比原始的荷叶表面结构图和最终的水泥石表面结构图，可以清楚地观察到两者的结构具有较高的相似性。使用此种技术的优点是在整个过程中没有将其他的化学成分引入到水泥石表面便赋予其超疏水特性。

如图 7-40 所示。在图 7-40（a）～（b）中，可以清晰地观察到水泥石表面存在着两种微米级的乳突结构，形状不规则，且乳突表面仍有细小的纹路，在这里分别称为花状结构和塔状结构，横截面大小为 7μm 左右。图 7-40（c）所示为侧面微米级乳突的轮廓形态，侧面观察凸起更为明显，乳突的高度约为 10μm。水泥石表面具有与荷叶相同的乳突表面形态，由此可以证明，荷叶表面的微观结构已经成功地被复制到硅酸盐水泥石表面上。

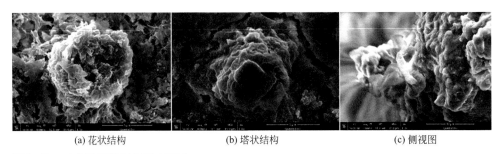

(a) 花状结构　　　　　　　　(b) 塔状结构　　　　　　　　(c) 侧视图

图7-40 水泥石表面的荷叶状结构

水泥浆的黏度是影响水泥石表面荷叶状微观结构的重要因素。如图 7-41 所示。通过向水泥浆中逐渐增加聚羧酸减水剂的掺量，使水泥浆的黏度从 8.5Pa·s 降低到 0.09Pa·s，从图 7-41（a）～（e）中可以清晰地观察到凝固后的水泥石表面形态整体呈现一种变化趋势，即水泥石表面逐渐形成了小山丘状凸起。在图 7-41（a）中可以看到，当水泥浆的黏度为 8.5Pa·s 时，水泥石表面有较大的孔隙，无法产生荷叶状结构；图 7-41（b）中的水泥石表面的结构与图 7-41（a）相似，水泥石的黏度为 2.15Pa·s 时，其表面依旧无法产生荷叶状结构；黏度下降至 1.29Pa·s 时，在图 7-41（c）中可以明显地看到在水泥石表面出现乳突状丘陵，但呈不均匀分布且形态不规则；当黏度进一步下降，在图 7-41（d）～（e）观察到更为明显的越来越规则的乳突状丘陵，直到黏度降低到 0.09Pa·s 时，在图 7-41（f）中水泥石表面呈现与荷叶表面相似度最高的微米级乳突状丘陵。

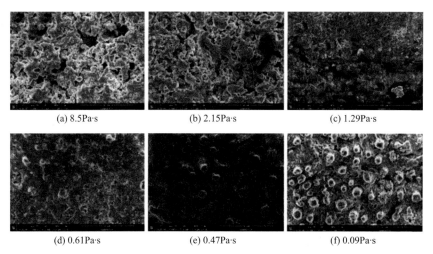

(a) 8.5Pa·s   (b) 2.15Pa·s   (c) 1.29Pa·s

(d) 0.61Pa·s   (e) 0.47Pa·s   (f) 0.09Pa·s

图7-41　不同黏度水泥的水泥石表面微观结构

三、超疏水混凝土的性能和应用效果

　　粗糙的表面会导致超疏水行为已被多个研究所证实[72]。图 7-42（a）中所示为 10μL 的水滴在超疏水混凝土表面的接触角，可以清晰地观察到水滴与水泥石表面的接触角很大，通过计算机软件计算超疏水混凝土表面的接触角约为 140°，达到了预期值。可以达到较大的接触角的原因主要还是制作的水泥的粗糙表面，图 7-42（b）中所示的为水滴在粗糙水泥石表面的模拟图，可以清楚地看到与平面相比，水和粗糙表面的接触面积显著减少，此外，由于水滴与粗糙表面的凹陷部分无法直接接触，在粗糙表面上的空气被水滴和表面微结构所包围，产生很多气液界面。根据热力学定律，接触面积最小的系统最稳定，吉布斯自由能最小，也就是说，水滴与粗糙表面保持这样接触面积最小的状态最稳定，因此，水滴无法进入到粗糙表面的凹陷部分，主要与凸起部分相接触，即粗糙的表面是疏水的。在这种情况下，接触角取决于被粗糙表面包围的水和空气之间的接触面积，这与粗糙度和潮湿区域的投影面积有关。

　　以此为基础，测试了两组水泥混凝土样品的自清洁性能[73]。如图 7-43 中所示，一组是普通硅酸盐水泥，另一组是接触角为 140° 的超疏水混凝土，使用记号笔来标记水泥混凝土板上的"T"，两个水泥混凝土板都用连续的水流冲洗。经过 1h 后，比较两组水泥混凝土的自洁行为。可以从图 7-43 中明显地看出，普通水泥样品上的"T"标记几乎没有变化，而超疏水混凝土变得模糊，"T"标记甚至失去了颜色。应该指出的是，增强流动强度和延长时间对超疏水混凝土的自洁行为有积极的影响。由于混凝土表面的超疏水行为，滴落在混凝土表面上的水滴迅速滚落,可以有效去除大量污染颗粒。结果表明,制备的超疏水混凝土具有自洁性能,若在城市中得到实际应用,可以使混凝土自身防水并且可以去除黏附在混凝土表面的污染颗粒,在未来具有潜在的应用前景。

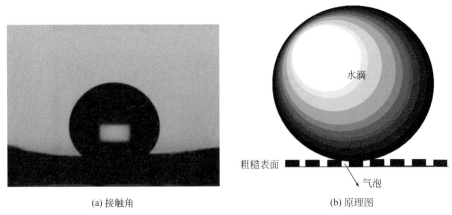

(a) 接触角   (b) 原理图

图7-42 10μL的水滴在超疏水混凝土表面的接触角(a)和原理图(b)

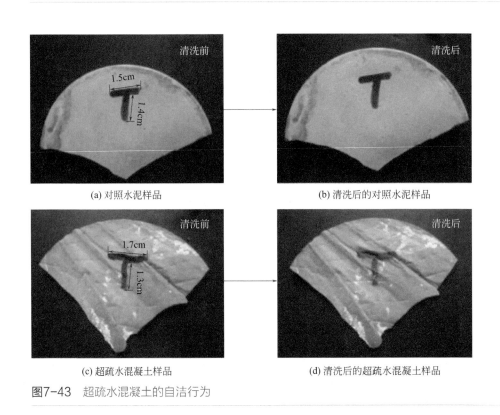

(a) 对照水泥样品   (b) 清洗后的对照水泥样品

(c) 超疏水混凝土样品   (d) 清洗后的超疏水混凝土样品

图7-43 超疏水混凝土的自洁行为

四、超疏水混凝土的发展趋势

混凝土作为工程建设的主要材料，与其他材料相比，具有显著的技术经济竞争力，然而在一些特殊环境下，混凝土受外界环境的影响，存在突出的耐久性问题。过去，研究混凝土材料的耐久性时，主要精力集中在混凝土材料组成优化和结构设计上，虽然也采用一些混凝土表面涂覆保护的方法，但这些技术的适用性、时效性以及经济性均存在一些问题。研究表明，表面超疏水的混凝土能有效提升其耐久性，值得深入研究开发。

下一步还有以下工作需要进行：超疏水混凝土的长期力学性能和耐久性仍有待解决。可以在超疏水混凝土浆体中引入聚羧酸减水剂，降低超疏水混凝土浆体黏度，降低体系孔隙率，从而提高密实度；也可以添加矿物掺合料，利用矿物掺合料的火山灰效应以及其他效应来弥补。超疏水混凝土的长期服役性能仍有待提高，超疏水混凝土在高湿度环境下及浸水时的超疏水表面的破坏问题是影响其长期有效性的主要因素。开发新的功能集料引入到超疏水混凝土中，通过结构设计，从而增加超疏水表面的抗水侵蚀及水蒸气侵蚀能力。

第十节
空气净化混凝土

一、概述

光催化材料是一种新型半导体材料，它可在光作用下产生电子（e^-）和空穴（h^+），形成氧化 - 还原体系，由此产生的高活性自由基具有很多功效，例如可将空气中 NO_x、碳氢化合物等污染物催化成无害物质，可破坏有害病菌的细胞、抑制病菌繁殖。光催化材料出现后很快吸引了混凝土领域研究者的关注，1999 年，日本学者在千叶县的混凝土路面喷涂 TiO_2（E_g=3.0 ～ 3.2eV）溶胶，发现可降解汽车尾气；Nele De Belie 教授研究发现 TiO_2 光催化材料涂覆在混凝土外表能够抑制海藻等生长，可减少微生物对混凝土的腐蚀作用。截至目前，光催化材料已在罗马的 Misericordia 教堂、法国的 Air France Building、伦敦的 St. Anthony Falls Bridge、比利时的 Antwerp 等公众建筑与道路工程，以及意大利的一些隧道、人行道等工程中应用，而在我国有关此方面的研究刚刚起步[74]。

虽然光催化混凝土一出现就引起人们广泛兴趣，欧盟、日本等组织与政府先后立项进行了基础与应用研究，但是人们很快就发现在混凝土表面喷涂的光催化剂，其催化活性降低明显，且催化效果随时间衰减较快。Macphee D.E. 教授、Poon C.S. 教授等研究认为，水泥水化产物包覆、杂质离子干扰以及后期碳化、腐蚀被认为是造成催化剂活性降低的主要原因；催化剂在使用过程中因物理（磨损、冲刷等）、化学（溶蚀、腐蚀等）原因引起的脱落也会造成功能衰减。这些问题已成为制约光催化混凝土发展与应用的关键所在[75]。

一般而言，TiO_2 光催化剂在混凝土中的应用可分为三类：①将 TiO_2 光催化剂与水泥颗粒预先混合均匀，然后在需要涂覆的基底表层制备空气净化混凝土材料；②将 TiO_2 光催化剂分散于适当溶剂中制备成悬浮液直接喷射在混凝土表层，从而形成一层光催化剂薄膜；③将 TiO_2 光催化剂直接喷射到新拌合的混凝土表面，待表层硬化后形成分散的光催化活性点。上述方法所达到的光催化净化效率及长期催化活性各有千秋；通常采用方法①制备的光催化混凝土具有良好的催化长效性和耐磨性，而采用方法②和③制备的材料具有较高的光催化效率和对 TiO_2 的利用率。

二、空气净化混凝土应用存在的问题

综合已有文献及研究[75]可以看出，目前有关空气净化混凝土的研究和应用方面存在的问题主要有以下几个方面：

① 适应于纳米 TiO_2 光催化效力发挥的混凝土材料环境与结构的问题。首先，高活性的 TiO_2 光催化剂一般为纳米尺度，在水泥基体中极易团聚，进而影响其光催化活性，因此，设计水泥基体的结构，使其利于提高催化剂的分散性能具有重要意义。国内外科研工作者虽然研究了水泥水化环境对纳米 TiO_2 团聚性能的影响规律与机制，但并未从基体结构入手深入研究有效改善 TiO_2 纳米颗粒分散性能的方法。其次，纳米 TiO_2 光催化剂只有与符合激发能量的光能和被降解介质分子接触才能发挥其光催化净化能力。国内外研究工作中，如掺入透光玻璃介质和制备多孔的混凝土基体等都是为了提高材料透光/透气性能，但何种结构的混凝土基体对催化剂的性能发挥作用最大，混凝土微结构与催化剂的暴露量、光子和反应介质与 TiO_2 表面接触的关系规律还有待进一步深入探索研究。最后，纳米 TiO_2 光催化反应效率与其对反应介质的吸附性能及反应介质扩散到催化区域的速率等有关，混凝土的何种微结构环境有利于增强反应介质的吸附与扩散性能，还需系统研究。

② 制备空气净化混凝土的基体材料选择及其碱度、透光性、与纳米 TiO_2 复合效率的问题。已有研究表明，采用白色硅酸盐水泥制备的空气净化混凝土性能要优于普通 P·O42.5 水泥制备的相应材料，归因于不同材料组成和结构特性；

同时，水泥的 pH 值、游离离子（OH^-、Ca^{2+}、Na^+ 和 K^+ 等）及碳化等对 TiO_2 光催化剂性能的发挥可能会有不利影响。通过混凝土基体的选择和微结构调控来降低水泥环境对 TiO_2 光催化性能的不利影响的研究已有少量报道，如采用碱激发偏高岭土、高炉矿渣等作为载体负载 TiO_2，然后将其应用于水泥基体中提高制备的混凝土光催化性能及对催化剂的利用率。也有研究采用多孔水泥基体或类水泥基载体来提高 TiO_2 的光催化效率。但基于上述材料性能的理论研究与机制还有待进一步完善与深入，负载 TiO_2 的水泥基体或应用于水泥基材料中的类水泥载体的结构设计机制与模型还没建立，纳米 TiO_2 在水泥基体上何种尺度的复合有利于其性能的发挥还需深入研究。此外，由于水泥基体和类水泥载体材料的结构、组成对 TiO_2 光催化剂的性能影响较大，高效的空气净化混凝土结构实现与构筑方法上则报道很少。

③ 空气净化混凝土光催化效率较低的问题。由于 TiO_2 半导体禁带宽度约为 $3.0 \sim 3.2eV$，只能利用太阳光中紫外线，因此应用于水泥基材料中则会带来低的投入 - 效果比，不利于其高效化。同时，现行的大多数空气净化混凝土制备方法是将光催化剂直接与水泥颗粒混合，然后制备混凝土材料，虽然施工方便，但混凝土内部纳米 TiO_2 基本无用武之地，拉低了光催化材料在水泥基材料中的使用效率。如何根据水泥基体组成和结构设计及改性 TiO_2 光催化剂，提高空气净化混凝土对光和 TiO_2 的利用率，进而提高材料光催化效率需要深入研究探索。

三、光催化功能集料空气净化混凝土

根据光催化反应作用原理，催化反应发生在污染物 - 催化剂界面，界面比表面积越大、催化剂活性越高，催化效果越好。针对以上问题，著者团队杨露等结合已有工作与混凝土材料结构特点，设计了一种由光催化功能表层与混凝土基体组成的空气净化混凝土结构（图 7-44），通过载体负载纳米光催化材料以减少胶凝材料体系干扰，通过光催化功能载体结构设计、功能载体在混凝土表层的分布设计以增多催化作用界面、提高催化活性[75,76]。

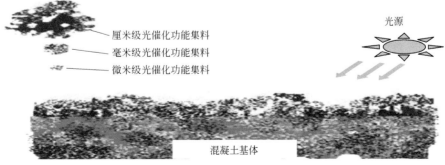

厘米级光催化功能集料
毫米级光催化功能集料
微米级光催化功能集料

光源

混凝土基体

图7-44　光催化功能集料空气净化混凝土的结构示意图

基于该模型，著者团队进行了实验探索与研究，制备了系列光催化功能集料（图7-45）及相应混凝土材料，包括有粉煤灰光催化功能集料、矿渣基光催化功能集料、石英砂基光催化功能集料、多孔页岩光催化功能集料等系列光催化功能集料[75-84]，这类集料展现出了优异的空气净化效果。应用于混凝土材料后，相比于传统应用方式，对 TiO_2 光催化剂的利用率可显著提高，最高提升超过 150 余倍，并且也展现出了优异的光催化耐久性（图7-46）[76,79]。然而，在已有基础上，著者认为要促进空气净化混凝土的规模应用还需开展系列研究与技术应用攻关工作，其中服役过程光催化混凝土维护与活性恢复机制是一个很重要的因素。

图7-45　不同类型光催化功能集料

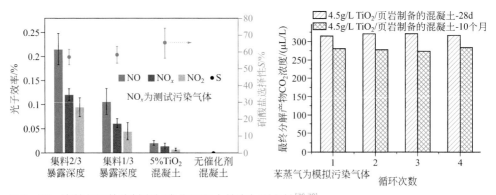

图7-46　光催化功能集料空气净化混凝土效率与耐久性[76,79]

四、空气净化混凝土的发展趋势

　　随着现代社会的进步、人类生活质量的提高，人们对环境保护工作越来越重视，环保技术的研究开发和各个领域对环保技术的应用已成为当今世界的潮流。作为使用量最大的混凝土材料应该在此方面做出应有的贡献，除了在混凝土制备和工程建设过程中减少环境污染，作为混凝土材料本身参与净化空气的工作，亦是一件非常有意义的事。

国内外有关空气净化混凝土的研究已有报道，但在其产品的应用开发与集成技术方面还需进一步深入，主要包含研究材料在路面、墙体及隧道等表面的针对性应用技术，以及相应技术方法的可行性及实际应用效果评估等；其次，还应考虑光催化材料应用过程中环境影响的评价，主要包含研发的材料在应用过程中对基底材料的影响，使用环境中离子、粉尘、气候条件等对其性能影响规律，长期应用效果的跟踪评估及改善等，并基于研究与实际示范应用数据和结论，推动空气净化混凝土材料的大规模实际应用。本节所介绍和开展的工作是一个积极的探索，是一个值得努力和具有广阔应用前景的方向。

第十一节
可循环水泥混凝土

一、概述

随着基础设施的大规模建设以及大量旧有混凝土建筑物的拆除，大量水泥混凝土构筑物废弃，占用有限城市空间和亟待处理的压力日趋严峻；而在另一方面，作为水泥混凝土的关键原材料，水泥生产带来的巨大资源、能源消耗与环境负荷日益受到重视，水泥生产原料以及天然砂石等自然资源日益紧缺。水泥混凝土废弃后的再生利用是建筑材料领域的重要任务。

目前对于废弃混凝土的再生利用研究，主要技术思路是将废弃混凝土破碎分离制成再生集料与硬化水泥石[85,86]（图7-47），再生集料用以制备混凝土，硬化水泥石由于具备一定的再水化活性可经过适当高温处置制备再生胶凝材料[87,88]；该方法虽可全组分资源化利用废弃混凝土，但破碎分选工艺耗能大，再生集料经破碎后本征缺陷多，吸水率高，影响再生混凝土质量[89]；而再生胶凝材料相较普通水泥活性低[90]，往往作为掺合料替代水泥，且替代率一般不超过20%，资源化利用率比较低[91,92]。

针对上述问题，著者提出一种新的可循环水泥混凝土设计与处理技术思路，即：基于水泥成分化学组成设计混凝土，使其成分与水泥生料相近，当其服役期结束之后将其破碎不掺入或者掺入极少量校正原料直接作为生料煅烧水泥熟料，从而实现从混凝土到水泥的全寿命周期"无限"循环利用。

| (a) 粗集料 | (b) 细集料 | (c) 硬化水泥石 |

图7-47 分离得到的废弃混凝土各组分

二、可循环水泥混凝土设计理念

可循环水泥混凝土在设计时不仅需要考虑现有混凝土的强度、耐久性等指标，以满足实际工程的要求，还要考虑混凝土废弃后的循环利用性能。因此，其在设计时需要同时考虑混凝土配合比设计和水泥生料配合比设计的特点，确定水灰比、胶凝材料组成与用量、水泥生料率值等多个因素之间的制约关系，在满足水泥生料率值要求的前提下选择所需要化学组分的集料或外掺料，进行配合比设计。同时，还需要考虑到所引入外掺料对水泥混凝土服役性能的影响规律。可循环水泥混凝土在满足工程设计要求并完成服役过程后，其中一部分可再次利用作为生产水泥的主要原料，其余部分混凝土破碎后作为集料，和所得到的再生水泥用来配制下一循环的可循环水泥混凝土；或者可循环混凝土全部利用生产再生水泥，并用来制备下一循环的可循环水泥混凝土[93]。

根据 $CaO\text{-}SiO_2\text{-}Al_2O_3$ 三元系统相图，通常煅烧硅酸盐水泥熟料需要生料中 CaO/SiO_2=2.5～3.5，普通废弃水泥混凝土的氧化物分析表明其 CaO/SiO_2<2（不同混凝土强度等级以及原材料会有所差异），表明将其破碎磨细作为水泥生料时，硅质成分高、钙质成分低，且大多数混凝土中 Al_2O_3、Fe_2O_3 含量偏低。所以，配制可循环水泥混凝土时，需额外加入钙质、铝质、铁质校正原料。

三、可循环水泥混凝土的性能

1. 力学与抗渗性能

各原材料的氧化物组成如表 7-19 所示。普通 C40 混凝土与可循环混凝土（下文图中的 1#、2#）的配合比如表 7-20 所示。对比了两种混凝土的力学性能与抗渗性能（毛细吸水率），如图 7-48 所示。可以看到，可循环混凝土早期强度偏低，3d 抗压强度较空白组降低 35.14%；但其后期具有良好的强度发展潜力，90d 抗压强度较空白组仅降低 13.99%。主要原因是早期水化活性低的钢渣和粉煤灰替代了 40%（质量分数）活性高的水泥，影响了混凝土早期强度的发展；随着水泥水化的进行，粉煤灰与钢渣的后期反应活性得到激发，弥补了部分早期强度不足。在毛细吸水率方面，可循环混凝土的吸水量低于普通混凝土，主要的原因是机制砂中石粉的加入提高了混凝土的密实性，而且钢渣和粉煤灰的物理填充与后期水化反应，又有助于孔结构的改善和抗渗性的提高。

表7-19 原材料的化学组成   单位：%

原材料	SiO₂	Al₂O₃	Fe₂O₃	CaO	MgO	SO₃	Na₂O	K₂O	损失
水泥	23.089	6.496	2.907	60.494	2.075	2.367	0.155	0.725	1.190
粗集料	3.217	0.123	0.047	52.13	2.661	0.109	0	0.016	40.970
河砂	69.570	13.314	4.088	3.082	1.133	0.034	4.055	2.925	0.770
机制砂	3.412	0.407	0.366	53.615	1.711	0.120	0	0.074	40.150
钢渣	17.884	4.382	21.749	42.855	3.137	0.564	0.079	0.216	4.768
粉煤灰	54.699	30.093	4.326	3.436	0.569	0.357	0.500	1.029	3.210

表7-20 普通C40混凝土与可循环混凝土的配合比   单位：kg/m³

类型	水泥	钢渣粉	粉煤灰	粗集料	河砂	机制砂	水
普通C40混凝土	477	0	0	1125	579	0	215
可循环混凝土	287	114	76	1125	250	329	215

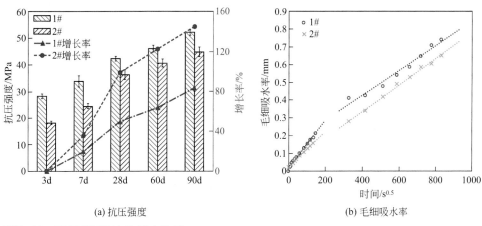

(a) 抗压强度   (b) 毛细吸水率

图7-48 可循环混凝土的基本性能

2. 升温过程的热特性

图 7-49 为以废弃的可循环混凝土（1#）和同率值的化学分析纯试剂（2#）作为水泥生料从室温至 1450℃的 TG-DTG（热重分析 - 微商热重分析）（a）、

DSC（热分析，又称差示扫描量热）（b）曲线。与化学分析纯试剂作为水泥生料相比，以废弃的可循环混凝土作为水泥生料时的热特性主要有如下变化：①在407.3℃对应一微小的吸热峰，这主要由废弃混凝土中水泥的水化产物$Ca(OH)_2$分解所致；②两者碳酸钙的分解反应吸热峰的峰位相近，但废弃混凝土试样峰面积明显减小，对应的TG曲线中质量下降的幅度较低，这是因为废弃混凝土中的CaO部分以水泥水化产物中C-S-H凝胶和$Ca(OH)_2$的形式存在，没有发生碳酸盐分解反应；③以废弃混凝土作为水泥生料的DSC曲线在1318.3℃左右出现明显的吸热峰，表明液相的出现，这一温度较对照组温度降低了28℃，这说明废弃混凝土中的微量元素和杂质起到了矿化剂以及助熔剂的作用。此外，两者的DSC曲线在碳酸钙分解反应之后出现了显著的差距，还需要进一步研究。

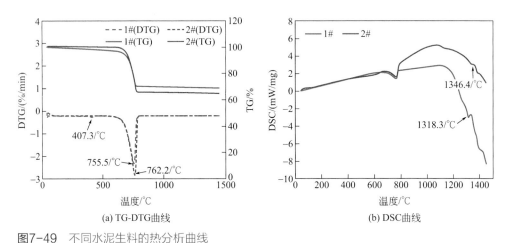

(a) TG-DTG曲线　　　　　　　　　(b) DSC曲线

图7-49　不同水泥生料的热分析曲线

3. 易烧性

以不同温度（1300℃、1350℃、1400℃、1450℃）煅烧得到的熟料游离氧化钙含量作为研究手段来揭示再生水泥熟料品质差异，如表7-21所示。当煅烧温度升高至1350℃及以上时，水泥熟料的f-CaO含量急剧下降，均低于1.5%，符合GB/T 21372—2008《硅酸盐水泥熟料》的要求。这是因为1350℃高于C_3A、C_4AF等组分熔融形成液相的温度，熟料中的C_3S可以在液相中大量形成，这一温度较现有水泥生产最高温度降低了100℃，极大地降低了能源的消耗。

表7-21　各组水泥熟料的f-CaO含量

煅烧/℃	1300	1350	1400	1450
f-CaO（质量分数）/%	4.51	0.71	0.62	0.56

4．再生水泥的力学性能

表 7-22 为采用废弃可循环混凝土制备再生水泥的配合比，可以看到，废弃混凝土组分占整个生料质量的 97.8%，具有很好的再生性。图 7-50 为不同温度（1300℃、1350℃、1400℃、1450℃）以废弃可循环混凝土煅烧得到的再生水泥净浆（分别以 K1、K2、K3、K4 表示）的抗压强度，可以看到，各组水泥 3d 强度与空白组（K0）相似，28d 强度降低约 11%，1350℃煅烧的再生水泥强度最高。

表7-22　水泥生料配合比以及煅烧温度

样品	原材料/g					煅烧温度/℃
	可循环混凝土	$CaCO_3$	SiO_2	Fe_2O_3	Al_2O_3	
K0	0	395.28	76.42	10.48	17.82	1450
K1	488.91	8.76	1.07	1.27	0	1300
K2	488.91	8.76	1.07	1.27	0	1350
K3	488.91	8.76	1.07	1.27	0	1400
K4	488.91	8.76	1.07	1.27	0	1450

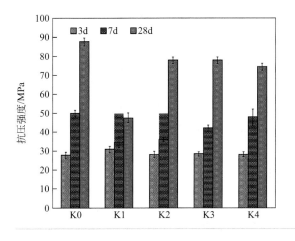

图7-50
不同煅烧温度对再生水泥净浆抗压强度的影响

四、可循环水泥混凝土的发展趋势

在目前建材行业资源能源日益匮乏、原材料供给日趋紧张的形势下，可循环水泥混凝土的设计思想具有非常重要的意义。本节所介绍和研究的工作为全生命周期可循环水泥混凝土提供了技术可行性，但此技术的应用还需要开展更进一步的工作。需要注意的是现代混凝土组分越来越复杂，大量工业废弃物的引入使水泥生料的组成由传统 Ca-Si-Al-Fe 四元体系转变为含多种杂质的多元多相组分，其多元复杂化势必改变其循环过程中水泥熟料的煅烧特性及熟料性能。此外，在多次循环下，随着混凝土中杂质成分不断富集及率值变化，必然对水泥熟料矿相形成过程产生更大的影响，水泥熟料的性能也变得更加难以稳定控制。

第十二节
树脂集料混凝土

一、概述

  著者团队开发出一种以球形吸水树脂（SAP）颗粒为集料，替代普通混凝土中的砂石集料的混凝土——树脂集料混凝土[94]。树脂集料混凝土是通过球形 SAP 所形成的致密水化层结构为强度来源形成一种具有承载能力的新型混凝土，其发明原理是依据 SAP 高吸释水行为调控可在 SAP 周围形成一层致密水化层结构，该结构具有一定的承载能力及可设计性，因此可以制备混凝土材料。著者团队王发洲等深入研究树脂集料混凝土的结构与性能规律，根据球形 SAP 在混凝土内部形成球形孔结构的特点，通过球形孔结构的调控与设计，以大粒径球形 SAP 为原位造孔模板[95]，在混凝土内部构造规则球形孔洞，并赋予混凝土轻质、高强、保温隔热、吸声降噪等多种功能[96]，为推进树脂集料混凝土的实际应用建立基础。

二、树脂集料混凝土的设计思路

  树脂集料混凝土最核心的组分是球形 SAP 颗粒，然而球形 SAP 颗粒密度较小且表面光滑，其在混凝土拌合物内部的稳定性较差是该混凝土制备过程中的难点。由于构成混凝土拌合物中的固体颗粒（如砂、石、水泥、球形 SAP 等）之间的密度及相对运动速度并不相同，因此各固体颗粒之间会发生相对运动，造成混凝土拌合物的不均质与不连续。在这里，将 SAP 树脂集料混凝土中的球形 SAP 颗粒作为研究对象，当球形 SAP 处于水泥浆体拌合物中时，会同时受到重力、黏性阻力及浮力等作用。参照胡曙光等[97]所研究的轻集料在混凝土中的运动方程，球形 SAP 的运动方程可类似表达为式（7-1）~式（7-3）所示：

$$\frac{4}{3}\pi r^3 \rho \frac{\mathrm{d}v}{\mathrm{d}t} = \frac{4}{3}\pi r^3 \rho g - 6\pi r\eta v - \frac{4}{3}\pi r^3 \rho_c g \qquad (7\text{-}1)$$

式中　ρ——球形SAP的密度，kg/m^3；

ρ_c——水泥浆体的密度，kg/m^3；

r——球形SAP颗粒的半径，m；

η——水泥浆体的黏度，Pa·s；

v——球形SAP颗粒的运动速度，m/s。

整理上式得：

$$\frac{dv}{dt} + \frac{9\eta}{2\rho r^2}v = g(1-\frac{\rho_c}{\rho}) \tag{7-2}$$

通过对上式进行积分，并假设初始条件为$t=0$，$v=0$，可得：

$$v = \frac{2r^2 g(\rho - \rho_c)}{9\eta}(1 - e^{-\frac{9\eta}{2\rho r^2}t}) \tag{7-3}$$

设v为球形SAP颗粒的最终速度，则有：

$$v = \frac{2r^2 g(\rho - \rho_c)}{9\eta} \tag{7-4}$$

由于球形SAP的密度（约为$1040kg/cm^3$）小于水泥浆体的密度，由式（7-4）可知，球形SAP的运动速度为负值，即具有上浮倾向（如图7-51所示），且上浮速度越大，SAP树脂集料混凝土分层离析的趋势就越明显。由式（7-4）可知，球形SAP的上浮速度与球形SAP粒径的平方r^2及密度差$\rho-\rho_c$成正比，与水泥浆体的黏度系数η成反比。由此，提出以下设计原则。

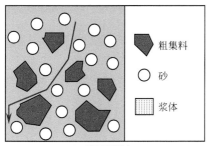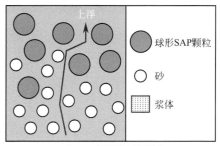

(a) 普通混凝土　　　　　　　　　　(b) SAP树脂集料混凝土

图7-51　球形SAP颗粒在混凝土内部的运动倾向

① 减小球形SAP的最大粒径。在保证混凝土整体性能的前提下，应尽量控制球形SAP的最大粒径。球形SAP粒径过大不仅会导致上浮速度过大，还会因为产生的孔洞尺寸过大而对强度产生不利影响。

② 增加拌合物的黏度。使用增黏型化学外加剂可提高水泥浆体的黏度，同时，由于硅灰等矿物掺合料具有较大的比表面积，同样可起到改善水泥浆体黏度

的作用，而矿物掺合料的存在对于混凝土基体密实性及后期强度发展也是有益的。

③ 减小球形 SAP 颗粒与水泥浆体之间的密度差异。在不明显造成混凝土强度降低的前提下，通过适当的引气，有助于增加水泥浆体的含气量从而降低水泥浆体的总体密度，改善球形 SAP 上浮问题。另外，适当引气还可在一定程度上改善拌合物的流动性及混凝土的抗冻性。

④ 掺加纤维。通过添加纤维可在混凝土拌合物内部形成三维构架结构，可起到阻碍球形 SAP 在拌合物中运动倾向的作用。

⑤ 加速结构形成。通过将硫铝酸盐等快硬水泥与普通硅酸盐水泥复合，形成快硬型复合胶凝材料体系，可有助于加速水泥石结构的形成，对于球形 SAP 颗粒在拌合物中快速达到稳定状态同样有益。

三、树脂集料混凝土的性能

1．工作性能

树脂集料混凝土的主要特点是掺入了大量球形 SAP 树脂集料，该种树脂保水性能良好，外观为规则球形，且表面光滑，在混凝土拌合物内部可起到滚珠的作用，具备高流动性的潜力。工作性能良好的混凝土拌合物要求在拌合、运输、浇筑时具有良好的流动性（一般坍落度在 200mm 以上），不泌水，不离析，施工时能达到自流平。以树脂集料取代率 40% 为例，树脂集料混凝土坍落度可达 240mm 以上，具有良好的工作性能。图 7-52 所示为树脂集料混凝土拌合物状态。

图7-52 树脂集料混凝土拌合物状态

由于球形 SAP 颗粒自身具有"滚珠效应"，因此该种混凝土具有较好的流动性，坍落度为 240mm，坍落扩展度为 500mm，T_{500} 为 4s，L 型仪测得阻滞率为 $H_2/H_1=0.45$。阻滞率可反映出混凝土的填充能力及间隙通过能力，按照 CCES

02—2004《自密实混凝土设计与施工指南》，要使自密实混凝土具有良好的填充性，阻滞率 H_2/H_1 应大于 0.8。可见，虽然所制备的树脂集料混凝土具有良好的流动性，但其填充性能仍有待提高，其主要原因分析如下：自密实混凝土的高流动性及填充能力主要依赖于其自身重力作为动力来源，从而能够自发填充于狭窄空间。由于树脂集料混凝土所用球形 SAP 颗粒密度小（约为 1.04g/cm³），拌合物自重轻，其所能产生的动力有限。整体而言，该种树脂集料混凝土具有良好的施工性能，流动性好，质量轻，便于施工。

2. 物理力学性能

图 7-53 为球形 SAP 不同用量对树脂集料混凝土试块球形孔隙率及密度的影响。图中红色圆点的线段为不同 SAP 体积取代率下混凝土的理论球形孔隙率，可见，球形 SAP 用量越大，混凝土内部的球形孔隙率越高，密度越低。当 SAP 取代率（取代集料的体积分数）达 40% 时，从所取代河砂的对应处可以看到，混凝土的密度降至 1900kg/m³ 以下。若采用陶砂（表观密度 1680kg/m³）作为细集料时，其密度可进一步降至 1400kg/m³ 以下，最低可至 640kg/m³。

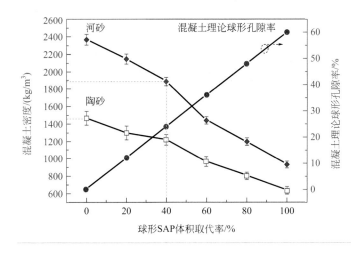

图7-53
球形SAP用量对树脂集料混凝土试块球形孔隙率及密度的影响

为了研究球形 SAP 颗粒对混凝土后期强度的影响，该部分试验中所成型的试件在标准养护 28d 后用保鲜膜密封保存至 1 年。图 7-54 为不同球形 SAP 用量对混凝土强度发展的影响。当球形 SAP 取代率（体积分数，下同）由 0% 增大到 100% 时，混凝土 28d 抗压强度由 68MPa 降低到 4MPa，其中球形 SAP 取代率为 40% 的混凝土试件 C3，1 年后的抗压强度可达到 40MPa 以上。因此，可以通过球形 SAP 颗粒掺量的控制，设计制备出具有不同强度等级的混凝土材料，使该种树脂集料混凝土可满足结构承重或外部围护等不同工作需求。

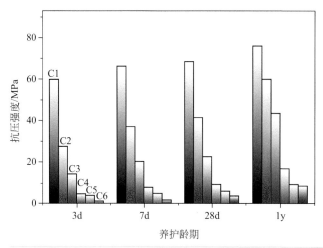

图7-54
不同系列树脂集料混凝土的抗压强度

图 7-55 为球形 SAP 取代率对混凝土弹性模量的影响。由图可见，SAP 掺量对混凝土弹性模量影响显著，表现出了与抗压强度相似的下降趋势 [97]；当球形 SAP 取代率由 0% 增大到 100% 时，混凝土弹性模量集料由 31GPa 降低至 2.5GPa。图 7-55 中弹性模量随球形 SAP 取代率的增大而下降的原理与轻集料替代碎石类似：球形 SAP 取代率增大，混凝土内部单位体积内的含量降低。一般而言，集料用量越低，混凝土弹性模量越小。此外，混凝土内部孔隙率的增大对弹性模量的降低也有一定影响。

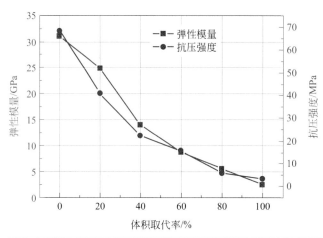

图7-55
树脂集料混凝土球形孔结构与弹性模量

3. 保温隔热性能

混凝土的热导率主要取决于其密度和水分含量，但也受空隙分布、固体组成（如砂石集料等）影响。表 7-23 为由不同集料制备的普通混凝土典型热导率。

表7-23　由不同集料制备的普通混凝土典型热导率

粗类型	热导率/[W/（m·K）]	集料类型	热导率/[W/（m·K）]
石英	3.5	花岗岩	2.6～2.7
白云石	3.2	流纹岩	2.2
石灰石	2.6～3.3	玄武岩	1.9～2.2

图 7-56 所示为球形 SAP 取代率对混凝土热导率的影响。从图中可以看出，随着球形 SAP 取代率的增大，混凝土试件的热导率显著降低，其保温隔热性能得到改善。没有掺加球形 SAP 的空白对照组实测热导率为 2.626W/(m·K)，当球形 SAP 完全取代集料时，混凝土热导率降低至 0.316W/(m·K)。球形 SAP 之所以能显著改善混凝土的保温隔热性能，是因为其在混凝土内部形成大量封闭、独立的球形孔（见图 7-57），这样既降低了集料的含量又增加了混凝土内部的球形孔隙率。相比较，加气混凝土的热导率通常在 0.08 ～ 0.25W/(m·K)，但强度较低，干密度为 1200 ～ 1600kg/m³ 的黏土陶粒混凝土热导率为 0.53 ～ 0.84W/(m·K)。可见，利用球形 SAP 的合理设计，可以使混凝土的保温隔热性能超过同密度等级的轻集料混凝土，具有良好的应用价值。

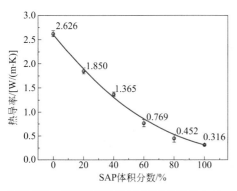

图7-56　树脂集料混凝土球形孔结构与热导率

图7-57　树脂集料混凝土的球形孔断面

4．吸声降噪性能

轮胎与路面的接触噪声是交通噪声中的主要噪声源，路面与轮胎的噪声频率主要集中在 600 ～ 1250Hz。不同球形 SAP 掺量下混凝土的吸声系数如图 7-58 所示，图中 RAC-1、RAC-3、RAC-5 分别为取代率为 0、40% 及 80% 的树脂集料混凝土。与不掺加球形 SAP 的空白对照组相比，掺加球形 SAP 后混凝土试件在 1000Hz 处出现了吸声峰值，且峰值达 0.9 左右，这一频率处于交通噪声频率

$600 \sim 1250$Hz 之中，说明对交通噪声中的主要噪声源具有良好吸收效果。根据文献[98]，普通混凝土路面吸声系数为 0.09，密级配沥青路面为 0.22，低噪声沥青混凝土路面为 0.43。可见，球形 SAP 的掺入改变了混凝土内部的孔结构，使其吸声降噪性能超过了密级配沥青路面，表现出良好的吸声降噪潜力。从路面的角度考虑，降噪主要涉及吸声和减振。球形 SAP 可以显著改善混凝土材料吸声性能，主要原因为球形 SAP 在混凝土内部及表面产生较多球形孔，由于这种特殊的球形孔结构，声波在孔壁表面被多次反射吸收；另外，球形 SAP 是高弹性高分子材料，具有类似于橡胶颗粒的阻尼特性，从而使该种混凝土同时可以吸收轮胎振动和冲击，产生降噪效果。

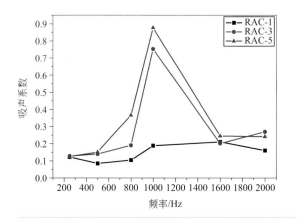

图7-58
树脂集料混凝土球形孔结构与吸声系数

5. 强度贡献机制

本节利用一种不具有吸水及释水特性，同时几乎不具有强度贡献（可认为是一种孔洞）的球形 EPS（发泡聚苯乙烯）颗粒与同等粒径的具有吸释水特性的球形 SAP 颗粒制备的水泥基材料进行宏观性能对比，以验证 SAP 的释水养护作用可在其周围形成一种致密拱壳层结构。

（1）抗压强度对比　图 7-59 所示为粒径相当的 EPS 球形颗粒与 SAP 球形颗粒在不同体积掺量下对水泥基材料强度的影响规律。整体而言，不管是掺加 EPS 球形颗粒还是 SAP 球形颗粒，水泥基材料强度均随着掺量的提高而下降。然而更为重要的是，在相同体积掺量下，掺加 SAP 球形颗粒的水泥基材料强度均明显高于掺加 EPS 球形颗粒的水泥基材料强度[99]。表 7-24 是不同体积掺量及龄期下，掺加 SAP 球形颗粒试块相比掺加 EPS 球形颗粒试块的强度增长率。可以看出，掺加 SAP 球形颗粒后，试块的强度比 EPS 组有明显提高，提升率达到 $30\% \sim 60\%$ 左右。

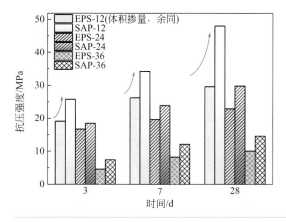

图7-59
不同球形SAP及EPS体积掺量下试块的
抗压强度

表7-24　球形SAP内养护作用产生的强度增长率　　　　　　　　　　　　　单位：%

龄期/d	SAP-12	SAP-24	SAP-36
3	34.9	10.7	61.8
7	30.3	21.5	47.6
28	62.3	30.1	45.2

（2）超声传输对比　超声波在固体材料内部的传播速度与材料自身的密实程度有直接关系，声波传播速度快则表明材料内部密实程度高，反之则表明密实程度低。EPS颗粒自身强度远低于水泥石基体，对混凝土强度贡献可忽略不计，可认为其在混凝土内部仅产生了球形孔。球形SAP集料释水后体积缩小，在混凝土内部同样产生球形孔。图7-60所示为不同体积掺量下EPS组与SAP组的超声传播速度及传播时间。整体而言，球形颗粒的体积掺量越高，超声波在水泥基材料内部的传播速度越小，传播时间越长。这是因为，EPS颗粒及SAP颗粒掺量

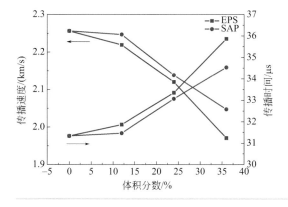

图7-60
不同球形SAP及EPS体积掺量下试块
的超声传输（28d）

越高，水泥基材料内部的球形孔隙率越高。超声波在空气中的传播速度远低于水泥石，因此超声波传播过程中会绕过球形孔，增加传播路径，从而使传播时间增长。对比同孔隙率下的 EPS 组及 SAP 组，可以发现超声波在 SAP 组的传播速度要高于 EPS 组。分析认为，SAP 在水泥石内部的释水作用促进了水泥的水化，提高了其孔洞周围浆体的密实程度，因而超声波在 SAP 组试块内部的传播速度高于 EPS 组。

（3）水化程度对比　图 7-61 所示为不同体积掺量下 EPS 组及 SAP 组内部相对湿度随龄期的发展规律。可以看出，掺加 EPS 颗粒的试块内部相对湿度与空白对照组基本一致，可以认为 EPS 颗粒对水泥石内部相对湿度几乎没有影响。而掺加 SAP 颗粒的试块内部相对湿度明显高于 EPS 组，这与 SAP 的释水作用有直接的关系。

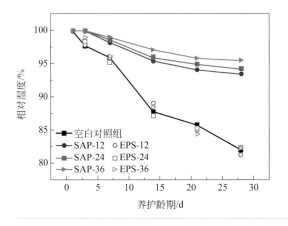

图7-61
不同龄期下多孔材料内部相对湿度发展规律

图 7-62 所示为 EPS 球形颗粒及 SAP 球形颗粒对水泥水化程度的影响。可以

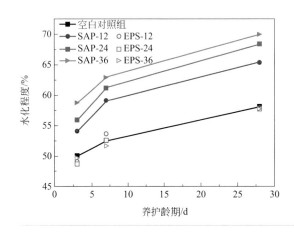

图7-62
不同养护龄期下多孔材料水化程度的发展规律

明显发现，不同 EPS 掺量下水泥石的水化程度与不掺加任何球形颗粒的空白对照组基本相当，这是因为 EPS 颗粒对水泥的水化几乎没有影响。而掺加 SAP 球形颗粒的水泥石水化程度随着 SAP 掺量的增大而明显提高，在 28d 时 SAP-12、SAP-24、SAP-36 组的水化程度比空白对照组或 EPS 组分别提高了 12.7%、17.8%、20.7%。

由此，可以认为 EPS 颗粒在混凝土内部产生的是单纯的孔洞，其自身对周围水泥浆体几乎没有任何贡献，且其表面表现憎水性特征，不利于其与周围水泥石的界面黏结。而 SAP 颗粒由于自身的吸水 - 释水特性，虽然在混凝土内部产生了孔洞，但其内部储存的水分在释放的过程所起到的内养护作用，可以促进孔周围水泥的水化，从而增加周围水泥石的密实程度。相比 EPS 颗粒产生的单纯孔，SAP 颗粒起到了促进水化的作用，在其周围形成了致密拱壳层（如图 7-63 所示），类似于建筑的圆顶结构。也正是基于此，在相同球形孔隙率下，SAP 组表现出更高的强度（图 7-59）以及更快的超声传播速度（图 7-60）。

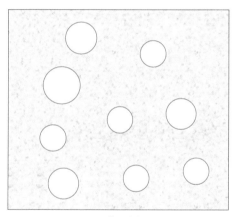 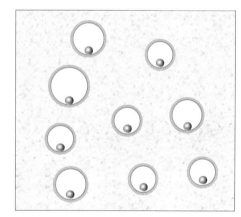

(a) 普通孔洞　　　　　　　　　　　　　　(b) SAP孔洞

图7-63　普通孔洞与具有致密拱壳结构的SAP孔洞示意图

在此，著者提出树脂集料混凝土的强度来源是基于拱壳结构原理，这种结构的拱形曲面可以抵消外力的作用，使结构更加坚固，如自然界中的蛋壳、龟壳等。SAP 树脂集料混凝土中，SAP 颗粒所形成的规则球形孔洞，由于受到 SAP 集料所含水分的养护作用，在其孔壁处形成一层结构致密、硬度大、强度高的拱壳，整个孔可看作是具有拱壳结构的空心球体，在受到外力荷载作用时，这一球形拱壳结构可承受并分散一定的载荷。因此，与发泡混凝土、EPS 混凝土等相比，由于具有坚固拱壳层，SAP 树脂集料混凝土表现出更高的抗压强度（图 7-59）。

四、树脂集料混凝土的发展趋势

树脂集料混凝土不但提供了一种新的混凝土轻质化与多功能化的设计方法，更重要的是提供了一种混凝土内部宏观孔结构可设计与调控的技术思路，为混凝土性能的"可计算设计化"提供了可能性。在后续的工作中一方面需要对高吸水性树脂进行分子结构设计与改性，进一步提升其凝胶强度，减少混凝土机械拌合过程中的破碎现象；另一方面，需要进一步研究树脂集料的颗粒级配、树脂集料释水后所形成拱壳结构的微观力学特征与混凝土宏观力学性能的关系，掌握特定高强拱壳结构的构筑方法，制备比强度更高的轻质高强混凝土或特定功能要求的功能混凝土。

第十三节
海岛快速抢修混凝土

一、概述

我国作为海洋大国，海岸线漫长，岛屿星罗棋布，随着远海岛礁工程建设任务日益繁重，对于常规混凝土等原材料的需求量也大幅增加，其中碎石和淡水所占原材料量超过 60%，此类材料从陆地运输到远海之外难度大、费用高，其他研究采用珊瑚礁、砂、轻集料等制备岛礁施工材料的技术，不仅会对生态环境造成破坏，并且材料强度本身不能完全满足岛礁工程建设需要，同时也无法从根本上解决岛礁工程建设材料运输等问题。因此，研究利用海洋资源，就地筹措原材料以减少集料用量，甚至完全替代或取消传统混凝土中的碎石等粗集料，降低岛礁工程建造成本和控制工程建设风险，将是解决问题的关键。

综合远海地区形势的日益严峻、远海诸岛礁基础设施的大量匮乏及岛礁建设水平的严重不足等问题，王发洲等利用 SAP 功能集料与配套胶凝材料和少量海砂，通过海水拌合制备岛礁工程建设及抢修抢建混凝土的新技术[94,95]，解决了一系列工程化、实用化难题。

二、基于功能集料的海岛混凝土创新构思

研究发现通过调控 SAP 吸释水行为可在 SAP 周围形成一层致密水化层结构，该结构具有一定的承载能力及可设计性。因此是否能够以球形 SAP 颗粒为集料替代普通混凝土中的砂石集料，通过球形 SAP 所形成的致密水化层结构为强度来源形成一种具有承载能力的新型混凝土，由此探索形成的新型混凝土具有多种潜在优势，如大量替代传统砂石集料从而解决偏远、远海地区混凝土原材料（尤其是占混凝土体积 70% ~ 80% 的砂石集料）运输难、成本高的瓶颈问题；同时该种具有规则封闭球形孔结构的新型混凝土还可能通过结构设计而具备多种新的功能[96]。

基于此，著者团队以 SAP 与水泥浆体之间的相互作用及所形成的致密水化层结构为理论基础，根据吸水树脂材料吸水膨胀、以少变多的特性，设计制备出一种可大量替代普通砂石集料，且密度、强度等级可设计调控的新型树脂基海岛快速抢修混凝土[99]。利用所设计制备的树脂基海岛快速抢修混凝土在多个地区成功进行了现场施工应用，本工作为丰富完善多功能化混凝土材料，推动偏远、远海地区建设提供了一种新的技术思路，具有重要的应用价值。

三、功能集料海岛快速抢修混凝土技术

1. 树脂集料混凝土设计

实验室研究发现不同引入水倍率的 SAP 颗粒在混凝土拌合物内部会存在不同的吸释水行为[100,101]。当引入水倍率较低时，球形 SAP 颗粒在拌合物中会继续吸水膨胀，由于球形 SAP 较低的吸水膨胀速率，当水泥浆体骨架逐渐形成时球形 SAP 的吸水体积膨胀行为可能导致水泥石内部产生膨胀应力，甚至引发结构破坏；而当引入水倍率较高时，球形 SAP 颗粒的快速释水行为会造成拌合物有效水灰比明显上升，浆体黏度下降，从而引发球形 SAP 颗粒分层上浮等体积不稳定现象。预吸水球形 SAP 颗粒应与特定水泥浆体之间具有良好的相容性，即 SAP 颗粒能在拌合物中较长时间内稳定存在，这是树脂集料混凝土拌合物匀质性、稳定性的关键。

球形 SAP 颗粒与水泥浆体之间的稳定性可以通过平衡浓度或平衡倍率来进行衡量，这一关系在图 7-64 中可得到清楚体现。其一，球形 SAP 颗粒的吸水行为受渗透压控制，而渗透压是与溶液浓度相关的函数，球形 SAP 在水泥浆体孔溶液中的饱和吸水倍率（17 ~ 20 倍）会受孔溶液浓度的控制。采用一定浓度的

溶液（如图7-64中的0.4mol/L NaCl溶液）可使SAP具有与在孔溶液中相当的吸水倍率，从而可保证SAP与拌合物之间的稳定性。其二，SAP吸水倍率除了受溶液浓度影响外还受吸水时间的控制（图7-64），当采用淡水对球形SAP进行预吸水处理时，通过控制预吸水时间同样可使SAP具有与在孔溶液中相当的吸水倍率，从而保证SAP拌入拌合物后能够稳定存在。

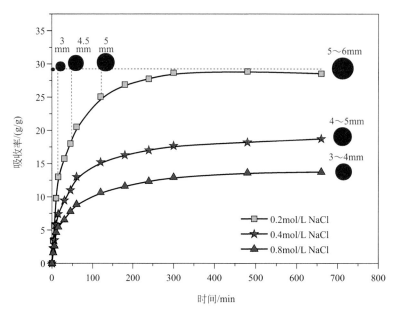

图7-64　不同时间及不同浓度下球形SAP的吸水倍率

当水泥浆体骨架结构逐渐形成后，球形SAP颗粒内部储存的水分在水泥水化环境下逐渐释放，可从内部为混凝土补充水分，因而具有自养护功能；当球形SAP释水体积缩小之后，在混凝土内部形成规则球形孔洞，形成多孔结构（图7-65），这种球形多孔结构可通过SAP颗粒粒径、级配、用量等进行设计调控。

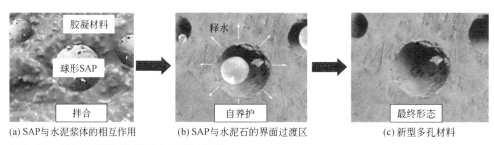

(a) SAP与水泥浆体的相互作用　　(b) SAP与水泥石的界面过渡区　　(c) 新型多孔材料

图7-65　SAP树脂集料混凝土的设计思路

2. 海岛混凝土原材料减量化评价

混凝土建设中原材料需求量极大，其中砂石集料占混凝土体积70%～80%，在偏远地区、远海地区等资源匮乏区域，存在混凝土原材料运输成本高的突出问题，因而极大制约了这些特殊区域的建设与发展。因此，寻求一种可大量替代传统混凝土原材料，解决偏远地区混凝土原材料远距离运输瓶颈具有重要意义。利用SAP材料吸水膨胀特性，干燥树脂集料预吸海水后可快速膨胀至指定粒径，从而替代普通混凝土集料。仅用1kg干燥SAP在现场便可膨胀获得20kg的球形SAP集料，以表7-25中的C3组（强度可达40MPa）为例，固体原材料的用量（运输量）约为每方1520kg，而普通混凝土（C1组）固体原材料用量约为每方2200kg，节约固体原材料运输量约30%。同时结合球形SAP颗粒的物化特性制备出一种密度等级及强度等级可调的新型树脂集料混凝土（具体配合比请见表7-25）。目前，已在海口西海岸、西沙、湛江等多地成功进行施工应用，这对推动我国偏远地区、远海地区等处的基础建设具有重要意义。

表7-25　不同系列树脂集料混凝土基本配合比　　　　　　　　　　　　单位：kg/m³

编号	Cem1	Cem2	FA	SG	SF	S	SAP	POM	W	SP
C1	300	120	73	73	40	1590	0	2	157	13
C2	300	120	73	73	40	1218	125	2	145	13
C3	300	120	73	73	40	914	250	2	139	11
C4	300	120	73	73	40	637	375	2	139	11
C5	300	120	73	73	40	304	499	2	139	11
C6	300	120	73	73	40	0	624	2	131	11

注：表中SAP为预吸水后的质量，吸水倍率约为20倍。

四、海岛快速抢修混凝土应用与展望

海洋工程施工时，将制备树脂集料的球形吸水树脂事先计量分装在能透水的包装袋中封闭，现场根据岛礁分布和施工要求布设吸水膨胀袋形成围堰（图7-66），将施工区域与外围海水分隔开来，以利于人员和装备在围堰内部高效快速地进行施工作业。同时针对海洋环境常有的海浪和台风等特殊外部条件，引入排水沟、捆绑连接等构造措施，将多层膨胀布袋围堰加固形成整体，减小外力对围堰的破坏。该围堰材料后续可继续用作树脂集料混凝土的替代集料使用，既解决了施工堵水问题，又制备了树脂集料原材料，大大缩短了施工准备阶段，加快了树脂集料混凝土施工进度，节约了人力物力资源。

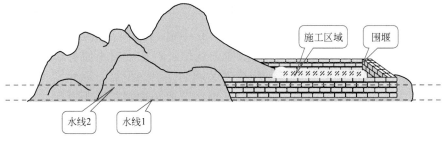

图7-66 海洋工程岛礁围堰施工技术

由于球形树脂集料特有的"滚珠效应"及质轻等特征，现场制备的混凝土拌合物具有良好的流动性且浇筑、刮平、收光等过程易于进行（图7-67）；同时树脂集料在混凝土拌合物中能够稳定存在，与水泥浆体之间具有良好的相容性。从图7-67中混凝土道面截面可以看出，球形树脂集料释水后在混凝土内部形成均匀分布的孤立的规则球形孔，这既有利于降低混凝土自重，又有利于混凝土通过孔结构实现混凝土的功能化；同时规则的球形孔还有助于于减少混凝土内部的应力集中。另一方面，吸水后的海水集料在混凝土内部缓慢、持续释放水分，实现了混凝土的自养护和自修复，避免了因缺水造成的收缩开裂，有效解决了海水集料混凝土在岛礁工程建设中的后期养护难题。

海洋工程树脂集料混凝土设计时充分考虑了远海运输储存难、设备资源少的工程特点，因地制宜，具有良好的工程适应性。在海洋工程建设和抢修抢建时，仅需储备转运极少量干料即可快速实现材料"以少变多"，抢修效率显著提高。并且树脂集料的球形特征能够有效改善混凝土的流动性，使混凝土具有自流平、自密实、无需振捣的施工优异性，施工强度、工艺及设备明显减少，建造效率显著提高。

图7-67 树脂基抢修抢建混凝土应用现场

本节主要基于吸水树脂材料吸水膨胀，以少变多的特性，从而设计制备出一种可大量替代普通砂石集料，且适用于长距离运输的新型混凝土材料。但仍有部分内容有待进一步深入探索：①对不同粒径球形吸水树脂集料进行更加合理的级配设计，从而优化混凝土内部球形孔隙结构及力学等宏观性能；②系统评价树脂基海岛快速抢修混凝土基体与无机筋材之间的匹配性及界面增强。

第十四节
基于气体驱动的3D打印混凝土

一、概述

3D打印（three dimensional printing，3DP）技术是一种通过计算机构建数据模型，依靠打印设备的自动控制将材料逐层累加并最终得到实体物品的智能制造技术，是第四次工业革命的重要标志之一[102]，并被列为"中国制造2025"强国战略的重要发展方向。针对混凝土行业生产效率低、环境负荷高等问题，近年来，3D打印技术逐渐被应用于混凝土材料，以推动建材行业的绿色制造与可持续发展[103]。

目前，水泥基3D打印建筑材料主要以液体作为驱动介质，以水泥与水或碱液（如NaOH与NaSiO₃溶液等）的化学反应为结构形成与强度发展的作用机制[104-107]。在水硬性或碱激发3D打印材料的制备工艺中，液体既是材料在挤出过程中保持流态的调控剂，亦是材料强度与自承载力形成的激发剂。这一特性也导致了打印材料的可挤出性与可建造性的矛盾以及可打印时间与可建筑性及打印效率的矛盾。

鉴于此，著者团队刘志超等提出一种基于气体驱动的新型水泥基3D打印材料[104,105]。如图7-68所示，该材料以高碳化活性的硅酸钙矿物（如γ-C_2S）或工

图7-68　基于气体驱动的3D打印混凝土设计思路

业废弃物（如钢渣粉）为胶凝组分，与水搅拌成型为流变可调的浆体，打印成层后通过与 CO_2 气体的碳化反应快速形成以碳酸钙为主要基体组成的高强高耐久打印结构。相较而言，气体驱动的 3D 打印材料具有以下优点：①可打印性与可建造性的独立设计。所用胶凝组分水化活性低，在制备与泵送阶段处于反应潜伏期，流变性能稳定可控；打印开始后，通过引入 CO_2 气体对打印层精准靶向碳化而快速形成层间结合与结构强度，有利于解决液体驱动水泥基 3D 打印材料的两大突出矛盾。②严酷环境耐久性高、适应性强。基于气体驱动的水泥基材料的主要胶结相为化学稳定性更高的碳酸钙晶体 [图 7-69（a）]，同时碳化过程的体积稳定性与抗裂性高 [图 7-69（b）]，进而从组成与结构上提升了材料的耐久性能。③吸碳固废、绿色低成本制造。该技术利用部分固体废弃物的高碳化活性实现固废基胶凝材料中固废掺量大于 95%[106-109]，同时 CO_2 气体作为反应驱动介质被固定在打印结构中，降低打印材料的制备成本与环境负荷，如图 7-70 所示（改编自 Wangler T.[103]），实现 3D 打印材料的绿色低成本制造。

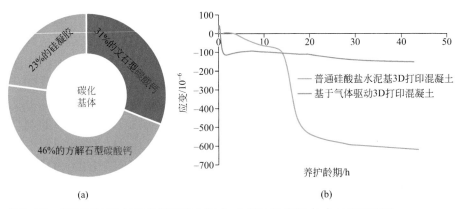

图7-69 基于气体驱动3D打印混凝土的（a）基体组成和（b）体积稳定性

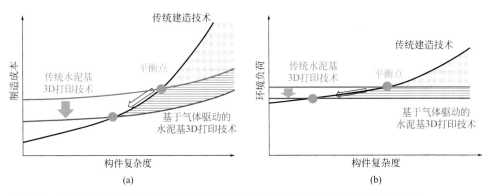

图7-70 基于气体驱动的3D打印技术对（a）制造成本与（b）环境负荷的影响

二、基于气体驱动的3D打印混凝土的制备

基于气体驱动的 3D 打印混凝土主要原料包括 $\gamma\text{-}C_2S$、钢渣粉（SS）等碳化胶凝材料，普通硅酸盐水泥（Cement），无定形硅质材料（SF）、甲壳素等碳化增强相，聚乙烯醇（PVA）、羧甲基纤维素钠（CMC）、减水剂（SP）等流变调控组分。表 7-26 为基于气体驱动的 3D 打印混凝土的代表性配合比，其中聚乙烯醇、羧甲基纤维素钠、减水剂用量均为碳化胶凝材料与碳化增强相的质量分数。

表7-26　基于气体驱动的3D打印混凝土配合比

SS/g	Cement/g	SF/g	PVA/%	CMC/%	SP/%	水胶比
179.4	44.8	28.5	0.2	2	2	0.28

基于气体驱动的 3D 打印混凝土的搅拌工艺与传统混凝土材料搅拌工艺相似。完成搅拌后的混凝土材料经打印设备打印成型后在 CO_2 气体氛围下通过碳化反应完成打印结构的硬化。在碳化养护之前，需要控制混凝土打印结构的含水量，对其进行干燥处理，使其失水率在 60% ～ 70% 之间，保证后期碳化养护的顺利进行。基于气体驱动的 3D 打印混凝土构件碳化养护条件相对温和，在室温下，向放置有打印构件的碳化反应釜内通入 100% 浓度的 CO_2 气体，加压至 0.3MPa，维持 8 ～ 12h 即完成碳化养护过程，打印构件实物效果如图 7-71 所示。

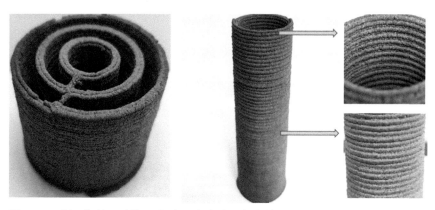

图7-71　基于气体驱动的3D打印混凝土实际打印效果

三、基于气体驱动的3D打印混凝土的性能

3D 打印混凝土的性能主要包含两个方面。一是混凝土打印材料可以被打印设备连续挤出，不出现混凝土堵塞打印喷头造成打印中断的现象，这一性能称为

3D 打印混凝土的可挤出性；二是在打印过程中，混凝土底层结构可承受上层结构不断累积的荷载而不发生形变，并维持至打印结束，这一性能称为 3D 打印混凝土的可建造性。

1. 打印连续性

3D 打印混凝土的可挤出性通常以打印过程中试样的连续性来表征，此处通过连续打印 3600mm 长度的丝状样品，并记录打印过程中浆料中断次数的方式来评估浆料的打印连续性。3D 打印混凝土的连续性测试配合比与结果如表 7-27 所示。随着羧甲基纤维素钠掺量的增加，浆料的打印连续性持续变差，当掺量增加到 2% 时（表 7-27 中的配合比 3），打印过程出现长距离中断，如图 7-72（a）所示；随着聚乙烯醇掺量增加，其打印连续性变化不大，说明浆料流动性下降不多。图 7-72（b）为表 7-27 中配合比 10 的打印效果，可以看到测试过程中均能无中断完整打印。

表7-27　3D打印混凝土的连续性测试配合比与结果

配合比编号	水胶比	PVA/%	CMC/%	打印中断次数		
				测试1	测试2	测试3
1	0.14	0.1	0.5	3	3	2
2	0.17	0.1	1	1	2	2
3	0.24	0.1	2	6	9	8
4	0.15	0.2	0.5	1	2	2
5	0.17	0.2	1	2	3	2
6	0.24	0.2	2	4	2	8
7	0.17	0.3	0.5	3	2	6
8	0.18	0.3	1	2	1	4
9	0.25	0.3	2	6	4	5
10	0.28	0.2	2	0	0	0

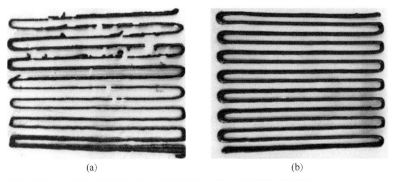

(a)　　　　　　　　　　　　　(b)

图7-72　基于气体驱动的3D打印混凝土的连续性测试效果

2. 打印可建造性

3D 打印通过逐层打印完成模型构建，底层浆料不仅需要承受自身重力，还要承受上层浆料重力及层间的挤压力，逐层打印过程中每层浆料产生的变形误差积累，会严重影响打印精度，甚至造成模型坍塌。针对气体驱动 3D 打印混凝土，预先构建高度为 48mm、外径 15mm、内径 12.6mm 的圆筒打印模型，从打印完整程度与堆积高度误差两方面评估打印浆料的堆积性。实验采用浆料配合比如表 7-27 所示。上述配合比的打印浆料均不能完成模型打印，部分浆料出现了十分明显的坍塌现象，如图 7-73 所示。其原因在于浆料流动性较好，打印初期，底层结构流动变形，上层浆料堆积不稳，更易产生流动变形，形变逐层累积最终导致样品坍塌。随着羧甲基纤维素钠掺量的增加，浆料塑性黏度与屈服应力大幅度增加，浆料堆积性有明显改善。通过衡量浆料的可打印连续性与堆积性的打印效果，保持羧甲基纤维素钠、聚乙烯醇掺量分别在 0.2% 和 2%，其聚羧酸减水剂掺量如表 7-28 所示。由图 7-74 可知，随着减水剂掺量减少，浆料需水量增大，但堆积性改善十分明显，当减水剂掺量为 3% 时，其模型底部打印效果较好，可看出明显的丝状堆积，但随打印高度的增加，由于浆料流动变形造成的打印误差逐层积累，导致上层堆积结构坍塌，而无法完成打印；当减水剂掺量继续减小到 2% 时，浆料打印效果大幅度改善，可完整打印模型而不出现明显缺陷，满足打印要求；继续减小减水剂掺量到 1% 时，浆料流动性差，无法被 3D 打印机挤出。

| (a) | (b) | (c) |

图7-73 基于气体驱动的3D打印混凝土的打印堆积性效果[图中（a）、（b）、（c）分别对应表7-27中的配合比1、5、9]

表7-28 堆积性测试减水剂掺量

配合比	PVA/%	CMC/%	SP/%	水胶比
1	0.2	2	1	0.35
2	0.2	2	2	0.28
3	0.2	2	3	0.26

(a) 无法打印（配合比1）　　　　　(b) 完整打印（配合比2）　　　　　(c) 上方坍塌（配合比3）

图7-74　堆积性测试结果

结合上述试验所得到的可打印浆料配合比，通过堆积高度损失对其堆积性能展开进一步表征，探究其打印误差范围，其测试结果如表7-29所示。从高度损失值测量结果可看出，三组薄壁圆筒打印样品，自身各点高度十分接近，即在打印过程中浆料挤出均匀，堆积过程未出现明显误差。与预先构建的模型对比，打印样品整体高度损失在 $0 \sim 2.5\%$ 以内，其损失值较低。因此可认为该3D打印浆料配合比满足打印要求。

表7-29　堆积高度损失值

序号	实际测量高度/mm				均值/mm	高度损失/%
1	47.81	47.94	48.05	47.78	47.90	0.21
2	46.93	46.83	46.77	46.87	46.85	2.40
3	47.50	47.71	46.81	47.01	47.26	1.54

3. 力学性能

本节研究了功能外加剂对3D打印混凝土力学性能的影响。实验配合比如表7-30所示，外加剂掺量均为混合料质量分数，水胶比均为0.20。由图7-75（a）可知，随着羧甲基纤维素钠的掺入，材料抗压强度呈下降趋势，当掺量增加到2%时，其强度与空白对照组对比下降程度达63.3%。羧甲基纤维素钠的成膜性与保水性一方面阻碍二氧化碳通过毛细结构进入样品内部，降低了样品碳化程度，引起强度下降；另一方面限制了 CO_2 在水中的溶解，阻碍碳化反应的发生，降低样品的碳化程度，引起强度下降。从图7-75（b）可知，与空白组相比，聚乙烯醇掺量为0.1%时，其强度与空白组相比增长了7.9%。但随着掺量的继续加大，强度呈下降趋势。聚乙烯醇水溶液具有较好的成膜性，并且样品经干燥预处理后，聚乙烯醇溶液干燥成膜能填充内部毛细结构，使样品强度增长；但掺量增大，聚乙烯醇膜阻碍二氧化碳气体进入样品内部，降低了样品碳化程度，导致强度下降。

表7-30 3D打印混凝土抗压强度测试配合比

编号	PVA/%	CMC/%	SP/%
A1	0.2	0	4
A2	0.2	0.5	4
A3	0.2	1	4
A4	0.2	2	4
M1	0	1	4
M2	0.1	1	4
M3	0.2	1	4
M4	0.3	1	4

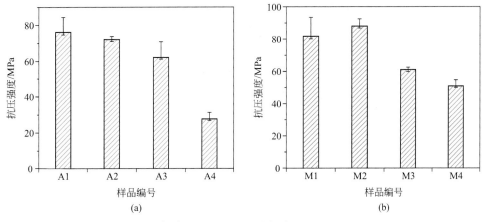

图7-75 CMC（a）和PVA（b）对抗压强度影响规律

如图 7-76 所示，浆料直写型 3D 打印工艺中，样品逐层打印堆积成型，其 XY 轴打印方向与 Z 轴打印方向存在堆积时的差异，因此样品内部并非完全均匀，导致其力学性能存在各向异性。为表征打印样品力学强度各向异性，参照偏心率表达公式，提出了表征其各向异性参数的计算方法，如式（7-5）所示。

$$Q = \frac{2(R_Z - R_{XY})}{R_Z + R_{XY}} \times 100\%$$ （7-5）

式中 Q——各向异性参数，%；

R_Z——样品 Z 轴方向的抗压强度，MPa；

R_{XY}——样品 XY 轴方向的抗压强度，MPa。

(a)   (b)

图7-76　3D打印试样在（a）XY轴打印方向与（b）Z轴打印方向的堆积差异

如表 7-31 所示，Z 轴方向抗压强度均大于 XY 轴方向的抗压强度，且差异性指数较大，达到了 75.08%。对于打印制品，逐层打印的过程存在时间间隔，层与层之间的堆积连接受此影响，是整体结构的薄弱处，受力易破坏。测试 Z 轴方向抗压强度时，荷载方向垂直于层间界面，界面主要受到压力而不易发生破坏；而测试 XY 轴方向时，荷载平行于层间界面，其横向膨胀产生的拉应力也平行于界面，受力产生的微裂纹也更易在界面处产生并沿着界面方向发展，因此导致 XY 轴方向上抗压强度明显小于 Z 轴方向。

表7-31　力学强度各向异性测试结果

方向	强度测试结果/MPa			均值/MPa	差异性指数/%
	测试1	测试2	测试3		
XY轴	19.11	14.79	18.95	17.62	75.08
Z轴	40.61	35.89	39.91	38.80	

四、3D打印混凝土的发展趋势

目前，基于气体驱动的 3D 打印混凝土面临的主要问题仍是打印结构的稳定构筑问题。3D 打印材料的可挤出性与可建造性的控制关键分别在于新拌浆体的剪切变稀的流变特性以及打印成层后结构快速稳定形成的触变性，尤其是打印层在碳化增稳前的塑性形成对维持其几何形态至关重要。传统方法采用调凝剂等被动调控手段，但很难协调流变性与塑性的矛盾需求。著者团队的前期研究表明纳米 Fe_3O_4 粒子具有良好的电磁敏感性[110]。在今后的研究工作中，可以在打印材料中掺入刺激响应型介质，在磁场等刺激信号作用下于浆体内形成有序排列结构，从而实现对材料流变性能的主动调控。

第十五节
转印混凝土

一、概述

转印是指将中间载体薄膜上的图文采用相应的压力转移到承接物上的一种印刷方法。转印混凝土（graphic concrete）就是利用混凝土表面缓凝剂的作用，使图案部分迟于周边凝结，脱模后用水冲洗未凝结的水泥，露出装饰材料。不同于普通露石图案混凝土或彩色图案混凝土，转印混凝土图案精细且变化丰富，在视觉上能与周围环境融为一体，能给设计师充分的发挥空间（图7-77）。20世纪90年代末，芬兰建筑师 Samuli Naamanka 发明了转印混凝土。转印混凝土主要通过暴露设计图案区域集料，由暴露集料与正常混凝土表面形成对比来实现设计图案的转印。由于其优异的装饰效果，转印混凝土已在芬兰、瑞典、日本和中国被用于建筑立面装饰。

图7-77 转印混凝土示例

目前转印混凝土还存在的问题是图案色调单一、精细程度和稳定性不够。著者团队张运华等从胶凝材料学原理出发，系统研究了混凝土组成、缓凝剂、多色集料、水灰比、砂胶比、养护工艺等对图案精细程度的影响规律，通过对转印混凝土图案分辨率影响因素的研究，提出转印图案分辨率提升方法，在此基础上，通过对不同色调集料离析，调控缓凝深度，发明了多色调转印混凝土[111-113]。相对于普通转印混凝土，多色调转印混凝土色调更为丰富，能实现多色调图案的呈现。

二、多色调转印混凝土的制备技术

通常，转印混凝土的制作方法是将缓凝剂按一定图案通过丝网印刷或喷墨打印的方式印在基膜上，得到缓凝图案，然后在基膜上浇筑混凝土，待混凝土硬化后揭开基膜，用水冲刷混凝土表面，暴露图案区域集料即得到转印图案。具体方法为：

① 将缓凝剂与 CMC 溶液、明胶溶液在 45℃下搅拌至充分混合，得到均匀的复合缓凝剂。

② 将复合缓凝剂按设计的图案印在基膜上（基膜可用 PVC 膜、覆膜铜版纸等不吸水、有一定厚度的膜），待复合缓凝剂成膜并凝固，得到转印基膜。之后将转印基膜铺在模具底部，注意将基膜有缓凝剂的一面朝上。

③ 拌合砂浆或混凝土，注意保证混凝土较好的工作性。制备多色调转印混凝土时，需拌制多色集料砂浆。多色集料砂浆中包括两种不同颜色、不同密度的集料，其中一种集料的密度明显小于砂浆密度，另一种集料的密度明显大于砂浆密度。多色集料砂浆应保持较好的流动度，以能自流平为宜。

④ 在转印膜上浇筑砂浆或混凝土。若混凝土的流动度不足以流平，应振动一段时间以保证混凝土的流平。混凝土养护一段时间后脱模，撕下转印基膜并用高压水枪冲刷混凝土表面，注意混凝土表面各部分的冲刷时间应均匀，水枪喷头距离混凝土表面 0.5m，距离过近将导致混凝土被水枪剥蚀的面积过大。

⑤ 将湿的转印混凝土放在通风良好的环境中风干，以避免泛碱问题。

三、多色调转印混凝土性能研究

通常建筑立面转印混凝土尺寸大，对转印图案分辨率要求较低。当转印混凝土尺寸降低时，需要提升图案的分辨率以保证其装饰效果。研究表明，转印图案分辨率受到转印基膜上图案分辨率及图案在混凝土表面转印过程中稳定性的影响。目前，转印基膜上图案通过丝网印刷或喷墨打印均能保持与设计图案一致的分辨率，而缓凝图案在混凝土表面转印过程中的稳定性受到缓凝剂浓度，混凝土配合比及混凝土养护龄期的影响。

1. 缓凝剂浓度对图案精细程度的影响

如图 7-78 所示，随着缓凝剂浓度的增加，面积变化率急剧增加。当浓度为20% 时，强度低于水枪冲刷强度的区域与设计图案基本一致，面积变化率趋于零，转印图案得到最高的精细程度。

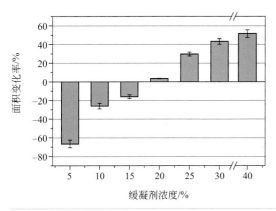

图7-78
缓凝剂浓度与转印图案面积变化率的关系

2．养护时间对图案精细程度的影响

从图 7-79 可以看出，随着养护时间的延长，面积变化率值迅速下降。这是由于随着养护时间的延长，抗压强度明显上升（图 7-80）所导致的，当养护时间为 20h，混凝土抗压强度合适，可被剥蚀区域与设计图案接近，面积变化率最小。

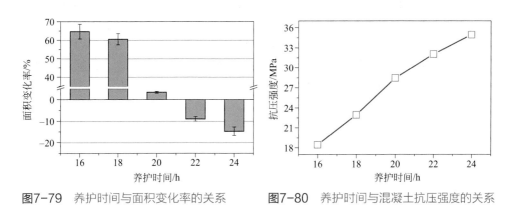

图7-79 养护时间与面积变化率的关系　　图7-80 养护时间与混凝土抗压强度的关系

3．混凝土水灰比对图案精细程度的影响

从图 7-81 可以看出，随着水灰比（w/c）从 0.28 增加到 0.34，面积变化率先减小后增大。当水灰比为 0.34 时，转印图案的面积变化率最高。从图 7-82 可以看出，随着水灰比的增大，混凝土抗压强度显著降低，而流动度（可由砂浆扩展度表示）显著增大。当水灰比在 0.3 ～ 0.34 范围内时，随着水灰比的增加，混凝土抗压强度逐步下降，转印图案逐步增大，最终导致面积变化率的增加。当水灰比为 0.28 时，砂浆流动度过小，它在浇筑时会拖动并扩展缓凝图案，最终导致面积变化率比水灰比为 0.30 时增加。

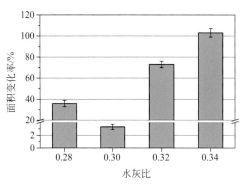
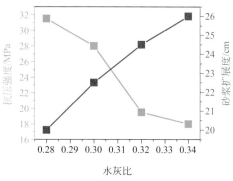

图7-81　水灰比与转印图案面积变化率的关系　图7-82　不同水灰比下砂浆的抗压强度和扩展度

4. 混凝土砂胶比对图案精细程度的影响

图 7-83 给出了不同砂胶比时转印混凝土的图案面积变化率。随着砂胶比（sand-binder ratio，s/b）从 1.4 增加到 2.2，面积变化率先减小后增大。与水灰比对砂浆的影响相反，随着砂胶比的增大，砂浆抗压强度增大，砂浆扩展度减小（图 7-84）。当砂胶比为 1.4 时，砂浆抗压强度较低，剥蚀区域较大，最终导致面积变化率较大。随着砂胶比的增加，混凝土强度逐步上升，剥蚀区域减小，转印图案逐步减小，导致面积变化率的减小。当砂胶比为 2.2 时，砂浆流动度过小，浇筑时会拖动并扩展缓凝图案，最终导致面积变化率的增加。

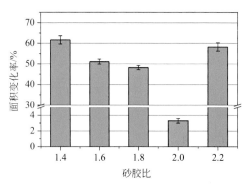

图7-83　砂胶比与转印图案面积变化率的关系　图7-84　不同砂胶比下砂浆的抗压强度和扩展度

为了得到多色调转印混凝土，需要实现砂浆中不同颜色集料的分层分布，然后使不同颜色的集料在图案的不同区域显露，如图 7-85 所示。因此，需要使用不同密度的集料，如轻集料和普通集料。同时，应通过调节水灰比和砂胶比来调节砂浆黏度以促进集料的运动；应使用不同浓度的缓凝剂使得不同深度的集料显露出来；还应调节砂浆厚度以适应缓凝剂的缓凝深度。

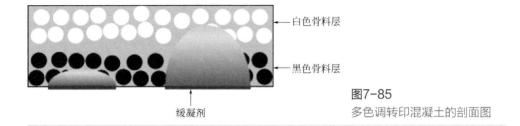

图7-85
多色调转印混凝土的剖面图

5. 水灰比对砂浆分层度的影响

如图 7-86 和图 7-87 所示，随着水灰比的增大，砂浆分层度先快速增大后缓慢增大，同时，随着振动时间的延长，砂浆分层度变化率的转折点依次降低。

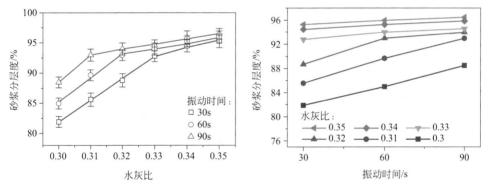

图7-86　不同振动时间下水灰比与砂浆分层度的关系

图7-87　不同砂浆水灰比下振动时间与砂浆分层度的关系

根据斯托克斯公式，在砂浆中运动的集料所受的阻力（f）对应于公式（7-6）。

$$f=6\pi\eta rv \tag{7-6}$$

式中　f——集料所受阻力，N；

　　　r——集料半径，m；

　　　η——砂浆黏度，Pa·s；

　　　v——集料运动的速度，m/s。

在砂浆开始振动之前，由于集料静止，黑色普通集料所受阻力为零。然后开始做加速运动，直到其所受浮力和阻力之和等于重力而达到受力平衡状态，此时集料达到最大速度并作匀速运动，如图 7-88 所示。

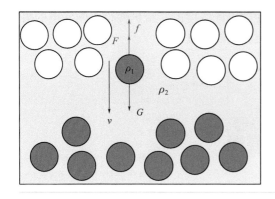

图7-88

黑色普通集料在砂浆中运动时的受力
分析

最大速度满足公式（7-7）：

$$v_{max} = \frac{2(\rho_1 - \rho_2)gr^2}{9\eta}$$ （7-7）

式中　v_{max}——集料在砂浆中运动的最大速度，m/s；

　　　ρ_1——黑色普通集料的密度，kg/m^3；

　　　ρ_2——水泥浆体的密度，kg/m^3。

如图7-89所示，由于不同水灰比下砂浆的黏度不同，随着振动时间的增加，黑色普通集料的速度从0增加到不同的最大值（v_{max1}和v_{max2}），然后保持不变。一段时间后（t_1和t_2）黑色普通集料离开了砂浆的上层。它们的移动距离是图中阴影部分的面积，该距离约为砂浆上层的厚度。随着砂浆黏度的降低，阴影部分的形状由梯形变为三角形。当黏度较大时，黑色普通集料在砂浆上层的移动速度近似等于最大速度。在这种情况下，分层度对应于公式（7-8）。

$$分层度 = \frac{2(\rho_1 - \rho_2)tgr^2}{9\eta}$$ （7-8）

式中　t——砂浆振动时间，s。

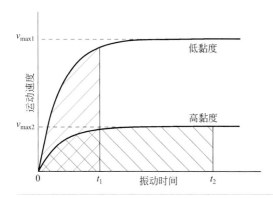

图7-89

不同砂浆黏度下振动时间与集料运动
速度的关系

由公式（7-8）可知，分层度与黏度成反比，与振动时间成正比。而黏度与水灰比成反比。因此，分层度与水灰比和振动时间成正比。当砂浆黏度较低时，图7-89阴影部分近似为三角形，说明黑色普通集料在砂浆上层的移动速度远低于最大速度。在这种情况下，黏度的降低对分层度的影响不明显。水灰比为0.32～0.35的砂浆黏度较低。因此，随着水灰比从0.32增加到0.35，分层度上升较为缓慢。另外，由于大多数黑色普通集料在很短的时间内就离开了砂浆上层，所以振动时间的延长对分层度的影响不大。因此，当砂浆的水灰比处于0.32～0.35范围内时，随着振动时间的增加，分层度增长缓慢。在实际应用中，建议采用的水灰比为0.32。当水灰比超过0.32时，水灰比对分层度的提高不明显。当水灰比小于该值时，砂浆流动度较低，不利于流平。

6. 白色轻集料体积分数对砂浆分层度的影响

如图7-90所示，随着白色轻集料体积分数的增大，砂浆分层度先缓慢下降后迅速下降。同时，振动时间30s、60s和90s的折线拐点分别对应20%、25%和30%的白色轻集料体积分数，如图7-91所示。随着振动时间的增加，白色轻集料体积分数为10%、15%、20%的砂浆分层度增长缓慢，而白色轻集料体积分数为25%、30%、35%的砂浆随着振动时间的增加分层度急剧增加。从图7-90中可以看出，随着白色轻集料体积分数的增大，砂浆的流动度减小，说明砂浆黏度增大。

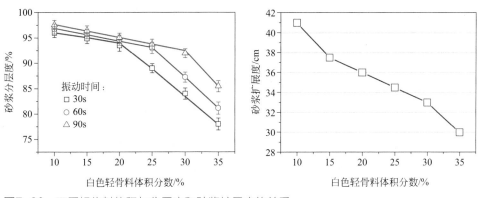

图7-90　不同轻集料体积与分层度和砂浆扩展度的关系

当砂浆黏度较低时，黏度的降低对分层度影响不大。白色轻集料体积分数为10%～25%的砂浆黏度较低。因此，随着体积分数从10%增加到25%，分层度呈缓慢下降趋势。由于黑色普通集料在很短的时间内离开上层，振动时间的延长对分层度的提高作用不明显。

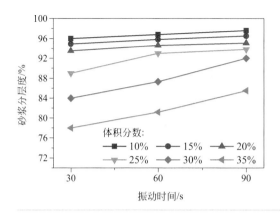

图7-91

不同白色轻集料体积分数下振动时间与分层度的关系

由式（7-8）可知，当砂浆黏度较高时，分层度与砂浆黏度成反比，与振动时间成正比。白色轻集料的体积分数与黏度成正比。因此，白色轻集料的分层度与体积分数成反比。白色轻集料体积分数为25%~35%的砂浆具有较高的黏度。因此，随着白色轻集料的体积分数从25%上升到35%，分层度从93%左右显著降低到81%左右。在此体积分数范围内，随着振动时间的增加，分层度急剧增大。

如图7-90所示，三个不同振动时间对应折线的转折点不同，对应的白色轻集料体积分数分别为20%、25%、30%。原因可能在于较长的振动时间降低了砂浆的剪切变形抗力和砂浆上层的砂胶比，导致砂浆黏度下降。白色轻集料体积分数为30%的砂浆经过90s的振动，其黏度下降，与白色轻集料体积分数为25%的砂浆振动60s时的黏度相同。而白色轻集料体积分数为20%的砂浆经过30s的振动，其黏度已经达到白色轻集料体积分数为25%的砂浆经过60s振动才能达到的水平。

7. 多色集料砂浆厚度对图案色调的影响

如图7-92所示，白色轻集料暴露时，随着砂浆厚度由2mm增加到3mm，图案颜色纯度先缓慢下降后急剧下降，缓凝剂扩散区域为半球形。随着砂浆厚度的增加，缓凝剂扩散区域逐渐远离白色轻集料层。在这种情况下，混凝土中缓凝剂扩散区域与白色轻集料层之间的接触面先缓慢减小后迅速减小。因此，图案颜色纯度在2mm多色集料砂浆厚度下由36.6%缓慢下降到2.5mm厚度下的30%，之后由2.5mm多色集料砂浆厚度的30%急剧下降到3mm的5%。实际应用中，砂浆的厚度过低不易于流平，故建议使用2.5mm砂浆厚度。

8. 缓凝剂浓度对图案色调和精细程度的影响

如图7-93所示，随着缓凝剂浓度从10%增加到40%，图案颜色纯度先升高后降低。随着缓凝剂浓度的增加，图案面积变化率急剧增加。缓凝剂浓度较低时，缓凝剂扩散区域较小，不能达到黑色普通集料层，其面积小于设计图案。此时的面积变化率是较小的负数，图案颜色纯度较低。缓凝剂浓度过高时，缓凝剂扩散区域过大。此时的转印图案远大于设计图案，面积变化率是较大的正数。另外，缓凝剂扩散区域已经穿过黑色普通集料层，达到中间的水泥层。该区域黑色普通集料的数量减少，导致图案颜色纯度降低。20%的缓凝剂浓度对应着面积变化率的绝对值较小，图案的颜色纯度较高。

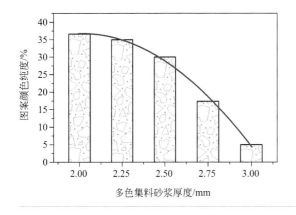

图7-92
不同多色集料砂浆厚度下的图案颜色纯度

从图 7-93 可以看出，随着缓凝剂的浓度从 80% 上升到 95%，图案的颜色纯度和图案面积变化率明显升高。随着缓凝剂浓度的增加，缓凝剂扩散区域逐渐接近并达到白色轻集料层。因此，图案颜色纯度提高。当缓凝剂浓度为 95% 时，转印图案颜色纯度最高。

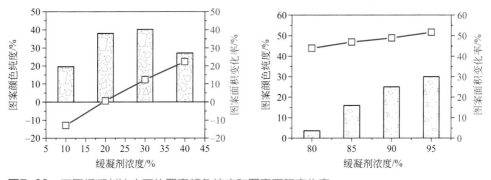

图7-93　不同缓凝剂浓度下的图案颜色纯度和图案面积变化率

9. 简单图案多色调转印混凝土的制备

转印混凝土的设计图案尺寸为 50mm×70mm。在最佳条件下，制备出了多色调转印混凝土，如图 7-94 所示。白色轻集料模式与黑色集料模式有明显的对比。可以看出，转印图案的色调包括黑色、白色与水泥灰色等多种色调，精细程度高。

图7-94
实际多色调转印混凝土图案

四、转印混凝土的发展趋势

随着生态环境建设的高质量发展，人们越来越追求生活的品位与环境的和谐美好。混凝土在相当长的时期内仍然会是世界最主要的建筑主角，而其固有的千篇一律的灰色和单一的色调，显然不能满足人们的审美要求。转印混凝土无疑会带来新的生机，转印混凝土技术具有广阔的发展空间。目前，著者团队在此方面进行了积极的探索，为提升转印混凝土图案的精细度和稳定性取得了一定成效。下一步还应在黑、白和灰三种色调的转印应用，以及更多色调集料的选择、缓凝深度更多层次的精细调控方面继续开展工作，并研究解决转印混凝土表面干燥速率不一致及返碱等，导致转印混凝土图案容易出现色差等问题。

参考文献

[1] 邓霄. 掺铁导电集料及其水泥基导电复合材料的制备与性能研究 [D]. 武汉：武汉理工大学，2011.

[2] 何永佳，胡曙光，吕林女，等. 一种用作导电混凝土集料的陶粒及其制备方法 [P]. CN 200910060769.1. 2011-08-03.

[3] 金舜. 石墨系导电功能集料及其水泥基复合材料的制备和性能研究 [D]. 武汉：武汉理工大学，2010.

[4] 何永佳，平兵，吕林女，等. 一种用于导电混凝土的高强度导电集料及其制备方法 [P]. CN 201410233628.6. 2016-03-09.

[5] 何永佳，吕林女，邓霄，等. 掺超细糅基铁粉的导电功能集料制备与性能 [J]. 功能材料，2013, 44(14): 2083-2086.

[6] 邓宵，何永佳. 铁粉细度对铁系集料煅烧制度和导电性能的影响 [J]. 建材世界，2011, 32(03): 10-13.

[7] He Y, Lu L, Jin S, et al. Conductive Aggregate Prepared Using Graphite and Clay and its Use in Conductive Mortar[J]. Construction and Building Materials, 2014(53): 131–137.

[8] He Y, Ping B, Lu L, et al. Electrically Conductive Ceramic Composites Prepared with Printer Toner as the Conductive Phase[J]. Advances in Applied Ceramics, 2017, 116(03):158-164.

[9] 金舜，吕林女，何永佳. 碳纤维导电集料混凝土的导电性研究 [J]. 建材世界，2010, 31(02): 16-18.

[10] 何永佳，吕林女，金舜，等. 导电功能集料碳纤维水泥基复合材料及其压敏性能 [J]. 功能材料，2011, 42(11): 1958-1961.

[11] Lee H, Kim H. Ceramic Particle Size Dependence of Dielectric and Piezoelectric Properties of Piezoelectric Ceramic-Polymer Composites[J]. Journal of Applied Physics, 1990, 67(4): 2024.

[12] Newham R, Skinner D, Cross L. Connectivity and Piezoelectric-Pyroelectric Composites[J]. Materials Research Bulletin, 1978(13): 525-536.

[13] 宋岩. 高性能 0-3 型水泥基压电传感材料的研究 [D]. 武汉：武汉理工大学，2012.

[14] Wang F, Wang H, Song Y, et al. High Piezoelectricity 0-3 Cement-Based Piezoelectric Composites[J]. Materials Letters, 2012(76): 208-210.

[15] Wang F, Wang H, Sun H, et al. Research on 0-3 Cement-Based Piezoelectric Sensor with Excellent Mechanical-Electrical Response and Good Durability[J]. Smart Materials and Structures, 2014(23): 045-032.

[16] Zhou X, Mu Y, Liu Z, et al. Fabrication and Characterization of a Novel Carbonated 0-3 Piezoelectric γ-C_2S Composite[J]. Ceramics International, 2018(44): 13426–13429.

[17] 王发洲，孙华君，宋岩，等. 一种高效水泥基压电材料及其合成方法 [P]. CN 201110352840.0. 2013-07-17.

[18] 田焜. 水泥基电磁防护吸波多功能复合材料的研究 [D]. 武汉：武汉理工学，2010.

[19] Hu S. Tian K, Ding Q. Design and Test of New Cement Based Microwave Absorbing Materials[C]//Kunming: The 8th International Symposium on Antennas, Propagation and EM Theory, 2008(11): 993-996.

[20] Hu S, Tian K, Ding Q. Study of Electromagnetic Properties of Polymer Modified Cementitious Composite Materials[C]// Jinan: The 7th International Symposium on Cement & Concrete, 2010(5).

[21] Ding Q, Tian K, Hu S. Study on Polymer Modified Cement Grouts Used in Synchronous Grouting of Shield Tunneling[C]//Korea: The 12th International Congress on Polymers in Concrete, 2007(9).

[22] 平兵. 吸波功能集料混凝土的制备与性能研究 [D]. 武汉：武汉理工大学，2015.

[23] 崔亚青. 负载纳米 Fe_3O_4/TiO_2 的中空微球对水泥基材料吸波性能的影响 [D]. 武汉：武汉理工大学，2017.

[24] He Y, Cui Y, Lu L, et al. Microwave Absorbing Mortar Using Magnetic Hollow Fly Ash Microspheres/Fe_3O_4 Composite as Absorbent[J]. Journal of Materials in Civil Engineering, 2018, 30(6): 04018112.

[25] 肖培浩. 包覆钡铁氧体的多孔陶瓷集料及其在吸波混凝土中的应用 [D]. 武汉：武汉理工大学，2016.

[26] 何永佳，肖培浩，李广峰，等. 纳米 Fe_3O_4 水泥基复合材料的制备与吸波性能 [J]. 武汉理工大学学报，2015, 37(10): 7-11.

[27] 何永佳，肖培浩，李静，等. 吸附钡铁氧体的多孔陶粒吸波材料制备与性能 [J]. 建筑材料学报，2017, 35(6): 861-865.

[28] 王全超. 吸附 Ni-Zn/Mn-Zn 铁氧体的膨胀珍珠岩及其在吸波水泥砂浆中的应用 [D]. 武汉：武汉理工大学，2018.

[29] 吕林女，王全超，何永佳，等. 纳米 Mn-Zn 铁氧体电磁吸波水泥基材料的制备与性能 [J]. 硅酸盐通报，2018, 37(3): 767-780.

[30] 何永佳，胡曙光，平兵，等. 一种电磁吸波混凝土及其制备方法 [P]. CN 201510291886.4. 2018-03-20.

[31] 丁庆军，胡曙光，黄修林，等. 一种吸波轻骨料及其制备方法 [P]. CN 201410202947.0. 2015-12-02.

[32] 何永佳，吕林女，王发洲，等. 一种具有电磁防护功能的超轻集料泡沫混凝土板材及其制备方法 [P]. CN 201210385648.6. 2014-10-29.

[33] 何永佳，崔亚青，吕林女，等. 利用四氧化三铁和粉煤灰空心微珠复合的水泥基吸波材料及其制备方法 [P]. CN 201710239574.8. 2017-04-13.

[34] 任婷. 利用富含 Ni、Fe 的电镀污泥制备防辐射集料的研究 [D]. 武汉：武汉理工大学，2016.

[35] 王承. 烧成制度对富含 Cr、Zn 渣泥防辐射功能集料性能影响的研究 [D]. 武汉：武汉理工大学，2015.

[36] 杨堃. 污泥制备超轻集料与防辐射集料的焙烧机理及其性能研究 [D]. 武汉：武汉理工大学，2013.

[37] 孙华. 铜渣制备防辐射功能集料和高强轻集料的研究 [D]. 武汉：武汉理工大学，2012.

[38] 丁庆军，王承，刘凯，等. 利用富含重金属污泥制备防辐射功能集料 [J]. 武汉理工大学学报，2015，37(12): 17-22.

[39] 丁庆军，杨堃，黄修林，等. 污泥防辐射功能集料的制备及性能 [J]. 建筑材料学报，2011，14(5): 814-818.

[40] 丁庆军，黄修林，孙华. 基于高钡污泥的防辐射功能集料的制备及性能研究 [J]. 核动力工程，2011，32(2): 35-38.

[41] Ding Q, Huang X, Sun H. Study on Preparation and Performance of Radiation Shielding Functional Aggregate Made from Sludge with High Content Barium[J]. Advances in Structures, 2011, 163-167: 524-530.

[42] Ding Q, Huang X, Sun H. Research on Functional Aggregate Prepared by Steel Wastewater Sludge[J]. Advances in Building Materials, 2011, 168-170: 1625-1630.

[43] 丁庆军，黄修林，胡曙光，等. 一种基于环保型功能集料的防辐射混凝土及其制备方法 [P]. CN 201010174655.2. 2013-06-12.

[44] 丁庆军，黄修林，胡曙光，等. 一种基于环保型功能集料的高匀质性防辐射混凝土 [P]. CN 201010257085.3. 2012-11-07.

[45] 丁庆军，黄修林，胡曙光，等. 一种高抗裂大体积防辐射混凝土及其施工工艺 [P]. CN 201010257262.8. 2012-07-04.

[46] 顾煜炯，耿直，张晨，等. 聚光太阳能热发电系统关键技术研究综述 [J]. 热力发电，2017(6): 6-13.

[47] 梁立晓，陈梦东，段立强，等. 储热技术在太阳能热发电及热电联产领域研究进展 [J]. 热力发电，2020(3):8-15.

[48] 吕林女，吴锡，何永佳，等. 太阳能光热发电系统蓄热混凝土的制备与性能 [J]. 武汉理工大学学报，2014(11): 1-5.

[49] 何百灵. 太阳能热电站用混凝土储热材料的制备与性能 [D]. 武汉：武汉理工大学，2012.

[50] Lu L, Ping B, He Y, et al. Preparation and Properties of Alkali-Activated Ground-Granulated Blast Furnace Slag Thermal Storage Concrete[C]//West Lafayette: Purdue University, 4th International Conference on the Durability of Concrete Structures, 2014:270-274.

[51] 何永佳，吕林女，何百灵，等. 一种用于太阳能热电站的新型储热混凝土及其制备方法 [P]. CN 201210175261.8. 2012.

[52] 胡振广，金宗勇. 能源转型战略背景下中国太阳能热发电面临的机遇与挑战 [J]. 太阳能，2019(11): 11-17.

[53] 王志峰，杜凤丽. 2015-2022 年中国太阳能热发电发展情景分析及预测 [J]. 太阳能，2019(11): 5-10, 69.

[54] Asadi I, Shafigh P, Hassan Z, et al. Thermal Conductivity of Concrete–A Review[J]. Journal of Building Engineering, 2018(20): 81-93.

[55] 郭凯. 碱激发多孔水泥基墙体保温材料的研究 [D]. 武汉：武汉理工大学，2013.

[56] 关凌岳. 泡沫混凝土孔结构表征与调控方法及其性能研究 [D]. 武汉：武汉理工大学，2015.

[57] 叶武平. 结构保温一体化混凝土的制备及其性能研究 [D]. 武汉：武汉理工大学，2015.

[58] 胡曙光，丁庆军，田耀刚，等. 高强高阻尼混凝土的制备方法 [P]. CN 200710053633.9. 2008-05-07.

[59] 田耀刚. 高强混凝土阻尼功能设计及其性能研究 [D]. 武汉：武汉理工大学，2008.

[60] Ding Q, Tian Y, Wang F, et al. Autogenous Shrinkage of High Strength Lightweight Aggregate Concrete[J]. Journal of Wuhan University of Technology(Materials Science Edition), 2005, 20(4): 123-125.

[61] 胡曙光，田耀刚，丁庆军，等. 高阻尼混凝土的抗渗性能研究 [J]. 武汉理工大学学报，2008(06): 35-38+46.

[62] 田耀刚，胡曙光，丁庆军，等. 轻集料混凝土的抗硫酸盐侵蚀性能研究 [J]. 新型建筑材料，2006(05): 65-67.

[63] 邓友生，段邦政，吴鹏，等. 泡沫混凝土声屏障吸声特性研究 [J]. 2017, 34(3): 144-151.

[64] 郭凯. 利用淤污泥集料制备高速公路声屏障降噪材料的研究 [D]. 武汉：武汉理工大学，2010.

[65] 郭凯，徐敏，丁庆军. 淤污泥陶砂制备水泥基交通降噪材料的研究 [J]. 公路，2010(3): 151-153.

[66] 郭凯，华天星，丁庆军. 利用淤污泥陶砂制备多孔吸声砂浆 [C]// 中国硅酸盐学会水泥分会，中国硅酸盐学会房材分会，中国建筑学会建筑材料分会，武汉市建委. 第三届全国商品砂浆学术交流会论文集. 武汉 :2009:82-87.

[67] 范锦忠. 陶粒及其混凝土制品的牺牲功能和应用 [J]. 新型墙材，2011.10.

[68] 蒋红梅. 公路声屏障研究进展 [J]. 科技与创新，2015, 2095-6835.

[69] Liu P, Feng C, Wang F, et al. Hydrophobic and Water-Resisting Behavior of Portland Cement Incorporated by Oleic Acid Modified Fly Ash[J]. Materials and Structures, 2018(51): 1-9.

[70] Gao Y, Wang F, Liu P, et al. Superhydrophobic Behavior of Magnesium Oxychloride Cement Surface with a Dual-Level Fractal Structure[J]. Construction and Building Materials, 2019(210): 132-139.

[71] 冯传法. 水泥基材料疏水及表面超疏水改性研究 [D]. 武汉：武汉理工大学硅酸盐中心，2018.

[72] 高衣宁. 光催化、疏水等功能性水泥基材料研究 [D]. 武汉：武汉理工大学化学化工与生命科学学院，2018.

[73] Liu P, Gao Y, Wang F, et al. Superhydrophobic and Self-Cleaning Behavior of Portland Cement with Lotus-Leaf-Like Microstructure[J]. Journal of Cleaner Production, 2017(156): 775-785.

[74] Hanus M, Harris A. Nanotechnology Innovations for the Construction Industry[J]. Progress Material Science, 2013(58): 1056-1102.

[75] 杨露. 水泥基材料与纳米 TiO_2 的多层次复合及其光催化性能 [D]. 武汉：武汉理工大学，2014.

[76] Wang F, Yang L, Wang H, et al. Facile Preparation of Photocatalytic Exposed Aggregate Concrete with Highly Efficient and Stable Catalytic Performance[J]. Chemical Engineering Journal, 2015(264): 577-586.

[77] Yang L, Wang F, Hakki A, et al. The Influence of Zeolites Fly Ash Bead/TiO_2 Composite Material Surface Morphologies on Their Adsorption and Photocatalytic Performance[J]. Applied Surface Science. 2017(392):687-696.

[78] Yang L, Hakki A, Wang F, et al. Photocatalyst Efficiencies in Concrete Technology: The Effect of Photocatalyst Placement[J]. Applied Catalysis B-Environ Mental, 2018(222): 200-208.

[79] Yang L, Hakki A, Zheng L, et al. Photocatalytic Concrete for NO_x Abatement: Supported TiO_2 Efficiencies and Impacts[J]. Cement and Concrete Research, 2019(116): 57-64.

[80] 王发洲，杨露，胡曙光，等. 一种多孔水泥基光催化材料及其制备工艺 [P]. CN 201210546856.X. 2015-02-04.

[81] 王发洲，杨露，胡曙光，等. 多孔氯氧镁水泥基光催化功能材料及其制备方法 [P]. CN 201210547075.2. 2014-12-03.

[82] 王发洲，董跃，杨露，等. 一种具有净化气固污染物功能的混凝土材料及其制备方法 [P]. CN 201210348398.9. 2014-10-01.

[83] 王发洲，董跃，杨露，等. 具有净化气液污染物功能的环保型集料及其制备工艺 [P]. CN 201210244931.7. 2014-05-14.

[84] 胡曙光，赵都，王发洲，等. 原位合成蜂窝状 C-A-S-H 凝胶膜复合多孔集料的方法 [P]. CN 201710539135.9. 2020-01-14.

[85] 何永佳，胡曙光，吕林女，等. 一种废弃混凝土组分分离的方法 [P]. CN 200610019242.0. 2008-07-02.

[86] 吕林女，何永佳，胡曙光. 废弃混凝土组分分离实验研究 [J]. 建筑材料学报，2008, 11(06): 721-725.

[87] 吕林女，何永佳，胡曙光. 水泥石脱水相结构特征及其再水化能力 (英文)[J]. 硅酸盐学报，2008(10): 1343-1347.

[88] 胡曙光，何永佳. 利用废弃混凝土制备再生胶凝材料 [J]. 硅酸盐学报，2007(05): 593-599.

[89] 何永佳. 水泥基固体废弃物的再生资源化研究 [D]. 武汉：武汉理工大学，2006.

[90] 胡曙光，何永佳. 再生胶凝材料对水泥水化体系的影响 [J]. 武汉理工大学学报，2006(10): 4-7.

[91] 吴静，丁庆军，何永佳，等. 利用废弃混凝土制备高活性水泥混合材的研究 [J]. 水泥工程，2006(04): 13-15.

[92] 华天星. 再生胶凝材料改性及性能研究 [D]. 武汉：武汉理工大学，2012.

[93] 朱明，杨超，胡曙光，等. 一种可循环水泥混凝土及其制备方法 [P]. CN 201911112504.1. 2020-03-31.

[94] 王发洲，杨进，吴静，等. 一种吸水膨胀树脂集料混凝土及其制备方法 [P]. CN 201310276977.1. 2015-12-23.

[95] 王发洲，杨进，吴静，等. 一种基于内模的混凝土孔结构设计与调控方法 [P]. CN 201310276868.X. 2016.01.13.

[96] 王发洲，杨进. 基于内部孔结构的功能型混凝土研究初探 [J]. 建筑材料学报，2015, 18(4): 608-613.

[97] 胡曙光，王发洲. 轻集料混凝土 [M]. 北京：化学工业出版社，2006.

[98] 马保国，魏定邦，李相国，等. 低噪声沥青路面吸声特性研究 [J]. 新型建筑材料，2009, 36(8): 18-20.

[99] 杨进. 高吸水树脂内养护混凝土的微观结构与性能 [D]. 武汉：武汉理工大学，2017.

[100] Yang J, Wang F. Comparison of Ordinary Pores with Internal Cured Pores Produced by Superabsorbent Polymers[C]//Singapore: 15th International Congress on Polymers in Concrete, 2015(1129): 315-322.

[101] Yang J, Wang F, Liu Z, et al. Early-State Water Migration Characteristics of Superabsorbent Polymers in Cement Pastes[J]. Cement and Concrete Research, 2019(118): 25-37.

[102] Schutter G, Geert D, Karel L, et al. Vision of 3D Printing with Concrete-Technical, Economic and Environmental Potentials[J]. Cement and Concrete Research, 2018(112): 25-36.

[103] Wangler T, Nicolas R, Freek P B, et al. Digital Concrete: A Review[J]. Cement and Concrete Research, 2019(123): 105780.

[104] 王发洲，钟旷楠，刘志超，等. 一种基于气体驱动的 3D 打印材料及其制备方法和应用 [P]. CN 202010066118.X. 2020-1-20.

[105] 钟旷楠. 基于碳化硬化的 3D 打印材料与技术研究 [D]. 武汉：武汉理工大学，2019.

[106] 刘志超，曾海马，王发洲，等. 一种高性能碳化增强混凝土的制备方法 [P]. CN 201911212719.0. 2019-12-02.

[107] Mu Y, Liu Z, Wang F, et al. Carbonation Characteristics of γ-Dicalcium Silicate for Low-Carbon Building Material[J]. Construction and Building Materials, 2018(177): 322-331.

[108] Mu Y, Liu Z, Wang F. Comparative Study on the Carbonation-Activated Calcium Silicates as Sustainable Binders: Reactivity, Mechanical Performance, and Microstructure[J]. ACS Sustainable Chemistry and Engineering, 2019, 7(7): 7058–7070.

[109] 穆元冬. 硅酸钙矿物碳酸化固化机理及其材料性能提升机制研究 [D]. 武汉：武汉理工大学，2019.

[110] He Y, Lu L, Sun K, et al. Electromagnetic Wave Absorbing Cement-Based Composite Using Nano-Fe$_3$O$_4$ Magnetic Fluid as Absorber[J]. Cement and Concrete Composites, 2018(92):1-6.

[111] 张志鹏. 多色调转印混凝土图案影响因素及其形成机制研究 [D]. 武汉：湖北工业大学，2020.

[112] 张运华，张志鹏，闵捷等. 混凝土表面图案修饰方法 [P]. CN 201711482567.7. 2017-1-14.

[113] 张运华，张志鹏，闵捷等. 多色调图案转印混凝土的制备方法 [P]. CN 201811581264.5. 2020-06-02.

索引